普通高等院校计算机专业（本科）实用教程系列

普通高等教育“十一五”国家级规划教材

C++语言基础教程（第二版）

徐孝凯　编著

清华大学出版社
北京

内 容 简 介

本书较全面和详细地介绍了 C++语言的所有语法规则，对于每一语法规则不仅给予准确定义，而且在程序设计中给予自然和灵活的运用，便于读者在应用中把握和加深对概念的理解。本书较详细地介绍了在 Microsoft Visual C++ 6.0 集成开发环境下的控制台应用程序的开发过程，书中的每个程序都在此环境下运行通过。本书的每章后面给出了适量的、针对性强的各种程序分析和设计应用题，供读者自行练习，并且专门配套出版了相应的习题参考解答书，供自学者参考。

本书已被列选为普通高等教育“十一五”国家级规划教材，已被许多高校选定为 C/C++语言程序设计课程的教材和考研的指定参考书。

图书在版编目（CIP）数据

C++语言基础教程 / 徐孝凯编著. —2 版. —北京：清华大学出版社，2007.10（2024.8重印）
（普通高等院校计算机专业（本科）实用教程系列）
ISBN 978-7-302-15761-8

Ⅰ.C…　Ⅱ.徐…　Ⅲ.C 语言－程序设计－高等学校－教材　Ⅳ.TP312

中国版本图书馆 CIP 数据核字（2007）第 112894 号

责任编辑：郑寅堃　孙建春
责任校对：李建庄
责任印制：宋　林

出版发行：清华大学出版社
网　　址：https://www.tup.com.cn, https://www.wqxuetang.com
地　　址：北京清华大学学研大厦 A 座　　邮　　编：100084
社 总 机：010-83470000　　邮　　购：010-62786544
投稿与读者服务：010-62776969，c-service@tup.tsinghua.edu.cn
质 量 反 馈：010-62772015，zhiliang@tup.tsinghua.edu.cn
印 装 者：三河市龙大印装有限公司
经　　销：全国新华书店
开　　本：185mm×260mm　　**印　张：**24.75　　**字　　数：**595 千字
版　　次：2007 年 10 月第 2 版　　**印　　次：**2024 年 8 月第15次印刷
印　　数：19301～20100
定　　价：69.00 元

产品编号：025746-04

序　言

时光更迭、历史嬗递。中国经济以她足以令世人惊叹的持续高速发展驶入了一个新的世纪，一个新的千年。世纪之初，以微电子、计算机、软件和通信技术为主导的信息技术革命给我们生存的社会所带来的变化令人目不暇接。软件是优化我国产业结构、加速传统产业改造和用信息化带动工业化的基础产业，是体现国家竞争力的战略性产业，是从事知识的提炼、总结、深化和应用的高智型产业；软件关系到国家的安全，是保证我国政治独立、文化不受侵蚀的重要因素；软件也是促进其他学科发展和提升的基础学科；软件作为 20 世纪人类文明进步的最伟大成果之一，代表了先进文化的前进方向。美国政府早在 1992 年“国家关键技术”一文中提出“美国在软件开发和应用上所处的传统领先地位是信息技术及其他重要领域竞争能力的一个关键因素”，“一个成熟的软件制造工业的发展是满足商业与国防对复杂程序日益增长的要求所必需的”，“在很多国家关键技术中，软件是关键的、起推动作用（或阻碍作用）的因素”。在 1999 年 1 月美国总统信息技术顾问委员会的报告“21 世纪的信息技术”中指出“从台式计算机、电话系统到股市，我们的经济与社会越来越依赖于软件”，“软件研究为基础研究方面最优先发展的领域。”而软件人才的缺乏和激烈竞争是当前国际的共性问题。各国、各企业都对培养、引进软件人才采取了特殊政策与措施。

为了满足社会对软件人才的需要，为了让更多的人可以更快地学到实用的软件理论、技术与方法，我们编著了《普通高等院校计算机专业（本科）实用教程系列》。本套丛书面向普通高等院校学生，以培养面向 21 世纪计算机专业应用人才（以软件工程师为主）为目标，以简明实用、便于自学、反映计算机技术最新发展和应用为特色，具体归纳为以下几点：

1．讲透基本理论、基本原理、方法和技术，在写法上力求叙述详细，算法具体，通俗易懂，便于自学。

2．理论结合实际。计算机是一门实践性很强的科学，丛书贯彻“从实践中来，到实践中去”的原则，许多技术理论结合实例讲解，以便于学习理解。

3．本丛书形成完整的体系，每本教材既有相对独立性，又有相互衔接和呼应，为总的培养目标服务。

4．每本教材都配以习题和实验，在各教学阶段安排课程设计或大作业，培养学生的实战能力与创新精神。习题和实验可以制作成光盘。

为了适应计算机科学技术的发展，本系列教材将本着与时俱进的精神不断修订更新，及时推出第二版、第三版……

新世纪曙光激人向上，催人奋进。江泽民同志在十五届五中全会上的讲话：“大力推进国民经济和社会信息化，是覆盖现代化建设全局的战略举措。以信息化带动工业化，发挥后发优势，实现社会生产力的跨越式发展”，指明了我国信息界前进的方向。21 世纪日趋开放的国策与更加迅速发展的科技会托起祖国更加辉煌灿烂的明天。

孙家广

2004 年 1 月

第二版前言

本书第一版已经出版近7年，得到社会上的广泛认可和好评，被许多高校选定为教材或考研参考书，并被评定为普通高等教育“十一五”国家级规划教材，按照学科发展和读者要求，现在及时修订为第二版。

C++语言是对传统C语言的丰富和发展，是C语言的更新换代产品，它含有目前软件开发技术中的所有要素，如函数重载、运算符重载、类、对象、模板、继承、多态、流、名字空间等，有许多要素是传统C语言所没有的，所以C++语言既能够代替C语言作为入门语言来学习，又能够学到比C语言丰富、实用和现代得多的知识。计算机及相关专业把C++语言定位为第一门计算机语言课程，代替传统的C语言，的确是明智之举。

本书第二版仍然保持原书第一版的优点，即内容丰富实用、叙述条理清楚、概念讲解明晰、问题分析透彻、程序设计规范、例题选择广泛、语法联系实际应用紧密和深入、前后章节内容组织和安排有序、创作风格便于自学和阅读。

本书第二版对第一版主要做了如下修改和补充：

1．增加了第一章“程序设计引论”。介绍了计算机中的数制和编码的概念，利用计算机编程解决问题的设计思路、方法和原则，利用文字叙述和各种流程图描述算法（即解决问题的方法）的特点和应用事例等内容。让读者在学习C++语言之前就能够了解和掌握利用计算机解决问题的思路和方法，能够用文字或流程图描述出来，待后面学习了C++语言后会很方便地编写出相应的程序。这一章不属于C++语言本身的内容，但能够为学习C++语言做好铺垫。如果通过前面课程对这一章内容有所了解，则可把这一章列为自学或选学内容。

2．在每章开始增加一段文字，简要地给出本章的主要内容和学习目标，让读者能够在学习具体内容前做到心中有数、有的放矢，增强学习的主动性和自觉性。在每章结束处高度地概括、归纳和提炼出主要知识点，能够使读者对本章所学的全部知识得到进一步的巩固和提升。

3．在第二章“C++语言概述”中，对于头文件的使用，引入了std名字空间的概念，这样更能体现C++语言的编程风格，对于在VC++ 6.0集成开发环境中建立工作区、工程项目和程序文件，作了较详细的介绍，有利于读者上机操作进行建立和调试程序。

4．在第八章“结构和联合”中，增加了对链表的一些操作算法的分析，如插入和删除结点等，使得进行链表的运算更加丰富，同时也加深对动态分配和回收对象的运算的理解和应用。

5．在第九章“类与对象”中，把类的运算符重载成员函数专门列为一节讨论，在本章的末尾增加一节“类的应用举例”，这些都能够加深读者对类与对象概念的理解。

6．对书中各章的一些内容，为了叙述更加条理和简明，便于理解和掌握，适当地增加和细化了内容标题。

7．为了便于读者自学，专门配套编写和同时出版了习题参考解答一书，该书给出了C++语言基础教程（第二版）中每章习题的全部参考解答和必要的分析与提示，并且还补充了一些练习题及参考解答。

8．在清华大学出版社图书网站的该书网页上给出讲课教案或课件素材供教师免费下载使用，并在适当的时候开设交流窗口供师生相互交流和研讨。

总之，经过这次修改和再版后，使得全书内容更加具有科学性、先进性、实用性和可读性，提供了多样性地教学支持服务，本书更加适合作为普通高校开设C++语言程序设计课程的教材或教学参考书。

另外，本书具有较丰富的程序设计例题和习题，涉及数值计算、数据处理等各方面的应用，它们均可以作为上机实验操作题使用，不需要另配实验教材。

尽管本人作了认真地修订，但可能仍有不尽如人意的地方，敬请热心读者斧正。本书编辑的电子邮件地址为：zhengyk@tup.tsinghua.edu.cn；作者的联系电话为：010-64910302，电子邮件地址为：xuxk@crtvu.edu.cn。

徐孝凯

2007年8月

第一版前言

C++语言是当前最流行和最实用的一种计算机高级程序设计语言，它具有丰富的数据类型和各种运算功能，带有庞大的函数库和类库，既支持面向过程的程序设计，又支持面向对象的程序设计，因此是目前进行软件开发的主要工具之一。

同其他所有计算机程序设计语言相比，C++语言具有非常明显的优势，正在成为普通高等院校开设程序设计课程的首选语言，因此在这套计算机专业系列教材中把它列为唯一必修的计算机语言课程是正确和明智的选择。

在这套系列教材中，C++语言基础课程具有非常重要的地位和作用，它将为数据结构、操作系统、数据库、软件工程、面向对象程序设计、计算机网络等所有后续课程打下坚实的计算机语言和程序设计基础。C++语言的知识将贯穿于所有这些课程之中，使得你的软件开发水平得到不断地提升，最终能够达到用面向对象的方法解决实际应用中的软件开发问题。

同社会上已经出版的各种 C++语言教材相比，本书具有以下特点和优势：

1．采用最新、最流行和最实用的 Microsoft Visual C++ 6.0 为依据，对 C++语言的基本内容作了详细地介绍，改变了计算机语言教材落后和脱离现实的状况。

2．对 C++语言中的每一种数据类型、运算符、表达式、语句等基本内容，不仅从概念叙述上做到条理清楚、层次分明，而且精心选择针对性强的典型语句或程序段加以解释和阐述，使你能够从概念、理论到应用的结合上加深理解和认识。

3．本书从训练和提高初学者分析和编写一般应用程序的能力出发，结合介绍分支、循环、函数调用等语句，并介绍数组、字符串、指针、结构、联合、类、文件等数据类型，给出了具有各种实际应用价值的一般典型程序的设计方法。通过这些基本训练后，你不仅能够学会阅读和分析现有的程序，而且能够具有解决实际问题的编程思路和方法，编写出符合规范化要求的性能良好的程序。

4．每一章后面都给出了具有各种题型的大量练习题，以便从各种不同的角度加强你对所学知识的训练和提高。

5．C++语言系统庞大，知识点之间像一张网，错综复杂，如何能够按照一般的认知规律，把所有知识点按章节划分为前后有序的一个线性结构，由浅入深、由易到难、循序渐进地组织内容，并使之前后呼应、条理清楚、方便自学，是编写教材成功与否的关键。本书在这方面作了很大的努力，使你能够较轻松地学好本门课程，掌握 C++语言的基本内容，为学好后续课程打下良好的基础。

6．本书中所有的 C++语句、程序段、函数、程序等都在 Microsoft Visual C++ 6.0 集成开发环境下运行通过，确保它们是正确无误的。

7．本书由一人创作完成，确保了体系的完整性，前后内容的一致性，编写风格的统一性，避免了由多人创作带来的种种弊端。

8．本书的习题参考解答将被放在清华大学出版社的该教材的网页上，供读者随时访问和下载。

本书虽然是为普通高等院校计算机专业开设程序设计语言课程而编写的教材，由于学习它只需要初等数学的知识和对计算机的初步了解，学习目标是掌握C++语言的基本语法规则和分析与编写解决简单通用问题的程序，所以，同样适合作为其他各专业开设C++语言课程的教材。

本书共分为10章，依次为C++语言概述、数据类型和表达式、流程控制语句、数组和字符串、指针、函数、结构与联合、类与对象、类的继承与多态性、C++流等。各章之间的内容连贯有序，衔接自然，成为一个有机的整体。

C++语言课程是一门实践性极强的课程，只有多阅读别人的程序，多练习编写自己的程序，多上机调试和运行程序，才能够获得真正的知识。书中所有例题和习题的程序均可以作为上机题使用。

本课程总课时应安排在80～100之间，其中讲授与上机课时之比应为3∶2左右。若课时紧张，可根据教学需要自行取舍内容，其剩余内容留作学生自学。

承蒙北京大学计算机系孙家骕教授在百忙之中认真审阅了全部书稿，给予了高度评价，并提出了一些修改意见，对此表示衷心感谢！

尽管本人做出了最大努力，但由于水平所限，错误和不足之处在所难免，敬请专家和读者批评指正。本人电子邮件地址为：xuxk@crtvu.edu.cn。

徐孝凯

2002年1月

目　录

第一章　程序设计引论

本章主要介绍数制和编码、算法和流程图的一些概念和知识，目的是使读者掌握各种数制的表示与转换、信息编码的作用、算法的描述和流程图的使用等内容，从逻辑层面上学会解决问题的思路和方法，进而通过后面章节C++语言的学习，编写出相应的C++程序并在计算机上运行之，得到处理结果，完成解决问题的全过程。

1.1　数制

数制就是计数的规则和制度。日常生活中使用最多的是十进制计数制。在计算机系统中，由于每个物理元器件只有两种截然不同的状态，对应承载着两种不同的信息，所以采用的是二进制计数制。二进制计数制很方便在计算机中表示和进行处理，但它不符合人们计数的习惯，而且占用的位数较多，难于记忆和书写。所以当向计算机输入十进制数据时，它总要被转换成二进制数进行保存和运算；当从计算机内向外部设备输出数据时，也需要做相反的转换，即把二进制数转换成对应的十进制数进行输出，以利于人们的阅读和使用。另外，二进制数能够被轻而易举地表示成八进制数和十六进制数，从而大大缩短表示数据的总位数，因此八进制和十六进制也经常被使用。

1.1.1　不同数制的表示与求值

1. 数制表示

十进制计数采用 0、1、2、3、4、5、6、7、8、9 共十个记数符号和逢十向高位进一的规则，当然还可以使用正、负号和小数点等符号。二进制计数采用 0 和 1 这两个记数符号和逢二向高位进一的规则。八进制采用 0、1、2、3、4、5、6、7 共八个计数符号和逢八向高位进一的规则。十六进制采用 0～9 和 a、b、c、d、e、f（大、小写等效）共十六个计数符号和逢十六向高位进一的规则，其中 a、b、c、d、e、f 分别对应十进制的 10、11、12、13、14 和 15。

在每一种计数制中，所使用的记数符号的个数称为该计数制的基数。由此可知，十进制的基数为十，二、八、十六进制的基数分别为二、八和十六，对应十进制表示分别为 2、8 和 16。

对于每一种计数制中的每个数据，从小数点向左第 i 位的权定义为基数的 i–1 次方，从小数点向右第 i 位的权定义为基数的–i 次方。例如，对于十进制数，从小数点向左每一位的权依次为 10^0、10^1、10^2、…，从小数点向右每一位的权依次为 10^{-1}、10^{-2}、10^{-3}、…；

对于二进制数，从小数点向左每一位的权依次为 2^0、2^1、2^2、…，从小数点向右每一位的权依次为 2^{-1}、2^{-2}、2^{-3}、…；同样，对于八进制数，从小数点向左每一位的权依次为 8^0、8^1、8^2、…，从小数点向右每一位的权依次为 8^{-1}、8^{-2}、8^{-3}、…；对于十六进制数，从小数点向左每一位的权依次为 16^0、16^1、16^2、…，从小数点向右每一位的权依次为 16^{-1}、16^{-2}、16^{-3}、…。

2．数制求值

在每一种计数制中，一个数的大小可以用对应的十进制数的大小来衡量，它等于该数中每一位数字与对应权值的乘积的累加和。假定一个计数制的基数为 k，其中的一个数 x 具有 n 个整数位和 m 个小数位，可表示为 $S_{n-1}S_{n-2}\cdots S_1S_0.S_{-1}S_{-2}\cdots S_{-m}$，则 x 的大小为 $\sum_{i=-m}^{n-1}(S_i \times k^i)$，此累加式又称为该数 x 的按权展开式。

例如，一个十进制数$(376.45)_{10}$的按权展开式为：

$$(376.45)_{10}=\sum_{i=-2}^{2}(S_i \times 10^i)=3\times10^2+7\times10^1+6\times10^0+4\times10^{-1}+5\times10^{-2}=376.45$$

一个二进制数$(10110.101)_2$的按权展开式为：

$$(10110.101)_2=\sum_{i=-3}^{4}(S_i \times 2^i)=1\times2^4+0\times2^3+1\times2^2+1\times2^1+0\times2^0+1\times2^{-1}+0\times2^{-2}+1\times2^{-3}$$

$$=16+0+4+2+0+0.5+0+0.125=22.625$$

一个八进制数$(526.4)_8$的按权展开式为：

$$(526.4)_8=\sum_{i=-1}^{2}(S_i \times 8^i)=5\times8^2+2\times8^1+6\times8^0+4\times8^{-1}=320+16+6+0.5=342.5$$

一个十六进制数$(2B0D)_{16}$的按权展开式为：

$$(2B0D)_{16}=\sum_{i=0}^{3}(S_i \times 16^i)=2\times16^3+11\times16^2+0\times16^1+13\times16^0=8192+2816+13=11021$$

表 1-1 给出了十进制整数 0～20 和 255 所对应的二进制、八进制和十六进制数。

表 1-1 20 以内及 255 的各种数制对照表

十进制	二进制	八进制	十六进制	十进制	二进制	八进制	十六进制
0	0	0	0	11	1011	13	B
1	1	1	1	12	1100	14	C
2	10	2	2	13	1101	15	D
3	11	3	3	14	1110	16	E
4	100	4	4	15	1111	17	F
5	101	5	5	16	10000	20	10
6	110	6	6	17	10001	21	11
7	111	7	7	18	10010	22	12
8	1000	10	8	19	10011	23	13
9	1001	11	9	20	10100	24	14
10	1010	12	A	255	11111111	377	FF

1.1.2　不同数制的转换

1．十进制与其他进制之间的转换

每种计数制中的每个数值都可以通过按权展开式得到对应的十进制数。如二进制整数 101101 所对应的十进制整数为 $1\times2^5+1\times2^3+1\times2^2+1\times2^0=45$；八进制整数 2473 所对应的十进制整数为 $2\times8^3+4\times8^2+7\times8^1+3\times8^0=1339$；十六进制小数 AE2.4 所对应的十进制小数为 $10\times16^2+14\times16^1+2\times16^0+4\times16^{-1}=2786.25$。

十进制整数转换成其他任一进制整数采用逐次除以对应的基数 k 取余法，直到整数商为 0 时止。具体表述为：第一次用被转换的十进制整数除以相应的基数 k 后所得整余数为相应记数制整数的最低位 S_0，第二次用第一次得到的整数商除以 k 后所得整余数为相应计数制整数的次最低位 S_1，以此类推，最后一次整数商为 0 所得整余数为相应记数制整数的最高位 S_{n-1}，假定共得到 n 个整余数。例如，若把十进制整数 185 分别转换成二进制、八进制和十六进制整数，则计算过程分别如图 1-1（a）、图 1-1（b）和图 1-1（c）所示。

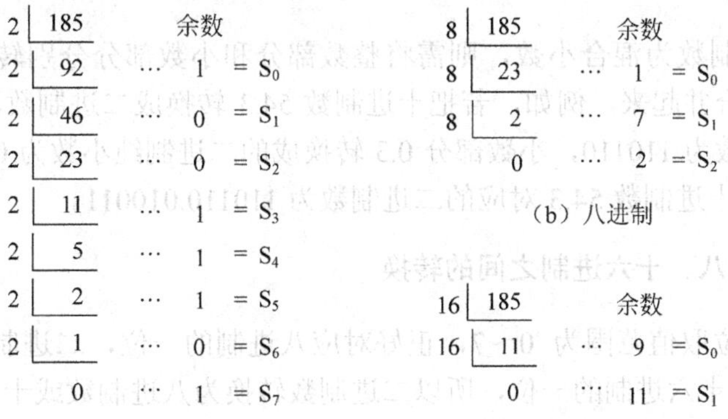

（a）二进制　（b）八进制　（c）十六进制

图 1-1　十进制整数转换为其他进制整数的过程

由图 1-1 的转换过程可知，十进制整数 185 对应的二进制整数为 10111001，对应的八进制整数为 271，对应的十六进制数为 B9。

十进制纯小数转换成其他进制的纯小数采用逐次乘以基数 k 取整法，直到积的小数部分为 0 或达到所规定的精度为止。转换过程可具体表述为：第一次用被转换的十进制纯小数乘以基数 k 后所得乘积的整数部分是相应计数制纯小数的最高位 S_{-1}，第二次用第一次乘积的小数部分乘以基数 k 后所得乘积的整数部分是相应计数制纯小数的次最高位 S_{-2}，以此类推，直到所得乘积的小数部分为 0 或已经求出所规定的小数位数为止。例如，若把十进制纯小数 0.6845 分别转换成对应的二进制、八进制和十六进制纯小数，则转换过程分别如图 1-2（a）、图 1-2（b）和图 1-2（c）所示。

由图 1-2 可知，十进制小数 0.6845 对应的二进制小数为 0.10101111，假定只需要保留二进制的 8 位小数，其精度为 $1/2^{-8}$（即 1/256）；0.6845 对应的八进制小数为 0.53635，假定只需要保留八进制的 5 位小数，其精度为 $1/8^{-5}$（即 1/32 768）；0.6845 对应的十六进制小数为 0.AF3B，假定只需要保留十六进制的 4 位小数，其精度为 $1/16^{-4}$（即 1/65 536）。

0.6845 × 2	
1.3690	$S_{-1}=1$
0.738	$S_{-2}=0$
1.476	$S_{-3}=1$
0.952	$S_{-4}=0$
1.904	$S_{-5}=1$
1.808	$S_{-6}=1$
1.616	$S_{-7}=1$
1.232	$S_{-8}=1$

（a）二进制

0.6845 × 8	
5.4760	$S_{-1}=5$
3.808	$S_{-2}=3$
6.464	$S_{-3}=6$
3.712	$S_{-4}=3$
5.696	$S_{-5}=5$

（b）八进制

0.6845 × 16	
10.9520	$S_{-1}=A$
15.232	$S_{-2}=F$
3.712	$S_{-3}=3$
11.392	$S_{-4}=B$

（c）十六进制

图 1-2　十进制纯小数转换成其他进制纯小数的过程

若一个十进制数为混合小数，则需将整数部分和小数部分分别转换成对应的二进制数，然后把它们合并起来。例如，若把十进制数 54.3 转换成二进制数，则整数部分 54 转换成的二进制整数为 110110，小数部分 0.3 转换成的二进制纯小数为 0.010011（假定保留 6 位小数），所以十进制数 54.3 对应的二进制数为 110110.010011。

2．二进制与八、十六进制之间的转换

二进制的三位取值范围为 0～7，正好对应八进制的一位，二进制的四位取值范围为 0～15，正好对应十六进制的一位，所以二进制数转换为八进制数或十六进制数非常方便。

二进制数转换为八进制数的规则是：从二进制数的小数点向左每三位为一组进行划分，若最高一组不足三位则高位空缺处补 0；从小数点向右每三位为一组进行划分，若最低一组不足三位则低位空缺处补 0；然后按组从高到低依次写出对应的八进制数字位即可。如：

$$(1110110)_2=(001\ 110\ 110)_2=(166)_8$$

$$(110101.1101)_2=(110\ 101.110\ 100)_2=(65.64)_8$$

二进制数转换为十六进制数的规则是：从二进制数的小数点向左每四位为一组进行划分，若最高一组不足四位则高位空缺处补 0；从小数点向右每四位为一组进行划分，若最低一组不足四位则低位空缺处补 0；然后按组从高到低依次写出对应的十六进制数字位即可。如：

$$(1110110)_2=(0111\ 0110)_2=(76)_{16}$$

$$(110101.1101)_2=(0011\ 0101.1101)_2=(35.D)_{16}$$

因为二进制数中的三位或四位对应八进制或十六进制数中的一位，所以把二进制数用八进制或十六进制数表示后，可以大大缩短编码长度（即数字位个数），即分别缩短到原来长度的 1/3 和 1/4。如对一个具有 32 位的二进制数，若表示成八进制数则只需要 11 位，若表示成十六进制数则只需要 8 位。

八进制数或十六进制数转换为二进制数也非常方便，只要按位写出对应的三位或四位二进制数即可。例如：

$$(472)_8=(100\ 111\ 010)_2=(100111010)_2$$

$$(130.4)_8=(001\ 011\ 000.100)_2=(1011000.1)_2$$

$$(a2e)_{16}=(1010\ 0010\ 1110)_2=(101000101110)_2$$

3. 八进制与十六进制之间的转换

八进制数与十六进制数之间的转换可通过二进制数作为桥梁进行。例如：

$$(542)_8=(101\ 100\ 010)_2=(0001\ 0110\ 0010)_2=(162)_{16}$$

$$(3074)_8=(011\ 000\ 111\ 100)_2=(0110\ 0011\ 1100)_2=(63C)_{16}$$

$$(307)_{16}=(0011\ 0000\ 0111)_2=(001\ 100\ 000\ 111)_2=(1407)_8$$

$$(13D.9)_{16}=(0001\ 0011\ 1101.1001)_2=(100\ 111\ 101.100\ 100)_2=(475.44)_8$$

1.2 编码

1. 编码的概念

编码就是对同一类事物中的不同对象按照一定规则所进行的顺序编号。编码可以采用数字、字符、图形等单一或混合形式。

编码在日常生活中被广泛使用。如邮政编码就是 6 位十进制数字编码，电报码就是 4 位十进制数字编码，北京市内电话号码就是 8 位十进制数字编码，汽车车辆号码就是一个 7 位的数字、字母和汉字的混合编码，“京 HA8232”就是一个实际的汽车号码。又如，一年被分为 12 个月，每月的序号就是一种编码，编码范围为 1～12。

在上面已经讨论过的二进制、八进制、十进制、十六进制等数制系统，实际上都是编码系统，它们可以用来对数值数据进行编码（表示），同样可以用来对其他各种类型的数据进行编码。如用来对行政区域进行编码，北京的行政区域编码为 110。

在计算机系统中，不仅数值采用二进制表示（编码），其他能够保存和处理的一切信息都是采用二进制表示的。二进制的一位具有 0 和 1 两种不同的编码，可用来表示两种不同的情况；二进制的两位具有 00、01、10、11 四种不同的编码，可用来表示四种不同的情况；总之，二进制的 n 位具有 2^n 种不同的编码，可用来表示 2^n 种不同的情况。例如，若要使用 16 种不同的颜色作图，则可用二进制的四位对其编码，每一种编码对应一种颜色；若一种计算机的内部存储器最多允许配置有 2^{32} 个存储字节的存储空间，则需要二进制的 32 位对其编码，每一种编码为一个对应字节的编号，即存储地址，通过该编码就可以存取该字节的内容。

在计算机存储系统中，一个字节包含 8 个二进制位，通常连续 4 个字节（即 32 个二进制位）为一个存储字，一个存储字是进行内存信息存取操作的基本单位。一个字节包含有 2^8（即 256）种不同的编码，一个存储字包含有 2^{32}（即 4 294 967 296）种不同的编码。

要利用计算机处理信息，首先要把信息以二进制编码的方式存储到计算机系统中：对于数值信息，是直接转换成对应的二进制数值编码，如原码、补码、反码等；对于非数值信息，如各种字符、符号（包括数字符号）、字母、汉字等信息，是建立通用和统一的编码表，按此表转换成对应的二进制编码进行存储。在计算机科学领域，最常用的是ASCII编码表，在我国还有汉字区位编码表，ASCII码为单字节编码，汉字区位码为双字节编码。随着计算机技术的飞速发展，在新的计算机系统中逐渐采用了全世界统一的双字节字符编码表，即Unicode编码表，它包含了世界上所有语言文字和符号，所以它包含着ASCII码表和汉字区位码表中的全部信息。

2．ASCII码

ASCII码是美国信息交换用标准代码(American Standard Code for Information Interchange)，它采用二进制的7位，对128个字符进行了编码，编码范围对应二进制表示为0000000～1111111，对应十进制数为0～127。整个ASCII代码表如附录所示，其中每个ASCII码值按十进制表示给出。

在ASCII编码表中，十进制值为0～31和127的编码是控制字符编码，每一种控制字符代表了一种相应的控制功能，如ASCII码10控制显示屏光标换行，ASCII码7使计算机系统中自带的扬声器发出一声鸣叫等。十进制值为32～126的编码为可显示字符编码，这些字符为大、小写英文字母、数字符号、标点符号、运算符号、各种特殊符号等。

利用ASCII代码表，可以根据字符查找出对应的ASCII码，也可以根据ASCII码查找出对应的字符。如根据字符A可查找出它的ASCII码为65，根据ASCII码50可查找出它的字符为数字符号2。

在计算机内部存储每个ASCII码字符实际上就是存储它的ASCII码，每个ASCII码占用一个字节，即二进制的8位，它被放在低7位中，剩余的最高位用数字0填补，因为高位补0不会改变编码的大小。例如对于字符x，它的ASCII码为120，对应的二进制表示为1111000，对应的存储字节中的内容为01111000，用十六进制表示为78。

从ASCII代码表可以看出，数字符号0～9、大写字母A～Z、小写字母a～z等都是分别连续编码的，并且数字符号的编码小于大写字母的编码，而大写字母的编码又小于小写字母的编码。

利用字符的ASCII码可以比较字符的大小。当一个字符的ASCII码大于、等于或小于另一个字符的ASCII码时，就认为该字符大于、等于或小于另一个字符。如字符A的ASCII码为65，字符B的ASCII码为66，则认为字符A小于字符B，或者说字符B大于字符A。同样，利用字符的ASCII码可以比较两个字符串的大小。此比较过程从各自第一个字符开始作对应比较，若比较到对应字符的ASCII码不同，则认为字符的ASCII码大的那个字符串较大；若一个字符串中无字符可比，则认为另一个较长的字符串较大；若两个字符串长度（即所含字符个数）相等，并且比较到最后一个字符都相同，则认为这两个字符串相等。例如，字符串ABC、abc、abc3、RFd、2RFd、hight、Hight的从小到大的排列次序为：2RFd、ABC、Hight、RFd、abc、abc3、hight。

ASCII代码表还有一种扩展的形式，它用一个字节表示，包含有256个字符，其中前128个字符就是原来的ASCII代码表，后128个为新增加的字符编码，编码范围是128～255。如¥、§、±、×、÷、µ、¶等特殊符号都属于扩展的ASCII码字符。

3. 汉字区位码

计算机不仅能够表示和处理 ASCII 码，在汉字操作系统的支持下还能够表示和处理汉字语言文字。为了实现对汉字进行统一编码，我国国家标准局于 1981 年公布了汉字编码国家标准——信息交换用汉字编码字符集基本集，称为 GB 2312—80 汉字编码方案，即汉字区位码表。该表共收录了 6763 个常用汉字和 682 个常用符号，包括各种图形符号、各种数字符号、各种西文符号等，同时也包含着所有 ASCII 码字符。对于 6763 个常用汉字又划分为两级，把其中最常用的 3755 个汉字划为第一级，把剩余 3008 个较生僻的汉字划为第二级。该表中的所有字符被组织成 87 个区，每个区最多含 94 个字符，各区的分配情况如下：

1～9 区	常用符号
10～15 区	空闲未用
16～55 区	一级汉字，按拼音字母顺序排列
56～87 区	二级汉字，按偏旁部首顺序排列

在汉字区位码表中，每个字符对应一个区位码，每个区位码由四位十进制数字组成，其中前两位数字为字符所在的区号（即区码），取值范围是 01～87，后两位数字为字符所在的位置号（即位码），取值范围是 01～94。例如，区位码为 0157 的字符是“≠”，其中区码为 01，位码为 57；区位码为 1601 的字符是“啊”，其中区码为 16，位码为 01。

计算机存储每个区位码占用两个字节，其中第一个字节存区码，第二个字节存位码。区位码表中每个字符的区码不超过 87，位码不超过 94，分别转换为一个字节的 8 位二进制编码后，其最高位必然为 0，因为若是 1 则其值不会小于 128。为了使存储区位码字节的内容与存储 ASCII 码的内容明显地区别开来，在存储每个字符的区码和位码时，计算机系统都分别自动在原值的基础上增加了十进制值 160，对应的二进制值为 10100000，十六进制值为 A0。在汉字区码和位码基础上分别增加十六进制值 A0 后得到的编码为汉字机内码。例如，“啊”的区位码为 1601，对应的十六进制编码为 1001，“啊”的机内码 B0A1，即第一个字节存储的内容为 10110000，第二个字节存储的内容为 10100001。

利用汉字区位码能够比较两个带汉字的字符串的大小，其比较过程与 ASCII 码字符串类似，区位码值较大的字符串大。如“张平”字符串大于“李书洋”字符串，因为它们中的每个汉字都属于一级字符，需要按相应的拼音字母比较大小，“张平”的第一个字母为“Z”，“李书洋”的第一个字母为“L”，所以“张平”区位码较大，而“李书洋”的区位码较小。

一个完整的汉字区位码表篇幅较大，读者可以很方便地从网络上查询和下载得到，在这里介绍它，主要是强调汉字与编码的关系。

4. Unicode 编码

Unicode 编码是近年来国际上统一采用的字符信息编码，它采用两个字节，来对所有国家、所有领域日常使用的字符、字母和符号等进行统一编码。

现在从各种流行的信息处理软件环境中都可以直接查看到 Unicode 编码表。如在 Word 文字处理软件环境中，通过打开主界面上的“插入”菜单，再从中选择“符号”选项，从自动弹出的“符号”对话框中就可以浏览到所有 Unicode 字符及其对应的十六进制编码。如“≤”的 Unicode 字符编码为 2264，“万”的 Unicode 字符编码为 4E07。在这个对话框窗口中，还能够顺便浏览到所有 ASCII 码字符及其对应的十进制或十六进制的编码。

1.3 算法

1.3.1 算法的概念

算法就是解决特定问题的方法和步骤。在日常生活中，虽然不使用“算法”这个词，但做每一件事情也总是按照一定的方法和步骤进行的。如厨师做一道菜，缝纫师做一件服装，理发师做一种发型，工厂生产一种型号的产品等都是如此。下面以购买一件商品为例，其步骤如下：

（1）带上足够的现金或支票；

（2）去一家具有该商品的商店；

（3）从同类商品中挑选出一件商品购买；

（4）带回商品完成选购任务。

计算机是能够直接进行算术运算和逻辑运算的机器，并能够按照事先编好的程序（算法）自动执行。算术运算是指加、减、乘、除、乘方、开方等运算，运算结果是一个数值。如计算机能够进行 5+4×3 的算术运算，求得的结果为 17。逻辑运算是指比较两个数值或字符串的大小、判断一个条件（或称命题）是否成立等运算，运算结果是逻辑值“真”或“假”。如计算机能够判断命题 10>5 为真，能够判断命题 x<10 是否成立，当 x 的值确实小于 10 时其结果为真，否则结果为假。

计算机还能够进行数据存储、传送等操作。数据存储就是把数据临时保存到指定的内存区域中，或把数据永久地保存到外存文件中。数据传送是指把数据从一种设备传送到另一种设备，或从同一个设备的一个存储区域传送到另一个存储区域位置之中。如经常需要把数据从输入设备传送到内存，从内存传送到输出设备，内存和外存之间的相互传送，内存内部不同存储位置之间的传送等。

利用计算机解决问题，首先要设计出适合计算机运算特点的算法，算法包含的步骤必须是有限的，每一步都必须是明确的，都必须是计算机最终能够执行的。因此算法中的每一步都只能是如下一些基本操作或它们的不同组合。

- 数据存储；
- 数据传送；
- 算术运算；
- 逻辑运算；
- 顺序向下执行或转向另一个指定位置起执行。

这些基本操作在每一种计算机语言中都由相应的语句来实现。

根据实际问题设计一个计算机算法时，还要尽量考虑用重复（循环、迭代）的步骤去实现，通过循环操作使问题逐渐得到解决。这样编写出的算法简明易懂，便于上机输入和调试。目前所有计算机程序设计语言都提供有丰富的支持循环操作的语句。

1.3.2 算法设计举例

例 1-3-1 设计一个算法，计算$1+\frac{1}{2}+\frac{1}{3}+\cdots+\frac{1}{n}$的值，其中 n 为一个自然数。

分析：此计算公式是一个求和式，共包含有 n 个加数项，计算它可采用累加求和法，即首先把第一项保存到一个变量（它对应内存中一个指定存储区域）中，然后依次把剩余的每一项加到该变量中。由于该变量依次保存累加的结果，所以被称之为累加变量。

此题的算法可以设计如下：

（1）设置一个变量 n，并给它输入一个自然数，它是和式中最后一个加数项的分母值；

（2）设置一个累加变量，假定用 S 表示；

（3）给累加变量 S 赋初值 1，即和式中的第一项的值；

（4）把和式中的第二项$\frac{1}{2}$的值累加到 S 上，得到 S 的值为$\frac{3}{2}$；

（5）把和式中的第三项$\frac{1}{3}$的值累加到 S 上，得到 S 的值为$\frac{11}{6}$；

…

(n+2) 把和式中的第 n 项$\frac{1}{n}$的值累加到 S 上，得到 S 的值为最后结果；

(n+3) 输出 S 的值。

此算法虽然正确，但太冗长且不通用，因为当 n 变化时就得相应地增加或减少步骤，当 n 很大时要书写出此算法甚至是不可能的。

分析所给的和式可以看出，每个加数项的分子都为 1，分母从 1 开始，依次增加 1，直到 n。所以计算过程可以采用循环的方法来实现，为此需要设置一个计数变量，假定用 i 表示，开始让它的初值为第一项的分母 1，然后重复执行 i 增 1 的操作，同时每次都把$\frac{1}{i}$的值加到累加变量 S 上，直到 i 的值大于等于 n 时终止循环。改进后的算法描述如下：

（1）给 n 输入一个自然数；

（2）设置一个计数变量 i，并给它赋初值 1；

（3）设置一个累加变量 S，并给它赋初值 1；

（4）把 1 累加到 i 上，使 i 的值增 1；

（5）把$\frac{1}{i}$的值累加到 S 上，使 S 的值增加$\frac{1}{i}$；

（6）如果 $i<n$ 成立，则转向第（4）步循环执行，否则离开循环，即向下执行；

（7）输出 S 的值。

此算法共 7 步，不管 n 的值如何变化都不会增减步骤，因此通用性强。当然随着 n 值的不同，会相应地增加或减少第（4）步到第（6）步重复执行的次数，但重复执行是由计算机去做的，不会因此增加人们设计和调试算法的工作量。

此改进后的算法还存在着问题，它只有当 $n\geqslant 2$ 时才正确，若要使 n=1 时也正确，必须先对条件 i<n 进行判断，然后再决定是否执行循环，即是否执行 i 增 1 和 S 增加 $\frac{1}{i}$ 的操作。

再做相应地修改，则算法描述为：

（1）给 n 输入一个自然数；

（2）设置一个计数变量 i，并给它赋初值 1；

（3）设置一个累加变量 S，并给它赋初值 1；

（4）如果 i<n 成立，则继续向下执行，否则转向第(8)步；

（5）把 1 累加到 i 上，使 i 的值增 1；

（6）把 $\frac{1}{i}$ 的值累加到 S 上，使 S 的值增加 $\frac{1}{i}$；

（7）转向第(4)步；

（8）输出 S 的值。

从以上算法分析可以看出：一个算法大致分为三个部分：第一部分是设置算法中使用的变量并为其赋初值，此初值可以是常数，也可以在算法执行时由键盘输入得到，有时还可以是其他已被赋值的变量中的值；第二部分是运算，是算法的主体，一般需要通过循环操作得到运算结果；第三部分是输出运算结果，结束算法执行。

例 1-3-2 设计一个算法，求出已知 n 个数中的最大数，其中 n 为自然数。

分析：求出 n 个数中的最大数（又称最大值）可以采用顺序比较法，即首先把第一个数送入一个变量中，称此变量为比较变量，然后依次取出剩余的每个数同比较变量的值进行比较，若大于比较变量的值就把它赋给比较变量，成为比较变量的当前值，这样比较变量的当前值始终是比较过的所有数中的最大值，当比较完所给的 n 个数后，比较变量的当前值就是这 n 个数中的最大值。

由以上分析不难看出，此算法也是一个循环过程，具体描述如下：

（1）设置变量 n 并给它输入一个自然数；

（2）设置一个输入变量 x；

（3）给 x 输入 n 个数中的第一个数；

（4）设置一个计数变量 i，并给它赋初值 1；

（5）设置一个比较变量 Max，并给它赋初值为 x 的值；

（6）如果 i≥n 成立，则转向第(11)步，从而离开循环处理过程，否则向下执行；

（7）使 i 增 1；

（8）给 x 输入下一个数；

（9）如果 x>Max 成立则把 x 的值赋给 Max，否则 Max 的值保持不变；

（10）转向第(6)步；

（11）输出 Max 的值，算法结束。

例 1-3-3 设计一个算法，求出已知 10 个数中比平均值大的所有数。

分析：此算法首先需要求出 10 个数的平均值，然后再重新使每个数依次同平均值进行比较，输出比平均值大的所有数。为此在输入 10 个数时，不能像例 1-3-2 那样使用同一个变量接收数据，而是要使用 10 个不同的变量依次保存数据，这样当求出平均值后，再利用这 10 个变量的值依次同平均值相比较，得到比平均值大的所有数。

此题的算法可顺序分为三个部分，第一部分为输入数据，它向 10 个变量（假定用 a_1, $a_2,\cdots,a_{10}$ 表示）输入 10 个常数；第二部分为求出平均值；第三部分求出比平均值大的所有数。每个部分都是一个循环过程，第一部分循环向 a_i $(1\leqslant i\leqslant 10)$ 输入数据，第二部分循环求出 10 个数据的累加和，接着求出平均值；第三部分进行循环比较查找出比平均值大的每个数并输出。

此题的具体算法描述如下：

（1）输入数据。

（1.1）设置 10 个变量 $a_1,a_2,\cdots,a_{10}$;

（1.2）设置计数变量 i，并给它赋初值 1；

（1.3）给 a_i 输入第 i 个常数；

（1.4）使 i 增 1；

（1.5）如果 $i\leqslant 10$ 则转向第（1.3）步，否则向下执行；

（2）求平均值。

（2.1）设置一个累加变量 S，给它赋初值 0；

（2.2）给计数变量 i 重新赋初值 1；

（2.3）把 a_i 的值累加到 S 上；

（2.4）让 i 增 1；

（2.5）如果 $i\leqslant 10$ 则转向第（2.3）步，否则向下执行；

（2.6）把 S/10 的值赋给存放平均值的变量，假定仍使用变量 S，因为 S 的原值（即累加和）被计算平均值后不再使用；

（3）输出比平均值大的所有数。

（3.1）给计数变量 i 重新赋初值 1；

（3.2）如果 $a_i>S$ 则输出 a_i;

（3.3）让 i 增 1；

（3.4）如果 $i\leqslant 10$ 则转向第（3.2）步，否则向下执行；

（4）算法结束。

利用计算机解决问题包括设计算法和实现算法两个阶段。在设计算法阶段，首先要根据问题进行具体分析，找出解决问题的适当方法，接着列出处理步骤。对于较复杂的问题，开始可以列出粗略的框架，然后再逐步深入和细化，直到每一步都能够用计算机基本操作直接处理为止。在实现算法阶段，是根据设计算法得到的详细步骤，利用所选择的一种计算机程序设计语言（如 C++语言）编写出相应的程序，进而上机运行该程序得到运行结果。

解决问题重在算法设计，根据设计好的算法再编写程序是不困难的。上面的 3 个例子都是比较简单的算法设计题，也是最基本的算法设计题，随着学习的不断深入，将会逐步接触到较复杂的算法设计题。

1.3.3　算法设计的一般原则

解决问题的算法设计因人而异，解决问题的思路和方法不同，其设计出的算法步骤也不会相同。但算法设计也有一般性和通用性的原则可以遵循，那就是尽量使算法做到结构化、模块化和对象化。

1．结构化

在进行算法设计时，如果不加规范，可能会使算法执行流程转来转去，从而造成算法结构的混乱，给阅读和修改算法造成困难。为了克服算法设计的随意性，人们提出了结构化算法设计的原则，即任何算法都只允许由顺序、选择（分支）和循环这三种基本结构单元的顺序连接来实现。对于一个符合结构化原则的算法，从整体上看是顺序结构，但允许在其中的任何步骤上采用顺序、分支或循环结构。在顺序、选择和循环这三种基本结构单元中，每个单元只允许有一个入口和一个出口。所以，一个结构化的算法是按照每个结构单元从上到下的顺序依次执行的，不会出现单元之间相互转移的复杂情况，从而使算法结构简单化和线性化，便于人们阅读、分析和修改，也便于用一种计算机语言实现，即编写出程序。

在顺序、选择和循环这三种基本结构中，顺序结构中的各步骤之间是从上向下顺序执行的；选择结构中的各步骤之间是并列的，它们之中只有一个步骤被选择出来执行一遍，其他步骤均不会被执行；循环结构中的各步骤之间是循环执行的，只要循环条件成立就继续循环，否则就离开循环，按序执行下一个结构单元。在每个基本结构单元的内部，同样允许包含顺序、分支和循环结构，也就是说，结构化算法设计的原则适应于由外层到内层、由整体到局部的各个层面上。

2．模块化

对于一些较复杂的问题，往往需要把它划分为若干个子问题来解决，有时还需要把一个子问题划分为一组更小的子问题来解决，当所有子问题都顺利解决了，所属大问题也就解决了。这既是解决日常问题的一般方法，也是解决算法设计问题的原则。

对于一个算法设计问题，若能够把它划分为若干个功能相对独立的子问题，对于每个子问题用一个独立的算法设计模块来完成，若干个算法设计模块就构成了整个算法，执行算法的过程就是按次序调用（执行）每个算法设计模块的过程，这就是算法设计的模块化原则。

按照模块化原则进行算法设计，能够使算法结构简单、层次分明，而且便于修改、扩充和重用。因为功能相对独立的算法设计模块不只是为一个算法服务，它能够为许多算法所共享。在每种计算机语言系统中所具有的标准函数库，其每个标准函数都是相应的算法设计模块的具体实现，它可以为任何程序所共享。

3．对象化

随着计算机程序设计技术的不断发展和进步，程序设计技术已经由以往的面向过程的程序设计技术逐步转向了现在的面向对象的程序设计技术的发展阶段。在面向过程的程序设计阶段，算法设计原则只包括结构化和模块化原则；而在面向对象的程序设计阶段，则算法设计的三原则，即结构化、模块化和对象化，都必须考虑和遵守。

对象就是现实世界中存在的实体，如人、汽车、书本、矩形、向量、矩阵等都是对象。待解决的实际问题通常包含有多种对象，并且存在着对象之间相互作用的关系。解决问题的过程就是寻找对象和掌握对象作用规律的过程。如从一批职工记录中求出具有最高工资的那条记录，若按照面向对象的解题思路，可把每个职工记录看作同类型的对象，把一个对象的工资属性同另一个对象的工资属性进行比较，大者对象胜出，接着再同下一个对象的工资属性进行比较，又是大者胜出，以此类推，当比较完所有对象后，最后胜出的对象具有最高的工资值。

对象化的算法设计原则，能够使每个对象具有封装性、继承性和多态性，是现在大型算法（程序）设计的最重要原则之一，广泛应用于各种系统软件和应用软件的开发之中。要真正理解这种设计原则的含义，需要在学习了本书后面的类和对象等内容之后才能达到。

1.4 用流程图描述算法

流程图是描述算法的一种有效方式，它比用文字叙述算法更确切和严谨，更直观和易读，使算法的逻辑结构一目了然。描述算法的流程图通常有三种：传统流程图、盒图和问题分析图，其中传统流程图最为常用。

1.4.1 传统流程图

设用 S、S1、S2 等分别表示算法中的不同步骤（单元），用 C 表示判断条件，用字母 Y 或 T 表示条件为真，用字母 N 或 F 表示条件为假。在传统流程图表示中，约定用矩形框表示处理，用菱形框表示条件判断，用带箭头的连线表示算法执行的走向。

用传统流程图表示的顺序结构单元的执行过程如图 1-3（a）所示，先执行上面的 S1 单元，再接着执行下面的 S2 单元。若顺序结构中多于两个单元，则将按照从上到下的顺序依次执行每个单元。

最简单的选择结构是从两个单元中选择其一执行，当条件判断为真时执行一个分支单元，为假时执行另一个分支单元，用传统流程图表示则如图 1-3（b）所示，其中条件 C 为真时执行 S1 单元，为假时执行 S2 单元。选择结构可以从多于两个的分支中根据条件的取值不同选择一个对应的分支单元执行，用传统流程图表示如图 1-3（c）所示。

循环结构分为先判断和后判断循环结构两种形式。先判断循环结构是先判断条件，后执行循环体，每次当循环条件为真时执行一遍循环体，为假时离开循环，接着执行整个循环单元后面的单元。后判断循环结构是先执行循环体，后判断条件，每次执行一遍循环体后都做一次条件判断，当循环条件为真时重复执行循环体，为假时离开循环。先判断循环结构的流程图如图 1-3（d）所示，后判断循环结构的流程图如图 1-3（e）所示，它们中的 S 模块为循环体，C 为循环判断条件。

从图 1-3 可以看出，每个结构单元都只有一个入口点和一个出口点，由它们组合而成的算法流程图无论多么复杂，从整体上看都会是一种顺序结构。

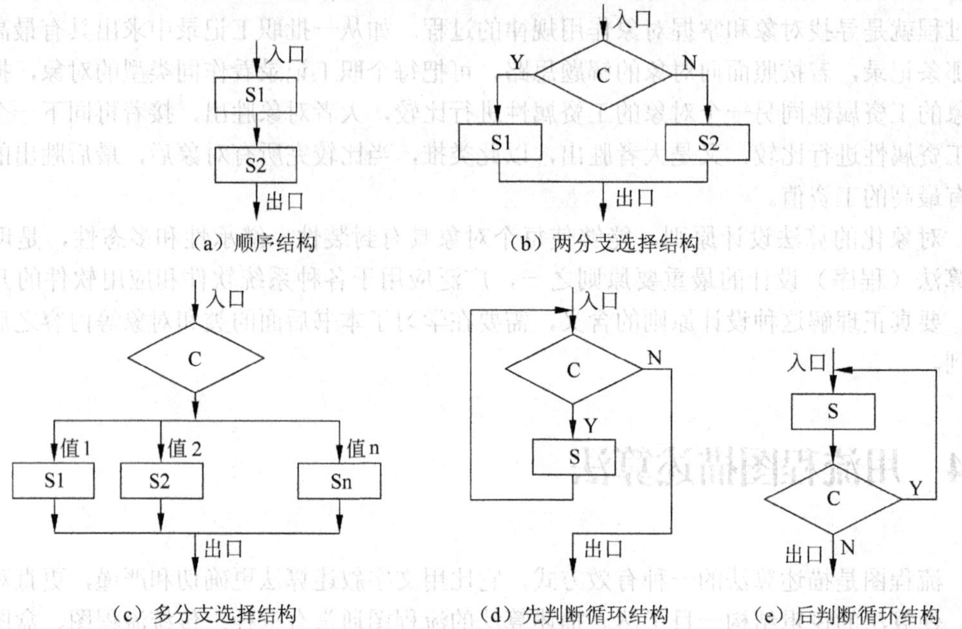

图 1-3　传统流程图

1.4.2　盒图

盒图是由 Nassi 和 Shneiderman 两人于 1973 年提出的，所以又称盒图为 N-S 图。在盒图表示中，每一种基本结构都用一个盒子（矩形块）表示，不同的基本结构对应着具有不同内部结构的盒子，盒图中各盒子之间的执行顺序就是盒子从上到下依次排列的顺序。用盒图表示图 1-3 中各种基本结构分别如图 1-4（a）～（e）所示。

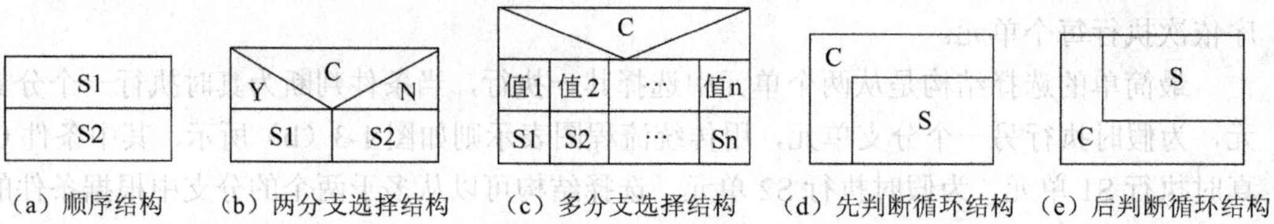

图 1-4　盒图

1.4.3　问题分析图

问题分析图又称 PAD 图（problem analysis diagram），它是由日本日立公司于 1979 年提出的。在 PAD 图表示中，顺序结构向下展开，选择结构和循环结构向右展开，使整个图形能够分层次地展开，从而能够更直观更清晰地反映出整个算法的逻辑结构。若用 PAD 图表示图 1-3 中各种基本结构，则分别如图 1-5（a）～（e）所示，其中在两分支选择结构中，若条件成立则规定执行右上分支，否则执行右下分支。

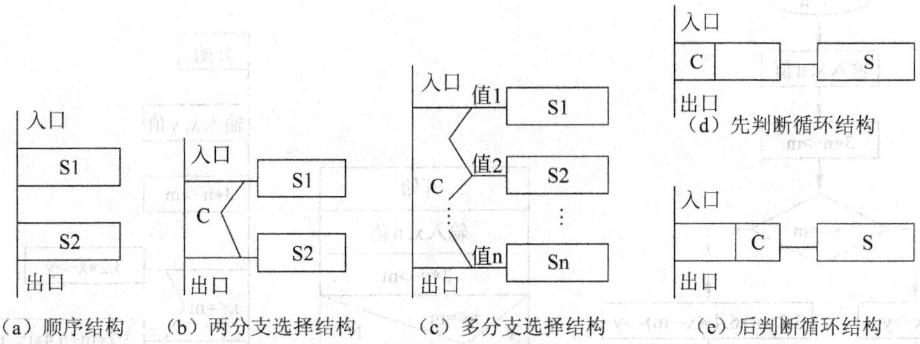

图 1-5 PAD 图

1.5 用流程图描述算法应用举例

下面通过一些算法设计的例子，来体验流程图的应用。

例 1-5-1 假定某一城市对居民户用水量做如下收费规定：每月每人的用水量若不超过 3 吨，则按每吨 3.2 元计算，若超过 3 吨，则超出部分加一倍收费，即按每吨 6.4 元收费。试编一算法，根据一户居民的月用水量和人口数计算出应交纳的水费。

分析：设一户居民的月用水量用 x 表示，家庭人口数用 n 表示，应交纳的水费用 y 表示，根据题意可知，y 的计算公式为：

$$y=\begin{cases} 3.2\times x & (x/n\leqslant 3)\text{或写成}(x\leqslant 3\times n) \\ 3.2\times(3\times n)+6.4\times(x-3\times n) & (x/n>3)\text{或写成}(x>3\times n) \end{cases}$$

用文字描述解题过程为：

（1）输入 x 和 n 的值；

（2）把 3×n 的值暂存变量 m 中；

（3）根据 y 的计算公式求出 y 的值；

（4）输出 y 值，结束算法。

用传统流程图、N-S 图和 PAD 图描述此算法，分别如图 1-6（a）～（c）所示，其中每个流程图中的开始框和结束框可以省略，因为执行过程隐含从顶部开始，到底部结束。

例 1-5-2 在例 1-5-1 的基础上，设计一个能计算多户居民水费的算法。

分析：因为计算每一户居民水费的过程都相同，所以计算多户居民水费只是计算一户居民水费的重复。但重复必须有限制条件，才能够保证计算完所有用户的水费后离开循环，结束计算。为此假定当 x 输入到一个负数时表示计算完毕，因为居民用水量 x 不可能为负，所以用负数作为结束循环的“终止标志”是合适的。另外，若采用先判断型循环结构，则允许一开始就给 x 输入一个负数，这样循环体一次都不会被执行就离开了循环；若采用后判断型循环结构，则第一次给 x 输入的值不允许是负数，其循环体至少被执行一次。下面按先判断型循环结构给出解题过程，而按后判断型循环结构的解题过程留给读者练习。

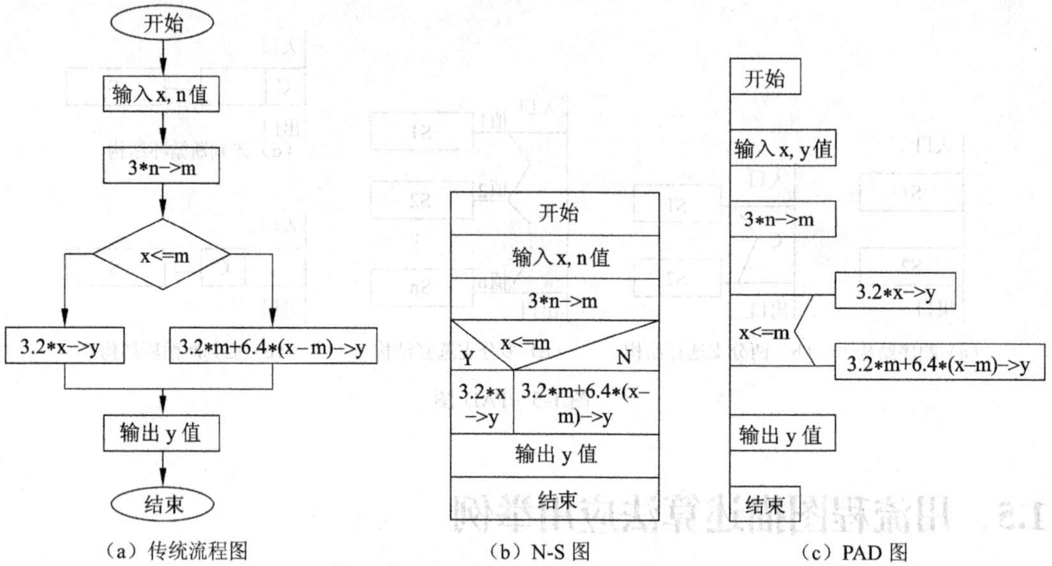

图 1-6　例 1-5-1 的三种流程图

用文字描述其算法设计步骤如下：

（1）定义计数变量 k，初值为 1，用来统计待处理的居民户数；

（2）输入一户居民的用水量 x 和人数 n 的值；

（3）判断 x≥0 是否为真，若是则向下执行循环体，否则转向第（10）步结束算法；

（4）把 3×n 的值暂存变量 m 中；

（5）根据 y 的计算公式求出 y 的值；

（6）输出 y 值，同时输出对应的居民户序号，即 k 的当前值；

（7）使 k 增 1；

（8）输入下一户用水量 x 和人数 n；

（9）转向第（3）步，执行下一遍循环；

（10）结束。

用传统流程图和 PAD 图描述此算法，分别如图 1-7（a）和图 1-7（b）所示。

例 1-5-3　在例 1-5-2 的基础上再增加两项功能，一是统计出计算水费的用户数，二是求出所有用户的用水总量。

分析：在例 1-5-2 中所使用的变量 k 就能够实现统计出用户数的功能，k 的初值为 1，每计算出一个用户的水费后都使它增 1，当整个循环处理结束后 k–1 的值就是用户总数。为了计算出所有用户的用水总量，可定义一个累加变量，假定为 S，它的初值为 0，在循环体中每次计算一户水费后，就把该户用水量 x 的值累加到 S 上，即使 S 增加 x 的值，循环结束后 S 的值就是所有用户的用水总量。算法结束之前要输出用户总数和用水总量。

用 PAD 图描述此算法则如图 1-8 所示，它是对图 1-7（b）做适当修改而得到的。

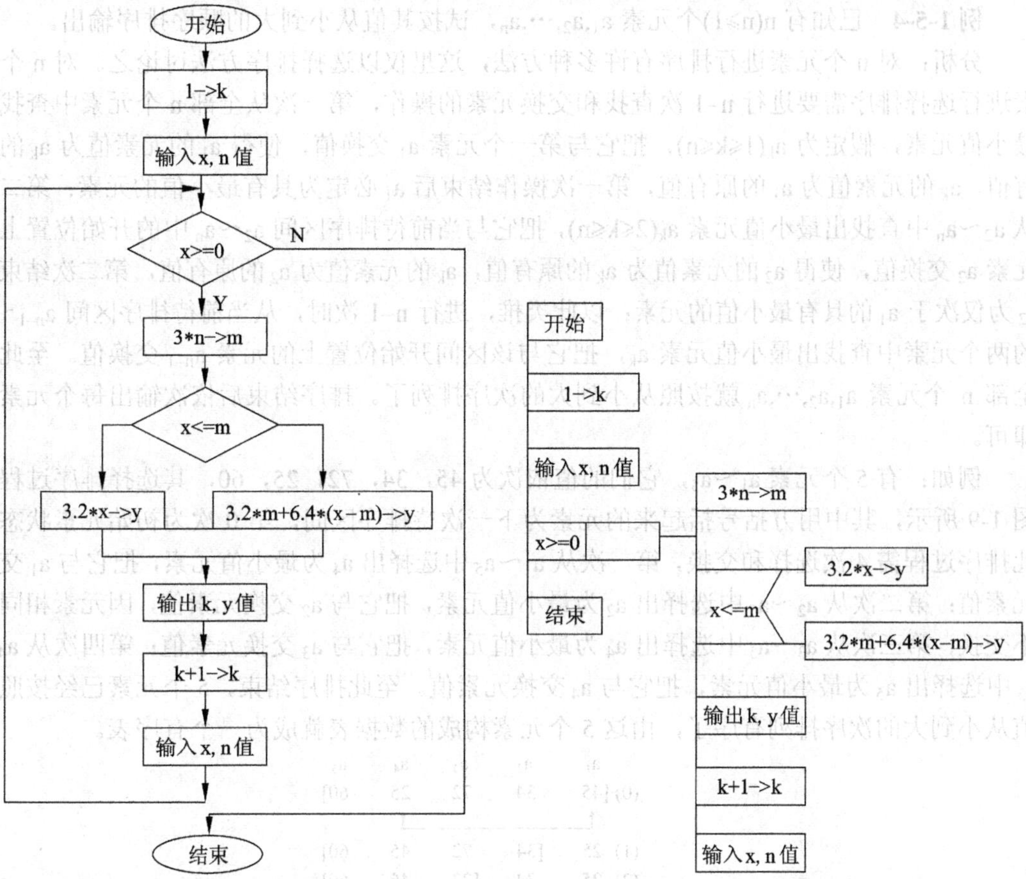

（a）传统流程图　　（b）PAD 图

图 1-7　例 1-5-2 的流程图

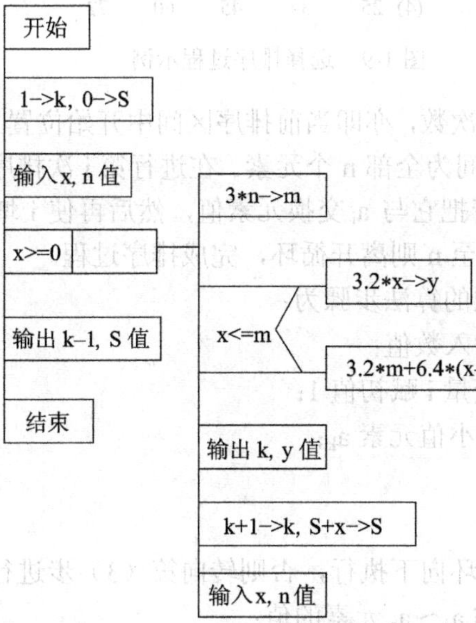

图 1-8　例 1-5-3 的 PAD 图

例 1-5-4 已知有 n(n≥1)个元素 $a_1,a_2,\cdots,a_n$，试按其值从小到大的顺序排序输出。

分析：对 n 个元素进行排序有许多种方法，这里仅以选择排序方法讨论之。对 n 个元素进行选择排序需要进行 n–1 次查找和交换元素的操作，第一次从全部 n 个元素中查找出最小值元素，假定为 $a_k(1\leqslant k\leqslant n)$，把它与第一个元素 a_1 交换值，使得 a_1 的元素值为 a_k 的原有值，a_k 的元素值为 a_1 的原有值，第一次操作结束后 a_1 必定为具有最小值的元素；第二次从 a_2～a_n 中查找出最小值元素 $a_k(2\leqslant k\leqslant n)$，把它与当前待排序区间 a_2～a_n 中的开始位置上的元素 a_2 交换值，使得 a_2 的元素值为 a_k 的原有值，a_k 的元素值为 a_2 的原有值，第二次结束后 a_2 为仅次于 a_1 的具有最小值的元素；以此类推，进行 n–1 次时，从当前待排序区间 a_{n-1}～a_n 的两个元素中查找出最小值元素 a_k，把它与该区间开始位置上的元素 a_{n-1} 交换值。至此，全部 n 个元素 $a_1,a_2,\cdots,a_n$ 就按照从小到大的次序排列了。排序结束后依次输出每个元素值即可。

例如：有 5 个元素 a_1～a_5，它们的值依次为 45，34，72，25，60，其选择排序过程如图 1-9 所示，其中用方括号括起来的元素为下一次待排序区间，第 0 次为初始元素状态。此排序过程需 4 次选择和交换，第一次从 a_1～a_5 中选择出 a_4 为最小值元素，把它与 a_1 交换元素值；第二次从 a_2～a_5 中选择出 a_2 为最小值元素，把它与 a_2 交换元素值，因元素相同可不交换；第三次从 a_3～a_5 中选择出 a_4 为最小值元素，把它与 a_3 交换元素值；第四次从 a_4～a_5 中选择出 a_5 为最小值元素，把它与 a_4 交换元素值。至此排序结束，5 个元素已经按照其值从小到大的次序排列有序了，由这 5 个元素构成的数据表就成为一个有序表。

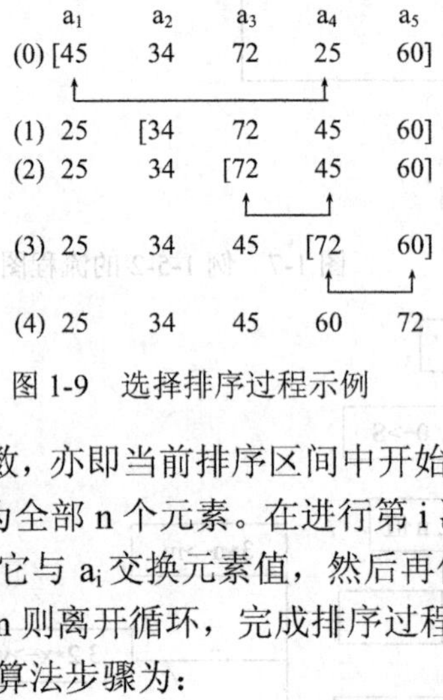

图 1-9 选择排序过程示例

设用 i 表示待执行循环的次数，亦即当前排序区间中开始位置上元素的下标。i 的初值应为 1，表示第一次的排序区间为全部 n 个元素。在进行第 i 次排序时，首先从 a_i～a_n 中查找出一个最小值元素 a_k，接着把它与 a_i 交换元素值，然后再使 i 增 1，进行查找和交换的下一次循环处理过程，若 i 增至 n 则离开循环，完成排序过程。

根据以上分析，给出此题的算法步骤为：

（1）依次给 a_1～a_n 元素输入数值；

（2）给表示排序次数的变量 i 赋初值 1；

（3）从 a_i～a_n 中查找出最小值元素 a_k；

（4）交换 a_i 与 a_k 的值；

（5）使 i 增 1；

（6）若 i 增至 n 则离开循环向下执行，否则转向第（3）步进行下一次循环处理过程；

（7）依次输出已排序好的 a_1～a_n 元素的值；

（8）结束。

若用传统流程图和 PAD 图描述此算法，则分别如图 1-10（a）和图 1-10（b）所示。

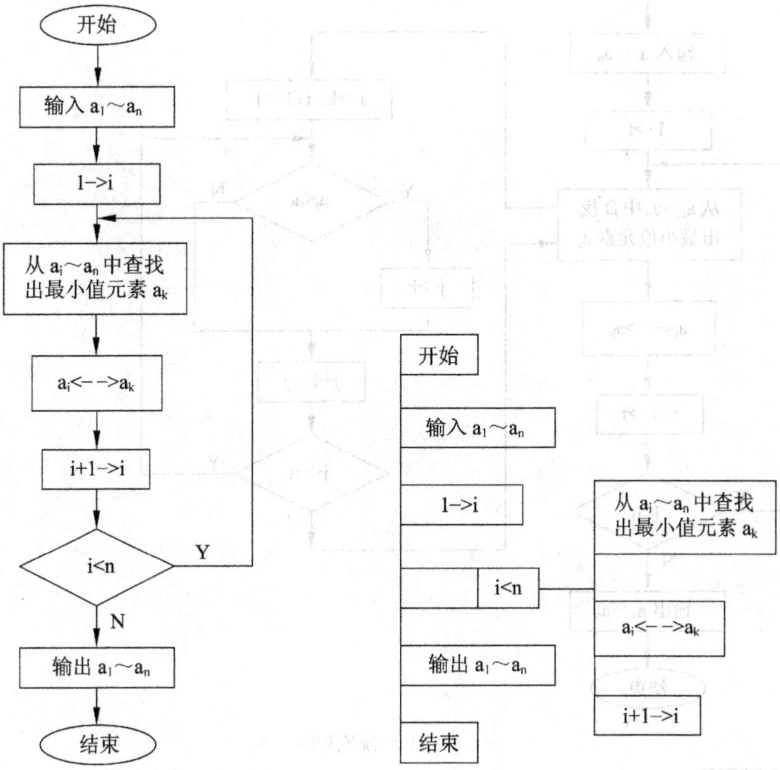

（a）传统流程图　　（b）PAD 图

图 1-10　例 1-5-4 的流程图

上面算法还不够精细化，因为对每一次“从 a_i～a_n 中查找出最小值元素 a_k”的过程还需要进一步分解，才能够达到用一种计算机语言编程的要求。从 a_i～a_n 中查找出最小值元素 a_k 可采用“顺序比较法”。在这里，首先把 i 的值作为 k 的初值，把 i+1 的值作为一个变量 j 的初值，让 a_j 同 a_k 进行首次比较，若 $a_j<a_k$ 成立，则把 j 的值赋给 k，否则什么都不做，经过这次比较后，a_k 必定为 a_i～a_{i+1} 中的最小值；再让 j 增 1（此时 j 的值为 i+2），使 a_j 再同 a_k 比较，若 $a_j<a_k$ 成立，则同样把 j 的值赋给 k，否则什么都不做，经过这次比较后，a_k 必为 a_i～a_{i+2} 中的最小值；依次进行下去，直到 j 的值大于 n 为止，此时 a_k 必为 a_i～a_n 中的最小值。

根据以上分析，给出“从 a_i～a_n 中查找出最小值元素 a_k”的算法步骤如下：

（3.1）给 k 和 j 分别赋初值 i 和 i+1；

（3.2）若 $a_j<a_k$ 成立，则把 j 的值赋给 k，否则什么都不做；

（3.3）使 j 增 1，a_j 为待比较的下一个元素；

（3.4）若 j⩽n 则转向第（3.2）步，否则离开此循环向下执行。

通过对第（3.3）步的细化，并把细化过程分别用传统流程图和 PAD 图表示出来，分别附加到图 1-10（a）和图 1-10（b）的对应处理框的右边，则得到的完整流程图分别如图 1-11（a）和图 1-11（b）所示。

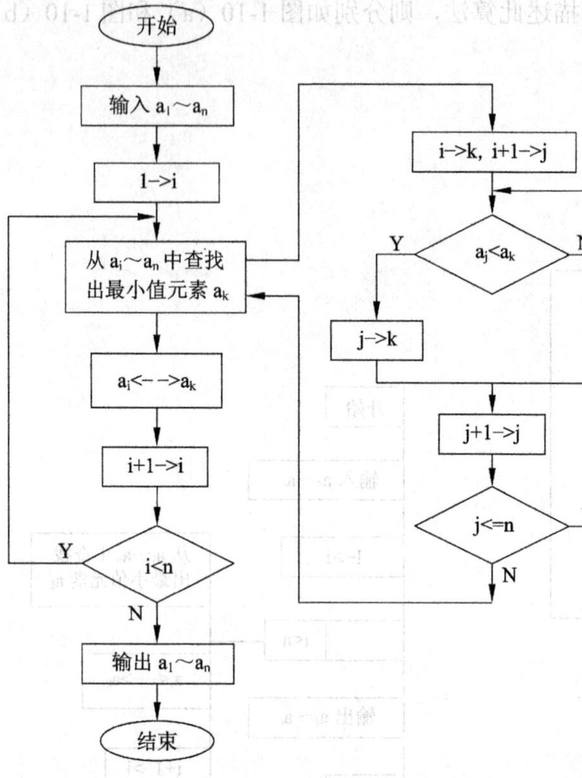

（a）传统流程图

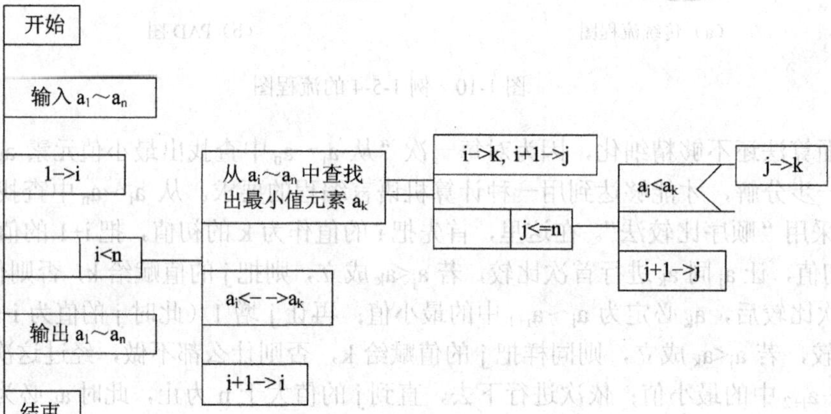

（b）PAD 图

图 1-11　例 1-5-4 的详细流程图

本章小结

1．日常生活采用十进制计数制，而在计算机中则采用二进制计数制，为了进行计算机输入和输出，需要将十进制数与二进制数之间的相互转换。

2．由于二进制数很容易同八进制数、十六进制数进行转换，同时，为了减少其编码长度，所以在计算机系统中经常使用八进制和十六进制数来表示二进制数。

3．在计算机系统中表示和存储一切信息都是通过采用各种二进制编码实现的，如对于内存储器也是如此，需要对所有内存单元（字节）进行编码，称此编码为内存单元地址，根据此编码把信息存储到单元中，或从单元个取出所保存的信息。

4．ASCII码是在计算机系统中通用的字符编码，每个字符编码占用内存一个字节的存储空间，汉字区位码是计算机中使用汉字的标准编码，每个汉字区位码占用内存两个字节的存储空间，对常用汉字按拼音字母顺序编码，对生僻汉字按偏旁部首顺序编码。另外，在汉字区位码中也同样包含着ASCII码区域和其他字母、符号区域。

5．在计算机系统中能够直接支持各种算术运算和逻辑运算，能够进行数据的存储和传送，能够重复执行指定操作，直到循环条件不满足为止。

6．流程图能够形象和直接地表示一个算法的求解过程和步骤。通常采用的流程图有三种：传统流程图、盒图、问题分析图，但传统流程图最常用。

7．算法就是解决特定问题的方法，它可以采用文字、图形、计算机程序等任何方式加以描述。当然，若需要在计算机上进行处理，则必须严格按照一种计算机程序设计语言的规定进行描述，即编写出相应的程序。

8．利用计算机解决一般的计算或数据处理问题，首先要根据问题得出求解的大致方法和步骤，接着要按照算法设计的一般原则设计出算法，然后选用一种流程图直观地表示出来，最后按一种计算机程序设计语言编写出程序并上机运行。当然对于简单的算法设计问题，可以省略一些过程，甚至直接进行最后一步编写出相应程序并上机运行。

习题一

1.1 数制转换。

1．将下列每个十进制数转换成对应的二进制、八进制和十六进制数。

（1）42　（2）75　（3）168　（4）26.375

2．将下列每个二进制、八进制或十六进制数分别转换成对应的十进制数。

（1）$(1001100)_2$　（2）$(11011101)_2$　（3）$(11001.0101)_2$

（4）$(365)_8$　（5）$(3BD)_{16}$　（6）$(5C.A2)_{16}$

3．将下列每个二进制编码分别转换成八进制和十六进制编码。

（1）00110010　（2）11001110　（3）01011011

（4）10101100　（5）11111111　（6）0110110010110111

4．将下列每个八进制或十六进制编码转换成二进制编码。

（1）$(672)_8$　（2）$(45.174)_8$　（3）$(2D60)_{16}$　（4）$(EF.48)_{16}$

1.2 数据处理。

1．按照从小到大的次序排列下列各个字符串。

ABC、123、XXK1、X1.BAS、X2.bas、x2、sted、pen、temp、gongZi

1234、面积、周长、立方体、sTd、5+3=8、4*2–1、xyz、a[5]、x1>k

2．字符串中的每个字符是用该字符的ASCII码存储的。假定要存储的一个字符串为“This is a book.”，请依次写出双引号内每个字符所对应的两位十六进制的编码值，如存储字符 T 的两位十六进制编码值为

54H，其中用 H 作为十六进制数的尾标。

3．假定每个十进制整数 x 在计算机内用两个字节（即 16 个二进制位）存储，若 x 为正数则存储对应的二进制数，若 x 为负数则存储 2^{16}+x 的值所对应的二进制数。请给出存储下列每个十进制整数的四位十六进制表示。

（1）126　（2）359　（3）4760　（4）–215　（5）–15 728

1.3　根据问题画出流程图和进行算法设计。

请分别用传统流程图、N-S 图和 PAD 图描述算法。

1．对于一个学生的成绩，若大于等于 90 分，则输出“good”表示“好”；若小于 90 分并且大于等于 70 分，则输出“middle”表示“中”；若小于 70 分并且大于等于 60 分，则输出“pass”表示“及格”；若小于 60 分则输出“bad”表示“不及格”。

2．对于一个班级的学生成绩，分别统计出及格（即大于等于 60 分）和不及格（即小于 60 分）的人数。

3．从 n 个元素 $a_1,a_2,\cdots,a_n$ 中查找出最大值元素并输出。

4．从 n 个元素 $a_1,a_2,\cdots,a_n$ 中查找出值为 K 的第一个元素并输出。

5．计算 x^n 的值，n 为大于等于 0 的整数。

6．计算 $1+x+x^2+\cdots+x^n$ 的值，其中 n 为大于等于 1 的整数。

第二章 C++语言概述

本章主要介绍C++语言中所包含的字符、单词、语句等基本成分的定义及作用，介绍C++函数和程序的构成以及在 Visual C++ 6.0 开发环境下的上机操作过程，目的使读者对C++语言的内容和开发环境有一个概括性的了解，为以后各章展开学习具体知识做好必要的铺垫。

2.1 引言

C++语言是目前最流行和应用范围最广的一种计算机高级程序设计语言，是各类人群学习计算机程序设计的首选语言，是学习其他计算机课程和进行软件开发的基础。C++从早期的C语言逐渐发展演变而来，C++在C语言基础上进行不断地优化、扩展和改版，从面向过程的C语言发展成为既面向过程又面向对象的C++语言，以适应软件开发技术从面向过程转向面向对象的迫切要求。

面向过程是求解问题的一种传统方法，它采用自顶向下、逐步求精的分析过程，把整个问题按功能划分为若干个相对独立的小问题，每个小问题又可以按功能划分为若干个相对独立的更小问题，以此类推，直到最低一层的问题较容易用一种计算机语言编写的程序模块实现为止。在面向过程的程序设计中，每个程序模块具有一定的相对独立的功能，通过较小的程序功能模块的调用组合就可以形成较大的程序功能模块，最后形成一个完整的程序。在采用面向过程的方法进行程序设计时，整个程序的功能是通过程序模块之间的相互调用完成的，若问题比较复杂，程序结构即模块之间的调用关系很容易变得复杂和混乱，并且也容易增加模块之间的依赖性以及调试和修改程序的难度。

面向对象是求解问题的一种新的思路和方法，它把求解问题中的所有事物（即独立个体）都看作各自不同的对象，进而把具有共同特征的对象归属为一个类，由此得到若干个不同的类，每个类是对该类事物（对象）的抽象描述，通过相同或不同类对象之间的相互作用和通信使问题得以解决。

面向过程方法基于对实现某一功能所进行的操作过程的描述，当功能发生变化时，哪怕是稍微变化，都需要重新修改和调试对应的程序模块；面向对象方法基于对类和对象的描述，包括对对象属性和进行所有操作的描述，当对象发生变化时，可以让原对象保持不变，再另外建立新对象，让它继承原对象，并根据发生的变化定义出新的部分，此时只需要编写和调试新增的部分，对原对象中的代码不需做任何改变而全部继承下来。这种改良措施更符合人们的思维习惯和渐进解决问题的方法，同面向过程方法相比，可以大大减少软件编写和调试的工作量，加快软件研发时间，提高软件的复用性、可靠性和可扩充性。

C++语言是对C语言的继承、丰富和发展，既适合开发面向过程的程序，也适合开发面向对象的程序。无论是利用 C++语言开发面向过程的程序，还是开发面向对象的程序，都需要掌握 C++语言中的一些基本内容，如数据类型、常量、变量、表达式的含义与使用，函数的定义与调用，文件操作，各种语句的格式与功能，程序的基本结构等。若在此基础上再深入学习和掌握有关“类”的知识，了解和掌握 Windows 函数库和 C++类库的功能与使用方法，就可以按照面向过程和面向对象的方法进行深层次的软件开发。

由于 C++语言系统庞大，对于初学计算机高级程序设计语言的学生来说，最好把它分为两个阶段，作为两门课程学习，第一阶段主要学习 C++语言基础知识，第二阶段主要学习与“类”有关的进行面向对象的程序设计的知识，这后一阶段最好不要就语言学语言，而要结合数据结构或软件工程课程一起学习，并进行一些项目的应用软件开发效果最佳。

C++语言有标准版本，但各软件公司开发的 C++语言版本并不是严格遵守它，而是与它兼容且稍有修改和扩充。现在普遍使用的是 Microsoft 公司的 Visual C++ 6.0 版本和 Borland 公司的 C++ Builder 3.0 及以上版本，它们都是在 Windows 操作系统环境下运行的可视化集成开发工具。本书以 Visual C++ 6.0 为根据，向读者介绍 C++语言的基本内容和进行一般程序设计的知识，使读者能够进行模块化和结构化的面向过程的程序设计，以及较简单的面向对象的程序设计，为学习后序的数据结构课程和进行更复杂的程序设计奠定基础。

计算机程序设计语言是人们同计算机进行交流的工具，其语法结构同人类使用的自然语言（如汉语、英语等）类似，也具有字、词、句、章的层次结构。如对于 C++语言来说，它具有规定的字符集，由一个或若干个 C++字符按照词法规则构成 C++单词，由一个或若干个 C++单词按照语法规则构成 C++语句，而完成某一功能的一条或若干条语句被定义为一个程序模块——函数，它相当于文章中的段落，由一个或若干个函数以及其他一些附属的语法成分构成一个独立的程序文件，由一个或若干个程序文件构成一个完整的 C++程序。

2.2 C++字符集

下面分类列出在 C++语言中规定的全部字符，除此之外的任何符号都是不允许在 C++语言程序中使用的。

1．大、小写英文字母（52 个）

A～Z，a～z

在 C/C++语言中，同一个英文字符的大写和小写被视为不同的字符，此种特性被称为大小写敏感的，这与其他计算机语言中的规定不同，许多语言是大小写不敏感的，一个字母的大写和小写被视为同一字符。在 C++中的标识符 Abc、abc、ABC 等是完全不同的，可以用来分别表示不同的对象。

2．十进制数字符号（10 个）

0～9

3. 标点符号（10 个）

, 逗号　　//数据之间的分隔符

; 分号　　//简单语句结束符或 for 循环头中的表达式分隔符

' 单引号　　//字符常量起、止标记符

" 双引号　　//字符串常量起、止标记符

: 冒号　　//语句标号结束符或条件运算符

空格　　//语句中各成分之间的分隔符，对应键盘上的空格键

{ 左花括号　　//复合语句的开始标记

} 右花括号　　//复合语句的结束标记

<CR> 回车符　　//用<CR>表示按下键盘上的回车(Enter)键

<Tab> 制表符　　//对应键盘上的 Tab 键

4. 单字符运算符（19 个）

(左圆括号　　//同右圆括号配对使用，用于表达式和函数运算

) 右圆括号　　//同左圆括号配对使用，用于表达式和函数运算

[左中括号　　//同右中括号配对使用，用于数组元素访问

] 右中括号　　//同左中括号配对使用，用于数组元素访问

+ 加号或正号　　//用于加法运算或取正值

- 减号或负号　　//用于减法运算或取负值

* 乘号或间接访问运算符　　//用于乘法运算或取存储单元中的数据

/ 除号　　//用于除法运算

% 取模运算符号　　//用于取两个整数相除的余数

. 小数点或结构成员访问符

< 小于号或左尖括号　　//作为尖括号时与右尖括号配对

= 赋值号　　//把一个值赋予一个变量

> 大于号或右尖括号　　//作为尖括号时与左尖括号配对

! 感叹号　　//逻辑非运算符

~ 波浪号　　//按位取反运算符

& 　　//取地址或按位与运算符，同时又是引用说明符

^ 尖字符　　//按位异或运算符

| 竖线　　//按位或运算符

? 问号　　//条件表达式运算符

5. 特殊用途符号（3 个）

井字符　　//预处理命令行的开始标记

\ 反斜线　　//转义字符序列的开始标记

_ 下划线　　//只用于保留字和标识符中

另外，在字符串常量（简称字符串，即用双引号括起来的一串字符）中能够使用从计算机输入得到的任何字符和符号。如$不属于 C++字符，但可以使用在 C++字符串中，每个汉字也都不属于 C++字符，同样也能够使用在 C++字符串中，“$25.64”、“姓名”、“x±y≠z”等都是合法的 C++字符串。

2.3 C++单词

由 C++字符按照一定的组词规则可以构成各种用途的 C++单词，可以把 C++单词分为以下五类。

1．保留字

保留字又称关键字，它是 C++语言系统内部定义的、一组小写的英文单词或词组。VC（即 Microsoft Visual C++ 6.0）中的全部保留字如表 2-1 所示。

表 2-1 C++保留字表

auto	bool	break	case	catch	char
class	const	const_cast	continue	default	delete
do	double	danamic_cast	else	enum	explicit
extern	false	float	for	friend	goto
if	inline	int	long	mutable	namespace
new	operator	private	protected	public	register
reinterpret_cast	return	short	signed	sizeof	static
static_cast	struct	switch	template	this	throw
true	try	typedef	typeid	typename	union
unsigned	using	virtual	void	volatile	while

每个保留字都被系统赋予了一定的含义，用来作为各种语句的框架，即关键字。如保留字 int 表示整数类型，是定义整数变量的语句关键字，保留字 return 含义为返回，是构造返回语句的关键字。因此，不能在程序中使用保留字做其他用途，也就是说，不能使任何对象的名字与保留字相同。

另外，在以井字开头的预处理命令中，其命令关键字虽然不算做 C++保留字，但也最好把它们看作为 C++保留字，不要使用它们作为其他用途，以免引起混乱。这些命令关键字有 include、define、ifdef、ifndef、endif 等。

当在 VC 开发环境中输入和显示一个 C++程序时，每个 C++保留字均以醒目的蓝字颜色显示，注释内容以绿字颜色显示，其他语言成分中的字符均以黑字颜色显示出来。

2．标识符

标识符是用户在程序设计中给使用的对象（如变量、函数、文件等）所起的名字。在 C++语言中规定：每个标识符必须是由英文字母、十进制数字符号和下划线组成的一串字符，并且第一个字符必须是英文字母或下划线。每个标识符中的字符数可以任意，但只有前 32 个字符有效。通常，一个标识符由 1～32 个字符所组成。如 a、ab、size、Max、x1、y25、fun_1、Student_Num 等都是合法的标识符，而 3xy、"work"、lable:、Hi – 4、list length 等都是非法的标识符，因为它们中的第 1 个标识符以数字开头，其余 4 个标识符中均使用了非法字符（最后一个含有空格）。

给程序中的一个特定对象命名一个标识符时，为了便于记忆和阅读，最好使用该特定对象的英文或汉语拼音作为标识符，有时将第一个字母大写，有时使用下划线连接两个英文或拼音单词。如可以用 wages、wage、Wage、Gongzi、gongZi 等表示工资，用 Name、xingMing、XM 等表示姓名，用 maxWage、MaxWage、max_wage 等表示最高工资值。

3．常量

常量分为数值常量、逻辑常量、字符常量和字符串常量等四类。日常使用的十进制常数可以直接作为 C++数值常量使用。如 32、–128、3.26、+100、–50.718 等都是合法的 C++数值常量，简称常数。

C++逻辑常量只有 0 和 1 两个值，并分别用两个保留字 false 和 true 来表示，其中 false 表示 0，即逻辑假值，true 表示 1，即逻辑真值。

C++字符常量就是单个 ASCII 码字符，表示时为了把它同单个字符的标识符或数值等相区别，必须用单引号括起来。如'a'、'B'、'+'、';'、'5'等都是字符常量，但单独写 5 则为常数，单独写 a 则为标识符，单独写加号(+)则为运算符，单独写分号（;）则为标点符。使用以单引号括起来的转义字符序列也可以表示字符常量，特别是用来表示像回车、换行等控制字符常量，有关内容将在第三章介绍。

字符串常量就是由 ASCII 码字符和汉字区位码字符组成的一串字符，同样，为了把它同其他语法成分相区别，表示时必须用双引号括起来。如"1234"、"a+b="、"main:"、"x,y,z="、"查找失败"、"1.输出线性表的长度"等都是字符串常量，简称为字符串。

由以上讨论可知：a、'a'和"a"是完全不同的语言成分，它们分别对应为一个标识符、一个字符常量和一个字符串。

4．运算符

运算符是对数据进行运算的符号。C++运算符有单字符运算符，如+、–、*、/等，有双字符运算符，如<=、!=、–>、++、&&、*=、::等，也有三字符运算符，如<<=、>>=等，另外还有保留字运算符，它们分别为 new、delete 和 sizeof。以后章节将陆续给出每个 C++运算符的表示及其作用。

由运算符和操作数可以构成各种表达式，对表达式进行计算的结果通常得到一个确定的值。如 25*4+6 就是一个数值表达式，其求值结果为 106。当然一个单独的操作数也可以看作一个表达式，因为它本身就是一个值或对应一个值。如一个常数 25，一个变量 x，一个字符'!'，一个字符串"apple"等操作数都是表达式，它们为最简单的表达式，其值能够直接使用而无须计算得到。

5．分隔符

分隔符就是分隔前后两个相邻的语法成分（单词、语句、命令等），或者说是结束前一个语法成分，开始后一个语法成分。能够作为分隔符的字符有逗号，分号，冒号、空格、制表符、回车符等。如“int x=3, y=5;”，在此语句中，保留字 int 和变量标识符 x 之间的空格、常数 3 后面的逗号、常数 5 后面的分号等都是作为分隔符使用的。当然不同的分隔符对应有不同的分隔作用，这将在以后的内容中逐渐了解到。

2.4　C++语句

由C++单词按照一定的语法规则排列起来就形成语句。虽然每种语句的语法规则不同，但除了复合语句外，最后都必须以分号结束。下面的每一行都是一条C++语句，当然其前面的编号除外。

```
（1）int x;
（2）x=20*35-6;
（3）if(x>=100) cout<<x;
（4）break;
（5）typedef int DataType;
（6）void Sort(int aa[],int nn);
（7）Sort(a,n);
（8）cout<<"x="<<x<<'\n';
```

在第（1）条语句中，含有四个单词，依次为表示整型的保留字 int、空格、表示变量的标识符 x 和最后的分号。在第（2）条语句中含有 8 个单词，依次为变量标识符 x、赋值号=、常数 20、乘号*、常数 35、减号–、常数 6 和最后的分号。第（3）～（8）条语句中，分别含有 11、2、6、15、7 和 8 个单词。

按照语句功能，可以把 C++语句分为以下八类。

1．类型定义语句

类型定义语句又称类型说明语句，用来定义系统预定义（内含）类型之外的、用户根据特定需要而使用的数据类型。如结构、联合、枚举和类类型都需要用户结合应用情况按照一定的语法规则给出具体定义。

2．变量定义语句

变量定义语句又称变量说明语句，用来定义程序中需要使用的属于某个类型的变量。如上述第 1 条语句定义了一个整型变量 x，其中 int 表示系统预定义的整数类型，x 为用户命名的一个变量标识符，以后可以用它来表示（即保存）一个整数，该整数的物理含义由具体应用而定，如用来表示一个人的年龄，一件物品的数量，一个单位的人数等。在上述第（2）条语句中，用 x 保存一个整数 694，它是赋值号右边表达式 20*35–6 的值。

在一条变量定义语句的前面加上 const 保留字则为常量定义语句，它是变量定义语句的一种特殊情况，以后将会详细介绍。

3．函数原型语句

函数原型语句又称函数声明语句，用它来声明一个函数存在并指定调用格式的语句。一般情况下，函数原型语句出现在一个程序或程序文件的开始，即所有的函数定义模块之前，以便在其后的函数模块中知道如何调用函数，与函数原型语句对应的函数定义模块可以出现在整个程序中的任何位置，甚至可以出现在不同的程序文件中。如上述第（6）条语句就是一条函数原型语句，调用该函数时要使用两个参数，一个为整型数组，另一个为整型数，该函数执行后不返回任何值。

4．表达式语句

在任何一个 C++表达式后加上一个语句结束符分号就构成了一条语句，称此为表达式语句。最常用的表达式语句为赋值表达式语句、函数调用表达式语句和屏幕输出表达式语句。如上述第（2）条为赋值表达式语句，第（7）条为函数调用表达式语句，第（8）条为屏幕输出表达式语句。

5．复合语句

用花括号括起来的语句序列合起来称为一条语句，即复合语句。如{int x=3,y; y=x+2;}就是一条复合语句，它包含有两条简单语句，第（1）条为变量定义语句，第（2）条为赋值表达式语句。在一条复合语句中可以包含任意多条语句，包括不含任何语句，且每条语句可以是任何种类的语句，包括仍可以是复合语句。如{}，{;}，{x=40;}等都是合法的复合语句；其中第（1）条中不含有语句；第（2）条中含有一条空语句，即只有分号的语句被称为空语句，它也是一条合法的语句；第（3）条中含有一条简单的赋值语句。

一条复合语句是以左花括号作为开始标记，右花括号作为结束标记的，其后不需要使用分号，若误用分号，计算机系统则认为是后接了一条空语句。如“{int a; a=1;};”为两条语句，前者为复合语句，后者为空语句。

复合语句同任何以分号结束的简单语句一样，能够被使用在允许语句出现的任何地方。在以后叙述中提到的语句既包括简单语句也包括复合语句。

6．选择语句

选择语句能够按照条件表达式的不同取值选择不同的语句执行。如上述第（3）条语句就是一条条件选择语句，它根据条件表达式 x>=100 是否成立来决定是否执行其后的输出语句，若条件成立（即取值为真）则把 x 的值输出到屏幕上，否则不执行此操作。在 C++中，以保留字 if、switch 开始的语句为选择类语句。

7．循环语句

循环语句能够根据循环条件表达式的取值控制一条语句（循环体）重复执行，直到循环条件表达式的取值为假时止。如“while(i++<=10)　x=x+i;”就是一条循环语句，它将使循环体“x=x+i;”反复执行，直到循环条件表达式“i++<=10”不成立为止。在 C++中，以保留字 for、while、do 开始的语句都是循环类语句。

8．跳转语句

计算机执行程序时都是按照语句书写的先后次序，从上向下、同一行从左到右的顺序依次执行的，而跳转语句能够改变这种执行次序，使执行到它之后转移到任何指定的位置执行，接着从这个位置起再按序向下执行。在 C++中，以保留字 goto、return、break、continue

开始的语句都是跳转类语句，它们分别应用于不同的情况。

在以上叙述的八类语句中，前三类属于说明性语句，后五类属于执行性语句。当对程序进行编译生成目标代码文件时，在目标代码文件中只存在执行性语句所对应的目标代码，不存在说明性语句所对应的目标代码。也就是说，程序中包含的所有说明性语句在编译阶段都得到了处理。说明性语句的任务是说明程序中使用的常量、变量、函数、自定义类型等内容，在程序文件的编译阶段将对它们进行列表登记，并根据需要进行相应的存储空间的分配，待程序执行时使用。

但是，在说明性语句中，若定义变量的同时兼有给变量赋初值的操作，则将在编译阶段为该操作生成相应的目标代码，待程序执行时完成对变量的赋初值操作。

2.5　C++函数

C++函数包括系统函数和用户函数两大类。

2.5.1　系统函数

系统函数又叫标准函数、预定义函数、库函数等，它来自C++语言系统内部带有的函数库，该库中的所有函数可以提供给用户直接使用（调用）。如"int abs(int x);"就是一个系统函数的原型声明，函数功能是返回整型参数 x 的绝对值。C++中的所有系统函数被分类组织在 C++系统层次目录中的 lib 子目录里的相应库函数文件中，而所有系统函数的原型被分类组织在C++系统层次目录中的include子目录里的相应函数头文件中，每个头文件以h作为扩展名或不带扩展名。带h作为扩展名的头文件，是C++语言系统为兼容原来的C语言系统而继承或新定义的，不带扩展名的头文件是专为C++语言系统而定义的。我们提倡使用具有C++语言风格的、不带扩展名的头文件，不提倡使用保留C语言风格的、以h作为扩展名的头文件，因为这种使用方式将会逐渐被淘汰。

通常对于一个从C语言继承而来的、以h作为扩展名的头文件，都有一个不带扩展名的头文件与之对应，其后者的文件名是在前者的文件名的前面加上一个字符c而构成。如从C语言继承来的math.h头文件，其对应的C++语言风格的头文件为cmath。在C++语言系统中新建立的、以h为扩展名的头文件，其对应的C++语言风格的头文件的文件名保持不变。如 iostream.h 头文件就是 C++语言系统新建立的，其对应的不带扩展名的头文件为iostream。

从C语言继承来的带扩展名为h的头文件与对应的不带扩展名的头文件具有完全相同的作用。如math.h和cmath头文件具有完全相同的作用，其中都保存着常用的数学函数原型；string.h 和 cstring 头文件具有完全相同的作用，其中都保存着对字符串操作的常用函数原型。而在C++系统中新建立的带扩展名为h的头文件与对应的不带扩展名的头文件其作用不完全相同。如 iostream.h 和 iostream 头文件略有不同，首先它们都保存着对标准输入输出设备（即键盘/显示器屏幕）进行输入输出操作的一些标准流类和对象的定义，而在 iostream 头文件中还包含有 stdio.h 的内容，能够对调用 C 语言中各种输入输出函数（如

printf()、scanf()、puts()等）提供支持。

当一个程序中需要调用某个系统函数时，必须在程序文件的开始写上预处理（或称编译处理）包含命令，把该函数原型所属的头文件包含进去。

在 C/C++语言中，所有预处理命令都是以#字符作为开始标记的，并且每条预处理命令必须单独占有一行，即以回车符结束。预处理命令有多种，其中的包含命令以#字符后接 include 关键字开始，其命令格式为：

```
#include<头文件>
```

或

```
#include "头文件"
```

该命令的关键字后是用一对尖括号或双引号括起来的头文件。

程序中的每条预处理命令是在程序编译过程的前期阶段（又称为预处理阶段）被处理的，处理结束后该命令将被删除掉，在程序编译过程的后期阶段以及后面的连接和执行阶段将不存在预处理命令。对于每条预处理包含命令来说，其处理过程是把该命令置换为所指定“头文件”中的全部内容，换句话说，是用该“头文件”保存的全部内容代替该预处理包含命令的内容。

对于上述给出的两种包含命令格式，系统处理时的查找头文件的路径有所不同。对于第一种格式（即尖括号格式），将从 C++系统层次目录中查找头文件，若查找不到则给出错误信息；对于第二种格式（即双引号格式），将首先从当前工作目录（即包含该命令的程序文件所属的目录）中查找头文件，若查找不到，再接着从 C++系统层次目录中查找头文件，若再查找不到，则给出错误信息。另外，在第二种格式中，头文件名可以是带有磁盘号和路径名的完整的文件标识符，此时将从指定路径中查找头文件，若找不到再从 C++系统层次目录中查找。

C++头文件可以由 C++系统提供，也可以由用户建立，通常由用户建立的头文件存入用户程序文件所属的程序项目目录中，最好使用字符 h 作为扩展名，以示同其他文件类型的区别。程序中包含的头文件若由系统提供，则采用第一种包含命令格式，若由用户建立，则采用第二种包含命令格式。由用户建立的头文件通常包含有用户函数声明、符号常量定义、全局变量声明、数据类型定义、系统预处理命令等内容。

由于一个#include 命令只能包含一个头文件，所以一个程序文件需要使用多少个头文件就需要使用多少条包含命令。如一个程序文件中需要进行标准输入输出操作和数学函数调用操作，则需要在程序文件开始使用如下两条命令。

```
#include<iostream.h>
#include<math.h>
```

若包含的头文件是在 C++系统中新建立的、并具有 C++语言的风格，则必须在其后使用一条“using namespace std;”语句。如：

```
#include<iostream>
#include<cmath>
using namespace std;
```

最后一条 using 语句是配合 iostream 头文件而必须使用的，因为此头文件所对应的带扩展名为 h 的头文件是在 C++系统中新建立的。iostream 头文件中的内容存在着 C++语言系统定义的、而在 C 语言系统所没有的类库，它们是在以 std 为标识符的局部名字空间内有效，通过使用 using 语句使之在整个程序的全局名字空间内有效，这样就能够利用相应的类库进行有关操作，否则存在于头文件中的被 C++系统支持的类库是不被利用的。若采用上面的带扩展名为 h 的头文件 iostream.h，则不能够使用 using 语句，因为相应类库被直接引入到全局名字空间内，而不会另外存在专用的 std 名字空间，全局名字空间是程序访问的默认名字空间。

在#include 预处理包含命令中，除了可以包含头文件外，还可以用来包含一个程序文件。如：

```
#include "abc.cpp"
```

就把 abc.cpp 程序文件包含到所在的当前程序文件中，即把文件内容嵌入到此包含命令的位置。

2.5.2 用户函数

用户函数是用户根据解决问题的需要而编写出的一个具有相对独立功能的函数定义模块。在一个完整的程序中可以包含一个或任意多个用户函数，但必须有且只有一个规定名称为 main 的用户函数，它是一个具有特殊地位的用户函数，称为程序的**主函数**，该函数是由计算机操作系统在程序运行时被自动调用执行的，或者说，它是程序运行的入口，而其他函数（包括用户函数和系统函数）则是通过程序中的调用表达式被调用执行的。运行一个 C++程序的过程就是让计算机操作系统自动调用执行 main 主函数的过程。

下面是一个最简单的 C++程序。

```
#include<iostream.h>
void main(void)
{
    cout<<"This a simple C++ program."<<endl;
}
```

该程序第 1 行为预处理包含命令行，它包含有 iostream.h 这个系统头文件，在下面主函数中使用的 cout 和 endl 标识符在此头文件中均有定义，使用的输出运算符<<在此头文件中也有重载定义。iostream.h 头文件也可以用 iomanip.h 来代替，后者头文件中包含有前者头文件的全部内容，并且还包含有控制数据输入输出格式的有关内容。另外，使用 iostream.h 头文件是 C 风格的，若要使用对应的 C++风格的头文件则很容易做到，只要替换为下面两行即可。

```
#include<iostream>
using namespace std;
```

上面程序中的第 2～5 行为用户定义的主函数，它的函数类型，又称函数返回值类型为 void，即空，表示不返回值，main 为主函数名，其后为用一对圆括号括起来的参数表，该参数表中的具体内容为 void，表示参数表为空，即不带任何参数。当然，若不在圆括号内写明 void，则也表示参数表为空。参数表后的从左花括号开始到右花括号结束的部分称为该函数的函数体，它是一条复合语句，其中只含有一条语句，即输出表达式语句，cout 为代表标准输出流类对象的标识符，在 iostream 头文件中有定义，计算机中的标准输出设备是显示器，输出运算符<<表示把右边的一个数据项的值输出到左边所代表的输出设备中，在此例中则是把一个字符串输出到显示器屏幕的一个专门的输出窗口上显示出来。运算符<<可以在表达式中使用多次，每次都是把右边的一个数据项的值输出到最左边的标识符所代表的设备中。该语句最后使用的标识符 endl 是一个符号常量，即用标识符表示的常量，其值为一个换行符，对应的 ASCII 码为十进制的 10。当系统执行这条语句时，首先在屏幕上打开一个 C++输出窗口，并把当前光标位置定位在该窗口的左上角，接着从当前光标位置起显示出双引号内的字符串，接着再输出一个换行符，使当前光标移到下一行开始位置，即下一行的最左边位置。该程序运行时将在 C++输出窗口显示出如下内容：

```
This a simple C++ program.
Press any key to continue
```

此时窗口上的光标被停留在第 2 行内容的末尾，此第 2 行的内容是系统在运行程序结束前自动显示出来的，提示用户在按下任一键后退出运行状态，关闭输出窗口，返回到 C++系统集成开发环境中。

一个 C++用户函数的定义格式如下：

```
[<函数类型>] <函数名> ([<参数表>]) <复合语句>
```

其中每对尖括号连同内部的汉字注释表明为一个语句成分，一对中括号表示其中的语句成分可以省略。

<函数类型>为系统预定义或用户已定义的数据类型，用以表示函数被调用执行后返回值的类型，若省略该项，则隐含为系统预定义的整数（int）类型。当然，为了增强程序的可读性和规范化，最后不要省略此项，应显式地给出具体的数据类型。

<函数名>是用户为该函数所起的名字，是由用户命名的一个合法标识符，实际应用中最好采用其含义与函数功能相一致的名字。如可以采用 MaxValue 作为求一批数据中最大值的函数的名字。当然，对于程序中的唯一主函数，它只能采用系统规定的 main 标识符作为其函数名。

<参数表>处于函数名后面的一对圆括号内，它是用逗号分开的一组变量说明，用来保存从调用该函数的实参表中传送来的值，若该项被省略，则表示参数表为空，此时也可以用保留字 void 表示。

<复合语句>是用一对花括号括起来的语句序列，它可以书写在多行上，每一行可以书写一条或多条语句，每一条语句也可以单独占一行或分为多行书写。程序中每一行中的所有空格符、制表符和回车符只作为成分之间的分隔符，所以成分之间使用一个或任意多个这样的字符（统称为空白符）对语句功能没有影响，只影响其屏幕显示效果。

在一个函数定义中，最后的语句成分<复合语句>称为该函数的**函数体**，函数体之前的所有成分被称为**函数头**。一个函数的函数头就是该函数的原型，其原型语句可以用函数头后加分号而得到。

下面看一个用户函数定义的例子：

```
int Add(int x, int y);
int Add(int x, int y)
{
    int z=x+y;
    return z;
}
```

第 1 行是 Add 函数的原型语句，它是下面 Add 函数的函数头后加分号而形成的。第 2～6 行是 Add 函数的具体定义。该函数的功能是实现两个整数参数 x 和 y 相加并返回其和。具体地说：该函数的返回类型为整数类型，即 int，函数名为标识符 Add，参数表中包含有两个参数说明，把 x 和 y 均说明为整型，函数体中包含有两条语句，第 1 条语句定义了一个整型变量 z，并把表达式 x+y 的值赋给它，第 2 条语句称为返回语句，语句关键字为 return，该语句的功能是结束该函数的执行过程并把关键字后表达式的值作为该函数的值返回到调用该函数的位置。

假定 a 是一个整型变量，调用该函数的表达式语句可以为：

```
a=Add(3,5);
```

计算机执行该语句时，首先调用执行 Add 函数，把 3 和 5 分别传送给参数 x 和 y，执行函数体时把 x+y 的值 8 赋给变量 z，把 z 的值 8 作为函数值返回；接着把返回值 8 赋给变量 a，使 a 的值变为 8，到此为止整个语句就执行结束了。

这里顺便提一下函数原型语句的使用问题。对于程序中的主函数，不需要使用原型语句对它进行声明，当然若声明了也不为错。对于用户定义的其他函数，若函数定义模块处在调用它的函数模块的位置之前，则可以使用也可以不使用函数原型语句；若处在调用它的函数模块的位置之后，则必须在程序开始使用函数原型语句对将要调用的函数进行事先声明，这样才能够确保在调用一个函数时，该函数的有关信息已经被系统登记了。另外，在调用系统函数之前也必须使用函数原型语句进行声明，与系统函数对应的函数原型语句被保存在相应的系统头文件中，只要在程序开始利用#include 命令把相应的系统头文件包含进来即可。

2.6 C++程序

一个 C++程序由一个主函数和若干个用户函数，以及一些预处理命令行、一些数据类型、符号常量、变量的定义所组成，它们可以保存到一个文件中，也可以分开保存到多个文件中，每个文件的文件名当首次保存文件时由用户提供，程序文件的默认扩展名为 cpp，头文件的默认扩展名为 h。

下面是一个 C++程序的例子，可以把它输入后保存到一个文件中，假定该文件标识符为“d:\VC 语言\第二章\samp1.cpp”，即保存到 d 盘“VC 语言”目录里的“第二章”子目录下，其文件主名用 samp1 表示，扩展名采用默认扩展名 cpp。

```
#include<iostream.h>
int big(int x, int y);
void main()
{
    int a,b,c;
    cout<<"输入 a 和 b 的值：";
    cin>>a>>b;
    c=big(a,b);
    cout<<"a,b,c="<<a<<','<<b<<','<<c<<endl;
    cout<<"重新输入 a 和 b 的值：";
    cin>>a>>b;
    c=big(a,b);
    cout<<"a,b,c="<<a<<','<<b<<','<<c<<endl;
}

int big(int x, int y)
{
    if(x>=y) return x;
    else return y;
}
```

该程序包含有两个函数，一个为主函数 main，另一个为一般函数 big。big 函数的功能是求出两个参数 x 和 y 中较大的值并作为函数值返回。该函数的函数体只含有一条语句，即条件语句，该语句关键字为 if 和 else，该语句中的两条返回语句都属于它的子句（或称从句），该条件语句执行时首先判断关系表达式 x>=y 是否成立，若成立则返回 x 的值，否则返回 y 的值。

整个程序中的第 1 行为预处理包含命令行，包含有 iostream.h 头文件，使得在后面的函数中能够使用键盘和显示器屏幕窗口进行数据的输入输出操作。

程序中的第 2 行为 big 函数的原型语句，通过它就可以知道该函数的函数名、参数个数、每个参数的类型，函数的返回类型等信息，以便在其后的任何位置都能够合法地调用这个函数，在任何位置给出函数的定义。

一个函数的原型语句，除了最后的分号外，同该函数定义中的函数头是相同的，不过需要说明的是：在原型语句的函数参数表中，每个参数的变量名可以与函数头中的对应变量名不同，或者可以省去不用。如下面的两条语句都是 big 函数的原型语句，它们与程序中的原型语句等效。

```
int big(int a, int b);
int big(int, int);
```

程序的第 3～14 行为主函数，其中第 3 行为函数头，其余为函数体。函数体中的第 1 条语句为变量定义语句，定义了 a、b 和 c 这三个整型变量；第 2 条为输出表达式语句，它向 C++专用屏幕窗口输出运算符<<后的字符串，由于该语句是以标识符 cout 开头的，所以通常被称为标准输出表达式语句，简称输出语句或 cout 语句；第 3 条为一条输入表达式语句，它从键盘上输入得到两个整数并分别赋给 a 和 b 变量中，由于该语句是以代表标准输

入设备键盘的标识符 cin 开头的，其功能是从键盘上给变量输入数据，所以通常被称为标准输入表达式语句，简称输入语句或 cin 语句；第 4 条是一条赋值表达式语句，简称赋值语句，它利用变量 a 和 b 的值去调用 big 函数并把返回值赋给变量 c；第 5 条为输出语句，依次输出每个运算符<<后的数据项的值；第 6 至 9 条与上述相同。

整个程序的第 16～20 行为 big 函数的定义模块，其中第 16 行为函数头，其余为函数体。

假定运行该程序时，首先从键盘上输入 12 和 25 这两个整数并按下回车键，接着输入 38 和 16 这两个整数并按下回车键，则得到的屏幕显示结果如下：

```
输入a和b的值: 12 25
a,b,c=12,25,25
重新输入a和b的值: 38 16
a,b,c=38,16,38
Press any key to continue
```

在这个程序中使用的对象标识符 cin 同 cout 一样，都是在 iostream.h 系统头文件中定义的，它们分别用来表示标准输入设备键盘和标准输出设备显示器，使用的运算符>>也同<<一样都是在 iostream.h 中有重载定义的，分别称为输入（或提取）和输出（或插入）运算符，它们分别用于从键盘输入（即提取）数据和向显示器上 C++专用屏幕窗口输出（即插入）数据。在一条输入语句中，运算符>>可以被使用多次，每次使用能够从键盘上为它右边的一个变量输入数据，这一点同运算符<<的使用特点相同，<<在一条输出语句中也是能够被多次使用的。

当运行一个 C++程序时，执行到 cin 语句的过程是：若存放键盘输入数据的缓冲区为空（在程序开始运行时此缓冲区总是空的），则暂停向下执行，等待用户从键盘向缓冲区输入数据，每个数据之后必须以空白符（即空格、制表符或回车符）结束，并且只有按下回车键后才会把一行输入的所有数据送入缓冲区中，同时从键盘上输入的每个数据会在 C++屏幕输出窗口原原本本地显示出来，接着从缓冲区中依次提取数据并赋给 cin 语句中的相应变量，该语句中的所有变量被赋值后，结束其执行过程，接着执行下面一条语句。

这里再强调一次：在一个程序文件中，若函数的定义出现在调用它的位置之前，则可省去该函数的原型语句，因为当调用该函数时，系统能够从函数定义的函数头中获得函数原型信息。对于上述程序文件，若把 big 函数放在 main 函数之前定义，则可省去第二行的原型语句，当然继续使用它也是正确的，并且是良好的程序设计风格。

在一个 C++程序文件或头文件中，经常需要使用注释来增强程序的可读性。C++有两种加注释的方法：一是使用双斜线，从它开始到行尾的所有内容都被看作为注释内容，此方法只能使用在一个程序行中所有语法成分之后或者单独占有一行；二是使用双字符/*作为注释开始和使用双字符*/作为注释结束，此种注释可以占用一行中的任意位置，也可以单独占用一行或多行。

下面是一个带注释的程序举例，假定文件名为 samp2.cpp，文件所存目录为“d:\VC 语言\第二章\”，这与上面列举的文件 samp1.cpp 具有同一目录位置。

```
#include<iostream.h>     //进行标准I/O操作需引入iostream.h头文件
#include<math.h>         //使用数学函数需引入math.h头文件
/*以下是主函数定义*/
void main()              //主函数头
```

```
{ //向下为函数体
    double x,y,z;          //定义三个实数变量
    x=5;                   //给变量 x 赋值为常数 5
    y=pow(x,3);            //计算 x³，其值赋给 y，pow(x,3)为求 x 的立方的函数
    z=sqrt(x);             //计算 x 的开平方，其值赋给 z，sqrt(x)为求 x 的平方根函数
    cout<<x<<' '<<y<<' '<<z<<endl;
}
```

该程序的运行结果如下：

```
5 125 2.23607
```

注释内容仅保留在源程序文件中，对程序的执行毫无影响，因为在程序编译阶段就自动删去了所有注释内容。

2.7　VC++ 6.0 集成开发环境简介

Microsoft Visual C++ 6.0 版本简称 VC++ 6.0 或 VC，它是一个集 C++程序编辑、编译、调试、运行和在线帮助等功能及可视化软件开发功能为一体的软件开发工具，或称开发环境、开发系统等。鉴于内容所限，本书只对开发环境做简单介绍，目的是让读者掌握编辑、编译和运行一个 C++控制台应用程序（console application program）的简要过程。有兴趣的读者可参考该版本的使用说明和其他有关资料，了解和掌握建立其他类型的 C++应用程序的使用和开发过程。

在 VC++ 6.0 集成开发环境（界面）中，要建立一个 C++控制台应用程序（以后简称 C++程序），首先要在磁盘上建立一个指定名称的工作区（workspace）目录，接着在其中建立一个指定名称的项目（project）目录，然后在其中建立一个完整的程序，它包括一个或多个程序文件和头文件，最后再通过编译、连接、运行等步骤实现程序对相应问题的处理功能。

用 C++语言编写出一个完整的程序后，第一步需要上机建立相应的工作区和项目并建立、输入和编辑该程序中的相应文件，其中有且只有一个程序文件必含有一个且只有一个主函数，称此为主程序文件，简称主文件，它通常被首先建立、输入和编辑；第二步对每个程序文件进行编译生成各自的目标代码（即二进制代码）文件，通常主文件被首先编译并生成主目标文件，而用户建立的头文件不能够被单独编译，它是通过#include 命令包含在程序文件中并随之被一起编译的；第三步使主目标文件与同一程序中的其他目标代码文件以及有关 C++系统库函数文件相连接，生成一个可执行（即运行）文件；第四步运行最后生成的可执行文件，实现用户编程所需要的对数据的计算或处理功能。

当由一个程序文件编译生成一个目标文件时，目标文件的主名与程序文件的主名相同，而扩展名改为 obj，当把程序中的所有目标文件连接生成一个可执行文件时，该文件的主名采用项目名，扩展名为 exe。

1．输入和编译程序

（1）启动 VC++ 6.0 集成开发环境

用户在第一次上机使用 VC++ 6.0 集成开发环境时，若在机器上还没有安装 VC++ 6.0

语言版本的软件，则应设法找到该软件光盘并通过光盘驱动器按照系统给出的安装信息和步骤安装到机器上，然后才能使用它。

若在 Windows 操作系统桌面上含有以 Microsoft Visual C++ 6.0 为名字的图标，则双击后则启动该软件，在屏幕上打开 VC++ 6.0 集成开发环境操作界面窗口，否则，应单击屏幕左下角的“开始”按钮打开开始菜单，接着从中单击“所有程序”项打开程序菜单，从中单击“Microsoft Visual Studio 6.0”菜单项打开该菜单，再接着单击或双击“Microsoft Visual C++ 6.0”菜单项运行该程序，则就打开了相应的操作界面窗口，进入了 VC++ 6.0 集成开发环境。

打开的 VC++ 6.0 操作界面如图 2-1 所示。其中，最顶行为窗口标题行，将显示出 C++ 版本号和当前编辑的文件名等信息；第 2 行为菜单行，其中每一个菜单项都对应着一个下拉式菜单，菜单中的每一个菜单项都是一条操作命令，都具有一定的操作功能；第 3、4 行为按钮工具行，工具行向下左半部为工作区窗口，右半部为程序编辑窗口，整个操作界面的最下部为状态输出窗口。

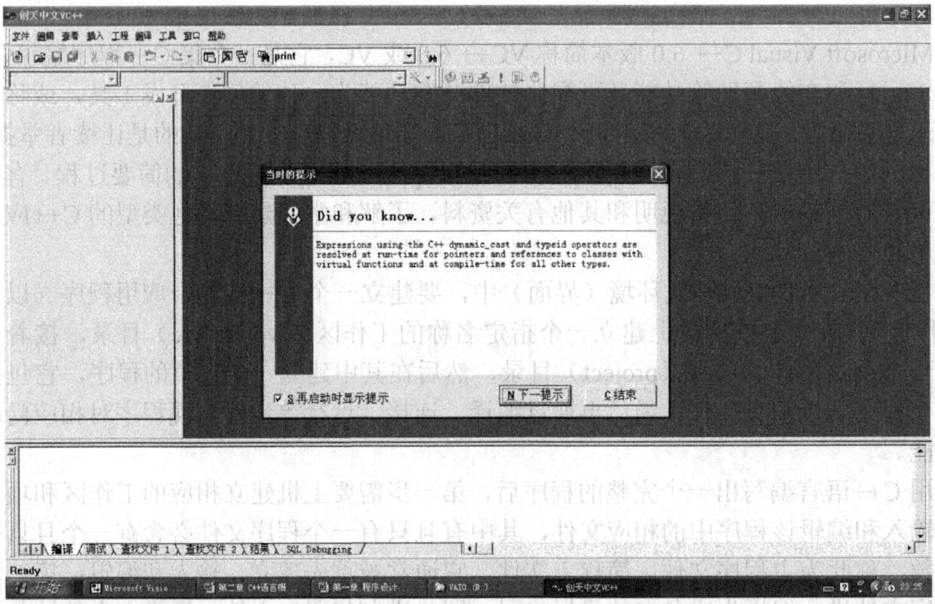

图 2-1 VC++ 6.0 操作界面窗口

当一开始打开 VC 操作界面时，在窗口中央显示出“当前的提示”对话框，单击“下一提示”按钮将显示出下一段内容的信息，单击“结束”按钮将关闭此对话框，接着可以进行用户所需要的各种界面操作。

（2）建立当前工作区目录

为了在 VC 操作界面上进行 C++程序的处理操作，首先单击菜单栏上的“文件”菜单，从下拉列表中单击“新建”菜单选项，打开“新建”对话框，再单击“工作区”选项卡，如图 2-2 所示。

在新建对话框的“位置”文本框中输入或通过右边的省略号按钮选择待建工作区所属的目录位置，假定在此选择 D 盘根目录，在“工作区名字”文本框中输入待建工作区的名称，假定在此输入“VC 语言基础练习”，单击“确定”按钮，自动关闭此对话框，在 D 盘根目录下建立“VC 语言基础练习”目录，作为待建立的程序项目的工作区。

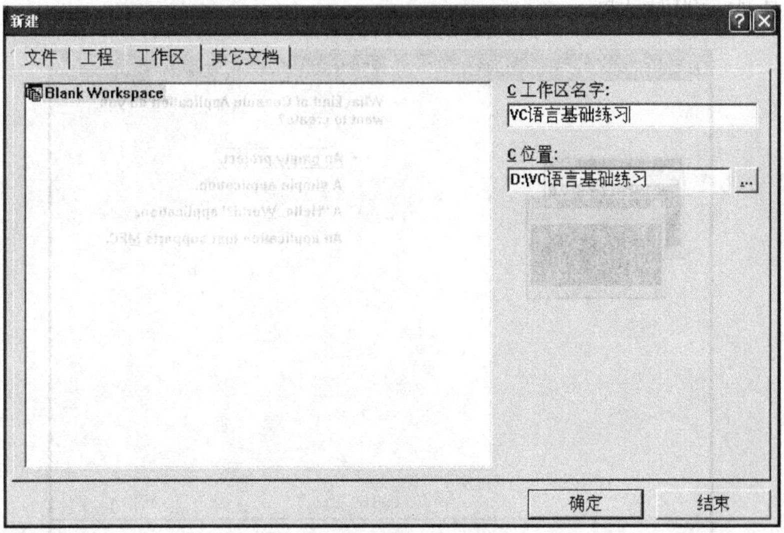

图 2-2 输入工作区名称

（3）定义当前工程项目名

在建立了工作区目录之后，接着单击“文件”菜单，重新选择“新建”选项，打开“新建”对话框，从中单击“工程”选项卡，并选择“Win32 Console Application”选项，准备建立控制台应用程序项目；在此对话框右边中部，选择“添加至现有工作区”单选钮，将使得新建立的工程项目被添加到当前工作区“VC 语言基础练习”之中，在一个工作区内可以保存多个工程项目，每个工程项目保存一个完整的 C++程序；在对话框右上部的“工程”文本框内输入一个工程项目名，假定在此输入“第二章练习程序 1”，如图 2-3 所示。

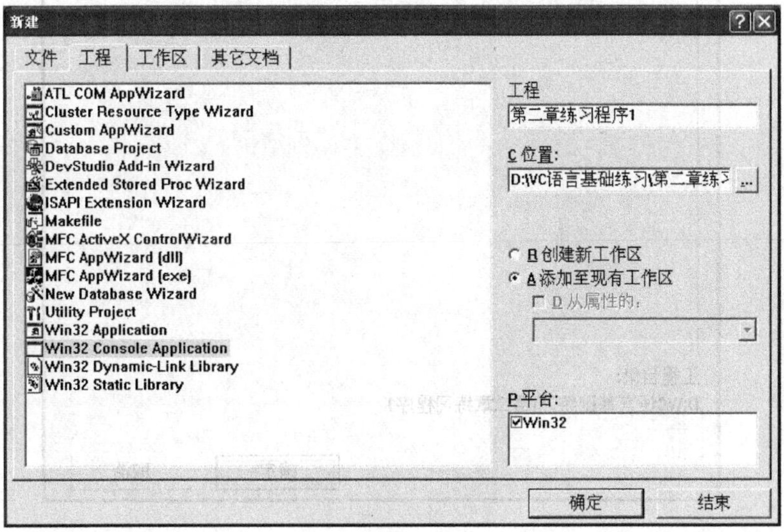

图 2-3 输入工程项目名称对话框

（4）建立一个内容为空的项目

完成图 2-3 所示的操作后，单击“确定”按钮，自动关闭此对话框，接着在屏幕上显示出如图 2-4 所示的对话框。

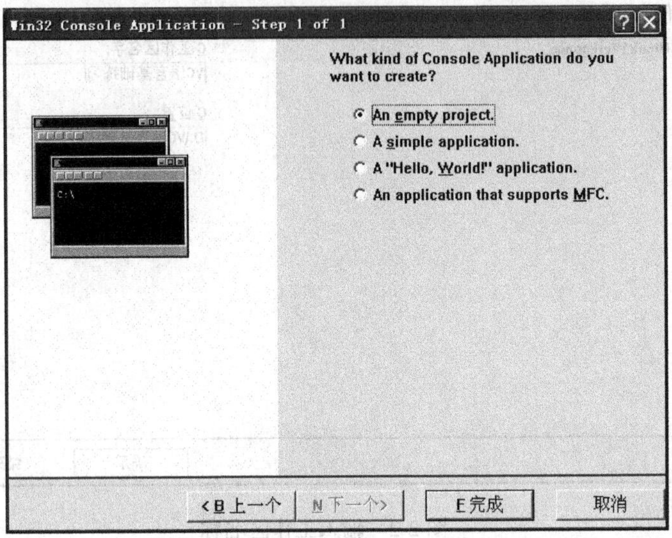

图 2-4　建立控制台应用程序第一步的对话框

假定就是要建立一个初始为空的工程项目，待用户自己输入程序，则不需要改变现有的默认选择，接着单击“完成”按钮，打开下一个对话框，如图 2-5 所示。

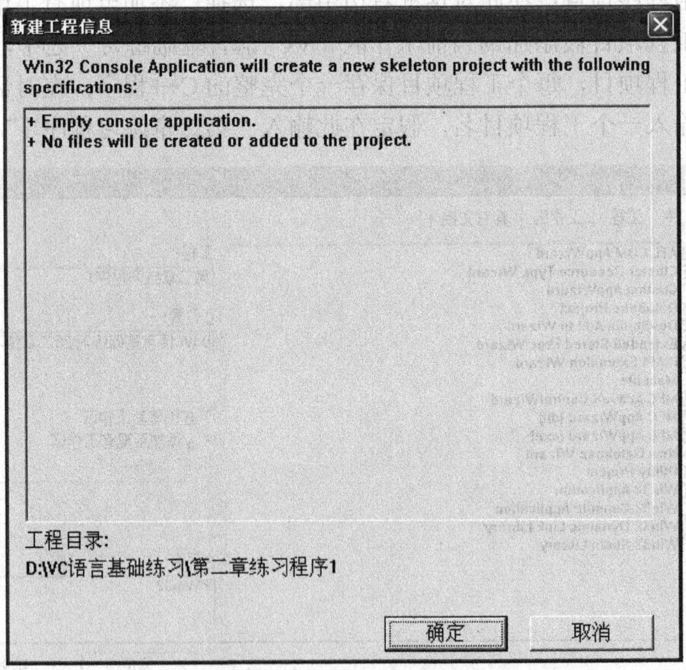

图 2-5　建立控制台应用程序第二步的对话框

单击图 2-5 对话框中的“确定”按钮后，关闭此对话框，完成了一个暂时为空的控制台应用程序项目“第二章练习程序 1”在当前工作区“VC 语言基础练习”内的建立任务，回到开发环境主界面中。

通过以上步骤，系统自动在 D 盘根目录下建立了一个“VC 语言基础练习”子目录，在此子目录内自动建立起主名为“VC 语言基础练习”、扩展名为 dsw 的工作区文件，同时在此工作区目录内建立一个名为“第二章练习程序 1”的子目录，用作为待建程序的项目目录，在此项目目录内系统自动建立起主名为“第二章练习程序 1”、扩展名为 dsp 的项目文件。当然在相应的目录内，还自动建立有其他一些附属文件。

（5）在当前项目中建立程序文件

回到 VC++集成开发操作主界面后，为了建立项目（即整个程序）中的每个程序文件和头文件，需要单击菜单行中的“文件”菜单，从打开的下拉菜单中再次选择“新建”菜单项打开“新建”对话框，再从中选择“文件”选项卡，再从中选择“C++ Source File”选项，准备建立一个程序文件（即扩展名为 cpp 的文件），接着在右边“文件”文本框中输入待建立的一个主程序文件的文件名，假定在此输入“MaxMin”作为文件名，省略输入扩展名则默认为 cpp，此时还要单击对话框右上部的“添加工程”复选框，把新建的程序文件添加到当前工程项目中，如图 2-6 所示。

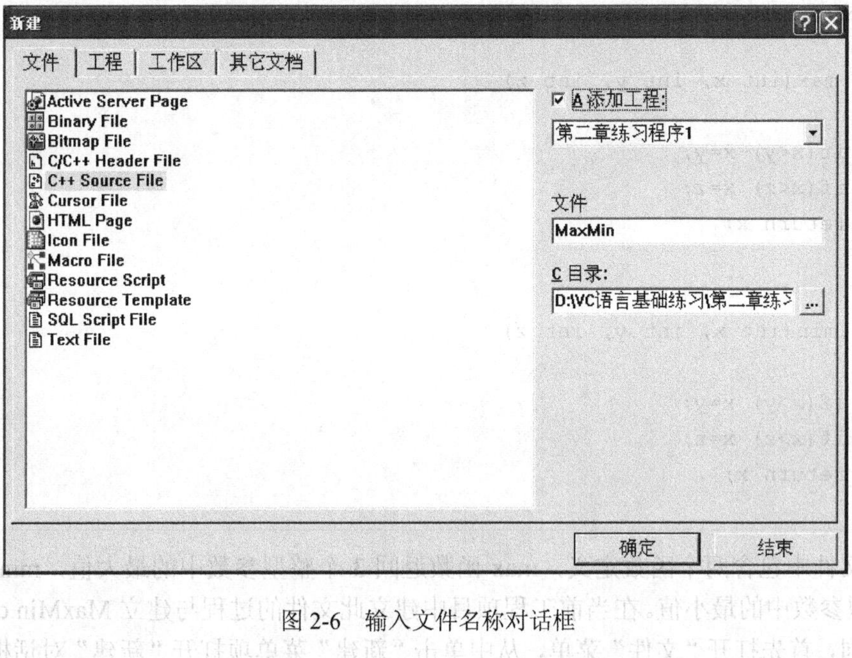

图 2-6 输入文件名称对话框

从图 2-6 所示的“文件”选项卡中若选择“C/C++ Header File”菜单项则可新建一个头文件，同样可以输入头文件的文件名和把它添加到当前工程项目中。

单击图 2-6 的“确定”按钮，自动关闭此对话框，屏幕上当前光标停留在 VC++集成开发环境主界面的程序编辑窗口的左上角，等待用户在此窗口内输入和编辑程序文件的内容。假定输入的 MaxMin.cpp 主程序文件的内容如图 2-7 所示的编辑窗口中显示的那样。

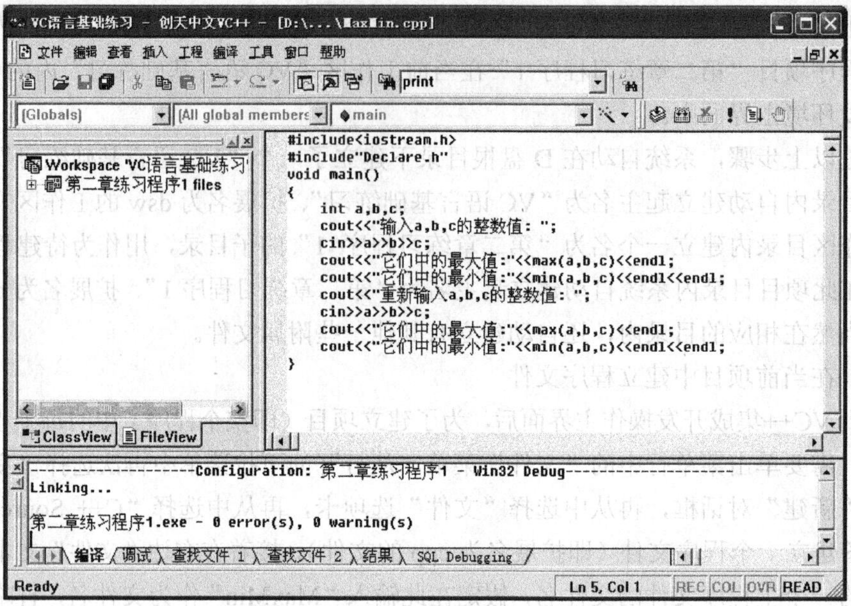

图 2-7　工作区窗口和编辑窗口非空的 C++操作界面

为了使这个程序示例具有代表性，除了上述输入的主文件外，还包含有另一个程序文件和一个头文件。假定另一个程序文件的文件名为 Func.cpp，文件内容如下：

```
int max(int x, int y, int z)
{
    if(x<y) x=y;
    if(x<z) x=z;
    return x;
}

int min(int x, int y, int z)
{
    if(x>y) x=y;
    if(x>z) x=z;
    return x;
}
```

此文件中包含两个函数定义，max 函数返回 3 个整型参数中的最大值，min 函数返回 3 个整型参数中的最小值。在当前工程项目中建立此文件的过程与建立 MaxMin.cpp 文件的过程相同，首先打开“文件”菜单，从中单击“新建”菜单项打开“新建”对话框，从“文件”选项卡中选择“C++ Source File”选项，在“文件”文本框中输入文件名“Func”，同样，“添加工程”复选框被选中，然后单击“确定”按钮。在新打开的文件编辑窗口中输入上面程序即可。

此程序使用的头文件，其名称假定为 Declare.h，文件内容为：

```
int max(int x, int y, int z);
```

```
int min(int x, int y, int z);
```

它给出了对 Func.cpp 文件中两个函数定义的原型声明语句。在当前工程项目中建立此文件的过程与建立程序文件的过程相同，首先打开“文件”菜单，从中单击“新建”菜单项打开“新建”对话框，从“文件”选项卡中选择“C/C++ Header File”选项，在“文件”文本框中输入头文件名 Declarec，默认扩展名为 h，同样“添加工程”复选框被选中，然后单击“确定”按钮。在新打开的文件编辑窗口中输入上面两行语句即可。

此时若展开 VC 操作界面上左侧“工作区”内的工程项目，则所包含的所有程序文件和头文件就显露出来了，如图 2-8 所示。

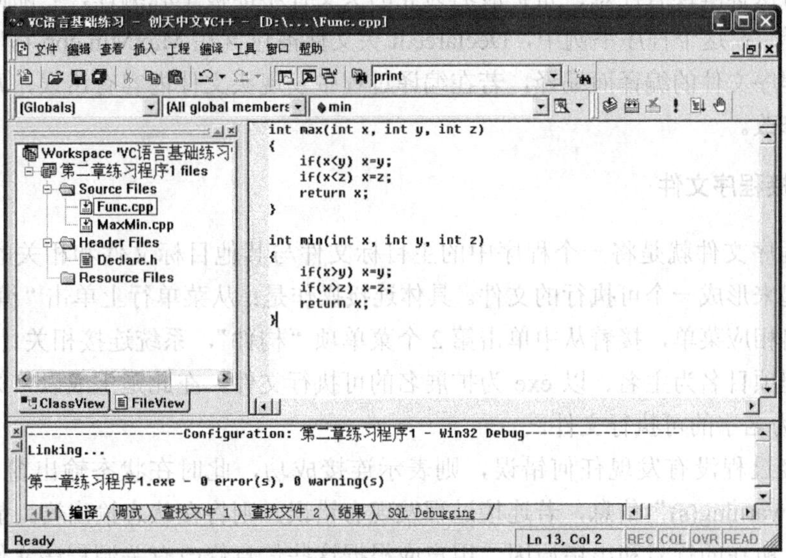

图 2-8　展开项目内容的操作界面

当双击工作区窗口显示的某个程序文件名或头文件名时，编辑窗口就随着显示相应文件的内容，供用户浏览和修改。若用户选择菜单行上的“窗口”菜单，从自动打开的下拉列表的尾部单击某个文件名也能够在编辑窗口显示相应的文件内容。从图 2-8 可以看出，当前要编辑的是 Func.cpp 文件。

2. 编译程序文件

当输入和编辑好整个程序项目中的每个程序文件后，依次编译它们。在编译每个程序文件时，首先使待编译的程序文件成为当前文件，即在编辑窗口显示其文件内容；接着从菜单行中选择“编译”菜单，自动打开下拉列表，从中单击第一个菜单项“编译”，系统就开始编译在编辑窗口中打开的程序文件，生成一个主名与程序文件同名、而扩展名为 obj 的目标文件。当程序中包含多个文件需要编译时，通常是首先编译主程序文件，然后再编译一般程序文件。

一个程序文件的编译过程是：首先处理所有预处理命令，如对于预处理包含命令，将把它替换为所包含的头文件或程序文件的内容，接着删除掉所有注释内容（实际上是用一个空格来替代），然后按行从上向下进行语法检查和分析，最后生成相应的目标文件。

若在编译过程中检查出语法错误，则将在界面下部的状态输出窗口显示出产生错误的程序行行号和错误原因，鼠标双击错误信息行可使编辑窗口的光标定位在发生错误的语句行上，以便用户重新回到编辑窗口修改错误。

编译时检查出的错误包含两类：一类为严重错误（error），又称为致命错误，用户必须修改它，否则不能进一步向下处理；另一类为警告错误（warning），它不影响进入下一步处理过程，但最好把它修改掉，使得程序在编译后不产生任何错误。

当编译完一个程序文件后，将在状态输出窗口显示出各类错误的个数，若最后一行显示出“0 error(s)，0 warning(s)”信息，则表示没有任何错误存在，顺利完成编译。

这里再次提醒读者注意：带扩展名为 h 的头文件不能被单独编译，它随同所属的程序文件被编译。在这个程序举例中，Declarec.h 头文件被包含在 MaxMin.cpp 程序文件中，它将随着此程序文件的编译而编译，若在编译过程中发现头文件内容有错误，则需要到头文件中进行修改。

3．连接程序文件

连接程序文件就是将一个程序中的主目标文件与其他目标文件和相关的库函数目标文件连接起来形成一个可执行的文件。具体连接操作是：从菜单行上单击“编译”菜单项，自动下拉出相应菜单，接着从中单击第 2 个菜单项“构件”，系统连接相关目标代码文件，生成以工程项目名为主名、以 exe 为扩展名的可执行文件，在此是生成以“第二章练习程序 1.exe”为名字的可执行文件。

若连接过程没有发现任何错误，则表示连接成功，此时在状态输出窗口显示出“0 error(s)，0 warning(s)”信息，若连接过程发现有错误，则将在状态输出窗口显示出发生错误的文件、所在的行号和出错原因，用户应根据这些信息修改有关源程序文件中的错误，然后再重新进行编译和连接。

这里需要提醒用户注意的是：在一个项目中的程序，不管包含有多少个程序文件，有并且只能有一个主函数，若多于一个必将产生编译或连接错误。若为了调试程序的方便，可将暂时不用的主函数定义的前后加上多行注释标记“/*”和“*/”，这样就有效地避免了多个主函数的冲突。

4．运行程序

运行程序就是运行经过编译和连接而生成的可执行文件。具体操作是：从菜单行上单击“编译”菜单项，自动下拉出相应菜单，再从中单击“!执行”菜单项（命令），系统自动调用主函数，直到主函数执行结束后返回为止。当然在主函数中，可以使用函数调用表达式调用系统函数和用户函数，调用执行结束后返回主函数。在任一个函数的函数体中仍然可以调用除主函数之外的任何函数，调用结束后返回到原来的位置。所以函数调用可以嵌套，其层数不受限制。

一个 C++程序在 VC 环境下运行时将自动打开一个输出显示窗口，并使显示光标处于该窗口左上角位置，每次执行程序中 cout 语句输出的内容和执行 cin 语句从键盘输入的内容都将从当前光标位置起显示出来，然后光标自动后移，即移到所显示内容的后面，再向显示器输出的内容将接着向后显示出来。程序在运行结束前，将在该窗口自动显示出“Press any key to continue”提示信息，用户按下任一键后将关闭该窗口，重新回到 VC++ 6.0 操作界面窗口。

对于上面介绍的程序示例，主函数包含在 MaxMin.cpp 程序文件中，该程序文件的第 1 行的作用为程序中的标准（键盘/显示器）输入输出操作提供支持；第 2 行的作用是通过头文件的形式给出 max 和 min 函数的原型声明，为主函数中对它们的调用提供支持，相应函数的具体定义模块存在于同一个项目内的另一个程序文件 Func.cpp 之中；第 3～14 行为主函数定义，它首先定义 3 个整数变量 a、b 和 c，接着从键盘上为它们输入值，再接着分别利用它们作为实际参数去调用 max 和 min 函数，并输出返回的最大值和最小值，然后又执行一遍上述同样的过程。该程序的运行结果如下，其中键盘输入的数据是任意的。

```
输入a,b,c的整数值: 23 56 19
它们中的最大值:56
它们中的最小值:19

重新输入a,b,c的整数值: 100 80 60
它们中的最大值:100
它们中的最小值:60

Press any key to continue
```

在一个 C++程序的处理过程中，随时可以打开菜单行上的“文件”菜单，从中选择“保存工作区”命令保存所做的工作；当整个处理过程结束时，打开菜单行上的“文件”菜单，从中选择“关闭工作区”命令，就关闭了当前工作区。当打开菜单行上的“文件”菜单，从中选择“打开工作区”命令时，将自动显示出一个打开工作区（Open Workspace）窗口，用户可以选定一个工作区（其扩展名为 dsw）在当前主界面窗口内打开。若要打开最近使用过的工作区，可首先打开“文件”菜单，接着从下拉列表的尾部单击“新近的工作区”选项，再从它的级联菜单列表中选择一个工作区，其工作区将在当前 VC 主窗口中被打开。当打开了一个新工作区时，原来的当前工作区将自动被保存和关闭。

一个工作区可以包含多个工程，一个工程对应一个 C++完整程序。若要在上述打开的“VC 语言基础练习”工作区中新建另一个工程项目，假定起名为“第二章练习程序 2”，则首先单击菜单行上的“工程”菜单，从自动打开的下拉列表中单击“添加工程”选项，再从打开的级联菜单中单击“新建”选项，屏幕出现“新建”对话框；或者通过单击“文件”菜单中的“新建”选项，也同样打开“新建”对话框。接着按照图 2-3 所示向下操作就能够把一个名称为“第二章练习程序 2”的内容为空的工程项目添加到当前工作区中。然后可以按照图 2-6 和图 2-7 所示向项目中添加文件和输入文件内容。

当在一个工作区中存在着多个工程时，必有一个工程为活动工程，可以通过单击“工程”菜单，从打开的下拉列表中选择“设置活动工程”选项，在自动打开的级联菜单列表中显示出当前工作区中的所有工程名选项，单击任一个工程名则使之成为活动工程，接着程序的新建（添加）、编译、连接和运行都是针对活动工程而言的。

5. 上机操作的简单过程

上面叙述的上机操作的过程比较严谨和复杂，适合于一般应用程序的开发，但对于初学者来说练习的都是简单程序，可以简化操作步骤，只要直接建立程序文件即可，工作区和工程项目均采用系统的默认设置即可。

假定现在要上机建立和运行第 2.6 节中的 samp1.cpp 程序文件，首先单击菜单行上的“文件”菜单，打开相应的下拉列表，从中单击“新建”命令打开“新建”对话框，接着单击“文件”标签打开“文件”选项卡，从中选择“C++ Source File”选项，在右边的“目录”文本框内输入或选择当前目录为“D:\VC 语言\第二章”，当然假定已事先在 D 盘上建立好此目录，在右边的“文件”文本框内输入待建立的程序文件名为“samp1”，如图 2-9 所示。

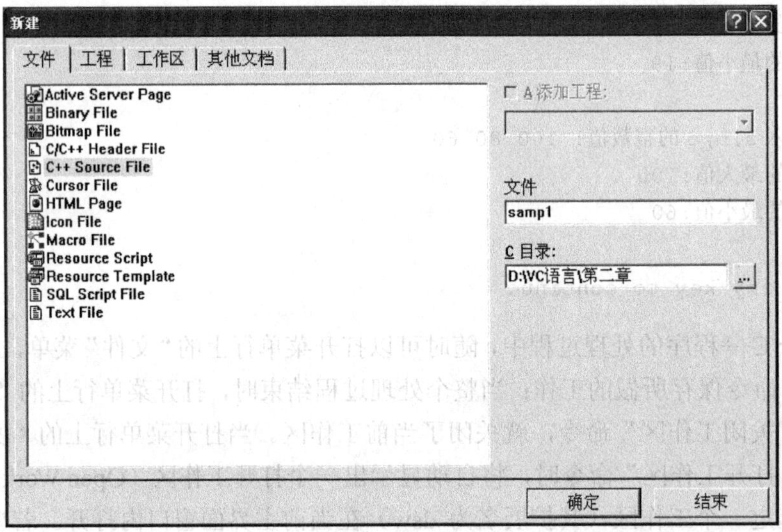

图 2-9 直接建立程序文件的“新建”对话框

单击图 2-9 对话框中的“确定”按钮，关闭此对话框，回到 VC 主界面窗口，编辑窗口内的光标停留在左上角，等待用户输入 samp1.cpp 的文件内容。

文件内容输入、修改并保存后，单击“编译”下拉列表中的“编译”命令，随即显示出如图 2-10 所示的对话框，询问用户是否建立一个默认的项目工作区，单击“是”按钮关闭此对话框，并在当前工作目录内建立以 dsw 和 dsp 分别作为扩展名的工作区文件和工程项目文件，它们的主名均与程序文件主名相同。在此例中工作区文件和工程项目文件的名称分别为 samp1.dsw 和 samp1.dsp。

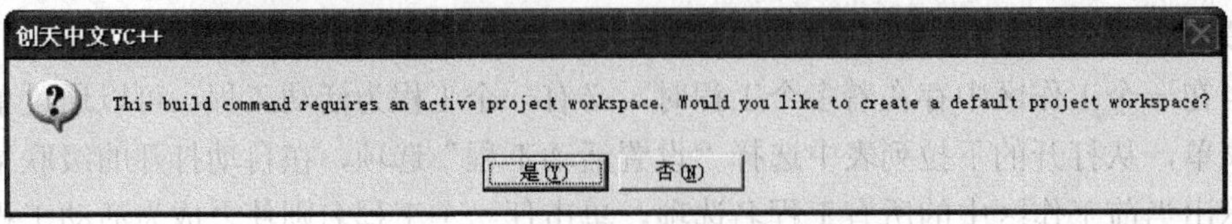

图 2-10 建立默认工作区的确认对话框

程序编译结束后，再接着进行连接和运行操作，从屏幕输出窗口得到运行结果。在这里编译生成的目标文件和连接生成的可执行文件都与程序文件的主名相同，当然其扩展名分别为 obj 和 exe。在此例中目标文件和可执行文件的名称分别为 samp1.obj 和 samp1.exe。

当处理完一个程序后，若需要再输入和运行下一个程序，则首先选择“文件”下拉菜单列表中的“关闭工作区”命令，此时显示出如图 2-11 所示的对话框，询问用户是否关闭所有文件窗口，单击“是”按钮后，保存并关闭当前工作区及所有文件，VC 主界面处于空闲状态，接着可以建立和运行其他程序，或打开已有的工作区。

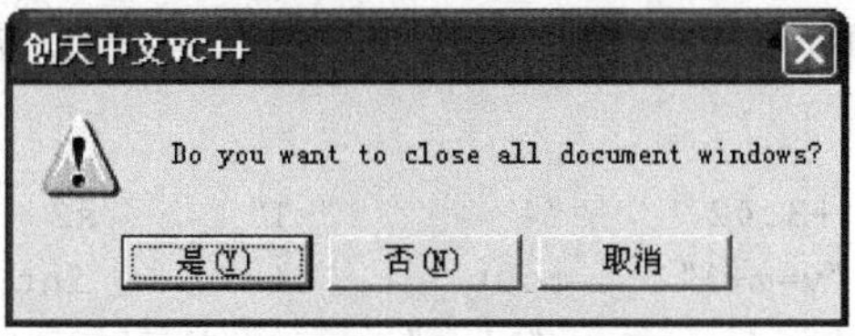

图 2-11 关闭当前工作区的确认对话框

本章小结

1．C++语言是在 C 语言的基础上发展起来的，它的体系结构类似人类自然语言，当然比自然语言要简化得多，它是人们同计算机进行交流的一种工具。

2．由 C++中的基本字符可以构成 C++单词，由 C++单词可以构成 C++语句，由 C++语句可以构成 C++函数，由 C++函数可以构成 C++程序文件，由 C++程序文件可以构成 C++程序。当然最简单的 C++程序只有一个程序文件，它是含有主函数的程序文件。

3．C++保留字是 C++语言的核心，由它构成各种语句的架构，由 C++标识符、C++常量、C++运算符、C++标点符号等语法成分构成各种语句的内容。

4．C++函数是 C++程序中功能相对独立的定义模块，它有系统函数和用户函数之分，对于通用的功能，一般由系统提供现成的函数，或提供现成的类，由用户在开发程序时通过包含相应的系统头文件进行调用，对于一些特定的功能，需要用户编写出相应的函数或类的定义，并在程序中进行调用。

5．VC++ 6.0 开发环境是一个可视化的集成开发环境，含有大量丰富的功能，通常用于 Windows 应用程序的开发。本章介绍了建立控制台应用程序的过程，目的是使读者能够尽快学会上机操作，从中体会程序输入、编译、连接和运行的全过程。

6．C++语言是一种计算机高级语言，它的语言成分是便于人们记忆的英文单词、标识符、表达式等，这些是二进制计算机系统无法直接识别和运算的，所以必须要经过 C++语言专用的编译程序把文本格式的程序文件编译（即转换）成相应的二进制代码格式的目标文件，然后把它们连接起来形成一个完整的目标代码文件，即可直接执行的程序。

7．VC++ 6.0 语言是以 Windows 操作系统为平台的、可视化的开发界面，它与其他以 Windows 为系统平台的可视化界面的操作方法类似，读者通过不断地上机操作实践和借助 VC++帮助系统来逐渐地熟悉环境，必定能够学习到本书上未有的知识和技能。

习题二

2.1 简答题。

1．C++单词包含哪些种类？

2．一个标识符中的首字符必须是什么字符？其余位置上的字符必须是什么字符？

3．数值常量、字符常量、字符串常量和标识符在表示上各有什么区别？

4．下面的每个数据各属于哪一种？数值常量、字符常量、字符串、标识符、保留字、运算符、分隔符或非法数据。

```
25       -8          +3.42      '4'        "x1"       x2       "-28"
'd'      n           "y=m+1"    cout       cin        int      void
main     "a12.cpp"   if         "else"     endl       >>       +
'+'      "+"         Hlist      "int x;"   xy         A_1a     3ab
```

5．C++语句分为哪几种类型？

6．#include 命令的格式和功能各是什么？使用尖括号和双引号在含义上有什么区别？

7．你已经知道哪几个系统头文件？

8．cout 和 cin 标识符的含义是什么？它们后面分别使用什么运算符？各运算符的作用是什么？

9．上机运行一个程序需要经过哪些阶段？

2.2 在 VC 环境下输入和运行程序并记录运行结果。

假定使用“d:\VC 语言上机练习\第二章”作为当前工作目录，每个程序的文件名由用户自行决定。

1．
```
#include<iostream.h>
void main()
{
    int x,y;
    x=5; y=6;
    cout<<"x+y="<<x+y<<',';
    cout<<"x*y="<<x*y<<endl;
}
```

2．
```
#include<iostream>
using namespace std;
int cube(int);
void main(void)
{
    cout<<"cube(3)="<<cube(3)<<endl;
    cout<<"cube(5)="<<cube(5)<<endl;
    cout<<"cube(8)="<<cube(8)<<endl;
}
int cube(int x)
{
    return x*x*x;
```

```
   }
```

3.
```
#include<iomanip.h>
#include"abc.cpp"
void main()
{
    double a,b,c;
    double averageValue;
    a=2;b=3;c=4;
    averageValue=AVE(a,b,c);
    cout<<"averageValue:"<<averageValue<<endl;
    averageValue=AVE(a+1,b+2,c+5);
    cout<<"averageValue:"<<averageValue<<endl;
}
```

其中 abc.cpp 文件的内容如下：

```
double AVE(double x, double y, double z)
{
    return (x+y+z)/3;
}
```

另外要求：把第 2 行包含程序文件语句替换为如下的函数原型语句后再运行程序。

```
double AVE(double x, double y, double z);
```

4.
```
#include<iostream>
#include<iomanip>
using namespace std;
#include "example.h"
void main()
{
    int a,b,c;
    cout<<"请输入任意三个整数：";
    cin>>a>>b>>c;
    cout<<"最大值："<<max_value(a,b,c)<<endl;
    cout<<"最小值："<<min_value(a,b,c)<<endl;
}
```

其中 example.h 文件的内容如下：

```
int max_value(int, int, int);
int min_value(int, int, int);
```

这两个函数的定义模块被保存在另一个程序文件中，它将被编译后连接到主文件中产生出可执行文件。该程序文件的内容如下：

```
int max_value(int a,int b, int c)
```

```
{
   if(a>=b && a>=c) return a;  //若a同时大于等于b和c则返回a的值
   if(b>=a && b>=c) return b;  //若b同时大于等于a和c则返回b的值
   return c;
}
int min_value(int a,int b, int c)
{
   if(a<=b && a<=c) return a;  //若a同时小于等于b和c则返回a的值
   if(b<=a && b<=c) return b;  //若b同时小于等于a和c则返回b的值
   return c;
}
```

第三章　数据类型和表达式

本章详细介绍了 C++基本数据类型的定义、C++常量和变量的表示、各种运算符的含义、常用数学函数的原型与功能、各种表达式的构成与求值等内容。目的是使读者对 C++基本数据类型和各种运算对象有比较深入的了解，能够在程序设计中得到正确而又灵活地运用。

3.1　数据类型

数据是人们记录事物和活动的符号表示。如记录人的姓名用 2～4 个汉字表示，记录人的年龄用 1～3 位十进制数字表示，记录人的高度用带小数点的十进制数表示等。根据数据的性质不同，可以把数据分为不同的类型。在日常使用中，数据主要被分为数值和文字（即非数值）两大类，数值又细分为整数和小数两类。

在 C++语言中，数据分类如图 3-1 所示。

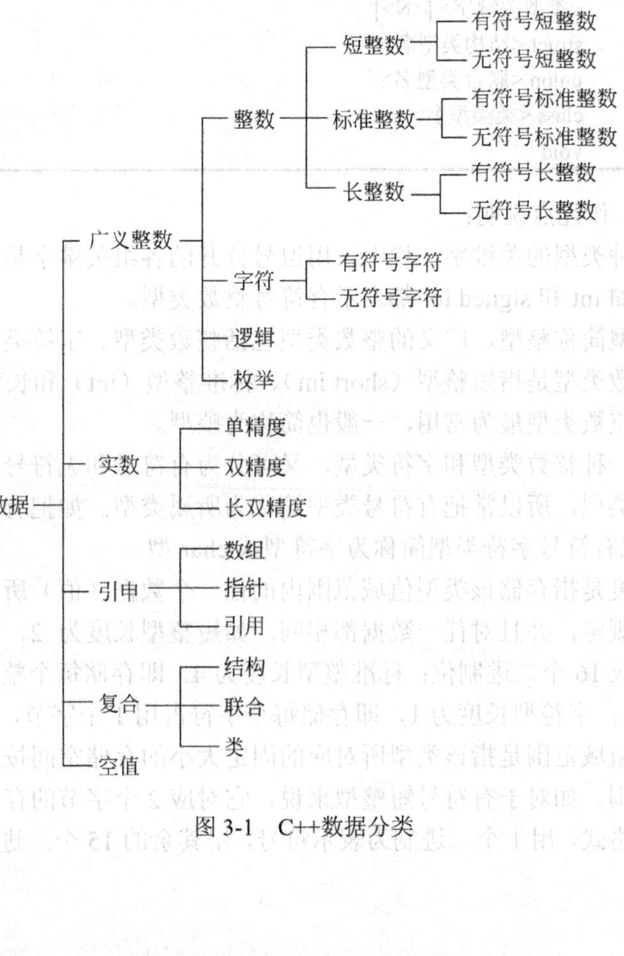

图 3-1　C++数据分类

图 3-1 中每一种无法再分解的数据类型为 C++中的一种具体类型。每一种具体类型都对应着唯一的类型关键字、类型长度和值域范围，见表 3-1 所示，其中有些表项暂时空缺，留待以后介绍。

表 3-1 C++数据类型

类型	关键字	长度	值域范围
有符号短整数	short, short int, signed short int	2	$-2^{15}\sim2^{15}-1$ 内的整数
无符号短整数	unsigned short, unsigned short int	2	$0\sim2^{16}-1$ 内的整数
有符号标准整数	int, signed int	4	$-2^{31}\sim2^{31}-1$ 内的整数
无符号标准整数	unsigned, unsigned int	4	$0\sim2^{32}-1$ 内的整数
有符号长整数	long, long int, signed long int	4	$-2^{31}\sim2^{31}-1$ 内的整数
无符号长整数	unsigned long, unsigned long int	4	$0\sim2^{32}-1$ 内的整数
有符号字符	char, signed char	1	–128～+127 内的整数
无符号字符	unsigned char	1	0～255 内的整数
逻辑	bool	1	0 和 1 两个整数值
枚举	enum <枚举类型名>	4	为 int 值域内的一个子集
单精度数	float	4	约$-3.4\times10^{38}\sim+3.4\times10^{38}$ 内的数
双精度数	double	8	约$-1.8\times10^{308}\sim1.8\times10^{308}$ 内的数
长双精度	long double	8	约$-1.8\times10^{308}\sim1.8\times10^{308}$ 内的数
指针	<类型关键字> *	4	$0\sim2^{32}-1$ 内的整数
引用	<类型关键字> &	4	被引用的变量的值
数组	<类型关键字> [<N>]		
结构	struct <结构类型名>		
联合	union <联合类型名>		
类	class <类类型名>		
空值	void		

下面对表 3-1 作几点说明：

（1）在每一种类型的关键字一栏中，用逗号分开的各组关键字是等价的，都是表示该类型的关键字。如 int 和 signed int 都表示有符号整数类型。

（2）整数类型简称整型。广义的整数类型包括整数类型、字符类型、逻辑类型和枚举类型，一般的整数类型是指短整型（short int）、标准整型（int）和长整型（long int）三种具体类型，标准整数类型最为常用，一般也简称为整型。

（3）对于每一种整数类型和字符类型，又可分为有符号和无符号两种类型。通常使用较多的是有符号类型，所以常把有符号类型简称为所属类型。如把有符号整数类型简称为整型或 int 型，把有符号字符类型简称为字符型或 char 型。

（4）类型长度是指存储该类型值域范围内的任一个数据（值）所占有的存储字节数，该字节数由系统规定，并且对任一数据都相同。如短整型长度为 2，即存储每个短整数占用 2 个字节，对应 16 个二进制位；标准整型长度为 4，即存储每个整数占用 4 个字节，对应 32 个二进制位；字符型长度为 1，即存储每个字符占用 1 个字节，对应 8 个二进制位。

（5）类型的值域范围是指该类型所对应的固定大小的存储空间按照相应的存储格式所能表示的值的范围。如对于有符号短整型来说，它对应 2 个字节的存储空间，存储格式为二进制整数补码格式，用 1 个二进制为表示符号，用其余的 15 个二进制位表示数值，它只能够表示（即存储）$-2^{15}\sim2^{15}-1$，即–32 768～+32 767之间的所有整数，共2^{16}个整数。若一个整数小于–32 768 或大于 32 767，则它就不是该类型中的一个值，即它不是一个有符号短整数。又如对于无符号字符类型来说，它对应1个字节的存储空间，存储格式为二进制整数无符号（隐含为正）格式，8位二进制全部用来表示数值，它只能够表示$0\sim2^{8}-1$，即0～255之间的所有整数。若一个整数小于0或大于255，则它就不是该类型中的一个值，即它不是一个无符号字符数据。

（6）一个数的有效数字是指从该数最左边不为0的数字位起至最右边不为0的数字位止之间的每一个数字位，而这些数字位的个数称为该数的有效数字的位数。如3500、2.705、– 0.278、63.00和0.001 04的有效数字位数分别为2、4、3、2和3。另外，若一个数带有指数部分，则它不影响整个数的有效数字位数。如 3.14、3.14×10^{5}、314×10^{-6}等都具有相同的有效数字的位数，即都为3位。

（7）单精度型的值域范围是$-3.402\,823\times10^{38}\sim3.402\,823\times10^{38}$之间的不超过7位有效数字的所有整数和小数。如–372.65、-0.14×10^{-6}、0.0、+12.7、– 6.45、100.0、8.062×10^{25}等都是单精度范围内的数。2.007 084 63 不是单精度范围内的一个数，若舍去它的最后两位有效数字，使之近似为2.007 084，则就成为单精度范围内的一个数。

（8）双精度型的值域范围比单精度型的值域范围更广，精度更高，即能够表示更多的有效数字的位数，它能够表示$-1.797\,693\,134\,862\,41\times10^{308}\sim1.797\,693\,134\,862\,41\times10^{308}$之间的不超过15位有效数字的所有整数和小数。当一个数的有效数字的位数超过15时，则舍去第15位以后的所有位后，则可近似成为双精度范围内的一个数。在VC++中长双精度型与双精度型定义完全相同。

（9）在VC++ 6.0版本中，标准整型（int）和长整型（long int）具有完全相同的长度和存储格式，所以它们是等同的。但在早期的C++版本中，由于当时的机器字长为16位，所以整型和长整型的长度是不同的，前者为2个字节，后者为4个字节。无论如何，任一种C++语言都遵循short int型的长度小于等于int型长度，同时int型长度又小于等于long ing型长度的规定。

与上述整型情况类似，在VC++ 6.0中，双精度型（double）和长双精度型（long double）也具有完全相同的长度和存储格式，它们是等同的。在其他C++语言中也可能不同，但无论如何，它们都遵循float型的长度小于等于double型长度，同时double型长度又小于等于long double型长度的规定。

使用C++语言中提供的sizeof运算符（该运算符是一个保留字）能够很容易知道任一种数据类型的长度。如sizeof(int)的值就是一个整型的长度，sizeof(long double)的值就是一个长双精度型的长度。使用该运算符的格式有点像函数调用格式，即在后面使用一对圆括号，把类型关键字或某个类型的对象放入其中。

（10）C++中的枚举、数组、结构、联合和类都是需要用户根据相应的语法规则和实际应用进行具体定义的类型，而其他所有类型都是预定义类型，即在C++系统内部已经定义了的类型。对于预定义类型，用户可以在程序中的任何地方直接使用它，对于用户定义类型，只有用户根据需要给出具体定义后，才能够在后面的程序中使用它。

3.2 常量

常量是指在程序执行中不变的量，它分为字面常量和符号常量（又称标识符常量）两种表示方法。如 25、–3.26、'a'、"constant"等都是字面常量，即字面本身就是它的值。符号常量是一个标识符，对应着一个存储空间，该空间中保存的数据就是该符号常量的值，这个数据是在定义符号常量时赋予的，是以后不能改变的。如 C++保留字中的 true 和 false 就是系统预先定义的两个符号常量，它们的值分别为数值 1 和 0，用来分别表示逻辑值“真”和“假”。

关于符号常量的定义和赋初值的方法将在下一节同变量一起讨论，这一节只讨论字面常量的表示方法。

3.2.1 整型常量

整型常量简称整数，它有十进制、八进制和十六进制三种表示。

1．十进制整数

十进制整数由正号（+）或负号（–）开始的、接着为首位非 0 的若干个十进制数字所组成。若前缀为正号则为正数，若前缀为负号则为负数，若无符号则认为是正数。如 38、–25、+120、74 286 等都是符合书写规定的十进制整数。

当一个十进制整数大于等于–2 147 483 648 即-2^{31}，同时小于等于 2 147 483 647 即$2^{31}-1$时，则被系统看作是 int 型常量；当在 2 147 483 648～4 294 967 295（即$2^{32}-1$）范围之内时，则被看作是 unsigned int 型常量；当超过上述两个范围时，则无法用 C++整数类型表示，只有把它用实数（即带小数点的数）表示才能够被有效地存储和处理。

2．八进制整数

八进制整数由首位数字为 0 的后接若干个八进制数字（借用十进制数字中的 0～7）所组成。八进制整数不带符号位，隐含为正数。如 0、012、0377、04056 等都是八进制整数，对应的十进制整数依次为 0、10、255 和 2094。

当一个八进制整数大于等于 0 同时小于等于 017777777777 时，则称为 int 型常量，当大于等于 020000000000 同时小于等于 037777777777 时，则称为 unsigned int 型常量，超过上述两个范围的八进制整数则不要使用，因为没有相对应的 C++整数类型。

3．十六进制整数

十六进制整数由数字 0 和字母 x（大、小写均可）开始的、后接若干个十六进制数字（0～9、A～F 或 a～f）所组成。同八进制整数一样，十六进制整数也均为正数。如 0x0、0x25、0x1ff、0x30CA 等都是十六进制整数，对应的十进制整数依次为 0、37、511 和 12 490。

当一个十六进制整数大于等于 0 同时小于等于 0x7FFFFFFF 时，则称为 int 型常量，当大于等于 0x80000000 同时小于等于 0xFFFFFFFF 时，则称为 unsigned int 型常量，超过上述两个范围的十六进制整数没有相对应的 C++整数类型，所以不能使用它们。

4. 在整数末尾使用 u 和 l 字母

对于任一种进制的整数，若后缀有字母 u（大、小写等效），则硬性规定它为一个无符号整型（unsigned int）数，若后缀有字母 l（大、小写等效），则硬性规定它为一个长整型（long int）数。在一个整数的末尾，可以同时使用 u 和 l，并且对排列无要求。如 25U、0327UL、0x3ffbL、648LU 等都是整数，其类型依次为 unsigned int、unsigned long int、long int 和 unsigned long int。

3.2.2 字符常量

字符常量简称字符，它以单引号作为起止标记，中间为一个或若干个字符。如'a'、'%'、'\n'、'\012'、'\125'、'\x4F'等都是合乎规定的字符常量。每个字符常量只表示一个字符，当字符常量的一对单引号内多于一个字符时，则将按规定解释为一个字符。如'a'表示字符 a，'\125'解释为字符 U（稍后便知是如何解释的）。

因为字符型的长度为 1，值域范围是–128～127 或 0～255，而在计算机系统使用的 ASCII 字符，其 ASCII 码值为 0～127，正好在 C++字符型值域内。所以，每个 ASCII 字符均是一个字符型数据，即字符型中的一个值。

对于 ASCII 字符集中的每个可显示字符（个别字符除外），对应的 C++字符常量就是它本身，对应的值就是该字符的 ASCII 码，表示时用单引号括起来；对于像回车、换行那样的具有控制功能的字符，以及对于像单引号、双引号那样的作为特殊标记使用的字符，就无法采用上述的表示方法。为此引入了“转义”字符的概念，其含义是：以反斜线作引导的下一个字符失去了原来的含义，而转义为具有某种控制功能的字符。如'\n'中的字符 n 通过前面使用的反斜线转义后就成为一个换行符，其 ASCII 码为 10。为了表示用作特殊标记使用的可显示字符，也需要用反斜线字符引导。如'\''表示单引号字符，若直接使用'''表示单引号是不行的，因为此时的单引号具有二义性。

另外，还允许用反斜线引导一个具有 1～3 位的八进制整数或一个以字母 x 作为开始标记的具有 1～2 位的十六进制整数，对应的字符就是以这个整数作为 ASCII 码的字符。如'\0'、'\12'、'\73'、'\146'、'\x5A'等对应的字符依次为空字符（其 ASCII 码为 0，它不同于空格字符，空格字符的 ASCII 码为 32）、换行符、';'、'f'和'z'等。

由反斜线字符开始的符合上述使用规定的字符序列称为转义序列，C++语言中的所有转义序列如表 3-2 所示。

表 3-2 C++转义序列字符列表

转义序列	对应值	对应功能或字符	转义序列	对应值	对应功能或字符
\a	7	响铃	\\	92	反斜线
\b	8	退格	\'	39	单引号
\f	12	换页	\"	34	双引号
\n	10	换行	\?	63	问号
\r	13	回车	\ccc	ccc 的十进制值	该值对应的字符
\t	9	水平制表	\xhh	hh 的十进制值	该值对应的字符
\v	11	垂直制表			

转义序列不但可以作为字符常量，也可以同其他字符一样使用在字符串中。如"abc\n"字符串中含有四个字符，最后一个为换行符，"\tx="中的首字符为水平制表符，当输出它时将使光标后移 8 个字符位置。

对于一个字符，当用于输出显示时，将显示出字符本身或体现出相应的控制功能，当出现在计算表达式中时，将使用它的 ASCII 码。如：

```
（1）char ch='E';
（2）int x=ch+2;
（3）if(ch>'C') cout<<ch<<'>'<<'C'<<endl;
（4）cout<<"apple\n";
```

第（1）条语句定义字符变量 ch 并把字符 E 赋给它作为其初值，实际是把字符 E 的 ASCII 码 69 赋给 ch。第（2）条语句定义整型变量 x 并把 ch+2 的值 71 赋给它。第（3）条语句首先进行 ch>'C'比较，实际上是取出各自的值（即对应的 ASCII 码）比较，因 ch 的值 69 大于'C'的值 67 成立，所以执行其后的输出语句，将向屏幕输出 E>C。第（4）条语句输出一个字符串，即原样输出 apple，接着使光标移到下一行开始位置。

3.2.3 逻辑常量

逻辑常量是逻辑类型中的值，VC++用保留字 bool 表示逻辑类型，该类型只含有两个值，即整数 0 和 1，用 0 表示逻辑假，用 1 表示逻辑真。在 VC++中还定义了这两个逻辑值所对应的符号常量 false 和 true，false 的值为 0，表示逻辑假，true 的值为 1，表示逻辑真。

由于逻辑值是整数 0 和 1，所以它也能够像其他整数一样出现在表达式里，参与各种整数运算。如 true+2 的值等于 3。

3.2.4 枚举常量

枚举常量是枚举类型中的值，即枚举值。枚举类型是一种用户定义的类型，只有用户在程序中定义它后才能被使用。用户通常利用枚举类型定义程序中需要使用的一组相关的符号常量。枚举类型的定义格式为：

```
enum <枚举类型名> {<枚举表>};
```

这是一条枚举类型定义语句，该语句以 enum 保留字开始，接着为枚举类型名，它是用户命名的一个标识符，以后就直接使用它或连同保留字 enum 一起使用表示该类型，枚举类型名后为该类型的定义体，它是由一对花括号和其中的枚举表所组成，枚举表为一组用逗号分开的符号常量，每个符号常量为由用户命名的一个标识符，每个符号常量又称为枚举常量或枚举值。如：

```
（1）enum color{red, yellow, blue};
（2）enum day{Sun, Mon, Tues, Wed, Thur, Fri, Sat};
```

第（1）条语句定义了一个枚举类型 color，也可以写为 enum color，用来表示自定义的颜色类型，它包含 3 个枚举值 red、yellow 和 blue，分别代表红色、黄色和蓝色。

第（2）条语句定义了一个枚举类型 day，也可以写为 enum day，用来表示自定义的星期类型，它包含 7 个枚举值，分别对应表示星期日、星期一至星期六。

一种枚举类型被定义后，可以像整型等预定义类型一样使用在允许出现数据类型的任何地方，如可以利用它定义变量。

```
（1）enum color c1,c2,c3;
（2）enum day today, workday;
（3）c1=red;
（4）workday=Wed;
```

第（1）条语句开始的保留字 enum 和类型标识符 colou 表示上述定义的枚举类型 color，其中 enum 可以省略不写，后面的三个标识符 c1、c2 和 c3 分别表示该类型的 3 个变量，每个变量可以用来存储该枚举表中列出的任一个值。

第（2）条语句开始的两个成分表示上述定义的枚举类型 day，同样 enum 可以省略不写，后面的两个标识符 today 和 workday 表示该类型的两个变量，每个变量可以用来存储该枚举表中列出的 7 个值中的任一个值。

第（3）条语句把枚举值 red 赋给变量 c1。第（4）条语句把枚举值 Wed 赋给变量 workday。

在一个枚举类型的枚举表中列出的每一个枚举常量都对应着一个整数值，该整数值可以由系统自动确认，也可以由用户指定。若用户在枚举表中一个枚举常量后加上赋值号和一个整型常量，则就表示枚举常量被赋予了这个整型常量的值。如：

```
enum day{Sun=7, Mon=1, Tues, Wed, Thur, Fri, Sat};
```

用户指定了 Sun 的值为 7，Mon 的值为 1。

若用户没有给一个枚举常量赋初值，则系统给它赋予的值是它前一项枚举常量的值加 1，若它本身就是首项，则被自动赋予整数 0。如对于上述定义的 color 类型，red、yellow 和 blue 的值分别为 0、1 和 2；对于刚被修改定义的 day 类型，各枚举常量的值依次为 7、1、2、3、4、5 和 6。

由于各枚举常量的值是一个整数，所以可把它同一般整数一样看待，参与整数的各种运算。又由于它本身是一个符号常量，所以当作为输出数据项时，输出的是它的整数值，而不是它的标识符，这一点同输出其他类型的符号常量是一致的。

3.2.5 实型常量

实型常量简称实数，它有十进制的定点和浮点两种表示方法，不存在其他进制的表示。

1. 定点表示

定点表示的实数简称定点数，它是由一个符号（正号可以省略）后接若干个十进制数字和一个小数点所组成，这个小数点可以处在任何一个数字位之前或之后。如.12、1.2、

12、0.12、–12.40、+3.14、–.02037、–36.0 等都是符合书写规定的定点数。

2．浮点表示

浮点表示的实数简称浮点数，它是由一个十进制整数或定点数后接一个字母 e（大、小写均可）和一个 1～3 位的十进制整数所组成，字母 e 之前的部分称为该浮点数的**尾数**，之后的部分成为该浮点数的**指数**，该浮点数的值就是它的尾数乘以 10 的指数幂。如 3.236E5、+3.25e–8、2E4、0.376E–15、1e–6、– 6.04E+12、.43E0、96.e24 等都是合乎规定的浮点数，它们对应的数值分别为 3.236×10^5、3.25×10^{-8}、20000、0.376×10^{-15}、10^{-6}、-6.04×10^{12}、0.43、96×10^{24} 等。

对于一个浮点数，若将它尾数中的小数点调整到最左边第一个非零数字的后面，则称之为规格化（或标准化）的浮点数。如 21.6E8 和–0.074E5 都是非规格化的，若将它们分别调整为 2.16E9 和–7.4E3 则都变为了规格化的浮点数。

3．实数类型

对于一个定点数或浮点数，被 C++自动处理为一个双精度数，存储它占用 8 个字节的存储空间。若在一个定点数或浮点数之后加上字母 f（大、小写均可），则自动按一个单精度数看待，存储它占用 4 个字节的存储空间。如 3.24 和 3.24f，虽然数值相同，但分别代表一个双精度数和一个单精度数，同样，–2.78E5 为一个双精度数，而–2.78E5F 为一个单精度数。

3.2.6 地址常量

指针类型的值域是 $0\sim2^{32}-1$ 之间的所有整数，每一个整数代表内存空间中一个对应单元（若存在的话）的存储地址，每一个整数地址都不允许用户直接使用来访问内存，以防止用户对内存系统数据的有意或无意的破坏。内存地址的分配和管理是由计算机操作系统直接控制和进行的，用户仅能够直接使用整数 0 作为地址常量，它是 C++中唯一允许使用的地址常量，并称为空地址常量，它对应的符号常量为 NULL。此常量并不是指内存中编号为 0 的存储字节地址，而转义为不代表任何地址，或称为空地址。符号常量 NULL 在 iostream.h 等头文件中所包含的 ios.h 头文件里有定义，其值为 0。

3.3 变量

变量是用标识符表示的、其值可以被改变的量。每一个变量都属于一种数据类型，用来表示（即存储）该类型中的一个值。在程序中只有存在了一种数据类型后，才能够利用它定义出该类型的变量。根据这一原则，我们可以随时利用 C++语言中的每一种预定义类型和用户已经定义的每一种类型定义所使用的变量。一个变量只有被定义后才能被访问，即才能进行存储和读取其值的操作。

1. 变量定义语句

变量定义是通过变量定义语句实现的，该语句的一般格式为：

```
<类型关键字> <变量名>[=<初值表达式>],…;
```

<类型关键字>为已存在的一种数据类型，如 short、int、long、char、bool、float、double 等都是类型关键字，分别代表系统预定义的短整型、整型、长整型、字符型、逻辑型（又称布尔型）、单精度型和双精度型。对于用户自定义的类型，可从类型关键字中省略其保留字。如假定 struct worker 是用户自定义的一种结构类型，则前面的保留字 struct 可以省略。

<变量名>是用户定义的一个标识符，用来表示一个变量，该变量可以通过后面的可选项，即赋值号和<初值表达式>赋予一个值，称为给变量赋初值。

该语句格式后面使用的省略号表示在一条语句中可以定义多个变量，但各变量定义之间必须用逗号分开。

2. 语句格式举例

```
(1) int a,b;
(2) char ch1='a', ch2='A';
(3) int x=a+2*b;
(4) double d1, d2=0.0, d3=3.14159;
```

第（1）条语句定义了两个整型变量 a 和 b；第（2）条语句定义了两个字符变量 ch1 和 ch2，并被分别赋初值为字符 a 和 A；第（3）条语句定义了一个整型变量 x，并赋予表达式 a+2*b 的值作为初值，若 a 和 b 的值分别为 1 和 2，则 x 的初值为 5；第（4）条语句定义了三个双精度变量，分别为 d1、d2 和 d3，其中 d2 被赋予初值 0.0，d3 被赋予初值 3.14159。

3. 语句执行过程

程序在编译阶段处理每条变量定义语句时，是把被定义的每个变量的类型、变量名等信息登记下来，以便在执行阶段为其分配相应的存储空间。程序在执行阶段处理每条变量定义语句时，若变量定义中带有初值表达式，则进行初值表达式的计算，并把计算结果赋给变量；若不带有初值表达式，且所属的语句处于所有函数之外，则将被自动赋予初值 0；若既不带有初值表达式，又处于一个函数体之内，则不会被赋予任何值，此时的变量值是不确定的，实际上是存储单元中的原有值（现在被称为垃圾）。

4. 语句应用举例

假定要计算一个圆的周长和面积，则圆的半径、周长和面积都需要设定为变量，假定分别用 radius、girth 和 area 标识符表示，它们的类型均应为实数型，即单精度或双精度型，通常使用双精度型。根据圆的半径计算周长和面积的公式为：

$$girth=2\pi\times radius$$

$$area=\pi\times radius\times radius$$

下面给出用C++语言编写的计算程序：

```
#include<iostream.h>
const double PI=3.14159;                    //把圆周率定义为符号常量
void main()
{
    double radius, girth, area;             //定义变量
    cin>>radius;                            //从键盘输入一个圆的半径
    girth=2*PI*radius;                      //计算周长
    area=PI*radius*radius;                  //计算面积
    cout<<"radius:"<<radius<<endl;          //输出半径
    cout<<"girth: "<<girth<<endl;           //输出周长
    cout<<"area:  "<<area<<endl;            //输出面积
}
```

在这个程序的主函数中，第1条语句定义了三个双精度变量，由于没有给它们赋初值，所以其值是不确定的；第2条语句从键盘输入一个常数给半径radius，输入的常数可以是整数，也可以是定点数或浮点数，系统将自动把它转换为一个双精度数（因radius为双精度型）后再赋给radius，即赋给该变量所对应的存储单元；第3条和第4条语句为赋值表达式语句，分别计算出赋值号右边表达式的值，再相应赋给变量girth和area；第5～7条语句依次向屏幕输出圆的半径、周长和面积。

假定程序运行后从键盘上输入的半径为5，则得到的输出结果为：

```
radius:5
girth: 31.4159
area:  78.5397
```

5. 符号常量定义语句

符号常量又称为标识符常量，其定义语句是变量定义语句的一种变体，其使用规则与变量完全相同，定义语句格式为：

```
const <类型关键字> <符号常量名>=<初值表达式>,…;
```

该语句以保留字const开始并标识，后跟符号常量的类型关键字，接下去为符号常量名，它是一个用户定义的标识符，符号常量名之后为一个赋值号和一个初值表达式，在此为必选项，而在一般的变量定义语句中为任选项，这表明在定义符号常量时必须同时对其赋初值。该语句同样也可以定义多个符号常量。

一个符号常量被定义后，它的值就是定义时所赋予的初值，以后将一直保持不变，用户只能够读取它的值，而不能够再向它赋值。

另外，在符号常量的定义语句中，若<类型关键字>为int，则可以被省略。但为了提高程序的可读性，最好不要采用其省略类型。

下面给出3条符号常量定义语句的例子。

（1）`const int A1=5, A2=A1*4;`

```
(2) const double PI=3.14159;
(3) const int MaxSize=100;
```

第（1）条语句定义了两个整型符号常量 A1 和 A2，并使得它们的初值分别为 5 和 20；第（2）条语句定义了一个双精度符号常量 PI，用它表示数学上π的值 3.14159，这在上面计算圆的周长和面积的程序中已经使用过；第（3）条语句定义了一个整型符号常量 MaxSize，用它代表整数 100。第（1）条和第（3）条语句中的 int 均可以省略不写，其隐含的常量类型为 int 型。

当在一个程序中需要多次使用某一个字面常量时，则最好将该字面常量定义为符号常量，当需要改动该字面常量时，此时仅改动符号常量定义中的初值表达式一处，避免在多处的重复修改，从而能够提高程序的可读性、可修改性和可靠性。

6. 使用#define 命令定义符号常量

#define 命令是一条预处理命令，即在编译阶段被处理的命令，其命令格式为：

```
#define <符号常量名> <字符序列>
```

<符号常量名>是用户定义的、用来代表常量的标识符，又称为宏或宏标识符，<字符序列>也是由用户给定的、将用来代替宏的一个字符序列。宏被该命令定义后，可以使用在其后的程序中，当程序被编译时将把所有地方使用的宏标识符替换为对应的<字符序列>，并把宏命令删除掉。

如一个宏命令为：

```
#define ABC 10
```

若在主函数中有这样一条语句：

```
int x=ABC*ABC;
```

则当编译后改变为：

```
int x=10*10;
```

若上述宏命令中的字符序列不是 10，而是 2+5，则编译后改变为：

```
int x=2+5*2+5;
```

可见宏替换后改变了原表达式中运算的优先次序，为了克服可能出现的这种错误，通常使用带括号的宏字符序列。如可将上述定义的宏命令改写为：

```
#define ABC(2+5)
```

上述语句将会被正确地替换为：

```
int x=(2+5)*(2+5);
```

由于使用 const 语句定义符号常量带有数据类型，以便系统进行类型检查，同时该语句具有计算初值表达式和给符号常量赋初值的功能，所以使用它比使用宏命令定义符号常量要优越得多，因此提倡在程序中使用const语句而不是#define命令定义符号常量。

7. 使用变量和常量的程序举例

```
#include<iostream.h>
#define M -1            //符号常量中的字母通常采用大写
const int N=10;
void main()
{
    int x,y;
    cout<<"请输入一个整数:";
    cin>>x;
    if(x<N) y=M*x+1;
    else y=(x+M)*x-3;
    cout<<x<<' '<<y<<endl;
}
```

程序运行后若从键盘上输入数值5，则得到的输出结果为：

```
5 -4
```

若从键盘上输入的数值为20，则得到的输出结果为：

```
20 377
```

在这个程序中，由于#define同#include一样，都是编译预处理命令，所以都必须用单独一行书写，并且在结尾不能使用分号；而用const格式定义常量时，它是C++定义语句，所以必须用分号结束。另外，一条#define命令只能定义一个符号常量，而一条const语句可以定义一个或多个符号常量。

3.4 运算符和表达式

C++运算符又称操作符，它是对数据进行运算的符号，参与运算的数据称为操作数或运算对象，由操作数和操作符连接而成的有效的式子称为表达式。

按照运算符要求操作数个数的多少，可把C++运算符分为单目（一元）运算符、双目（二元）运算符和三目（三元）运算符三类。单目运算符一般位于操作数的前面，如对x取负表示为–x；双目运算符一般位于两个操作数之间，如两个数a和b相加表示为a+b；三目运算符只有一个，即为条件运算符，它含有两个字符，即问号和冒号，分别把三个操作数分开，如x?y=2:y=3。

一个运算符可能是一个字符，也可能由两个或三个字符所组成，还有的是一些C++保留字。如赋值号（=）就是一个字符，不等于号（!=）就是两个字符，左移赋值号（<<=）就是三个字符，求类型长度的运算符（sizeof）就是一个保留字。

每一种运算符都具有一定的**优先级**，用来决定它在表达式中的运算次序。一个表达式中通常包含有多个运算符，对它们进行运算的次序通常与每一个运算符从左到右出现的次序相一致，但若它的下一个（即右边一个）运算符的优先级较高，则下一个运算符应先被计算。如当计算表达式 a+b*(c–d)/e 时，则每个运算符的运算次序依次为：–、*、/、+。

对于同一优先级的运算符，当在同一个表达式的计算过程中相邻出现时，可能是按照从左到右的次序进行，也可能是按照从右到左的次序进行，这要看运算符的**结合性**。如加和减运算为同一优先级，它们的结合性是从左到右，当计算 a+b–c+d 时，先做最左边的加法，再做中间的减法，最后做右边的加法；又如各种赋值操作是属于同一优先级，但结合性是从右到左，当计算 a=b=c 时，先做右边的赋值，使 c 的值赋给 b，再做左边的赋值，使 b 的值赋给 a。

表 3-3 列出了在 C++语言中定义的全部运算符，其中优先级数字从小到大所对应的优先级别为从高到低。

表 3-3　C++运算符

<table>
<tr><th>优 先 级</th><th>运 算 符</th><th>功　　能</th><th>目　　数</th><th>结 合 性</th></tr>
<tr><td rowspan="6">1</td><td>::</td><td>作用域区分符</td><td rowspan="6">双目</td><td rowspan="6">从左向右</td></tr>
<tr><td>()</td><td>改变运算优先级或函数调用操作符</td></tr>
<tr><td>[]</td><td>访问数组元素</td></tr>
<tr><td>.</td><td>直接访问数据成员</td></tr>
<tr><td>–></td><td>间接访问数据成员</td></tr>
<tr><td></td><td></td></tr>
<tr><td rowspan="11">2</td><td>!</td><td>逻辑非</td><td rowspan="11">单目</td><td rowspan="11">从右向左</td></tr>
<tr><td>~</td><td>按位取反</td></tr>
<tr><td>+,–</td><td>取正，取负</td></tr>
<tr><td>*</td><td>间接访问对象</td></tr>
<tr><td>&</td><td>取对象地址</td></tr>
<tr><td>++,– –</td><td>增 1，减 1</td></tr>
<tr><td>()</td><td>强制类型转换</td></tr>
<tr><td>sizeof</td><td>测类型长度</td></tr>
<tr><td>new</td><td>动态申请内存单元</td></tr>
<tr><td>delete</td><td>释放 new 申请的单元</td></tr>
<tr><td></td><td></td></tr>
<tr><td rowspan="2">3</td><td>.*</td><td>引用指向类成员的指针</td><td rowspan="2">双目</td><td rowspan="2">从左到右</td></tr>
<tr><td>–>*</td><td>引用指向类成员的指针</td></tr>
<tr><td>4</td><td>*,/,%</td><td>乘，除，取余</td><td rowspan="11">双目</td><td rowspan="11">从左向右</td></tr>
<tr><td>5</td><td>+,–</td><td>加，减</td></tr>
<tr><td>6</td><td><<,>></td><td>按位左移，按位右移</td></tr>
<tr><td rowspan="2">7</td><td><,<=,</td><td>小于，小于等于，</td></tr>
<tr><td>>,>=</td><td>大于，大于等于</td></tr>
<tr><td>8</td><td>==,!=</td><td>等于，不等于</td></tr>
<tr><td>9</td><td>&</td><td>按位与</td></tr>
<tr><td>10</td><td>^</td><td>按位异或</td></tr>
<tr><td>11</td><td>|</td><td>按位或</td></tr>
<tr><td>12</td><td>&&</td><td>逻辑与</td></tr>
<tr><td>13</td><td>| |</td><td>逻辑或</td></tr>
<tr><td>14</td><td>?:</td><td>条件运算符</td><td>三目</td><td>从右向左</td></tr>
</table>

续表

优 先 级	运 算 符	功 能	目 数	结 合 性
15	=	赋值	双目	从右向左
	+=,–=	加赋值，减赋值		
	*=,/=	乘赋值，除赋值		
	%=,&=	取余赋值，按位与赋值		
	^=	按位异或赋值		
	|=	按位或赋值		
	<<=	按位左移赋值		
	>>=	按位右移赋值		
16	,	逗号运算符	双目	从左向右

下面对表 3-3 中的一些运算符作简要介绍，对剩余的一些运算符将结合以后各章的有关内容一同介绍。

1. 双目算术运算符

这类运算符包括加（+）、减（–）、乘（*）、除（/）和取余（%）等五种，它们的含义与数学上相同。该类运算的操作数为任一种数值类型，包括任一种整数类型和任一种实数类型。由算术运算符连接操作数而成的式子称为算术（或数值）表达式，每个算术表达式的值为一个数值，其类型按如下规则确定：

（1）当参加运算的两个操作数均为整型时，则运算结果也为整型。特别地，两个整数相除得到的是它们的整数商，余数被舍弃；两个整数取余运算得到的是整余数。

（2）当参加运算的两个操作数中至少有一个是单精度型，并且另一个不是双精度型时，则运算结果为 float 型。

（3）当参加运算的两个操作数中至少有一个是双精度型时，则运算结果为 double 型。

假定整型变量 x 和 y 的值分别为 25 和 6，则下面给出整数运算，特别是含有除和取余运算的例子：

```
x/8=3              x/y+5=9          10-y%x=4          x%5=0
x*3%4=3           65%x/3=5          -56/6=-9          -56%6=-2
```

若要使两个整数相除得到一个实数，则必须将其中之一转变为实数。如：

```
9.0/2=4.5            -15/4.0=-3.75
float(y)/x=0.24      x/double(-8)=-3.125
```

其中 float(y)和 double(–8)分别表示把括号内的表达式的值转换为一个单精度数和双精度数。

2. 赋值运算符

赋值运算除了一般的赋值运算（=）外，还包括各种复合赋值运算，如+=,–=,*=,/=等。一般赋值运算采用的赋值号借用数学上的等号，其功能是把赋值号右边的表达式的值赋给左边变量所对应的存储单元中。由一般或复合赋值号连接左边变量和右边表达式而构成的式子称为赋值表达式，每个赋值表达式都有一个值，它就是通过赋值得到的左边变量的值。如 x=3*15–2 的值就是通过赋值保存在 x 中的值 43。

通常在一个赋值表达式中，赋值号两边的数据类型是相同的，若出现不同时，则在赋值前自动会把右边表达式的值转换为与左边变量类型相同的值，然后再把这个值赋给左边变量。如执行 x=20/3.0 时，若 x 为整型，则得到的 x 的值为 6，它是将右边计算得到的双精度值舍去小数部分，只保留整数部分 6 的结果。再如，执行 y=40 时，若 y 为双精度变量，则首先把 40 转换为双精度数 40.0（或表示为 4.0e1）后再赋给 y。

在一个赋值表达式中可以使用多个赋值号实现给多个变量赋值的功能。如执行 x=y=z=0 时就能够同时给 x、y 和 z 赋值 0。由于赋值号的结合性是从右向左，所以实际赋值过程是：首先把 0 赋给 z，得到子表达式 z=0 的值为 z 的值 0，接着把这个值赋给 y，得到子表达式 y=z=0 的值为 y 的值 0，最后把这个值赋给 x，使 x 的值也为 0。整个表达式的值也就是 x 的值 0。

赋值号也可以使用在常量和变量的定义语句中，用于给符号常量和变量赋初值。但这里的赋值号只起到赋初值的作用，并不构成赋值表达式。

在 C++中有许多复合赋值运算符，每个运算符的含义为：把右边表达式的值同左边变量的值进行相应运算后，再把这个运算结果赋给左边的变量，该复合赋值表达式的值也就是保存在左边变量中的值。如执行 x+=3 时，就是把 x 的值加上 3 后再赋给 x，它与执行 x=x+3 表达式的计算是等价的，若 x 的值为 5，则计算后得到的 x 的值为 8，它也是这个表达式的值。

对于任一种赋值运算，其赋值号或复合赋值号左边必须是一个左值。**左值**是指具有对应的可由用户访问的存储单元，并且能够由用户改变其值的量。如一个变量就是一个左值，因为它对应着一个存储单元，并可由编程者通过变量名访问和改变其值，而一个字面常量就不是一个左值，因为它不存在供用户访问并能改变其值的存储单元，一个通过 const 语句定义的符号常量也不是一个左值，因为虽然用户能访问它，但不能改变它的值，一般的算术表达式（如 x*5+2）也不是一个左值，因为它的值只能随时被使用，不能再访问和改变它。由此可知：表达式(x+5)=10 是非法的，因为赋值号左边的(x+5)是一个值，而不是一个左值，常量 10 无法赋给它。不是左值的量被称为**右值**。

一个赋值表达式的结果实际上是一个左值，指的是赋值号左边的变量。如 x=y–2 的值就是被赋值后的 x，它是一个左值，代表着对应存储单元中的值。同样，x*=y 的结果也是一个左值，即 x。表达式(x+=5)*=2 是合法的，其结果为左值 x，若 x 的原值为 5，则最后得到的 x 值为 20。

3．增 1 和减 1 运算符

增 1 运算符用连续两个加号（++）表示，减 1 运算符用连续两个减号（– –）表示。它们都是单目操作符，并且要求操作数必须是左值，通常为一个变量，操作数的类型可以是任一种整数类型。

++和– –运算符有两种使用格式：一是使用在操作数的前面，另一是使用在操作数的后面。它们都是将操作数分别增 1 或减 1，但含义略有区别。进行++或– –运算构成的表达式称为增 1 或减 1 表达式，当操作符使用在前面时，首先使操作数增 1 或减 1，然后求出表达式的值就是被增 1 或减 1 后的操作数，它是一个左值；当操作符使用在后面时，同样使操作数增 1 或减 1，但求出的表达式的值是运算前的操作数的值，而且它不是一个左值，而是一个右值。

假定下面每个表达式中整型变量 x 的值均为 10（假定各表达式互不影响），则：

```
（1）++x              //表达式的值为增 1 后的 x，值为 11
（2）x++              //表达式的值为 x 的值 10，然后 x 值变为 11
（3）--x              //表达式的值为减 1 后的 x，值为 9
（4）x--              //表达式的值为 x 的值 10，然后 x 值变为 9
（5）++x=5            //x 首先变为 11，然后变为 5，此语句合法，但可能没意义
（6）x++=5            //x++不是左值，因此不能被赋值，此表达式非法
（7）y=x++            //y 的值为 10，x 的值变为 11
（8）y=--x            //y 的值为 9，x 的值也为 9
（9）y=5*x++          //y 的值为 50，x 的值变为 11
（10）y=x--*2+3;      //y 的值为 23，x 的值变为 9
```

这里需要注意的是：x++和 x+1 是不同的表达式，x++的值为 x 的原值，x 的值为增 1 后的值；x+1 的值为 x 的值加 1 后的结果，运算前后 x 的值不变。++x 和 x+=1 及 x=x+1 的作用是完全相同的。同理，x– –与 x–1 不同，而– –x 和 x– =1 及 x=x–1 的作用是完全相同的。

4．测类型长度运算符

该运算符的使用格式为：

```
sizcof(<类型名或表达式>)
```

运算结果是类型名所表示类型的长度或表达式的值所占用的存储字节数。如：

```
（1）sizeof(int)=4
（2）sizeof(double)=8
（3）sizeof(100)=4
（4）sizeof('a')=1
（5）sizeof(struct ABC)       //求出结构类型 ABC 的长度
（6）sizeof(a)                //求出变量 a 的长度，亦即它所占用的字节数
```

5．强制类型转换

强制类型转换是把一种类型的数据转换为另一种类型的数据，转换格式为：

```
<类型关键字>(<表达式>)
```

或：

```
(<类型关键字>)<表达式>
```

或：

(<类型关键字>)(<表达式>)

无论待转换的<表达式>是什么形式的数据，如常量、变量、函数调用或带有运算符的表达式，则转换后得到的是<类型关键字>所属类型的一个值，它不是一个左值。假定 x 为 int 型，其值为 80，r 为字符型，其值为'd'，对应的 ASCII 值为 100，则：

```
(1) float(x)                 //结果为float型的值80.0，当然x的类型和值不变
(2) double(-1)               //结果为double型的值-1.0
(3) char(x)                  //结果为char型的值'P'，x的类型和值不变
(4) int(r)                   //结果为int型的值100，r的类型和值不变
(5) (double)'h'              //结果为double型的值104.0
(6) (int *)p                 //把p的值转换为一个整数类型的指针值
(7) (short int)(5*x-6)       //把5*x-6的值转换为一个短整型值394
(8) (char *)(p++)            //把p的原值转换为一个字符型指针值，然后p增1
```

6. 按位操作符

按位操作符要求操作数必须是整型、字符型和逻辑型数据。一个数按位左移（<<）多少位将通常使结果比操作数扩大了 2 的多少次幂；按位右移（>>）多少位将通常使结果比操作数缩小了 2 的多少次幂；按位取反（～）使结果为操作数的按位反，即 0 变 1 和 1 变 0；按位与（&）使结果为两个操作数的对应二进制位的与，1 和 1 的与得 1，否则为 0；按位或（|）使结果为两个操作数的对应二进制位的或，0 和 0 的或得 0，否则为 1；按位异或（^）使结果为两个操作数的对应二进制位的异或，0 和 1 及 1 和 0 的异或得 1，否则为 0。每一种按位操作的结果都是一个值，但不是左值。

假定若整数变量 x=24，y=36，它们对应的最低字节中的二进制表示为 00011000 和 00100100，因高位三个字节的值均为 0，所以省略不写，则：

```
(1) x<<2=96        //x的值不变，表达式值为对x值左移2位而得到的值96
(2) y>>3=4         //y的值不变，表达式值为4，约为y的1/8
(3) ～x=-25        //x不变，表达式的值为-25
                   //理解此结果需具有补码和反码的知识，若没有可忽略此题
(4) x&y=0          //x和y不变，表达式的值为0
(5) x|y=60         //x和y不变，表达式的值为60
(6) x|44=60        //表达式的值为60
(7) x^44=52        //表达式的值为52
(8) x&x<<1=16      //x的值不变，表达式的值等于16
```

7. 关系运算符

关系运算符共有 6 个：小于（<）、小于等于（<=）、大于（>）、大于等于（>=）、等于（==）和不等于（!=），它们都是双目运算符，用来比较两个操作数的大小，运算结果均为逻辑值真或假。由一个关系运算符连接前后两个数值表达式而构成的式子称为关系表达式，简称关系式。当一个关系式成立时则计算结果为逻辑值真，否则为逻辑值假。

假定 x=20，y=3.25，ch 为一个字符变量，则：

```
（1）x==0              //不成立，结果为逻辑假(0)
（2）x!=y              //成立，结果为逻辑真(1)
（3）x++>=21           //不成立，结果为 0，x 变为 21
（4）++x==21           //成立，结果为 1，x 变为 21
（5）y+10<y*10         //成立，结果为 1
（6）x--<20            //不成立，结果为 0，x 变为 19
（7）'a'=='A'          //不成立，结果为 0
（8）ch!=0             //或写成 ch!='\0'，当 ch 非 0 时结果为 1，否则为 0
```

在上述 6 个关系运算符中，可分为 3 组：<和>=、>和<=、==和!=，每组中的两个运算符是互为反运算，当一种运算结果为 1 时，它的反运算结果必然为 0。如当 x>y 成立时，其逻辑值为 1，它的反运算 x<=y 必然不成立，其逻辑值为 0。由反运算构成的式子称为原式的相反式。如 x>y 和 x<=y 是互为相反式。

8．逻辑运算符

逻辑运算符有 3 个：逻辑非（!）、逻辑与（&&）和逻辑或（||），其中!为单目运算符，&&和||为双目运算符。逻辑运算的对象通常是逻辑值真（1）或假（0），若它不是一个逻辑值，则对于非 0 值首先转换为逻辑值 1，对于 0 值则转换为逻辑值 0。逻辑运算的结果是一个逻辑值真（1）或假（0）。

逻辑非是对操作对象取反，若操作对象为 1，则运算结果为 0，若操作对象为 0，则运算结果为 1；逻辑与的结果是当两个操作对象都为 1 时，其值为 1，否则为 0；逻辑或的结果是当两个操作对象都为 0 时，其值为 0，否则为 1。逻辑非、与、或的运算规则如表 3-4 所示。

表 3-4 逻辑运算规则

<table>
<tr><th>a</th><th>b</th><th>!a</th><th>a && b</th><th>a || b</th></tr>
<tr><td>0</td><td>0</td><td>1</td><td>0</td><td>0</td></tr>
<tr><td>0</td><td>1</td><td>1</td><td>0</td><td>1</td></tr>
<tr><td>1</td><td>0</td><td>0</td><td>0</td><td>1</td></tr>
<tr><td>1</td><td>1</td><td>0</td><td>1</td><td>1</td></tr>
</table>

逻辑运算的操作数是逻辑型数据，逻辑常量、逻辑变量、关系表达式等都是逻辑型数据，由逻辑型数据和逻辑运算符连接而成的式子称为**逻辑表达式**，简称逻辑式。一个数值表达式也可以作为一个逻辑型数据使用，当值为 0 时则认为是逻辑值 0，当值为非 0 时则认为是逻辑值 1。总之，任何一个具有 0 和非 0 取值的式子都可以作为逻辑表达式使用。

假定 x=20，y=3.25，则：

```
（1）x>0 && y>0          //1&&1，结果为 1
（2）x>0 && true         //1&&1，结果为 1
（3）x && false          //1&&0，结果为 0
（4）!x==0               //结果为 1，注意：先进行非运算，后进行等于比较运算
（5）!(x>=0)             //结果为 0
（6）!x || y<1           //0||0，结果为 0
（7）x<-10 || x>10       //0||1，结果为 1
```

```
（8） x++!=20 || y          //0||1，结果为 1
（9） x<=0 && x<y           //0&&0，结果为 0
```

在逻辑运算中，存在着以下 3 种等价关系：

```
（1） !!a == a
（2） !(a && b) == !a || !b
（3） !(a || b) == !a && !b
```

其中 a 和 b 均代表逻辑量，即取值为逻辑值 1 和 0 的量。这三个等价关系的含义为：对一个逻辑量的两次取反仍等于它本身；对两个逻辑量的与运算后再取反等于分别对它们各自取反后再或运算；对两个逻辑量的或运算后再取反等于分别对它们各自取反后再与运算。这可以从表 3-5 得到证明。

表 3-5 证明逻辑等价关系的真值表

a	b	!a	!b	!!a	!(a && b)	!a || !b	!(a || b)	!a && !b
0	0	1	1	0	1	1	1	1
0	1	1	0	0	1	1	0	0
1	0	0	1	1	1	1	0	0
1	1	0	0	1	0	0	0	0

由表 3-5 可以看出：上面每一种等价关系是成立的，因为对于 a 和 b 的任意组合，两边的逻辑值是相等的。

一个逻辑表达式的逻辑非称为这个逻辑表达式的相反式，根据上述的等价关系，很容易求出一个逻辑表达式的相反式。如：

```
        逻辑表达式                  相反式
（1） x>=5                     x<5
（2） x                        !x
（3） x==0 && y>1              x!=0 || y<=1
（4） x>1 && x<=20             x<=1 || x>20
（5） x!=key && flag==true     x==key || flag==false
（6） ch<'a' || ch>'z'         ch>='a' && ch<='z'
（7） a==b || a==c             a!=b && a!=c
（8） a>=x || b>2*y+10         a<x && b<=2*y+10
```

从每个例子可以看出：一个逻辑表达式和它的相反式是互为相反式。能够求出一个逻辑表达式的相反式，对于提高程序分析和设计能力很有帮助。

9．条件运算符

条件运算符（?:）是 C++中唯一一个三目运算符，其使用格式为：

<表达式 1> ? <表达式 2> : <表达式 3>

当计算由条件运算符构成的表达式时，首先计算<表达式 1>，若其值非 0 则计算出<表达式 2>的值，这个值就是整个表达式的值；若<表达式 1>的值为 0，则计算出<表达式 3>

的值，它就是整个表达式的值。如：

```
（1）a=(x>y ? x : y)
（2）x?y=a+10:y=3*a-1
```

在第（1）条语句中，若 x>y 为真则把 x 的值赋给 a，否则把 y 的值赋给 a。在第（2）条语句中，若 x 非 0 则把 a+10 的值赋给 y，否则把 3*a–1 的值赋 y。

10．逗号运算符

逗号运算符是一种顺序运算符，对于分别用逗号分开的若干个表达式，每个逗号都称为逗号运算符，合起来称为逗号表达式。计算一个逗号表达式时，将按照每个子表达式从左到右出现的先后次序依次计算出它们的值，最后一个子表达式的值就是整个表达式的值。如(x++,y+=x,z– –)就是一个逗号表达式，它首先计算 x++的值，使 x 增 1；接着计算 y+=x 的值，使 y 增加了 x 的值；最后计算 z– –的值，使 z 减 1，而 z 的原值则成为整个表达式的值。

11．圆括号运算符

使用圆括号能够改变运算的优先级，使得括号内的运算优先进行，这与数学上的含义相同。

在 C++语言中，运算符比较多，级别划分得也比较细，往往不容易正确地记住每个运算符的优先级，因此也就不容易把它们正确地使用在复杂的表达式中。为了使表达式中每个运算符的运算次序按照编程者所希望的次序进行，请不吝惜使用圆括号，即使有时是多余的，也没有关系，因为它能够使表达式的运算步骤更清晰，能够提高程序的可读性。如：

```
（1）x>0 && x<3        //表示为(x>0) && (x<3)可能更清晰
（2）cout<<(x>y?x:y)<<endl;
```

在第（2）条语句中，若不使用括号是错误的，因为<<高于>和?:的优先级，就不能把条件表达式作为一个整体看待了。因大于号的优先级高于条件运算符的优先级，所以，当执行 x>y?x:y 时，先计算 x>y，再得到 x 或 y。为了使计算次序更明确，可以把 x>y 用圆括号括起来，即书写为((x>y)?x:y)更为清晰。

这里需要再次强调：在 cout 语句中，<<不是左移操作符，而是在 iostream.h 所包含的有关头文件中被重新定义，赋予了把其后的一个数据项的值插入（即输出）到屏幕输出窗口的含义，虽然运算符<<被赋予了新的含义，但它的优先级、操作数个数和结合性等固有的运算符属性不会被改变。

3.5 函数

C++函数包括系统函数和用户函数两种，系统函数由系统定义并由相应的头文件提供函数原型，用户函数由用户在程序中定义，或者在#include 命令所引用的程序文件或头文件中定义，用户函数的原型可以保存在用户建立的头文件中，也可以在程序文件的开始使用函数原型语句给出。

1. 常用数学函数简介

这一节主要介绍系统函数中的一些常用的数学函数和进行函数调用的一般格式。表 3-6 给出了每个函数的名称、原型、对应的数学表示及功能。

表 3-6　常用数学函数

函数名称	原型	数学表示	功能
整数绝对值函数	int abs(int i);	$\|i\|$	返回参数 i 的绝对值
实数绝对值函数	double fabs(double x);	$\|x\|$	返回实数 x 的绝对值
正弦函数	double sin(double x);	sinx（x 为弧度）	返回弧度为 x 的正弦值
余弦函数	double cos(double x);	cosx（x 为弧度）	返回弧度为 x 的余弦值
正切函数	double tan(double x);	tanx（x 为弧度）	返回弧度为 x 的正切值
平方根函数	double sqrt(double x);	$\sqrt{x}$ （x≥0）	返回 x 的算术平方根
指数函数	double exp(double x);	e^x （e=2.718282）	返回 e^x 的值
幂函数	double pow(double x,double y);	x^y	返回 x^y 的值
自然对数函数	double log(double x);	lnx（x>0）	返回以 e 为底 x 的对数
对数函数	double log10(double x);	$\log_{10}x$（x>0）	返回以 10 为底 x 的对数
向上取整函数	double ceil(double x);	$\lceil x \rceil$	返回大于等于 x 的最小整数
向下取整函数	double floor(double x);	$\lfloor x \rfloor$	返回小于等于 x 的最大整数
随机函数	int rand(void);		返回 0～32 767 之间的整数
改变随机数序列	void srand(unsigned int s);		生成与 s 对应的随机数序列
终止程序运行	void exit(int status);		通常参数为 0 表示正常结束，非 0 表示不正常结束

在上表列出的 15 个函数中，前 12 个为数学函数，它们的函数原型包含在系统建立的 math.h 或 cmath 头文件中，后 3 个为常用的一般函数，它们的函数原型包含在系统建立的 stdlib.h 或 cstdlib 头文件中。

2. 函数调用格式

在程序中任何位置调用一个系统函数或用户函数时，其调用格式应与它的函数原型相一致，即为：

<函数名>(<实参表达式表>)

其中所使用的圆括号为函数调用运算符，<实参表达式表>为 0 个（即没有）、1 个或多个用逗号分隔的实参表达式，实参表达式的个数与函数原型中参数表所含的参数的个数相同。如调用 abs 函数时，实参表达式表中应当有并且只有一个整型参数；调用 pow 函数时，实参表达式表中应该包含两个实参表达式；调用 rand 函数时，实参表达式表应为空。

一个函数调用可以单独作为一个表达式，也可以作为表达式中的一个数据项存在，就如同在表达式中使用一个常量或一个变量的情况一样。如：

```
(1) exit(1);                    //作为单独表达式使用
```

```
（2）k=abs(n1);                  //作为赋值号右边的表达式
（3）cout<<sqrt(x)+1<<endl;      //作为输出数据项中的一个数据
（4）y=3*exp(x/2-1)+a;           //作为表达式中的一个数据
（5）return pow(3,4);            //作为返回数据
```

由于一个函数调用也是一个表达式，而有的函数是 void 类型的，调用它不返回任何值，所以这样的表达式是无值的，除此之外，表达式都是有值的。如函数调用表达式 exit(1)和 srand(10)都是无值表达式。无值表达式并不是无用的，通过函数调用虽然不返回值，但能够实现一定的操作功能。

3．函数调用参数

一个函数调用中的每个实参表达式可以是任何形式的表达式，如可以是一个常量、一个变量、一个函数调用、或者一个带运算的一般表达式。如：

```
（1）abs(-24)                         //实参是一个常数
（2）abs(x)                           //实参是一个变量
（3）abs(3*x+4)                       //实参是一个带运算的表达式
（4）sqrt(fabs(y))                    //sqrt 函数调用的实参是一个函数调用
（5）pow(x+1,5)                       //一个为一般表达式，另一个为常数
（6）sin(x*3.14159/180)               //实参为一般表达式
（7）log(fabs(n1)+7*sqrt(n2)-1)       //实参为带函数调用的表达式
```

4．函数调用的执行过程

当在程序运行中执行到一个函数调用时，首先依次计算出实参表中每个表达式的值，接着把每个值对应传送给函数定义参数表中的每个参数变量中，此时若实参值与对应的参数变量的类型不同，则该值被自动转换成参数变量的类型后再传送，然后转去执行函数定义的定义体，当执行到定义体中的 return 语句后就结束该函数的调用过程，返回该语句中表达式（若存在的话）的值，或者当执行到定义体最后的右花括号时，也同样结束调用过程，但不会返回任何值。一个函数被调用后通常得到一个值，然后再利用这个值进行其他运算。

在一个带有函数调用的表达式中，函数调用（又称函数运算）具有最高的运算优先级，只有它被求值后才能进行以它作为一个数据项的其他运算。如计算：

```
y=a*sqrt(abs(b)-1)+c;
```

其运算次序为：

```
abs()→-→sqrt()→*→+→=
```

假定 a,b 和 c 分别为 10,50 和 12，则各步运算得到的值为：

abs(50) $\xrightarrow{50}$ - $\xrightarrow{49}$ sqrt(49) $\xrightarrow{7}$ * $\xrightarrow{70}$ + $\xrightarrow{82}$ = $\xrightarrow{82}$ y

最后使 y 的值为 82。

当知道了一个函数的原型和该函数的功能后，用户就能够正确地调用它，实现所具有

的功能，此时不必关心该函数的具体实现，即函数体的具体内容。所以，系统函数只为用户提供函数原型和功能，而把函数的具体实现隐藏起来，这样也有利于保护知识产权。

用户在编写一个程序文件时，要把编程需要使用的函数的原型放在程序开始，即所有函数定义之前，通过在#include命令中包含的头文件或单独使用的函数原型语句声明出来，这样，在其后编写每个函数定义时就能够调用这些函数。若与函数原型对应的函数定义不存在于当前程序文件中，则它必须存在于同一程序的其他程序文件中或系统函数库中。在程序的连接阶段，系统将使每个函数调用同相应的函数定义代码（即函数的具体实现代码）发生连接，从而生成整个程序的可执行代码。

5．函数求值举例

假定a=10，b=–20，x=3.6，y=–4.3，下面给出调用表3-6中一些函数的返回结果。

```
（1）abs(a)=10                         //求整数a的绝对值，结果为10
（2）abs(b)=20                         //求整数b的绝对值，结果为20
（3）fabs(y)=4.3                       //求实数y的绝对值，结果为4.3
（4）fabs(a*4-b)=60                    //将表达式的整数值60自动转换为对应的
                                       //实数60.0后再传送给该函数的参数
（5）sin(30*3.14159/180)=0.5           //求角度为30°的正弦值
（6）cos(30*3.14159/180)=0.866026      //求角度为30°的余弦值
（7）tan(30*3.14159/180)=0.57735       //求角度为30°的正切值
（8）sqrt(36)=6                        //求36的平方根
（9）sqrt(3*x+1)=3.43511               //求表达式的值11.8的平方根
（10）exp(x-2)=4.95303                 //求函数e^1.6的值
（11）pow(5,4)=25                      //求5^4的值
（12）pow(a-x,2.5)=103.622             //求6.4^2.5的值
（13）log(a)= 2.30259                  //求函数ln(10)的值
（14）log10(1e-5)=-5                   //求log10(10^-5)的值
（15）log10(10*x+50)=1.9345            //求log10 86的值
（16）ceil(x)=4                        //对x向上取整
（17）ceil(y)=-4                       //对y向上取整
（18）floor(x)=3                       //对x向下取整
（19）floor(y)=-5                      //对y向下取整
（20）abs(int(floor(y)))=5             //函数嵌套调用的情况
```

利用ceil函数或floor函数能够按要求取一个数的若干位小数。如，假定x=3.74265，则：

```
（1）floor(x*100)/100=3.74             //保留x的两位小数，x的值不变
（2）floor(x*10000)/10000=3.7426       //保留x的四位小数
（3）floor(x*1000+0.5)/1000=3.743      //保留3位小数，第4位四舍五入
（4）floor(x+0.5)=4                    //对x取整，小数点后1位四舍五入
（5）floor(x*10+0.5)/10=3.7            //保留1位小数，第2位四舍五入
```

利用随机函数能够产生出任何指定区间内的随机数。例如：

（1）`rand()%100`　　　　　　//返回 0～99 区间内的一个随机整数
（2）`10+rand()%90`　　　　　//得到[10,99]区间内的一个随机整数
（3）`a+rand()%b`　　　　　　//得到[a,a+b-1]区间内的一个随机整数
（4）`rand()%100/100.0`　　　//得到 0.00～0.99 区间内的两位随机小数
（5）`rand()%90/10.0+1`　　　//得到 1.0～9.9 区间内的具有一位小数的实数

6. 数学算式对应的 C++表达式

学习了 C++中的运算符和函数调用之后，应能够把一个数学算式表示成正确的 C++算术表达式。如：

	数学算式	C++算术表达式
（1）	$\frac{a+b}{a-b}$	`(a+b)/(a-b)`
（2）	$3e^{x}\cos(x+\pi/3)$	`3*exp(x)*cos(x+3.14159/3)`
（3）	$\frac{\sqrt{x^2+y^2}}{2ab}$	`sqrt(x*x+y*y)/(2*a*b)`
（4）	$-ax^{i1}(1-x^{i2})$	`-a*pow(x,i1)*(1-pow(x,i2))`
（5）	$\frac{1}{3}\ln\lvert 4(x_1{}^3+x_2-1)\rvert$	`1/3.0*log(fabs(4*(pow(x1,3)+x2-1)))`

将数学算式表示成 C++算术表达式要注意以下几点：

（1）在数学算术中省略乘号的地方，在对应的算术表达式中要加上乘号*；

（2）在数学算式的分子中若出现加、减运算，或者在分母中若出现加、减、乘和除运算，则表示成算术表达式时应把分子和分母分别用圆括号括起来；

（3）对于在三角函数中使用的角度，应转换为弧度，对于使用的常量符号π应写成常数 3.14159；

（4）当算式中带有两个整数相除时，则转换后要使其一写成实数形式，否则将丢失商的小数部分，使运算结果不正确；

（5）在编程时可以把数学算式中使用的变量直接定义为 C++变量，也可以使用其他标识符作为相应变量的变量名。如把数学算式（1）中的 a 和 b 分别用 C++变量 x 和 y 来表示，则对应的算术表达式为(x+y)/(x–y)。

（6）对于算式中的数学函数，要用相对应的 C++系统函数来表示，若不存在这样的系统函数，则需要用户给出相应的函数定义，或者采用功能相同的程序模块来实现。

7. 使用系统函数调用的程序举例

程序 3-5-1

```
#include<iostream.h>    //#include<iostream>
                        //using namespace std;
#include<math.h>        //#include<cmath>
void main()
{
    int a=15;
    double x=4.26;
```

```
    cout<<"a,x="<<a<<','<<x<<endl;
    cout<<"abs(a),abs(x)="<<abs(a)<<','<<abs(x)<<endl;
    cout<<"fabs(a),fabs(x)="<<fabs(a)<<','<<fabs(x)<<endl;
    cout<<"floor(a),floor(x)="<<floor(a)<<','<<floor(x)<<endl;
    cout<<"sqrt(a),sqrt(x)="<<sqrt(a)<<','<<sqrt(x)<<endl;
    cout<<"pow(a,2),pow(x,3)="<<pow(a,2)<<','<<pow(x,3)<<endl;
}
```

该程序运行结果为：

```
a,x=15,4.26
abs(a),abs(x)=15,4
fabs(a),fabs(x)=15,4.26
floor(a),floor(x)=15,4
sqrt(a),sqrt(x)=3.87298,2.06398
pow(a,2),pow(x,3)=225,77.3088
```

程序 3-5-2

```
#include<iostream.h>    //#include<iostream>
                        //using namespace std;
#include<stdlib.h>      //#include<cstdlib>
#include<time.h>        //#include<ctime>
void main()
{
    int x,y,z;
    srand(time(0));
    x=rand()%100;
    y=rand()%100;
    cout<<x<<"+"<<y<<"=";
    cin>>z;
    if(x+y==z) cout<<"回答正确！"<<endl;
    else cout<<"回答错误！"<<endl;
}
```

在此程序中，time 函数原型包含在系统头文件 time.h 或 ctime 中，它返回从 1970 年 1 月 1 日零时算起至当前时间为止的总秒数，由于当前时间是时刻变化的，所以可使每次运行程序时调用 srand 函数的实参值均不同，从而使系统生成每次程序运行时均不同的随机数序列，使下面的 x 和 y 每次均得到不同的整数。

该程序的运行结果为：

```
35+73=108         //108 及后面的回车是用户的输入
回答正确!
98+37=125         //125 及后面的回车是用户的输入
回答错误!
```

本章小结

1．C++语言有着丰富的数据类型，每种数据类型都对应有规定的长度，它是存储该类型中的一个值所占用的存储字节数，一种数据类型的值可以被自动或强制转换为另一种类型的值。

2．C++整数具有十进制、八进制和十六进制三种表示方法，字符常量有单字符和转义字符两种表示方法，实型常量有定点和浮点两种表示方法。

3．枚举类型是用户自定义的数据类型，它可以把描述一件事情的一组相关的标识符定义为一种数据类型，每个标识符就是一个符号常量，具有一个整数值。一种枚举类型被定义后，可以用来定义变量。

4．其值可以被改变的量被称为变量，每个变量对应内存中一块连续的存储空间，该存储空间的大小（即字节数）等于该变量所属类型的长度。访问一个变量，即向它赋予一个值或取出它的值，就是访问它所对应的存储空间。

5．符号常量的定义语句与变量定义语句类似，但有两点区别：一是在语句开始添加const 保留字，二是必须对每个符号常量赋初值。在程序执行过程中，只能读取符号常量的值，不允许改变它的值，即系统拒绝用户向它赋值。

6．每个 C++运算符都有确定的符号表示、功能、优先级、目数（操作对象个数）和结合性。每个运算符可以通过函数定义出新的功能，这将在以后有关章节中介绍。

7．C++运算符种类繁多，需要在使用中加强理解和记忆。对于较复杂的表达式，应通过使用圆括号来控制其运算符在整个表达式中的运算次序。

8．C++函数多达几百个，需要读者利用 C++在线帮助系统查阅，或查阅有关图书资料。本章只临时介绍了一些常用的数学函数，在后面第 6 章将结合字符串内容介绍一些字符串函数。

9．知道一个函数的定义格式（即函数原型）和功能，就可以调用该函数为自己的程序服务，完成相应的功能。在后面第八章将详细介绍用户函数定义与调用的更广泛的内容。

习题三

3.1 把数学算式或不等式表示成 C++表达式。

1．$2x(1+\frac{x^2}{3})$　　2．$\frac{1+e^x}{1-e^x}$

3．$\frac{-b+\sqrt{b^2-4ac}}{2a}$　　4．$\frac{1}{3^x\ln(2x+k)}$

5．$\frac{\sin^3(x+\pi/4)}{3+\cos^3(x-\pi/4)}$　　6．$\frac{1}{7}(1+e^{x+1})^n$

7．$0\leqslant x\leqslant 20$　　8．$ax-by\neq c$

9．4x+7y−2=3ab　　　　10．$\left|\frac{2x^2+1}{3x+2}\right|$≤5 同时 3x+2≠0

11．age≥55 或者 pay≥820　　　　12．place="江苏" 同时 sex="女"

13．'a'≤ch≤'z' 或者 'A'≤ch≤'Z'

14．s[2]='0' 同时 (s[1]='x' 或者 s[1]='X')

3.2　根据题目要求编写程序。

1．已知一个三角形中三条边的长度分别为 a、b 和 c，试编写一个程序利用计算公式 $\sqrt{s(s-a)(s-b)(s-c)}$ 求出三角形的面积，其中 s=(a+b+c)/2，假定 a、b 和 c 的值由键盘输入，并确保任何两边的长度大于等于第三条边。

2．假定一所大学当年招生人数为 3000 人，若以后每年平均比上一年计划扩招 10%，试编写一个程序计算出 5 年后将计划招生到多少人？

3．已知有四个整数为 a、b、c、d，试计算出它们的算术平均值和几何平均值。

4．已知 x=$\frac{2a}{3(a+b)}\sin a$，y=$\frac{2b}{3(a+b)}\cos b$，试编写一个程序，根据从键盘上输入的 a 和 b 的值分别计算出 x 和 y 的值。

第四章　流程控制语句

本章主要介绍 C++语言中各种流程控制语句的语法格式和功能，这些语句包括 if 条件语句，switch 多情况分支语句，for、while、do 三种循环语句，break、continue、goto、return 四种跳转语句。读者通过本章的学习，能够编写出进行简单数值计算或数据处理的、符合结构化要求的 C++程序。

4.1　概述

流程控制语句用来控制程序的执行流程，它包括选择、循环和跳转三类语句。

选择类语句包括 if 语句和 switch 语句两种，用它们来解决实际应用中按不同情况进行不同处理的问题。如当调整职工工资时，应按不同的职别和工龄等因素增加不同的工资；学生交纳住宿费时，应按不同的住宿条件交纳不同的住宿费。

循环类语句包括 for 循环语句、while 循环语句和 do 循环语句三种，用它们来解决实际应用中需要重复处理的问题。如当统计全体职工工资总和时，就需要重复地做加法，依次把每个人的工资累加起来；当从一批数据中查找具有最大值的一个数据时，就需要重复地做两个数的比较运算，每次把上一次比较得到的大者同一个新（即未比较）的数据相比较，当同最后一个新的数据比较后得到的大者就是全部数据中的最大值。

跳转类语句包括 goto 语句、continue 语句、break 语句和 return 语句四种，用它们来改变顺序向下执行的正常次序，而转向隐含或显式给出的语句位置，接着从此位置起向下执行。如当从一批数据中查找一个与给定值相等的数据时，最简单的方法是从前向后使每一个数据依次同给定值进行比较，若不等则继续向下比较，若相等则表明查找成功，应终止比较过程，此时就需要使用跳转语句转移到其他地方执行。

这一章将依次介绍每一种流程控制语句的语法格式、执行过程和应用举例等内容。

4.2　if 语句

1. 语句格式

if 语句又称条件语句，其语句格式为：

```
if (<表达式>) <语句1> [else <语句2>]
```

if 语句是一种结构性语句，因为它又包含有语句，即<语句 1>和可选择的<语句 2>，这两条语句称为 if 语句的子句。

在 if 语句格式中，其后的保留字 else 和<语句 2>是任选项，带与不带都是允许的。

if 语句中的每个子句可以是任何语句，包括表达式语句、复合语句、空语句、任一种流程控制语句等。

2. 语句执行过程

if 语句的执行过程如下：

（1）首先求<表达式>的值，若它的值非 0，则表明<表达式>（条件）为真或成立，否则认为条件为假或不成立；

（2）然后执行子句，当条件为真则执行<语句 1>，为假则执行<语句 2>，但若 else 部分被省略，则为假时不会执行任何操作。

3. 语句格式举例

```
(1) if(x!=-1) c++;
(2) if(x<=a) s1+=x; else s2+=x;
(3) if(fabs(x)<=1) y=1+exp(x); else y=1+2*x;
(4) if(grade>=60 && grade<=100) cout<<"pass"<<endl;
(5) if(grade<0 || grade>100) cout<<"Score error!"<<endl;
(6) if(p && a>b) cout<<"a>b"<<endl; else cout<<"a<=b"<<endl;
(7) if(x*x+y*y==z*z) {c++; w=x+y+z;}
(8) if(x) {y=3*x-1; z=sqrt(fabs(x))+2;}
    else {y=6; z=y*pow(y,4)-3;}
```

在上面列举的语句中，作为判断条件的表达式有的为单个变量，有的为关系表达式，有的为逻辑表达式，作为子句的语句 1 或语句 2 有的为简单语句，有的为复合语句。每条语句的执行过程一目了然，如执行第 1 条语句时，若 x 不等于–1 成立，则执行 C++操作，否则不执行任何操作；执行第 2 条语句时，若 x 小于等于 a 成立，则执行 s1+=x 操作，否则执行 s2+=x 操作；执行第 8 条语句时，若 x 不为 0，则执行条件位置后面的复合语句，否则执行 else 保留字后面的复合语句。

4. 语句嵌套

if 语句中的任何一个子句可以为任何语句，当然仍可以是一条 if 语句，此种情况称为 if 语句的嵌套。当出现 if 语句嵌套时，不管书写格式如何，else 都将与它前面最靠近、且同层次的 if 相配对，构成一条完整的 if 语句。如：

```
(1) if(<表达式 1>) if(<表达式 2>) <语句 1> else <语句 2>
(2) if(<表达式 1>) {if(<表达式 2>) <语句 1> <语句 2>} else <语句 3>
(3) if(<表达式 1>) <语句 1>
    else if(<表达式 2>) <语句 2>
    else <语句 3>
```

在第（1）条语句中，关键字 else 同<表达式 2>左边的 if 相配套；在第（2）条语句中，

else 不是同它前面复合语句内的 if 相配对，而是与它处于同一层次的、最前面的 if 相配对；在第（3）条语句中，else 各同它前面最靠近的 if 相配套。

以上 3 条语句的执行过程分别如图 4-1（a）～（c）所示。

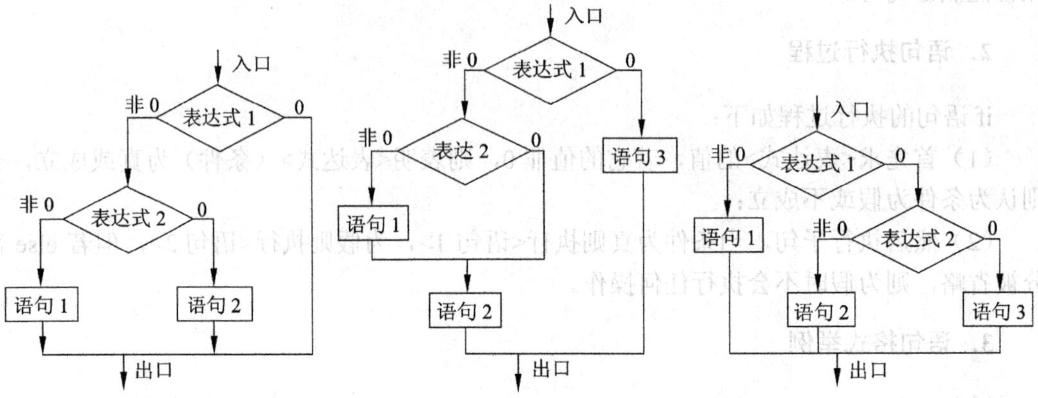

（a）第（1）条 if 语句　　（b）第（2）条 if 语句　　（c）第（3）条 if 语句

图 4-1　嵌套 if 语句的执行流程

5. 程序举例

程序 4-2-1

```
#include<iostream.h>
void main()
{
    int x,y;
    cout<<"从键盘输入一个整数:";
    cin>>x;
    if(x<0) y=1+2*x*x;
    else y=7*x-4;
    cout<<"x="<<x<<", "<<"y="<<y<<endl;
}
```

该程序的功能是：根据从键盘上输入的 x 的值计算并输出 y 的值，y 的计算公式为：

$$y=\begin{cases}1+2x^2 & (x<0)\\ 7x-4 & (x\geqslant 0)\end{cases}$$

程序 4-2-2

```
#include<iomanip.h>
#include<math.h>
void main()
{
    double x,y;
```

```
    cout<<"x="; cin>>x;
    if(x<0) y=fabs(x);
    else if(x<10) y=exp(x)*sin(x);
    else if(x<20) y=pow(x,3);
    else y=(3+2*x)*log(x);
    cout<<"x="<<setw(10)<<x<<endl;
    cout<<"y="<<setw(10)<<y<<endl;
}
```

该程序的功能是：根据 x 的值计算出分段函数 y 的值，y 的计算公式为：

$$y=\begin{cases}|x| & (x<0)\\ e^x\sin x & (0\leqslant x<10)\\ x^3 & (10\leqslant x<20)\\ (3+2x)\ln x & (x\geqslant 20)\end{cases}$$

程序 4-2-3

```
#include<iostream.h>
void main()
{
    int a,b,c,temp;
    cout<<"输入三个整数:";
    cin>>a>>b>>c;
    if(a<b) {temp=a; a=b; b=temp;}
    if(a<c) {temp=a; a=c; c=temp;}
    if(b<c) {temp=b; b=c; c=temp;}
    cout<<a<<' '<<b<<' '<<c<<endl;
}
```

该程序的功能是：把从键盘上输入的按任意次序排列的三个整数转变为按从大到小的次序排列（即 a≥b≥c）并输出出来。

对于此程序中的每条 if 语句中的复合语句，其作用是交换两个变量的值，它首先把第一个变量的值暂存到 temp 变量中，接着把第二个变量的值赋给第一个变量，最后把 temp 变量的值，即第一个变量的原值赋给第二个变量中。若不通过中间变量 temp，而是直接把第一个变量的值赋给第二个变量，再把第二个变量的值赋给第一个变量，则不能够达到交换两个变量值的目的，请读者思考！

6．应用举例

例 4-2-1　编写一个程序，判断从键盘上输入的任一个年份是否为公历的闰年。公历闰年的计算方法是：若一个年份能够被 4 整除而不能被 100 整除的是闰年，若一个年份能够被 400 整除的也是闰年。

分析：根据题意，把闰年判断的文字叙述用逻辑表达式准确描述出来，再用 if 语句对闰年和非闰年分别进行不同的输出显示。参考程序如下：

```
#include<iostream.h>
void main()
{
    int year;
    cout<<"输入任一个年份：";
    cin>>year;
    if((year%4==0 && year%100!=0) || (year%400==0))
        cout<<year<<"是一个公历闰年!"<<endl;
    else cout<<year<<"不是一个公历闰年!"<<endl;
}
```

例 4-2-2 编写一个程序，求出一元二次方程 $ax^2+bx+c=0$ 的实数根。

分析：由初等数学知识可知，一元二次方程的实数根为 $\frac{-b\pm\sqrt{b^2-4ac}}{2a}$，其中 $a\neq0$，$b^2-4ac\geqslant0$。编写程序时，首先需要从键盘上为 a、b 和 c 输入 3 个实数，接着对 a==0 和 $b^2-4ac<0$ 的特殊情况进行处理，然后分别求出 x1 和 x2 两个实根。参考程序如下：

```
#include<iostream.h>
#include<stdlib.h>
#include<math.h>
void main()
{
    double a,b,c;
    cout<<"输入一元二次方程的二次项系数、一次项系数和常数项:";
    cin>>a>>b>>c;
    if(a==0.0) {
        cout<<"此方程不是二次方程!"<<endl;
        exit(1);            //中止程序运行
    }
    double d=b*b-4*a*c;  //d 作为计算过程中为方便计算的中间变量使用
    if(d<0.0) {
        cout<<"此方程没有实数根!"<<endl;
        exit(1);            //中止程序运行
    }
    double x1,x2;        //x1 和 x2 用来保存两个实数根
    if(d==0.0)
        x1=x2=-b/(2*a);  //具有相同的实数根
    else {
        x1=(-b+sqrt(d))/(2*a);
        x2=(-b-sqrt(d))/(2*a);
    }
    cout<<"此方程的两个根为:"<<endl;
    cout<<"x1="<<x1<<endl;
    cout<<"x2="<<x2<<endl;
}
```

4.3 switch 语句

1．语句格式

switch 语句又称分情况语句或开关语句，它也是一种结构性语句，其语句格式为：

```
switch (<表达式>) <语句>
```

该语句中所包含的<语句>通常是一条复合语句，并在内部的一些语句前加有特殊的语句标号“case <常量表达式>:”或“default:”，因此，switch 语句的实际使用格式为：

```
switch(<表达式>) {
    case <常量表达式 1>: <语句 1-1> <语句 1-2> …
    case <常量表达式 2>: <语句 2-1> <语句 2-2> …
    …
    [default: <语句 n-1> <语句 n-2> …]
}
```

该语句中可以使用一次或多次 case 标号，但只能使用一次 default 标号，或者省略掉整个 default 部分；多个 case 标号也允许使用在同一个语句序列的前面；语句标号只起到标识语句序列位置的作用，不产生任何执行效果；每个语句标号有保留字 case 和后面的常量表达式及冒号组成，每个常量表达式通常为字面常量，如常数或字符。

2．语句执行过程

switch 语句的执行过程分为以下 3 步描述。

（1）计算出语句关键字 switch 后面圆括号内<表达式>的值，假定为 M，若它不是整型，系统将自动舍去其小数部分，只取其整数部分作为结果值。

（2）依次计算出每个常量表达式的值，假定它们的值依次为 M1、M2、…，同样若它们的值不是整型，则自动转换为整型。

（3）让 M 依次同 M1、M2、…进行比较，一旦遇到 M 与某个值相等，则就从对应标号的语句开始向下执行；在碰不到相等的情况下，若存在 default 子句，则就执行其冒号后面的语句序列，否则不执行任何操作；当执行到复合语句最后的右花括号时就结束整个 switch 语句的执行。

执行 switch 语句的过程如图 4-2（a）所示。

在实际使用 switch 语句时，通常要求当执行完某个语句标号后的一组语句序列后，就结束整个语句的执行，而不让它继续执行下一个语句标号后面的语句序列，为此，可通过使用 break 语句来实现。该语句只有保留字 break，而没有其他任何成分。它是一条跳转语句，在 switch 语句中执行到它时，将跳转到所属的 switch 语句的后面位置，系统将接着向下执行其他语句。

在 switch 语句的每个子句序列的最后都使用 break 语句的执行流程如图 4-2（b）所示。

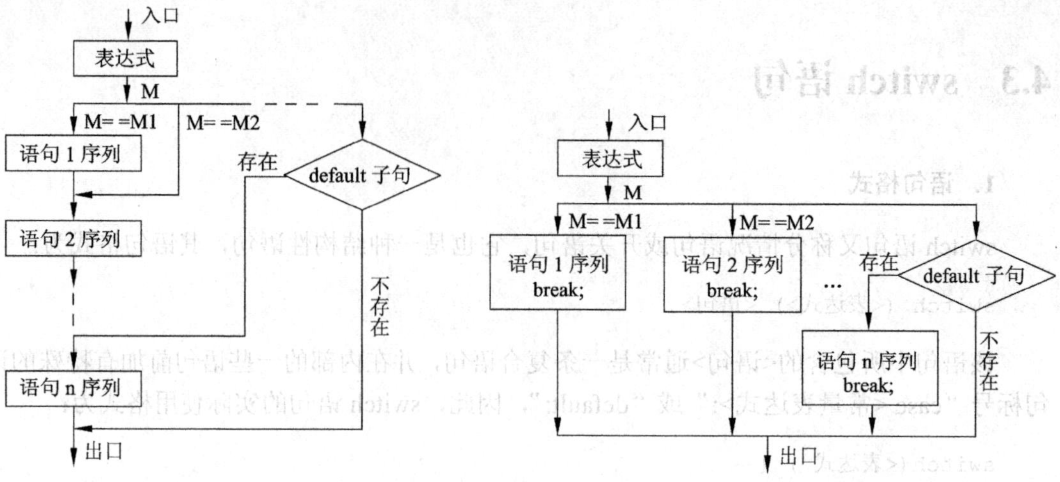

（a）不带 break 语句的情况　　（b）带有 break 语句的情况

图 4-2　switch 语句执行流程

3. 语句格式举例

（1）
```
switch(a) {
    case 1: c1++; break;
    case 2: c2++; break;
    case 3: c3++; break;
    case 4: c4++; break;
    default : c++; break;
}
```

（2）
```
switch(cr) {
    case red: cout<<"red"<<endl; break;
    case yellow: cout<<"yellow"<<endl; break;
    case blue: cout<<"blue"<<endl;
}
```

（3）
```
switch(ch) {
    case 'a':
    case 'A': d1=(x+y)/2;
              d2=x*y-2;
              break;
    case 'b':
    case 'B': d1=(a+b)/2;
              d2=a*b-2;
              break;
    default: cout<<"Input error!"<<endl;
    exit(1);
}
```

第（1）条语句执行时，将按照 a 的取值使相应的变量增 1，具体地说，当 a 取 1 时 c1

增 1，a 取 2 时 c2 增 1，a 取 3 时 c3 增 1，a 取 4 时 c4 增 1，a 取其他任何值时则使变量 c 增 1，每执行增 1 操作后，都接着执行一条 break 语句，使执行流程转出整个 switch 语句，否则将会顺序执行后面的增 1 语句。

执行第（2）条语句时，将按照具有枚举类型 color 的变量 cr 的值决定输出哪一个标识符常量名，当 cr 取值为 red（即 0）时输出 red 标识符，取值为 yellow（即 1）时输出 yellow 标识符，取值为 blue（即 2）时输出 blue 标识符。输出最后一个常量标识符虽然没有使用 break 语句转出去，但由于它后面就是语句结束标志，即右花括号，所以也会自然地结束整个 switch 语句的执行。

当执行第（3）条语句时，若 ch 值为小写字母 a 或大写字母 A，则执行第 3～5 行的语句序列，若 ch 值为小写字母 b 或大写字母 B，则执行第 7～9 行的语句序列，若 ch 不是上述取值，则执行 10～11 行后结束整个程序的运行。

4. 程序举例

程序 4-3-1

```
#include<iostream.h>
void main()
{
    int weekday;
    cout<<"今天星期几(0-6)?";
    cin>>weekday;
    switch(weekday) {
      case 0: cout<<"Sunday"<<endl; break;
      case 1: cout<<"Monday"<<endl; break;
      case 2: cout<<"Tuesday"<<endl; break;
      case 3: cout<<"Wednesday"<<endl; break;
      case 4: cout<<"Thursday"<<endl; break;
      case 5: cout<<"Friday"<<endl; break;
      case 6: cout<<"Saturday"<<endl; break;
      default: cout<<"Input error!"<<endl;
    }
}
```

该程序的功能是：根据从键盘上输入的表示星期几的数字，对应输出它的英文名称。

程序 4-3-2

```
#include<iostream.h>
#include<stdlib.h>
void main()
{
    float score;
    cout<<"输入一个人的成绩:";
    cin>>score;
    if(score<0 || score>100) {
```

```
        cout<<"输入数据有误！"<<endl;
        exit(1);
    }
    switch(int(score)/10) {
      case 9:
      case 10: cout<<score<<":优"<<endl; break;
      case 8: cout<<score<<":良"<<endl; break;
      case 7: cout<<score<<":中"<<endl; break;
      case 6: cout<<score<<":及格"<<endl; break;
      default: cout<<score<<":不及格"<<endl; break;
    }
}
```

该程序的功能是：根据从键盘上输入的一个人的成绩判断并输出它所属的等级。等级分为优、良、中、及格和不及格这五个级别，对应的分数段依次为[90,100]，[80,89]，[70,79]，[60,69]和[0,59]。

程序 4-3-3

```
#include<iostream.h>
#include<stdlib.h>
#include<time.h>
void main()
{
    char mark;
    int x,y,z;
    bool b=false;
    srand(time(0));  //初始化系统中的随机数序列
    x=rand()%50+1;
    y=rand()%10+1;
    cout<<"输入一个算术运算符(+,-,*,/,%):";
    cin>>mark;
    cout<<x<<mark<<y<<'=';
    cin>>z;
    switch(mark) {
      case '+': if(z==x+y) b=true; break;
      case '-': if(z==x-y) b=true; break;
      case '*': if(z==x*y) b=true; break;
      case '/': if(z==x/y) b=true; break;
      case '%': if(z==x%y) b=true; break;
      default: cout<<"运算符输入错！"<<endl;
               exit(1);
    }
    if(b) cout<<"right!"<<endl;
    else cout<<"error!"<<endl;
}
```

该程序的功能是：首先让计算机产生出两个随机整数 x 和 y，x 在 1～50 以内，y 在 1～10 以内；接着由用户输入一个运算符，再由用户输入对 x 和 y 的运算结果；然后判断用户的计算是否正确，若正确则置 b 为 true，否则保持原值 false 不变；程序最后输出相应的信息表示计算正确或错误。

5. 应用举例

例 4-3-1　编写一个程序，要求把从键盘上输入的一个 0～15 的整数转换为一位十六进制数输出。

分析：此问题比较简单，首先设定一个整数变量并为它输入 0～15 之间的一个整数，接着通过分情况语句按照输出一个与输入值向对应的十六进制的数字字符。参考程序如下：

```
#include<iostream.h>
#include<stdlib.h>
void main()
{
    int x;
    cout<<"输入 0～15 之间的一个整数:";
    cin>>x;
    if(x<0 || x>15) {cout<<"输入数据不正确!\n"; exit(1);}
    switch(x) {
       case 10: cout<<'A'; break;
       case 11: cout<<'B'; break;
       case 12: cout<<'C'; break;
       case 13: cout<<'D'; break;
       case 14: cout<<'E'; break;
       case 15: cout<<'F'; break;
       default: cout<<char(x+48); break;  //48 为数字 0 的 ASCII 码
    }
    cout<<endl;
}
```

4.4　for 语句

1. 语句格式

for 语句又称 for 循环，它也是一种结构性语句，其语句格式为：

```
for(<表达式 1>;<表达式 2>;<表达式 3>) <语句>
```

<语句>是 for 语句的循环体，它通常是一条复合语句，当然也可以是一条简单语句或空语句。它将在满足循环条件的情况下被重复执行多次。

<表达式 1>、<表达式 2>和<表达式 3>都可以被省略，但它们之间的分隔符（即分号）必须保留。<表达式 1>除了可以是一个表达式外，还可以兼有对变量进行定义的功能，此变量在离开此循环后仍然可以使用。如 i=1 和 int i=1 都可以作为<表达式 1>使用，当使用 i=1 时，i 必须被定义过，当使用 int i=1 时，i 在此之前必须没有定义，此表达式同时具有定义变量 i 和给它赋初值这两种功能。<表达式 2>通常是一个关系或逻辑表达式，计算结果是一个逻辑值真或假。<表达式 3>通常是一个增量表达式，对<表达式 1>中使用的循环变量的值进行修改。

2．语句执行过程

for 语句的执行过程可以用以下 5 步来描述：

（1）计算<表达式 1>，当然若此项被省略则无须计算。

（2）计算<表达式 2>得到一个值，若值为 0 则看作逻辑假（F），否则为逻辑真（T）；若此表达式被省略则看作逻辑真。

（3）若<表达式 2>为逻辑真，则执行一遍循环体，否则结束整个 for 语句的执行。

（4）计算<表达式 3>，当然若此项被省略则无须计算；

（5）自动转向第（2）步执行。

执行 for 循环的过程如图 4-3 所示。

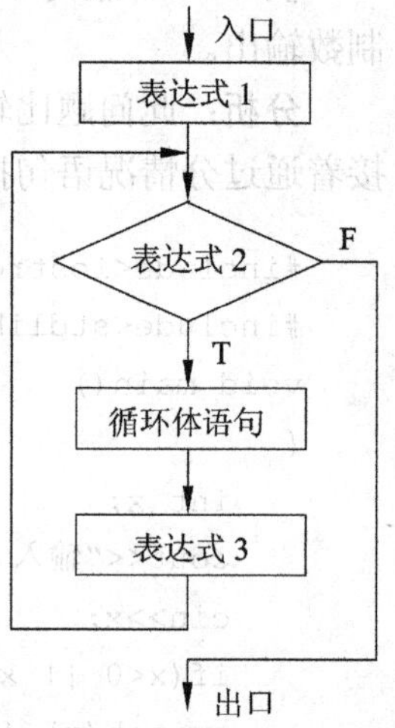

图 4-3　for 语句执行流程

3．语句格式举例

（1）
```
for(i=1; i<10; i++) cout<<i<<' ';
```
（2）
```
for(int i=1; i++<=1000;);
```
（3）
```
for(int i=0,j=0; i+j<20 ;i++,j+=2) x=i*i+j*j;
```
（4）
```
for(;;) {i++; if(i>100) break;}
```
（5）
```
for(i=0,y=0; i<n; i++) {
    cin>>x;
    y+=x;
}
```
（6）
```
for(int k=2; k<sqrt(m); k++)
    if(m%k==0) break;
```
（7）
```
for(;b;a=b,b=r) r=a%b;
```
（8）
```
for(k=20; k!=0; k--) {
    a=rand()%100;
    cout<<a<<' ';
    if(a%2) c1++; else c2++;
}
```

上面第（1）条语句的循环变量为 i，表达式 1 的作用是为循环变量 i 赋初值 1，表达式（2）的作用是给出循环条件，若 i 小于 10 则执行循环体，否则离开循环，表达式（3）的作用是在每次执行循环体之后修改循环变量 i 的值，使之增加 1，循环体是一条简单的输出语句，输出 i 的当前值。此循环使得循环体重复执行 9 次，每次输出 i 的当前值和一个空格，输出结果为从 1～9。

第（2）条语句省略了<表达式 3>，并且循环体是一条空语句，该循环体被重复执行 1000 次，而表达式 i++<=1000 被计算 1001 次。

第（3）条语句中的<表达式 1>分别给 i 和 j 赋初值为 0，并对它们进行变量说明，<表达式 2>和<表达式 3>分别为关系表达式和逗号表达式，循环体是一条赋值语句。

第（4）条语句中省略了全部三个表达式，循环体是一条复合语句。

第（5）条语句中的<表达式 1>为逗号表达式，循环体是一条复合语句，该循环语句完成从键盘上输入 n 个常数，并把它们依次累加到 y 上的任务。

第（6）条语句中的循环体是一条条件语句，它将被反复执行，直到 k<sqrt(m)不成立或者 m%k==0 成立时退出循环。

第（7）条语句中省略了<表达式 1>，<表达式 2>为一个简单变量 b，<表达式 3>是一个逗号表达式，循环体是一条赋值语句。

第（8）条语句的循环体将被循环执行 20 次，每次首先得到 0～99 之间的一个随机数并赋给变量 a 及输出，接着若 a 为奇数就使 c1 增 1，否则使 c2 增 1。此循环的功能是得到并输出 0～99 之间的 20 个随机数，并分别统计出奇数和偶数的个数。

在 for 循环的循环体中允许使用 break 语句，其作用是：当执行到该语句时，就强制结束所在的 for 循环的执行，接着执行其后面的其他语句。

4．语句嵌套

for 循环体可以为任何语句，当然也可以直接为一条 for 语句，或者在作为循环体的复合语句内使用 for 语句，并且嵌套的层数不受限制。如：

```
(1) for(i=1; i<=5; i++)
         for(j=1; j<=6; j++) s+=i*j;
(2) for(i=1; i<=5; i++) {
        for(j=1; j<=i; j++) cout<<'*';
        cout<<endl;
    }
(3) for(i=0; i<m; i++)
        for(j=0; j<n; j++)
           if(aa[i][j]>max) {
               max=aa[i][j];
               row=i; col=j;
           }
```

以上每一条语句都是 for 双重循环语句，处于外面的称为外循环，内部的称为内循环。如对于第（1）条语句，外循环控制循环体（即内循环）执行 5 次，每次执行内循环时又控制内循环体执行 6 次，所以内循环体（即 s+=i*j;语句）共被执行 5×6=30 次。同理，第（2）条语句的内循环体（即 cout<<'*';语句）共被执行 1+2+3+4+5=15 次，第（3）条语句的内循环体（即 if 语句）共被执行 m*n 次。

以上三条语句的执行流程图分别如图 4-4（a）、（b）和（c）所示。

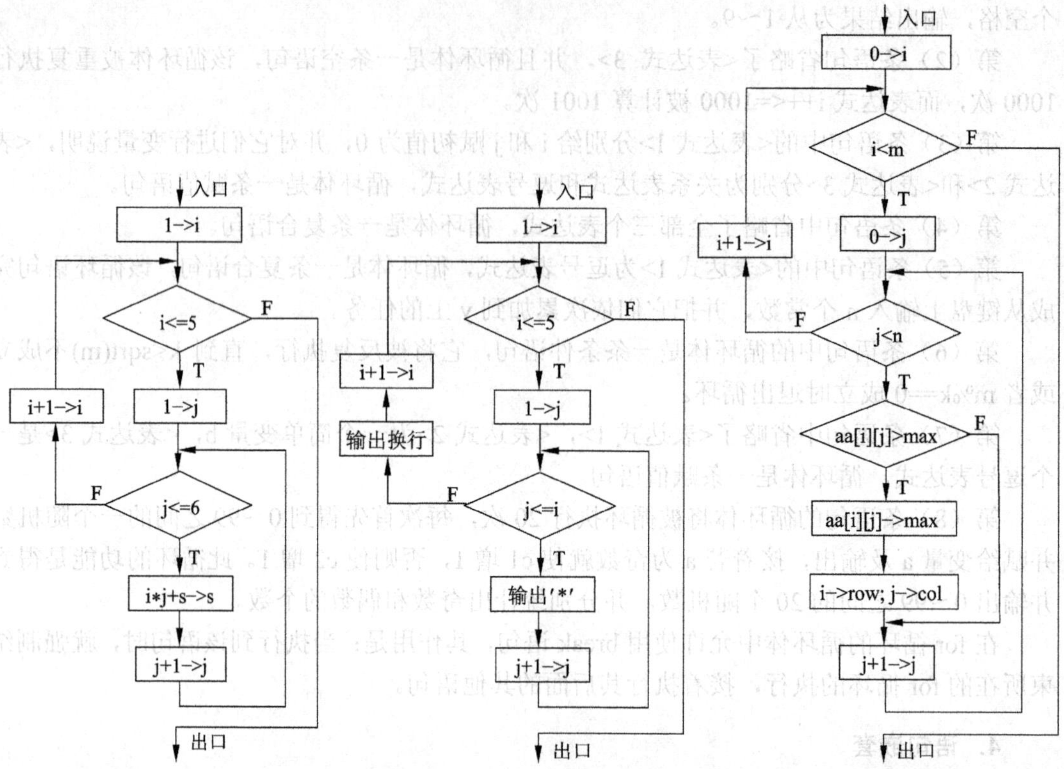

（a）第（1）条语句执行流程图 （b）第（2）条语句执行流程图 （c）第（3）条语句执行流程图

图 4-4 三条 for 循环嵌套语句的执行流程图

5. 程序举例

程序 4-4-1

```
#include<iostream.h>
void main()
{
    int i,n; double p=1;
    cout<<"输入一个正整数，求其阶乘:";
    cin>>n;
    for(i=1;i<=n;i++) p*=i;
    cout<<n<<"!="<<p<<endl;
}
```

在这个程序中定义了三个变量，用 i 作为控制循环的变量，简称循环变量，用 n 保存从键盘输入的一个正整数，用 p 计算和保存 n 的阶乘值，p 的初值为 1，每次进行循环计算时都使 p 累乘循环变量 i 的值，循环结束后 p 的值就是 n 的阶乘值。假定程序运行时输入的 n 值为 10，则运行结果为：

```
输入一个正整数，求其阶乘:10
10!=3.6288e+006
```

程序 4-4-2

```
#include<iostream.h>
#include<stdlib.h>
void main()
{
    int n,x,max,min;
    cout<<"输入待处理数据的个数：";
    cin>>n;
    for(;n<=0;) {cout<<"输入值要大于等于1："; cin>>n;}
    cout<<"从键盘上输入"<<n<<"个待处理的数据:";
    cin>>x; max=min=x;
    for(;--n;) {
        cin>>x;
        if(x>max) max=x;
        if(x<min) min=x;
    }
    cout<<"max:"<<max<<endl;
    cout<<"min:"<<min<<endl;
}
```

在程序的主函数中，第 1 行同时定义了四个整型变量 n、x、max 和 min，用它们分别保存待处理数据的个数、当前被处理的一个数据、已处理数据中的最大值和已处理数据中的最小值。第 2 行和第 3 行用来从键盘上给 n 输入一个整数。第 4 行用来处理当 n≤0 时重输数据。第 5 行给出让用户输入 n 个数据的提示信息。第 6 行用来从键盘缓冲区读入第 1 个被处理数据并用它作为 max 和 min 这两个变量的初值。第 7 至 11 行为一个 for 循环，循环体共需执行 n–1 次，每次首先从键盘缓冲区读入一个数据到 x 中，接着分别同当前最大值 max 和当前最小值 min 相比较，若 x 较大则用它修改 max 的值，若 x 较小则用它修改 min 的值，使 max 和 min 始终保持已处理数据中的最大值和最小值，当此循环结束后，max 和 min 中分别保存着 n 个数据中的最大值和最小值。最后两行语句输出所求得的最大值和最小值。

假定需处理 6 个数据，这 6 个数据为：48，62，30，24，55，36。程序运行结果为：

```
输入待处理数据的个数：6
从键盘上输入 6 个待处理的数据:48 62 30 24 55 36
max:62
min:24
```

程序 4-4-3

```
#include<iostream.h>
void main()
{
    for(int a=0,b=1; b<100;) {
        cout<<a<<' '<<b<<' ';
```

```
        a=a+b;
        b=a+b;
    }
    cout<<endl;
    cout<<a<<' '<<b<<' '<<endl;
}
```

该程序的主函数中包含有一个 for 循环，<表达式 1>定义变量 a 和 b，并给 a 赋初值为 0 和给 b 赋初值为 1，<表达式 2>是一个关系表达式 b<100，<表达式 3>被省略。循环体中首先输出 a 和 b 的值，接着根据 a 和 b 的当前值求出 a 的新值，再利用 a 和 b 的当前值求出 b 的新值，然后判断 b<100 是否成立，若是则执行下一次循环，否则结束循环，转去执行后面的输出换行的语句。该程序的运行结果为：

```
0 1 1 2 3 5 8 13 21 34 55 89
144 233
```

该程序的功能是输出一个数列的前若干项，其中第 1 项为 0，第 2 项为 1，以后每一项等于其前两项之和。如第 10 项为 34，它等于第 8 项 13 和第 9 项 21 之和。

程序 4-4-4

```
#include<iostream.h>
const int M=4, N=5;
void main()
{
    int i,j,s=0;
    for(i=1;i<=M;i++)
        for(j=1;j<=N;j++)
            s+=i*j;
    cout<<s<<endl;
}
```

此程序的主函数中使用了一个双重 for 循环，外循环变量 i 初值为 1，终值为整数常量 M，每执行一次外循环体（即内循环）后其值增加 1，内循环变量初值为 1，终值为整数常量 N，每执行一次内循环体（即 s+=i*j；语句）后其值也增加 1，内循环体共需执行 M×N 次。该程序的功能是计算 $\sum_{i=1}^{M}\sum_{j=1}^{N}(i*j)$ 的值。程序运行结果为：150。

6．应用举例

例 4-4-1 编一程序计算 $1+2^2+4^2+6^2+\cdots+50^2$ 的值。

分析：此题所给的计算公式是一个和式，它除第一项外，其余项为 2～50 的每一个偶数的平方，因此可采用循环累加的方法来计算，即依次把每个数据项（在此为偶数的平方）累加到一个变量中。设循环变量为 i，它的初值、终值和步长（即每次循环后循环变量的增加值）应分别为 2、50 和 2，设用于累加的变量为 s，它的初值应为和式中的第一项 1，因为这个 1 不能够通过有规律的循环累加到 s 上。在循环体中通过赋值语句每次把 i 的平方值累加到 s 上，当循环结束后，s 的值就是所求的结果。参考程序如下：

```
#include<iostream.h>
void main()
{
    int i,s=1;
    for(i=2;i<=50;i+=2) s+=i*i;
    cout<<"s="<<s<<endl;
}
```

例 4-4-2 已知一组实验数据为 3.62、2.93、3.16、3.73、2.86、3.40、2.86、3.07、3.29、3.24，编一程序分别求出它们的平均值、方差和均方差，要求每一结果只保留两位小数。

分析：设它们的平均值、方差和均方差分别用变量 v、f 和 t 表示，由数学知识可知，相应的计算公式为：

$$v=\frac{1}{n}\sum_{i=1}^{n}x_i \qquad f=\frac{1}{n}\sum_{i=1}^{n}x_i^2-v^2 \qquad t=\sqrt{f}$$

其中 n 表示数据个数，x_i 表示第 i 个数据。

此题需要首先求出 $\sum_{i=1}^{n}x_i$ 和 $\sum_{i=1}^{n}x_i^2$，然后才能够求出 v、f 和 t。而求所有数之和以及求所有数平方之和需要采用循环累加的方法。为此设循环变量为 i，它的初值、终值和步长应分别为 1、n 和 1；设输入变量为 x，每次从键盘缓冲区得到一个实验数据；设累加数据之和的变量为 s1，累加数据平方之和的变量为 s2，每次分别向 s1 和 s2 累加 x_i 和 x_i^2 的值。参考程序如下：

```
#include<iostream.h>
#include<math.h>
const int n=10;        //n 等于待处理数据的个数
void main()
{
    double x,s1,s2;
    s1=s2=0;
    cout<<"从键盘上输入"<<n<<"个实验数据:\n";
    for(int i=1; i<=n; i++) {
        cin>>x; s1+=x; s2+=x*x;
    }
    double v,f,t;
    v=s1/n;
    f=s2/n-v*v;
    t=sqrt(f);
    v=floor(v*100)/100;     //使结果保留两位小数
    f=floor(f*100)/100;     //使结果保留两位小数
    t=floor(t*100)/100;     //使结果保留两位小数
    cout<<"平均值: "<<v<<endl;
    cout<<"方  差: "<<f<<endl;
```

```
    cout<<"均方差："<<t<<endl;
}
```

该程序上机运行后，按所给数据输入，则运行结果为：

```
从键盘上输入10个实验数据：
3.62 2.93 3.16 3.73 2.86 3.40 2.86 3.07 3.29 3.24
v=3.21
f=0.08
t=0.28
```

例 4-4-3 由勾股定理可知，在一个直角三角形中，两条直角边 a 和 b 与斜边 c 的关系为 $a^2+b^2=c^2$，编一程序求出每条直角边均不大于 30 的所有整数组解。如(3,4,5)，(5,12,13)等都是该题的解。

分析：根据题意，需要使用二重循环来解决，设外循环变量用 a 表示，它的初值、终值和步长应分别取 1、30 和 1，内循环变量用 b 表示，它的初值、终值和步长应分别取 a+1、30 和 1。内循环变量的初值若取 1，而不是取 a+1，则会出现像(3,4,5)和(4,3,5)这样的重复组，为了避免重复组的出现，所以让 b 从 a+1 开始，即使第二条直角边大于第一条直角边。根据分析编写出程序如下：

```
#include<iostream.h>
#include<math.h>
const int n=30;
void main()
{
    int a,b;
    double c;
    for(a=1; a<=n; a++)
        for(b=a+1; b<=n; b++) {
            c=sqrt(a*a+b*b);                //求出斜边的长度
            if(fabs(c-int(c))<1e-5)         //若斜边同为整数则输出
                cout<<'('<<a<<','<<b<<','<<c<<"),";
        }
    cout<<endl;
}
```

因为进行双精度运算计算斜边时，可能存在着小于 1e–5 的微小误差，使得本来是整数值而可能变小一点，所以为了判断程序中 c 是否为整数，则采用 fabs(c–int(c))<1e–5 条件进行判断比较合适。若直接采用 int(c)==c 条件判断，则可能会漏掉一些解。

该程序运行后，将得到如下输出结果，其中第一行后的回车是另加的。

```
(3,4,5),(5,12,13),(6,8,10),(7,24,25),(8,15,17),(9,12,15),(10,24,26),
(12,16,20),(15,20,25),(16,30,34),(18,24,30),(20,21,29),(21,28,35),
```

例 4-4-4 编一程序打印出 2～99 之间的所有素数。

分析：由数学知识可知，若一个自然数是素数（质数），则它必定不能被 1 和它本身之外的任何自然数整除。因为任何一个自然数都不可能被比它大的自然数整除，所以要判断一个自然数是否为素数，只要看它能否被比它小的自然数（当然除 1 之外）整除，若只要存在能被任一个自然数整除则就不是素数，否则是素数。进一步考虑，若一个自然数 n 不是素数，则必然能表示成两个自然数 n1 和 n2 之积，并且其中之一必然小于等于$\sqrt{n}$，另一个必然大于等于$\sqrt{n}$。所以要判断一个自然数n是否为素数，可简化为判断它能否被2～$\sqrt{n}$之间的自然数整除即可。若一个自然数 n 不能被 2～$\sqrt{n}$之间的所有自然数整除，则必然也不能被$\sqrt{n}$～n–1 之间的所有自然数整除。

由以上分析可知，判断一个自然数 n 是否为素数的过程是一个循环过程，设循环变量为 i，它的初值、终值和步长应分别为 2、int(sqrt(n)+1e–5)和 1，在循环体内要判断 n 是否能被 i 整除，若能则表明 n 不是素数，应结束循环，若不能则继续循环。当整个循环正常结束（即因<表达式 2>的值为假而结束循环的情况）后，表明 n 不能被 2～$\sqrt{n}$之间的任何自然数整除，得到 n 是一个素数。

要求出所给的 2～99 区间内的所有素数，需要依次对每个整数进行判断，这又是一个循环处理的过程。为此设循环变量为 n，它的初值、终值和步长应分别为 2、99 和 1，由于 2 是一个素数，而其余的所有偶数都不是素数，所以可以让 n 的初值、终值和步长分别为 3、99 和 2，这样能够进一步减少循环次数。对于 n 的每一取值，都要执行判断它是否为素数的循环过程，所以解决此题的算法是一个双重循环。

根据以上分析，编写出程序如下：

```
#include<iostream.h>
#include<math.h>
void main()
{
    int i,n;
    cout<<"2～99 之间的所有素数：2 ";
    for(n=3; n<=99; n+=2) {
        int temp=int(sqrt(n)+1e-5);
        for(i=2; i<=temp; i++)
            if(n%i==0) break;  //执行 break 离开循环为非正常结束循环
        if(i>temp) cout<<n<<' ';
    }
    cout<<'\n';
}
```

当这个程序中的 for 内循环执行结束后，若 i 的值大于 temp，则表明内循环是正常结束的，n 为一个素数，要把它打印出来，否则内循环是非正常结束的，n 是一个非素数，此时的 i 值必然小于等于 temp，n 值不会被打印出来。

该程序运行结果如下，其中第 1 行后的换行是另加的。

```
2～99 之间的所有素数：2 3 5 7 11 13 17 19 23 29 31 37 41 43
47 53 59 61 67 71 73 79 83 89 97
```

4.5 while 语句

1．语句格式

while 语句又称为 while 循环，它也是一种结构性语句，它的循环体是一条语句。while 语句格式为：

```
while(<表达式>) <语句>
```

<语句>成分是 while 语句的循环体，它可以是任何一条语句或空语句。<表达式>通常是一个关系或逻辑表达式，其值是一个逻辑值真或假，也允许是一般的数值表达式，把非 0 和 0 分别转换为逻辑真和假。

2．执行过程

while 语句的执行过程为：

（1）首先计算作为循环控制条件的<表达式>的值，得到逻辑值真或假，假定用 M 表示。

（2）若 M 为真，则执行一遍循环体，否则离开循环，结束整个 while 语句的执行。

（3）循环体执行结束后自动转向第（1）步执行。

3．格式举例

```
(1) while(x<=0) cin>>x;
(2) while(x) {s+=x; cin>>x;}
(3) while(n--) {
        cin>>x;
        if(x>0)n1++; else n2++;
    }
(4) while(i<n && x!=a[i]) i++;
(5) while(i++<N) {
         x=rand()%100;
         if(x%2==0) c2++;
         if(x%3==0) c3++;
         if(x%5==0) c5++;
    }
(6) while(1) {
        cout<<"输入一个运算符(+,-,*,/或@):";
        cin>>op;
        if(op=='@') break;
        switch(op) {
            case '+': z=Add(x,y); break;
            case '-': z=Subt(x,y); break;
```

```
            case '*': z=Mult(x,y); break;
            case '/': z=Divide(x,y); break;
            default: cout<<"Input error!"<<endl;
        }
    }
```

对于上面每一条 while 语句，若第一次计算<表达式>的值为假（如对于第（1）条语句，当 x 的值大于 0 时，其<表达式>的值为假），则循环体不会被执行就离开了循环，否则循环体至少被执行一次。

在 while 语句的循环体内，也可以同在 for 语句的循环体内一样使用 break 语句，使之非正常地结束其执行过程，自动转向所属 while 语句的后面继续向下执行。

请读者自行分析以上每一条 while 语句的执行过程和功能。

while 循环中的循环体语句可以为任何一条可执行语句或空语句，因此同样可以为一条 while 语句或其他循环语句，若循环体是一条复合语句，则在复合语句内也同样可以使用 while 语句或其他循环语句。总之，允许各种循环语句之间的嵌套使用，并且嵌套的层数不受限制。

4．程序举例

程序 4-5-1

```
#include<iostream.h>
void main()
{
    int x,c1=0,c2=0;
    cin>>x;
    while(x>=0) { //当输入一个负数时结束循环
        if(x<60) c1++; else c2++;
        cin>>x;
    }
    cout<<c1<<' '<<c2<<endl;
}
```

该程序的功能是：分别统计出从键盘上输入的所有整数中小于 60 和大于等于 60 的数据个数，然后显示出来。在程序中用输入负数作为终止 while 循环的结束标志，使用 x 作为输入变量，使用 c1 和 c2 作为统计变量。

程序 4-5-2

```
#include<iostream.h>
void main()
{
    int a,b;
    cout<<"请输入两个正整数：";
    cin>>a>>b;
    while(a<=0 || b<=0) {cout<<"重新输入:"; cin>>a>>b;}
```

```
    while(b) {
        int r=a%b;
        a=b; b=r;
    }
    cout<<a<<endl;
}
```

该程序的功能是：采用辗转相除法求出两个整数的最大公约数。

如假定从键盘上输入的两个整数为 136 和 40，用它们分别作为 a 和 b 的值，因 b=40 不为 0，所以执行第 1 遍 while 循环体，使得 r 为 a 整除以 b 而得到的余数，接着把 a 和 b 修改为除数 b 和余数 r 的值，即 40 和 16；又因 b 的当前值为 16，它不为 0，接着执行第 2 遍循环体，使得 r 的值为 8，接着把 a 和 b 修改为 16 和 8；再进行条件判断时，因 b=8 不为 0，接着执行第 3 遍循环体，使得 r 的值为 0，a 和 b 的值再一次被修改为 8 和 0；进行第 4 次 while 循环条件判断时，因 b 等于 0，所以结束循环。结束循环后 a 的值 8 就是原有两个整数 136 和 40 的最大公约数。

利用辗转相除法求 136 和 40 的最大公约数的计算步骤为：

(1) 40|136 …16
        3

(2) 16|40 …8
       2

(3) 8|16 …0
      2

最后一步中的除数 8 就是 136 和 40 最大公约数。

程序 4-5-3

```
#include<iostream.h>
#include<stdlib.h>
#include<math.h>
void main()
{
    int i=10,a;
    while(i>0) {
        a=rand()%190+10;
        int j, k=int(sqrt(a)+1e-5);
        for(j=2; j<=k; j++)
            if(a%j==0) break;
        if(j>k) {cout<<a<<' '; i--;}
    }
    cout<<endl;
}
```

该程序是一个双重循环，外层为 while 循环，内层为 for 循环，每执行一遍外循环体可能显示出一个 10～199 之间的一个素数。

该程序的功能是：随机产生出 10 个 10～199 之间的素数并显示出来。

5. 应用举例

例 4-5-1 编一程序求出满足不等式 $1+\frac{1}{2}+\frac{1}{3}+\cdots+\frac{1}{n}\geqslant 5$ 的最小 n 值。

分析：此题不等式的左边是一个和式，该和式中的数据项个数是未知的，也正是要求出的。对于和式中的每个数据项，对应的通式为 $\frac{1}{i}$，i=1,2,…,n，所以可采用循环累加的方法来计算出它的值。设循环变量为 i，它应从 1 开始取值，每次增加 1，直到和式的值不小于 5 为止，此时的 i 值就是所求的 n。设累加变量为 s，在循环体内应把 1/i 的值累加到 s 上。

根据以上分析，采用 while 循环编写出程序如下：

```
#include<iostream.h>
void main()
{
    int i=0; double s=0;
    while(s<5) s+=double(1)/++i;
    cout<<"n="<<i<<endl;
}
```

若采用 for 循环编写程序，则如下所示：

```
#include<iostream.h>
void main()
{
    int i; double s=0;
    for(i=1; s<5; i++) s+=1.0/i;
    cout<<"n="<<i-1<<endl;      //此 i-1 的值为所求的 n 值
}
```

该程序的输出结果应为：

```
n=83
```

例 4-5-2 有一家企业，若年产值平均增长率分别按 2%、4%、6%、…、20%计算，问分别需要经过多少年才能够使年产值翻一番。

分析：假定把当年的年产值定为 1 个单位，则翻一番后就应变为 2。设年产值平均增长率为 x，经过的年数为 n，n 年后的产值为 y，则求 y 的计算公式为：

$$y=(1+x)^n$$

由题意可知，当 y 正好等于 2 或刚好超过 2 时所得到的 n 值就是按年平均增长率为 x，达到翻一番所需要的年数。要根据 x 值求出 y 达到 2 之后的 n 值，应采用循环来解决。设循环变量为 i，它从 1 开始取值，每次增加 1，每次都向累乘变量 y（它的初值应为 1）乘上 1+x 的值，当 y<2 成立时继续下一次循环，直到 y≥2 为止，此时的 i 值就是所求的年数。

根据题目要求，x 不是取一次值，而是取多次值。对于 x 的每一次取值，都需要求出对应的 n 值。由于 x 的取值是有规律的，它从 0.02 开始到 0.20 结束，每次增加 0.02，所以可使用 x 作为 for 循环的循环变量，控制循环体的循环执行的次数，每次循环求出 x 值所对应的 n 值。

根据分析编写出程序如下：

```
#include<iostream.h>
void main()
{
    double x,y;
    int n;
    for(x=0.02; x<0.21; x+=0.02){ //终值为 0.20，考虑到数据运算精度，
                                  //使用时最好增加半个步长值
        n=0; y=1;
        while(y<2) {
            n++;
            y*=1+x;
        }
        cout<<x*100<<"% "<<n<<' '<<y<<endl;
    }
}
```

若上机运行该程序，则得到的显示结果如下：

```
2% 36 2.03989
4% 18 2.02582
6% 12 2.0122
8% 10 2.15892
10% 8 2.14359
12% 7 2.21068
14% 6 2.19497
16% 5 2.10034
18% 5 2.28776
20% 4 2.0736
```

例 4-5-3 一家商场采用打折促销活动，具体做法是：购物满 100 元送 30 元购物券，用购物券购物同用人民币购物一样遵循上述原则。若一个顾客一次购物花销 x 元，则最终能够得到几折优惠。

分析：因购买每百元物品送 30 元购物券，不满百元部分将不赠送，所以花销 x 元应得到的购物券为(int(x)/100)*30，假定这个值仍利用 x 保存，则再购价值为 x 的物品后，同样又可以得到由上述公式计算出来的购物券，以此类推，直到 x 的当前值为 0 时止。

购物支付的金额与所购物品价值的比称为折或折价。如花销 70 元购买 100 元的物品则称为 7 折。

在此例中花销了 x 元，应购买到 $x_1+x_2+\cdots+x_n$ 元的物品，其中 x_1 等于初次购物的开支 x，x_2=(int(x_1)/100)*30，x_3=(int(x_2)/100)*30，…，直到 x_{n+1} 为 0 时止。设购买到物品的价值用 s 表示，初次购物所花费的金额用变量 a 保留起来，则购买物品的最终折价为 a/s，其中 $s=x_1+x_2+\cdots+x_n$。

根据分析，编写出程序如下：

```
#include<iostream.h>
#include<stdlib.h>
#include<math.h>
void main()
{
    double x,a,s;
    cout<<"请输入初次购物所花费的现金(元):";
    cin>>x;
    while(x<=0) {cout<<"重输 x 值(x>0): "; cin>>x;}
    a=x; s=0;
    while(x) {
        s+=x;
        x=int(x)/100*30;
    }
    cout<<a<<' '<<s<<' '<<floor(a/s*100+0.5)/100<<endl;
}
```

程序运行后，假定从键盘上输入的 x 值为 2650 元，则得到的显示结果为：

```
请输入初次购物所花费的现金(元):2650
2650 3700 0.72
```

4.6 do 语句

1. 语句格式

do 循环语句也是一种结构性语句，其语句格式为：

```
do <语句> while (<表达式>);
```

其中，<语句>是 do 循环的循环体，它可以为任何语句或空语句。

2. 执行过程

do 语句的执行过程为：

（1）执行一遍循环体；

（2）求出作为循环条件的<表达式>的值，若为逻辑真则自动转向第（1）步，否则结束 do 循环的执行过程，继续执行其后面的语句。

do 循环的执行过程如图 4-5（b）所示，为了便于比较，把上面已介绍的 while 语句的执行过程用图 4-5（a）表示出来。

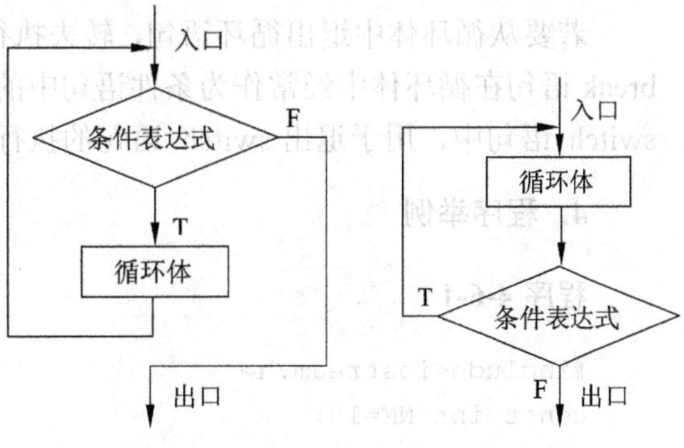

（a）while 循环的执行流程　（b）do 循环的执行流程

图 4-5　while 和 do 循环的执行流程

在 do 语句的循环体中，也同样可以使

用 break 语句，用它来非正常结束循环执行。

3．格式举例

```
（1）do i++; while(x[i]<y);
（2）do cin>>x; while(x<=0);
（3）do { cin>>x; s+=x;
     }while(--n>0);
（4）do {
        int x=rand()%98+2;
        int y=int(sqrt(x)+1e-5);
        for(int i=2; i<=y; i++)
           if(x%i==0) break;
        if(i>y) {n++; cout<<x<<" is prime.\n";}
     } while(n<5);
```

第（1）条语句中的循环体执行 i++的操作，当数组元素 x[i]的值小于 y 时，转去执行下一遍循环体，直到条件 x[i]<y 不成立为止。

第（2）条语句中的循环体执行从键盘上输入一个数据的操作，当 x<=0 成立时，则重新给 x 输入数据，一旦输入的数据大于 0 则结束循环输入过程，继续向下执行。

第（3）条语句的功能是把从键盘上输入的 n 个数值累加到变量 s 中，其中 n 表示进入此循环前的 n 的值。

第（4）条语句的功能是连续求出并输出 5 个（假定 n 的初值为 0）随机产生的 2～99 之间的素数。在这条语句的循环体中又使用了 for 循环，从而构成了双重循环。

在 C++语言中，共包含有三种循环语句，到此全部介绍完了，其中 do 语句的循环体至少被执行一遍，其他两种语句的循环体可能一次都不会被执行。do 循环称为先执行（循环体）后判断（条件），其余两种循环称为先判断（条件）后执行（循环体）。每一种循环语句内都可以嵌套任一种循环语句，并且嵌套的层数不受限制。

在实际编程中，对于重复计算或处理的问题，可以采用任一种循环语句编写，只要描述正确，从而能够得到正确的运行结果即可。通常，对于容易确定循环变量的初值、终值和步长的情况，则采用 for 循环最简单。

若要从循环体中退出循环语句，转去执行其后面的语句，则只要使用 break 语句即可。break 语句在循环体中经常作为条件语句中的子句使用。另外，break 语句也能够被使用在 switch 语句中，用于退出 switch 语句的执行过程，接着执行其后面的语句。

4．程序举例

程序 4-6-1

```
#include<iostream.h>
const int NM=10;
void main() {
    int x,n=1,c=0;
    do {
```

```
    cin>>x;
    if(x>=30 && x<=60) c++;
  }while(n++<NM);
  cout<<"c="<<c<<endl;
}
```

该程序的功能是：根据从键盘上输入的 NM 个整数，统计出 30～60 范围内的整数个数，最后输出统计结果。

程序 4-6-2

```
#include<iostream.h>
void main()
{
    int x;
    cout<<"请输入一个整数，若小于 3 则重输:";
    do cin>>x; while(x<=2);
    int i=2;
    do{
        while(x%i==0) {
            cout<<i<<' ';
            x/=i;
        }
        i++;
    }while(i<=x);
    cout<<endl;
}
```

在这个程序中，第 6 行为 do 循环，它确保输入给 x 的是一个大于等于 3 的整数，第 7 行定义整数变量 i 并赋予 2 作为初值，第 8～14 行为一个 do 循环，循环体中的第 1 条语句为 while 循环，每当 x 能够被 i 整除则就输出 i 的值和一个空格，接着修改 x 为除以 i 的整数商，第 2 条语句使 i 增 1，每次执行完 do 循环体后，都判断条件 i≤x 是否成立，若成立则进入下一轮循环，否则结束循环，接着执行后面的输出语句。

此程序的功能是：把从键盘上输入的一个大于等于 3 的整数分解为质因子的乘积。如输入 24 时得到的输出结果为“2 2 2 3”，输入 50 时得到的输出结果为“2 5 5”，输入 37 时得到的输出结果为“37”。

5．应用举例

例 4-6-1　编一程序把从键盘上输入的一个十进制整数转换为对应的十六进制数字串输出。

分析：由计算机基础知识可知，一个十进制整数转换为任意 r 进制的整数时应采用逐次除 r 取余法。其转换过程是一个重复处理的过程，适合采用循环来解决。按题目要求，每次循环用被除数 x（开始为待转换的十进制整数），除以 16 所得整余数赋给一个整数变量 rem，把所得到的整数商又赋给 x，当 rem 在 0～9 之间时输出相应的数字字符，否则应输出它所对应的十六进制数字字符。此循环直到被除数 x 为 0 时止。

按照上述算法输出得到的十六进制数是按从低位到高位的次序排列的，对它再按相反次序排列时才是所求的十六进制数。待以后学习了数组，就可以利用数组顺序存储转换过程中依次得到的每个数字位，转换结束后再按相反的次序输出数组内容即可得到正确的结果。

根据分析，编写出程序如下：

```
#include<iostream.h>
void trans(int x)
{  //此函数得到的十六进制数字串是按照从低位到高位的次序排列的
    int rem;  //用于保存整余数
    do {
        rem=x%16;
        x=x/16;
        if(rem<10) cout<<char(rem+48);
        else switch(rem) {
            case 10: cout<<'A'; break;
            case 11: cout<<'B'; break;
            case 12: cout<<'C'; break;
            case 13: cout<<'D'; break;
            case 14: cout<<'E'; break;
            case 15: cout<<'F'; break;
        }
    }while(x!=0);
    cout<<endl;
}
void main()
{
    int d;
    cout<<"从键盘输入一个十进制正整数:";
    do cin>>d; while(d<0);
    trans(d);
}
```

若把 trans 函数改写如下：

```
void trans(int x)
{  //此函数用于把十进制整数 x 转换为十六进制数字串输出
    char a[10];
    int i=0,rem;
    do {
        rem=x%16; x=x/16;
        if(rem<10) a[i]=48+rem;   //'0'字符的ASCII 码为 48
        else a[i]=55+rem;          //'A'字符的ASCII 码为 65
        i++;
```

```
    }while(x!=0);
    while(i>0) cout<<a[--i];
    cout<<endl;
}
```

若看不懂此函数，可暂时留着，待学习过数组内容以后再回过头来会一目了然。

当运行上述在 trans 函数中使用字符数组的程序时，若输入的十进制整数为 1234，则得到的输出结果为：

```
从键盘输入一个十进制正整数:1234
4D2
```

例 4-6-2 编一程序利用牛顿法求解方程 $e^x+3x-2=0$ 的根，要求两相邻近似根之差的绝对值不大于 0.001。

分析：由数学知识可知，若令 $f(x)=e^x+3x-2$，则 $f'(x)=e^x+3$，用牛顿法求方程 $e^x+3x-2=0$ 的近似根的迭代计算公式为：

$$x_{i+1} = x_i - \frac{f(x_i)}{f'(x_i)} \qquad (i\geqslant 0，x_0 \text{可为任意值})$$

利用这个叠代公式求出一个新的近似根后，都要判断 $|x_{i+1}-x_i|\leqslant 0.001$ 是否成立，若成立则就把新的近似根 x_{i+1} 作为方程的根，否则继续求出下一个近似根，直到上述不等式满足为止。

由上面迭代公式可知，新的近似根 x_{i+1} 只与刚求出的近似根 x_i 有关，而与其他已求出的近似根无关。同样，判断 $|x_{i+1}-x_i|\leqslant 0.001$ 也只需要用到新的近似根和刚求出的近似根。所以可设置两个变量，假定分别为 x1 和 x2，用 x2 保存新的近似根，用 x1 保存刚求出的近似根。在每次计算新的近似根前，都要把 x2 的值赋给 x1，然后再根据公式 x2=x1–f(x1)/f′(x1) 计算出新的近似根 x2。

根据上述分析，编写出程序如下：

```
#include<iostream.h>
#include<math.h>
double Newton(double x)
{  //x 可以为任何值
    double x1,x2,y1,y2;
    x2=x;  //给 x2 赋初值为 x
    do {
        x1=x2;
        y1=exp(x1)+3*x1-2;  //y1=f(x1)
        y2=exp(x1)+3;        //y2=f'(x1)
        x2=x1-y1/y2;
    }while(fabs(x2-x1)>0.001);
    return x2;
}
void main()
{
```

```
    double x;
    cout<<"从键盘输入任一实数作为自变量 x 的初值:";
    cin>>x;
    x=int(Newton(x)*1000)/1000.0;      //保留运算结果的 3 位小数
    cout<<"root: "<<x<<endl;
}
```

当这个程序运行后，可以从键盘上输入任一个实数作为初值，则得到的输出结果为：

```
从键盘输入任一实数作为自变量 x 的初值:5
root: 0.242
```

4.7 跳转语句

跳转类语句包括 goto、continue、break 和 return 四种语句。每一种语句都有规定的语句格式和作用。

1．goto 语句

goto 语句称为无条件转向语句，其语句格式为：

```
goto <语句标号>;
```

<语句标号>是一个用户命名的标识符，它必须同时出现在该 goto 语句所在函数的某一条语句的前面，并且它同该语句之间必须用冒号分开（当然在冒号前后可以使用任意多个空白符），用此标识符来标识该语句的开始位置，以便在其他地方使用的 goto 语句转向此位置。

程序运行中当执行到 goto 语句时，将使执行流程转向<语句标号>所标识的语句位置，接着将从这个位置开始向后执行。

例如：有一个函数定义为：

```
void func(double x)
{
    double y;
    if(x<0) {y=3*x*x-1; goto finish;}
    if(x>=0 && x<=10) {y=exp(x)/3+2; goto finish;}
    y=5*sqrt(x)-2*x+1;
finish:
    cout<<"x="<<x<<endl;
    cout<<"y="<<y<<endl;
}
```

在这个函数中使用了两条 goto 语句，它们带有相同的语句标号 finish，当执行到它们中任一条语句时，都将转向标识符 finish 所标识的位置，接着从该位置起向下执行语句。

该函数的功能是：根据参数 x 的值计算并输出 y 的值。当 x 小于 0 时，计算 y 的公式

为 $3x^2-1$；当 x 大于等于 0 同时小于等于 10 时，计算 y 的公式为 $\frac{1}{3}e^x+2$；当 x 大于 10 时，计算 y 的公式为 $5\sqrt{x}-2x+1$。

在上述函数中使用 goto 语句完全是为了体验 goto 语句的功能，实际上不是必需的，可以编写出比它更简明易读的不使用 goto 语句的函数，如下所示：

```
void func(double x)
{
    double y;
    if(x<0) y=3*x*x-1;
    else if(x>=0 && x<=10) y=exp(x)/3+2;
    else y=5*sqrt(x)-2*x+1;
    cout<<"x="<<x<<endl;
    cout<<"y="<<y<<endl;
}
```

在函数中使用 goto 语句转来转去，容易破坏程序自上而下顺序执行的次序，不符合结构化程序设计的思想，所以应当尽量避免使用。但在特殊的场合，如需要从多重循环的内部一次退到最外层循环的后面时，使用 goto 语句是简单可行的。

2．continue 语句

该语句称为继续语句，它只有语句关键字 continue，没有其他任何成分。

该语句被限定使用在任一种循环语句的循环体中，当程序运行时执行到该语句时，将立即结束一次循环体的执行，接着执行其后面的循环操作。

continue 同 break 不一样，执行 break 时是退出整个循环，接着执行该循环后面的语句，执行 continue 时是退出循环体的一次执行，接着执行下一次循环操作。

下面的三个程序段具有完全相同的功能，都是把 1～10 之间所有奇数的平方累加到变量 s 上。

（1）
```
int i,s=0;
for(i=1;i<=10;i++){
    if(i%2==0) continue;
    s+=i*i;
}
```

（2）
```
int i=0,s=0;
while(++i<=10) {
    if(i%2==0) continue;
    s+=i*i;
}
```

（3）
```
int i=1,s=0;
do {
    if(i%2==0) continue;
    s+=i*i;
} while(++i<=10);
```

3．break 语句

该语句称为中断语句，它也只有语句关键字 break，没有其他任何成分。

该语句被限定使用在任一种循环语句和 switch 语句中，当程序执行到该语句时，将立即结束所在循环语句或 switch 语句的执行，接着执行其后面的语句。

当 break 语句出现在内层的循环语句或 switch 语句中时，它只是结束该内层的循环语句或 switch 语句的执行，不会结束其他外层循环或 switch 语句的执行。总之，break 只结束本层循环或 switch 语句的执行。

4．return 语句

该语句称为返回语句，其语句格式为：

```
return [<表达式>];
```

该语句若使用在类型为 void 的函数中，则它不能带有<表达式>选项，若使用在其他任何类型的函数中，则必须带有<表达式>选项。

在一个函数中可以使用一条或多条 return 语句，而在具有 void 类型的函数中可能不使用任何 return 语句，因为当执行完整个函数体后将自动返回。

在程序运行中当执行到 return 语句时，若它带有<表达式>，则首先计算出它的值，然后把这个值作为整个函数的值返回到调用该函数的位置；若它不带有<表达式>，同样使执行流程返回到调用该函数的位置，但不带回任何值。

当执行到标志一个函数结束的右花括号时，若仍碰不到 return 语句，则也将自动返回到调用该函数的位置，接着将从这个位置起向下执行。

请看下面的程序：

```
#include<iostream.h>
int f1(int n) {
    int i,s=0;
    for(i=1;i<n;i+=2) s+=i*i;
    return s*s;
}
void f2(int x) {
    cout<<x<<endl;
}
void main()
{
    int a;
    a=f1(6);
    f2(a);
    f2(f1(8));
}
```

当这个程序运行时，将依次执行主函数中的每条语句，当执行到第 2 条时，首先调用

f1 函数，把实参 6 传送给形参 n，接着执行 f1 函数体，执行到 return 语句时计算出 s*s 的值（即 35 的平方值 1225）作为整个函数的值返回，返回后把返回值 1225 赋给变量 a；执行第 3 条语句时调用 f2 函数，把实参 a 的值 1225 传送给形参 x，执行该函数的函数体时打印出 x 的值，函数体执行结束后自动返回主函数，表明第 3 条语句执行结束；执行第 4 条语句时，首先调用 f1 函数，返回的函数值为 7056（即 84 的平方），接着调用 f2 函数，打印出传送给该函数的实参值 7056。

本章小结

1．if 语句和 switch 语句都能够处理分支问题，但 if 语句的适应范围更广，所有能够用 switch 处理的问题都能够转换为 if 语句，反过来则不一定行。因为在 switch 语句的以每个 case 开始的语句标号中只能使用常量表达式，不能使用一般表达式，这就限制了其应用范围。

2．任一种需要重复进行的循环问题，都可以采用 for、while、do 等任一种循环结构进行处理。for 和 while 循环是先判断条件后执行循环体，而 do 循环是先执行循环体后判断条件。因此 for 和 while 的循环体可能不会被执行，而 do 的循环体至少被执行一次。do 循环语句必定以分号结束，而 for 和 while 循环语句通常以复合语句的右花括号结束。

3．计算机最擅长做循环处理，所以要针对待解决的问题，分析出有规律的进行简单操作的步骤，特别要注意确定好各种变量的初值和进行循环的次数。

4．break 语句只能够使用在 switch 语句和各种循环语句中，当执行到它时就使执行过程离开所在的语句，自动转向到所在的语句的后面执行。break 只能跳转出一层分支或循环，若要一次跳转出多层循环，则需要使用 goto 语句。

5．continue 语句只能使用在各种循环语句中，它被执行时就自动结束一次循环体的整个执行过程，或者说，从它开始到循环体结束之间的语句都被忽略，接着进行下一次的循环过程。

6．return 语句是函数调用过程的返回语句，执行它时就立即结束所在函数的执行过程，自动返回到原调用语句的位置继续向下执行。

7．对于一个 void 函数，在函数体中可以不出现 return 语句，当该函数执行到函数体最后的右花括号时将自动返回到原调用语句的位置执行。

8．按照结构化程序设计的要求，所有处理过程都要组织成顺序、分支和循环这三种结构，本章所学的内容就是实现后两种结构的语句，而顺序结构是通过复合语句把先后执行的语句按位置顺序排列而成的。

习题四

4.1 写出程序运行结果并上机验证。

1．
```
#include<iostream.h>
```

```
void main()
{
    int a=2,b=5,c;
    if(a+b>10) c=a*b; else c=3*a+2*b;
    if(c>=20) cout<<c*c;
    else if(a>b) cout<<3*(a+b);
    else cout<<4*c-5;
    cout<<endl;
    a=a+b; b=a+b;c=a+b+c;
    cout<<"a,b,c="<<a<<','<<b<<','<<c<<endl;
}
```

2.
```
#include<iostream.h>
void main()
{
    for(int x=5; x<12; x+=2) {
        switch(x-1) {
          case 4: cout<<x<<'\n';
          case 7: cout<<2*x+1<<'\n';
          case 10: cout<<3*x-1<<'\n'; break;
          default: cout<<"default"<<endl;
        }
    }
}
```

3.
```
#include<iomanip.h>
#include<math.h>
void main()
{
    cout.setf(ios::left);  //使输出数据项的值在设定宽度内靠左对齐显示，
                           //默认是按右对齐(ios::right)显示
    int i,x,y;
    for(i=0; i<6; i++) {
        cin>>x;
        if(x<0) y=1;
        else if(x<10) y=x*x+3;
        else if(x<60) y=4*x-5;
        else y=int(sqrt(x));
        cout<<"x="<<setw(5)<<x<<"y="<<setw(5)<<y<<endl;
    }
}
```

假定从键盘上输入的 6 个常数为：36，–5，73，192，8，44

4.
```
#include<iostream.h>
void main()
```

```
{
    int s0,s1,s2,x;
    s0=s1=s2=0;
    cout<<"输入一组数据（以-1 结束）：\n";
    cin>>x;
    while(x!=-1) {
        switch(x%3) {
          case 0: s0+=x;break;
          case 1: s1+=x;break;
          case 2: s2+=x;break;
        }
        cin>>x;
    }
    cout<<s0<<' '<<s1<<' '<<s2<<endl;
}
```

假定从键盘上输入的一组整数为：36,25,20,43,12,70,66,34,28,15,32,55,–1。

5.
```
#include<iomanip.h>
const int N=5;
void main()
{
    cout<<setw(5)<<'i'<<setw(5)<<'p'<<setw(5)<<'s'<<endl;
    int i,p=1,s=0;
    for(i=1;i<N; i++) {
        p=p*i;
        s=s+p;
        cout<<setw(5)<<i<<setw(5)<<p<<setw(5)<<s<<endl;
    }
}
```

6.
```
#include<iomanip.h>
void main()
{
    int c1=0, c2=0, c3=0;
    for(int i=0; i<5; i++) {
        for(int j=i; j<5; j++) c1++;
        for(int k=5; k>=i; k--) c2++;
        c3++;
    }
    cout<<c1<<' '<<c2<<' '<<c3<<endl;
}
```

7.
```
#include<iostream.h>
void main()
{
```

```
    for(int i=10;i<=20;i++) {
        cout<<i<<':';
        int j=2, k=i;
        do {
            while(k%j==0) {cout<<j<<' '; k/=j;}
            j++;
        } while(k>1);
        cout<<endl;
    }
}
```

8.
```
#include<iostream.h>
const int T=6;
void main()
{
    int i,j,k=0;
    for(i=1;i<=T;i+=2)
        for(j=2;j<=T;j++)
            if(i+j==T) cout<<'+';
            else if(i*j==T) cout<<'*';
            else k++;
    cout<<endl<<"k="<<k<<endl;
}
```

9.
```
#include<iostream.h>
const int B=2;
void main()
{
    int i=0,p=1,s=1;
    while(s<100) {
        i++;
        p*=B;
        s+=p;
    }
    cout<<"i="<<i<<endl;
    cout<<"s="<<s<<endl;
}
```

10.
```
#include<iostream.h>
void main()
{
    int x,y;
    int i=2,p=1;
    cout<<"请输入两个正整数x和y:";
    cin>>x>>y;
```

```
    do {
        while(x%i==0 && y%i==0) {
            p*=i;
            x/=i;
            y/=i;
        }
        i++;
    }while(x>=i && y>=i);
    cout<<"x和y的最小公倍数:"<<p*x*y<<endl;
}
```

假定从键盘上输入的两个正整数为120和88。

4.2　根据题目要求编写程序。

1．某城市为鼓励节约用水，对居民用水量作如下规定：若每人每月用水量不超过2吨，则按3.2元收费；若大于2吨但不超过4吨，则其中2吨按3.2元收费，剩余部分按每吨4.5元收费；若超过4吨，则其中2吨按3.2元收费，再有2吨按4.5元收费，剩余部分按每吨8.0元收费。试根据一户居民的月用水量和该户人口数计算出应交纳的水费。

2．某班级学生进行百米跑测试，规定成绩在12秒以内（含12秒）为优秀，在12秒以上至15秒为达标，在15秒以上为不达标，编一程序，从键盘上输入每个人的成绩，分别统计出成绩为优秀、达标和不达标各多少人？各占学生总数的百分比是多少？

3．计算 $1+3+3^2+\cdots+3^{10}$ 的值。

4．求满足不等式 $2^2+4^2+\cdots+n^2<1000$ 的最大n值。

5．求当x分别取–3.8、6.4、2.3、– 4.2、8.9、3.5、–5.0、4.5时所对应的y值，要求把a定义为常量，其初值由用户设定，x的每个值由键盘输入。

$$y=\begin{cases}\sqrt{a^2+x^2} & (x\leqslant 0)\\ 3a^3x^2+4ax-1 & (x>0)\end{cases}$$

6．求出从键盘上输入的10个整数中的最大值。

7．已知 $6\leqslant a\leqslant 30$，$15\leqslant b\leqslant 36$，求满足不定方程 $2a+5b=126$ 的全部整数组解。如(13, 20)就是一个整数组解。

8．假定有100名中小学生参加义务植树活动，共植树100棵，其中高中生每人植3棵，初中生每人植2棵，小学生每2人植1棵。问他们各为多少人？此题可能有多个解，请给出全部解。

9．已知 $y=1+\frac{1}{2}x+\frac{1}{3}x^2+\cdots+\frac{1}{10}x^9$，求x每取一个值时所对应的y值，其中x的每个值由键盘输入，直到输入终止标准–100为止。

10．在输出窗口中显示出如下图形：

```
***********
 *********
  *******
   *****
    ***
     *
```

第五章　数组和字符串

数组和字符串在各种计算机程序设计语言中都被广泛使用，在C++语言中也不例外，本章将深入介绍数组和字符串的概念、定义、存储和应用。读者通过本章学习能够利用数组和字符串进行成批的数据表示、存储、计算、排序和查找等运算，编写出相应的数据处理程序。

5.1 数组的概念

在程序设计中存储单个数据时，需要根据数据的类型定义相应的变量来保存。如存储一个整数时需要定义一个整数变量来保存，存储一个实数时需要定义一个单精度或双精度变量来保存，存储含有多个成分的一个记录数据时，需要定义该类型的一个结构变量来保存。

在程序设计中，若需要存储同一数据类型的、彼此相关的一组数据时，如存储数学上使用的一个数列或一个矩阵中的全部数据时，显然采用定义简单变量的方法是不行的，这就要求定义出能够同时存储多个值的变量，这种变量在程序设计中称为**数组**，同一个数组中的每个值通过**下标**来区分（标识）。

在实际应用中，一组相关的数据之间可能存在着一维关系，也可能存在着二维关系，等等。如一个数列中的数据为一维关系，它除第一个数据外，每个数据只有一个直接前驱；除最后一个数据外，每个数据只有一个直接后继。假定一个数列为(38,42,25,60)，则每个整数的后一个整数就是它的直接后继，每一个整数的前一个整数就是它的直接前驱，如 42的直接前驱为38，直接后继为25。一个矩阵中的数据为二维关系，它除第一行和第一列上的所有数据外，每个数据在行和列的方向上各有一个直接前驱；除最后一行和最后一列上的所有数据外，每个数据在行和列的方向上各有一个直接后继。假定一个矩阵为：

$$\begin{bmatrix} 2 & 6 & 9 & 12 \\ 8 & 4 & 7 & 3 \\ 5 & 1 & 6 & 8 \end{bmatrix}$$

则每一个元素均处于相应行和列的交点位置上，如第2行和第2列交点位置上的元素为4，它的行、列方向上的前驱分别为8和6，它的行、列方向上的后继分别为7和1。在一组相关的数据中，允许数据重复。如在这个矩阵中，第1行和第2列的元素值与第3行和第3列的元素值相同，都为6，但由于所处的位置不同，因而是不同的元素。

在程序设计中，用一维数组能够表示和存储一维相关的数据，用二维数组能够表示和存储二维相关的数据，用三维数组能够表示和存储三维相关的数据，等等。假定一个数列为a_1、a_2、…、a_n，则需要用一个一维数组来存储，数组名可以是任何标识符，如仍可用a来表示，则数组a中应至少包含有n个元素，每个元素用来存储数列中一个相应的数据。

C++语言规定：一维数组中元素的下标从常数 0 开始，依次增 1。如对于含有 n 个元素的数组 a，则下标编号为 0、1、2、…、n–1，这 n 个元素被依次表示为 a[0]、a[1]、…、a[n–1]，a[0]用来存储数列中的第一个数据 a_1，a[1]用来存储数列中的第二个数据 a_2、…、a[n–1]存储数列中的第 n 个数据 a_n。假定一个具有 m 行×n 列的矩阵为：

$$\begin{bmatrix} a_{11} & a_{12} & \cdots & a_{1n} \\ a_{21} & a_{22} & \cdots & a_{2n} \\ \vdots & \vdots & \ddots & \vdots \\ a_{m1} & a_{m2} & \cdots & a_{mn} \end{bmatrix}$$

则需要用一个二维数组来对应表示和存储，二维数组名可以为任何标识符，如用 b 表示，则 b 中应包含 m×n 个元素，第 1 维下标依次为 0、1、2、…、m–1，第 2 维下标依次为 0、1、2、…、n–1，矩阵中的第 1 个元素 a_{11} 被存储到 b[0][0]元素中，最后一个元素 a_{mn} 被存储到 b[m–1][n–1]元素中，其余类推。

5.2 一维数组

1．定义格式

一维数组同简单变量一样，也是通过变量定义语句定义的。其定义格式为：

```
<类型关键字> <数组名> [<常量表达式>] [={<初值表>}];
```

<类型关键字>为已存在的一种数据类型，<数组名>是用户定义的一个标识符，用它来表示一个数组，<常量表达式>的值是一个整数，由它标明该数组的长度，即数组中所含元素的个数，每个元素具有<类型关键字>所指定的类型，<常量表达式>两边的中括号是语法所要求的符号，不是标明其内容为可选而使用的符号，<初值表>是用逗号分开的一组表达式，每个表达式的值将被赋给数组中的相应元素。

当数组定义中包含有初值表选项时，其<常量表达式>可以被省略，此时所定义的数组的长度将是<初值表>中所含的表达式的个数。

一个数组被定义后，系统将在内存中为它分配一块含有 n 个（n 为数组长度）存储单元的存储空间，每个存储单元包含的字节数等于元素类型的长度。如对于一个含有 10 个 int 型元素的数组，它将对应 10×4 = 40 个字节的存储空间。

定义了一个数组，就相当于同时定义了它所含的每个元素。数组中的每个元素是通过下标运算符（即一对中括号[]）来指明和访问的，具体格式为："<数组名>[<表达式>]"，中括号运算符内的表达式的值为元素下标。表面上看，这与数组的定义格式类似，但它们出现的位置是不同的，当出现在变量定义语句时则为数组定义，而当出现在一般表达式中时则为一个元素。

2．格式举例

（1）int a[20];

（2）double b[MS];　　//假定 MS 为已定义的整型常量

```
（3）int c[5]={1,2,3,4,0};
（4）char d[]={'a','b','c','d'};
（5）int e[8]={1,4,7};
（6）char f[10]={'B','A','S','I','C'};
（7）bool g[2*N+1];  //假定N为已定义的整型常量
（8）float h1[5], h2[10];
（9）short x=1, y=2, z, w[4]={25+x, -10, x+2*y, 44};
（10）int p[];
```

第（1）条语句定义了一个元素为 int 型、数组名为 a、包含 20 个元素的数组，所含元素依次为 a[0]、a[1]、…、a[19]，每个元素同一个 int 型简单变量一样，占用 4 个字节的存储空间，用来存储一个整数，整个数组占用 80 个字节的存储空间，用来存储 20 个整数。

第（2）条语句定义了一个元素类型为 double、数组长度为 MS 的数组 b，该数组占用 MS*8 个字节的存储空间，能够用来存储 MS 个双精度数，数组 b 中的元素依次为 b[0]、b[1]、…、b[MS–1]。

第（3）条语句定义了一个整型数组 c，即元素类型为整型的数组 c，它的长度为 5，所含元素依次为 c[0]、c[1]、c[2]、c[3]和 c[4]，并相应被初始化为 1、2、3、4 和 0。

第（4）条语句定义了一个字符数组 d，由于没有显式地给出它的长度，所以隐含为初值表中表达式的个数 4，该数组的 4 个元素 d[0]、d[1]、d[2]和 d[3]依次被初始化为字符'a'、'b'、'c'和'd'。注意，若没有给出数组的初始化选项，则表示数组长度的常量表达式不能被省略。

第（5）条语句定义了一个含有 8 个元素的整型数组 e，它的初始化数据项的个数为 3，小于数组中元素的个数 8，这是允许的。这种情况的初始化过程为：将利用初始化表对前面相应元素进行初始化，而对后面剩余的元素则自动初始化为常数 0。数组 e 中的 8 个元素被初始化后得到的结果为：e[0]=1、e[1]=4、e[2]=7、e[3]～e[7]均等于 0。

第（6）条语句定义了一个字符数组 f，它包含有 10 个字符元素，其中前 5 个元素被初始化为初值表所给的相应值，后 5 个元素被初始化为字符'\0'，对应值（即 ASCII 码）为 0。

第（7）条语句定义了一个布尔型数组 g，它的数组长度为 2*N+1，每个元素没有被初始化。

第（8）条语句定义了两个单精度型一维数组 h1 和 h2，它们的数组长度分别为 5 和 10。在一条变量定义语句中，可以同时定义任意多个简单变量和数组，每两个相邻定义项之间必须用逗号分开。

第（9）条语句定义了 3 个短整型简单变量 x、y 和 z，其中 x 和 y 分别被初始化为 1 和 2，又定义了一个短整型数组 w，它包含有四个元素，其中 w[0]被初始化为 25+x 的值，即 26，w[1]被初始化为–10，w[2]被初始化为 x+2*y 的值，即 5，w[3]被初始化为 44。

第（10）条语句是错误的数组定义，因为它既省略了数组长度选项，又省略了初始化选项，使系统无法确定该数组的大小，从而无法分配给它确定的存储空间。

3．数组元素的访问

通过变量定义语句定义了一个数组后，用户便可以随时访问其中的任何元素。数组元素的访问（使用）是通过下标运算符[]指明的，其中运算符左边为数组名，中间为下标。一个数组元素又称为下标变量，所使用的下标可以为常量，也可以为变量或表达式，但其值必须是整数，否则将产生编译错误。

假定a[n]为一个已定义的数组，则下面都是访问该数组的下标变量的合法格式：

```
（1）a[5]          //下标为一个常数 5
（2）a[i]          //下标为一个变量 i
（3）a[j++]        //下标为后增 1 表达式 j++
（4）a[2*x+1]      //下标为一般表达式 2*x+1
```

假定在上述每个下标变量的下标表达式中，所使用的变量 i、j 和 x 的值分别为 2、3 和 4，则 a[i]对应的数组元素为 a[2]，a[j++]对应的数组元素为 a[3]，同时 j 的值被修改为 4，a[2*x+1]对应的数组元素为 a[9]。

使用一个下标变量同使用一个简单变量一样，可以对它赋值，也可以取出它的值。如：

```
（1）int a[5]={0,1,2,3,8};   //定义数组 a 并进行初始化
（2）a[0]=4;                 //把 4 赋给数组元素 a[0]，或称下标变量 a[0]
（3）a[1]+=a[0];             //把 a[0]的值 4 累加到 a[1]，使 a[1]的值变为 5
（4）a[3]=3*a[2]+1;          //把赋值号右边表达式的值 7 赋给 a[3]
（5）cout<<a[a[0]];          //因 a[0]=4，所以 a[a[0]]对应的元素为 a[4]，
                             //该语句输出 a[4]的值 8
```

C++语言对数组元素的下标值不作任何检查，也就是说，当下标值超出它的有效变化范围 0～n–1（假定 n 为数组长度）时，也不会给出任何出错信息。为了防止下标值越界（即小于 0 或大于 n–1），则需要编程者对下标值进行有效性检查。如：

```
（1）int a[5];
（2）for(int i=0; i<5; i++) a[i]=i*i;
（3）int i=0; while(i<5) cout<<a[i++]<<' ';
```

第（1）行语句定义了一个一维数组a，其长度为5，下标变化范围为0～4。第（2）行语句让循环变量i在数组a下标的有效范围内变化，使下标为i的元素被赋值为i的平方值，该循环执行后数组元素 a[0]、a[1]、a[2]、a[3] 和 a[4] 的值依次为0、1、4、9和16。第3行语句控制输出数组a中每一个元素的值，下标变量a[i++]中下标的每次取值也不会超出其有效范围。如果在第（3）行语句中，用做循环判断条件的不是i<5，而是i≤5，则虽然a[5]不属于数组a的元素，也同样会输出它的值，而从编程者角度来看是一种错误。由于C++系统不对元素的下标值进行有效性检查，所以用户必须通过程序检查，确保其下标值有效。

4. 程序举例

程序 5-2-1

```
#include<iostream.h>
void main()
{
    int i, a[6];
```

```
    for(i=0;i<6;i++) cin>>a[i];
    for(i=5;i>=0;i--) cout<<a[i]<<' ';
    cout<<endl;
}
```

在这个程序的主函数中，首先定义了一个 int 型简单变量 i 和一个含有 6 个 int 型元素的数组 a，接着使数组 a 中的每一个元素依次从键盘上得到一个相应的整数，最后使数组 a 中的每一个元素的值按下标从大到小的次序显示出来，每个值之后显示出一个空格，以便使相邻的元素值分开。

程序运行时，若从键盘上输入 3、8、12、6、20 和 15 这 6 个常数，则得到的输入和运行结果为：

```
3 8 12 6 20 15
15 20 6 12 8 3
```

程序 5-2-2

```
#include<iostream.h>
void main()
{
    int a[8]={25,64,38,40,75,66,38,54};
    int max=a[0];
    for(int i=1;i<8;i++)
        if(a[i]>max) max=a[i];
    cout<<"max:"<<max<<endl;
}
```

在这个程序的主函数中，第 1 条语句定义了一个整型数组 a[8]，并对它进行了初始化；第 2 条语句定义了一个整型变量 max，并用数组 a 中第一个元素 a[0]的值初始化；第 3 条语句是一个 for 循环，它让循环变量 i 从 1 依次取值到 7，依次使数组 a 中的每一个元素 a[i]同 max 进行比较，若元素值大于 max 的值，则就把它赋给 max，使 max 始终保存着从 a[0]～a[i]元素之间的最大值，当循环结束后，max 的值就是数组 a 中所有元素的最大值；第 4 条语句输出 max 的值。

在程序的实际执行过程中，max 依次取 a[0]、a[1]和 a[4]的值，不会取其他元素的值。程序运行结果为：

```
max:75
```

程序 5-2-3

```
#include<iostream.h>
const int M=10;
void main()
{
    int a[M+1];
    a[0]=1; a[1]=2;
    int i;
```

```
    for(i=2;i<=M;++i)
        a[i]=a[i-1]+a[i-2];
    for(i=0;i<M;++i)
        cout<<a[i]<<',';
    cout<<a[M]<<endl;
}
```

该程序首先定义数组 a，并分别为数组元素 a[0]和 a[1]赋值 1 和 2，接着依次计算出 a[2]～a[M]的值，每个元素值均等于它的前两个元素值之和，最后按照下标从小到大的次序显示出数组 a 中每个元素的值。该程序运行结果为：

```
1,2,3,5,8,13,21,34,55,89,144
```

5.3 二维数组

1. 定义格式

二维数组同一维数组一样，也是通过变量定义语句定义的，其定义格式为：

```
<类型关键字> <数组名> [<常量表达式 1>] [<常量表达式 2>]
                      [={{<初值表 1>},{<初值表 2>},…}];
```

在上述定义格式中，<常量表达式 1>和<常量表达式 2>两边的中括号也同一维数组定义中<常量表达式>两边的中括号的用法相同，都是语法所要求的符号，不是指一般规定的其内容为任选项的标识。

二维数组定义中的<常量表达式 1>和<常量表达式 2>分别指定数组的第 1 维下标（又称为行下标）和第 2 维下标（又称为列下标）取值的个数。假定<常量表达式 1>和<常量表达式 2>的值分别为 m 和 n，则行下标的取值范围是 0～m–1 之间的 m 个整数，列下标的取值范围是 0～n–1 之间的 n 个整数。

对于一个行下标取值个数为 m、列下标取值个数为 n 的二维数组 a，它所含元素的个数为 m*n，每一个元素含有两个下标，具体表示为："<数组名>[<行下标>][<列下标>]"，数组 a 中的所有元素表示为：

```
a[0][0]   a[0][1]    …    a[0][n-1]
a[1][0]   a[1][1]    …    a[1][n-1]
   ⋮          ⋮       ⋮        ⋮
a[m-1][0] a[m-1][1]  …    a[m-1][n-1]
```

若在二维数组的定义格式中，包含有最后的初始化选项，则能够在定义二维数组的同时，对所有元素进行初始化，其中每个用花括号括起来的初值表用于初始化数组中的一行元素，即<初值表 1>用于初始化行下标为 0 的所有元素，<初值表 2>用于初始化行下标为 1 的所有元素，以此类推。同一维数组的初始化一样，若有的元素没有对应的初始化数据，则自动对它初始化为 0。

在二维数组的定义格式中，若带有初始化选项，则<常量表达式 1>可以省略，此时将定义一个行数等于初值表个数的二维数组。

2．存储空间分配

我们知道，当定义了一个一维数组后，系统为它分配一块连续的存储空间，该空间的大小为n*sizeof(<元素类型>)，其中 n 为一维数组长度。

在 C++系统中，数组名同时表示该数组占用的存储空间的首地址。例如，若定义了一个 int 型的一维数组 b[10]，则下标为 i 的元素 b[i]的存储单元的首地址（以字节为单位）为(char*)b+4*i，其中 0≤i≤9。在内存中数组 b 的存储分配示意图为：

0	1	2	3	4	5	6	7	8	9
b[0]	b[1]	b[2]	b[3]	b[4]	b[5]	b[6]	b[7]	b[8]	b[9]
0	4	8	12	16	20	24	28	32	36

其中每个矩形框表示一个元素的存储单元，它的上面为该元素的下标，也是存储单元的顺序编号，下面为该元素相对于首地址 b 的偏移字节地址。

在(char*)b+4*i 计算公式中，使用 b 前面的括号能够把 b 的值转换为字节地址，而不是数组元素类型的地址，关于这方面内容留待下一章介绍。

当定义了一个二维数组后，系统也同样为它分配一块连续的存储空间，该存储空间的大小为 m*n*sizeof(<元素类型>)，其中 m 和 n 分别表示第 1 维下标和第 2 维下标的取值个数。

系统给一个二维数组中的所有元素分配存储单元时，是首先按行下标从小到大的次序，行下标相同再按列下标从小到大的次序进行的。例如，若定义了一个 double 型的二维数组 c[M][N]，则任一元素 c[i][j]的字节地址为(char*)c+(i*N+j)*8，其中 0≤i≤M–1, 0≤j≤N–1。假定常量 M 和 N 分别为 4 和 2，则数组 c 的存储分配示意图为：

0	1	2	3	4	5	6	7
c[0][0]	c[0][1]	c[1][0]	c[1][1]	c[2][0]	c[2][1]	c[3][0]	c[3][1]
0	8	16	24	32	40	48	56

同一维数组的存储分配示意图一样，每个矩形框表示一个元素的存储单元，它的上面为存储单元的顺序编号，下面为该元素相对于首地址 c 的偏移字节地址。

若要计算 c[3][0]存储单元的首地址，则为(char*)c+(3*2+0)*8=(char*)c+48。

3．格式举例

```
(1) int a[3][3];
(2) double b[M][N];                    //假定M和N为已定义的整型常量
(3) int c[2][4]={{1,3,5,7},{2,4,6,8}};
(4) int d[][3]={{0,1,2},{3,4,5},{6,7,8}};
(5) int e[3][4]={{0},{1,2}};
(6) char f[CN+1][CN+1],c1='a',c2;   //假定CN为已定义的整型常量
(7) int g[10],h[10][5];
(8) int r[][5];
```

第（1）条语句定义了一个二维数组 a[3][3]，它包含有 9 个元素，元素类型为 int，每个元素同一个 int 型简单变量一样，能够用来表示和存储一个整数。

第（2）条语句定义了一个元素类型为 double 的二维数组 b[M][N]，它包含 M*N 个元素，每个元素用来保存一个实数，元素中行下标的有效范围为 0～M–1，列下标的有效范围为 0～N–1，任一元素 b[i][j]的存储字节地址为(char*)b+(i*N+j)*8，当然 i 和 j 都要在有效取值范围内取值。

第（3）条语句定义了一个元素类型为 int 的二维数组 c[2][4]，并对该数组进行了初始化，使得 c[0][0]、c[0][1]、c[0][2]和 c[0][3]的初值分别为 1、3、5 和 7；c[1][0]、c[1][1]、c[1][2]和 c[1][3]的初值分别为 2、4、6 和 8。

第（4）条语句定义了一个元素类型为 int 的二维数组 d，它的列下标的取值范围为 0～2，行下标的取值范围没有显式给出，但由于给出了初始化选项，并且含有三个初值表，所以取值范围隐含为 0～2，相当于在数组定义的第一个中括号内省略了行下标取值个数 3。

第（5）条语句定义了一个元素类型为 int 的二维数组 e[3][4]，它的第 1 行（即行下标为 0）的 4 个元素被初始化为 0，第 2 行的 4 个元素 e[1][0]、e[1][1]、e[1][2]和 e[1][3]分别被初始化为 1、2、0 和 0，第 3 行的 4 个元素也均被初始化为 0。

第（6）条语句定义了一个元素类型为 char 的二维数组 f，它的行、列数均为 CN+1，行、列下标取值均为 0～CN，该语句又同时定义了字符变量 c1 和 c2，并使 c1 初始化为字符'a'。

第（7）条语句同时定义了两个元素类型为 int 的数组，一个为一维数组 g[10]，另一个为二维数组 h[10][5]，它们分别含有 10 个元素和 50 个元素，每个元素能够表示和存储一个整数。

第（8）条语句定义的二维数组 r 是错误的，因为它既没有给出第一维下标的取值个数（即行数），又没有给出初始化选项，所以系统无法确定该数组的长度，从而无法为它分配一定大小的存储空间。

4．数组元素的访问

一个二维数组被定义后，与使用一维数组一样，是通过下标运算符指明和访问元素，其中对行下标和列下标都要进行运算才能够唯一指定一个元素。二维数组中的一个元素由于使用了两个下标，所以又称为双下标变量。一个双下标变量中的任一个下标不仅可以为常量，同样可以为变量或表达式，当然它们都必须为整数类型。如：

```
(1) a[2][3]             //每个下标均为常量
(2) a[i][j]             //每个下标均为变量
(3) a[i][5]             //行下标为变量，列下标为常数
(4) a[i-1][2*j++]       //每个下标均为表达式
```

若 i 和 j 的值分别为 2 和 3，则上述下标变量 a[i][j]对应的元素为 a[2][3]，a[i][5]对应的元素为 a[2][5]，a[i–1][2*j++]对应的元素为 a[1][6]。

使用双下标变量同使用单下标变量和简单变量一样，既可以用它存储数据，又可以取出它的值参加运算。如：

```
(1) int a[4][5];             //定义数组
(2) a[1][2]=6;               //向 a[1][2]元素赋值 6
(3) a[2][2]=3*a[1][2]+1;     //取出 a[1][2]的值 6 参与运算，
                             //把赋值号右边表达式的值19赋给 a[2][2]元素中
(4) a[i][j-1]=a[i][j];       //把 a[i][j]的值赋给 a[i][j-1]元素中
(5) cout<<a[1][2]*a[2][2]-3<<endl;  //输出表达式的值 111 到显示窗口上
```

C++系统对待二维下标变量同样不作下标有效性检查，所以也需要编程者通过程序进行检查处理，避免下标越界的情况发生。

5．三维数组的定义和使用

在 C++语言中，不仅可以定义和使用一维数组和二维数组，也可以定义和使用三维及更高维的数组。如，下面的语句定义了一个三维数组：

```
int s[P][M][N]; //假定 P,M,N 均为已定义的整型常量
```

该数组的数组名为 s，第 1 维下标的取值范围为 0～P–1，第 2 维下标的取值范围为 0～M–1，第 3 维下标的取值范围为 0～N–1。该数组共包含 P*M*N 个 int 型的元素，共占用 P*M*N*4 个字节的存储空间。数组中的每个元素由三个下标唯一确定，如 s[1][0][3]就是该数组中的一个元素，假定每个下标值都在其有效范围内。

若用一个三维数组来表示一个学校同一年级的所有学生的学习成绩，则第 1 维表示班级，第 2 维表示班级内的学生学号，第 3 维表示一个学生的各门课程的成绩。

6．程序举例

程序 5-3-1

```
#include<iomanip.h>
const int M=3,N=4;
void main()
{
    int a[M][N]={{7,5,14,3},{6,20,7,8},{14,6,9,18}};
    int i,j;
    for(i=0;i<M;i++) {
        for(j=0;j<N;j++)
            cout<<setw(5)<<a[i][j];
        cout<<endl;
    }
}
```

该程序首先定义了一个元素为 int 类型的二维数组 a[M][N]，并对它进行了初始化；接着通过双重 for 循环输出每一个元素的值，其中外循环变量 i 控制行下标从小到大依次变化，内循环变量 j 控制列下标从小到大依次变化，每输出一个元素值占用显示窗口的 5 个字符宽度，当同一行元素（即行下标值相同的元素）输出完毕后，将输出一个换行符，以便下一行元素从显示窗口的下一行显示出来。该程序的运行结果为：

```
 7   5   14   3
 6   20   7   8
14   6    9  18
```

程序 5-3-2

```
#include<iostream.h>
void main()
{
    int b[2][5]={{7,15,5,8,20},{12,25,37,16,28}};
    int i,j,k=b[0][0];
    for(i=0;i<2;i++)
        for(j=0;j<5;j++)
            if(b[i][j]<k) k=b[i][j];
    cout<<k<<endl;
}
```

这个程序首先定义了元素类型为 int 的二维数组 b[2][5]并初始化；接着定义了 int 型的简单变量 i、j、k，并对 k 初始化为 b[0][0]的值 7；然后使用双重 for 循环依次访问数组 b 中的每个元素，并且每次把小于 k 的元素值赋给 k，循环结束后 k 中将保存着所有元素的最小值；最后输出 k 的值，这个值就是 b[0][2]的值 5。

程序 5-3-3

```
#include<iostream.h>
const int M=4;
void main()
{
    int c[M]={0};
    int d[M][3]={{1,5,7},{3,2,10},{6,7,9},{4,3,7}};
    int i,j,sum=0;
    for(i=0;i<M;i++) {
        for(j=0;j<3;j++) c[i]+=d[i][j];
        sum+=c[i];
    }
    for(i=0;i<M;i++) cout<<c[i]<<' ';
    cout<<sum<<endl;
}
```

该程序主函数中的第 1 条语句定义了一个一维数组 c[M]并使每个元素初始化为 0，第 2 条语句定义了一个二维数组 d[M][3]并使每个元素按所给的数值初始化，第 3 条语句定义了 i、j 和 sum，并使 sum 初始化为 0，第 4 条语句是一个双重 for 循环，它依次访问数组 d 中的每个元素，并把每个元素的值累加到数组 c 中与该元素的行下标值相同的对应元素中，然后再把数组 c 中的这个元素值累加到 sum 变量中，第 5 条语句依次输出数组 c 中的每个元素值，第 6 条语句输出 sum 的值。该程序把二维数组 d 中的同一行元素值累加到一维数组 c 中的相应元素中，把所有元素的值累加到简单变量 sum 中。该程序的运行结果为：

```
13 15 22 14 64
```

5.4 使用typedef语句定义数组类型

上面定义的一维数组和二维数组都是变量，而不是数组类型。由此可知，在C++语言中，可以利用数组的元素类型、数组变量标识符以及各维下标的上界（下界隐含为 0）直接定义出所需要的数组变量，当然也可以利用typedef语句先定义出数组类型，再据此定义出相应的数组变量。

1．一维数组类型的定义语句

一维数组类型的定义语句的格式为：

```
typedef <元素类型关键字><数组类型名>[<常量表达式>];
```

格式举例：

```
(1) typedef int vector[10];
(2) typedef char strings[80];
(3) typedef short int array[N];
```

第（1）条语句定义了一个元素类型为int，含有10个元素的数组类型vector。若此语句中不使用 typedef 保留字，则就变成了数组（变量）定义，它只定义了一个元素类型为int、含有10个元素的数组vector。这两种定义有着本质的区别，若定义的是数组vector，系统将为它分配有保存10个整数的存储单元，共40个字节的存储空间；若定义的是数组类型 vector，系统只是把该类型的有关信息登记下来，待以后用于定义该类型的对象，具体地说，就是把vector的元素类型int，类型长度10，类型名vector等登记下来，待以后定义vector类型的对象时使用。

第（2）条语句定义了一个元素类型为char，含有80个元素的数组类型strings，以后可以直接使用strings类型定义数组对象，每个数组对象的元素为char型，数组长度（即元素个数）为80。

第（3）条语句定义了一个元素类型为short int的含有N个元素（N为已定义的符号常量）的数组类型array，以后利用它可以直接定义该类型的对象，它是一个含有N个短整型元素的数组。

下面是利用上述类型定义对象的一些例子。

```
(1) vector v1,v2;
(2) strings s1,s2="define type";
(3) array a={25,36,19,48,44,50};    //假定常量N为大于等于6的某个常数
```

第（1）条语句定义了vector类型的两个对象v1和v2，每个对象都是vector类型的一个数组，每个数组由10个整型元素所组成，对应的元素分别为v1[0]～v1[9]和v2[0]～v2[9]。

第（2）条语句定义了strings类型的两个对象s1和s2，并且对s2进行了初始化，每个对象都是含有80个字符存储空间的字符数组。

第（3）条语句定义了一个 array 类型的对象 a，它是一个含有 N 个短整型元素的数组，该语句同时对数组 a 进行了初始化，使得 a[0]～a[5]的元素值依次为 25、36、19、48、44 和 50，其余的元素值为 0。

2．二维数组类型的定义语句

二维数组类型的定义语句的格式为：

```
typedef <元素类型关键字><数组类型名>[<常量表达式 1>][<常量表达式 2>];
```

格式举例：

```
(1) typedef int matrix[5][5];
(2) typedef char nameTable[10][NN];
(3) typedef double DataType[M+1][N+1];
```

第（1）条语句定义了含有 5 行 5 列共 25 个 int 型元素的数组类型 matrix，第（2）条语句定义了 10 行 NN 列共 10*NN 个 char 型元素的数组类型 nameTable，第（3）条语句定义了含有 M+1 行 N+1 列共(M+1)*(N+1)个 double 类型元素的数组类型 DataType。

利用这三个二维数组类型可以直接定义出相应的二维数组。如：

```
(1) matrix mx={{0}};
(2) nameTable nt={""};        //或使用等同的{{'\0'}}初始化
(3) DataType dd={{0.0}};
```

第（1）条语句定义了二维整型数组类型 matrix 的一个对象 mx，该对象是一个 5×5 的二维整型数组，每个元素均被初始化为 0；第（2）条语句定义了二维字符数组类型 nameTable 的一个二维字符数组 nt，该数组中的每个元素均被初始化为空字符；第（3）条语句定义了二维双精度数组类型 DataType 的一个数组 dd，它的每个元素均被初始化为 0.0。

在 typedef 语句中，<元素类型关键字>可以是 C++语言中预定义的任何一种数据类型，也可以是用户在前面已定义的任何一种数据类型，通过该语句定义的类型同样可以用在其后的 typedef 语句中。如：

```
(1) typedef vector vectorSet[20];
(2) vectorSet vs;
```

第（1）条语句定义了元素类型为 vector，元素个数为 20 的一个数组类型 vectorSet，第（2）条语句定义了数据类型为 vectorSet 的一个对象 vs，该对象包含有 20 个类型为 vector 的元素，每个元素又包含有 10 个 int 类型的元素，所以整个数组共包含有 20 行 10 列共 200 个整数元素，它等同于对 vs 的如下定义：

```
int vs[20][10];
```

利用 typedef 语句同样可以定义更高维的数组类型，这里就不进行讨论了。

3．对已有类型定义别名

利用 typedef 语句不仅能够定义数组类型，而且能够对已有类型定义出另一个类型名，以此作为原类型的一个别名。如：

```
(1) typedef int inData;
(2) typedef char chData;
(3) typedef char* chPointer;
```

第（1）条语句对 int 类型定义了一个别名 inData。第（2）条语句对 char 类型定义了一个别名 chData。第（3）条语句对 char*类型（它是字符指针类型）定义了一个别名 chPointer。以后使用 inData、chData 和 chPointer 就如同分别使用 int、char 和 char*一样，能够定义出相应的对象。如：

```
(1) inData x,y;
(2) inData a[5]={1,2,3,4,5};
(3) chData b1,b2='a';
(4) chData c[10]="char data";
(5) chPointer p=0;
```

第（1）条语句定义了 inData（即 int）型的两个变量 x 和 y。第（2）条语句定义了元素类型为 int 的一维数组 a[5]并进行了初始化。第（3）条语句定义了 chData（即 char）型的两个变量 b1 和 b2，并把 b2 初始化为字符'a'。第（4）条语句定义了一个字符数组 c[10]并初始化为字符串"char data"。第（5）条语句定义了一个字符指针变量 p，并初始化为空指针 0（即 NULL）。

5.5 数组的应用

数组是表示和存储一组同类型数据的工具，对数组中的数据能够进行计算、统计、排序、查找等各种运算。下面通过程序设计的例子来说明这些运算。

5.5.1 数值计算

例 5-1-1 我国目前对个人工资月收入征收所得税的办法如表 5-1 所示，编一程序，根据一个人的工资月收入计算出应缴纳的税额和税后所得的金额。

表 5-1 个人月收入所得税表

级数	级距	税率（%）	级数	级距	税率（%）
1	1600 元及以下部分	0	6	21 600～41 600 元之间部分	25
2	1600～2100 元之间部分	5	7	41 600～61 600 元之间部分	30
3	2100～3600 元之间部分	10	8	61 600～81 600 元之间部分	35
4	3600～6600 元之间部分	15	9	81 600～101 600 元之间部分	40
5	6600～21 600 元之间部分	20	10	101 600 元以上部分	45

分析：由每一级的级距上界组成一个数列（最后一级的上界理论上为无穷大，但计算机无法表示一个无穷大的数，所以可用一个非常大的数，如 1e9 来表示），假定该数列用 a

表示；由每一级税率组成另一个数列，假定该数列用 b 表示，则 a 和 b 分别为：

a = (1600,2100,3600,6600,21600,41600,61600,81600,101600,1e9)

b = (0,0.05,0.10,0.15,0.20,0.25,0.30,0.35,0.40,0.45)

设用 x 表示一个人的工资月收入，用 i 表示 x 所对应的级数，用 y 表示工资月收入为 x 应缴纳的税额，则 y 的计算公式为：

$$y=(x-a_{i-1})b_i+\sum_{j=i-1}^{1}(a_j-a_{j-1})b_j$$

其中 $1\leqslant i\leqslant 10$，$a_1\sim a_{10}$ 依次为数列 a 中对应的级距上界，a_0 表示 0 级数的上界 0，$b_1\sim b_{10}$ 依次为数列 b 中对应的税率，不妨用 b_0 表示 0 级数的税率 0。如当 x=4500 时，对应的级数为 4，应缴纳税额为：

$$\begin{aligned}y&=(x-a_3)b_4+\sum_{j=3}^{1}(a_j-a_{j-1})b_j\\&=(4500-3600)\times0.15+(a_3-a_2)b_3+(a_2-a_1)b_2+(a_1-a_0)b_1\\&=135+(3600-2100)\times0.10+(2100-1600)\times0.05+(1600-0)\times0.0\\&=135+150+25+0\\&=310\end{aligned}$$

在编写此题的程序时，应首先说明存储数列 a 和 b 的两个一维数组，假定仍用标识符 a 和 b 表示，它们的长度应均为 11，其中用 a[i]和 b[i]分别存储 a_i 和 b_i，下标为 0 的元素均置为 0；接着给 x 输入一个值，并求出它对应的级数 i；最后计算出 y 的值，并打印出 y 和 x–y 的值，它们分别为上缴税额和税后所得的金额。

根据分析，编写出程序如下：

```
#include<iostream.h>
const int N=11;
void main()
{
    double a[N]={0,1600,2100,3600,6600,21600,
                41600,61600,81600,101600,1e9};
    double b[N]={0,0,0.05,0.10,0.15,0.20,0.25,0.30,0.35,0.40,0.45};
    double x,y;
    cout<<"输入一个人的工资月收入(单位\"元\"):";
    cin>>x;
    int i,j;
    for(i=1;i<N;i++) if(x<=a[i]) break;
    y=(x-a[i-1])*b[i];
    for(j=i-1;j>=1;j--) y+=(a[j]-a[j-1])*b[j];
    cout<<"月工资所得税:"<<y<<endl;
    cout<<"税后实发金额:"<<x-y<<endl;
}
```

假定程序运行时，从键盘上输入 8000 作为 x 的值，则得到的运行结果为：

```
输入一个人的工资月收入(单位"元"):8000
```

```
月工资所得税:905
税后实发金额:7095
```

例 5-1-2 已知两个矩阵 A 和 B 如下，编一程序计算出它们的和。

$$A=\begin{bmatrix}7 & -5 & 3\\ 2 & 8 & -6\\ 1 & -4 & -2\end{bmatrix}\qquad B=\begin{bmatrix}3 & 6 & -9\\ 2 & -8 & 2\\ 5 & -2 & -7\end{bmatrix}$$

分析：由数学知识可知，行数和列数分别对应相同的两个矩阵可以做加法，它们的和仍为一个矩阵，并且与两个加数矩阵具有相同的行数和列数。此题中的两个矩阵均为 3 行×3 列，所以它们的和矩阵同样为 3 行×3 列。两矩阵加法运算的规则是：和矩阵中每个元素的值等于两个加数矩阵中对应位置上的元素值之和，即 $C_{ij}=A_{ij}+B_{ij}$，其中 A 和 B 表示两个加数矩阵，C 表示它们的和，即和矩阵。

在程序中，首先应定义三个二维数组，假定分别用标识符 a、b 和 c 表示，分别对应 A、B 和 C 这三个矩阵，并需要对 a 和 b 进行初始化；接着根据 a 和 b 计算出 c；然后按照矩阵的书写格式输出二维数组 c，它就是对应的矩阵 C。

根据分析编写出程序如下：

```
#include<iomanip.h>
const int N=3;
void main()
{
    int a[N][N]={{7,-5,3},{2,8,-6},{1,-4,-2}};
    int b[N][N]={{3,6,-9},{2,-8,3},{5,-2,-7}};
    int i,j,c[N][N];
    for(i=0;i<N;i++)              //计算矩阵 C
        for(j=0;j<N;j++)
            c[i][j]=a[i][j]+b[i][j];
    for(i=0;i<N;i++) {            //输出矩阵 C
        for(j=0;j<N;j++)
            cout<<setw(5)<<c[i][j];
        cout<<endl;
    }
}
```

该程序运行时得到的输出结果如下：

```
10    1   -6
 4    0   -3
 6   -6   -9
```

例 5-1-3 有一家公司，生产五种型号的产品，上半年各月份的产量如表 5-2 所示，每种型号产品的单价如表 5-3 所示，编一程序计算出该公司上半年的总产值。

分析：表 5-2 需要用一个二维数组来存储，该数组的行下标表示月份，即用 0～5 依次表示 1～6 月份，该数组的列下标表示产品型号，即用 0～4 依次表示 TV-29、TV-34、TV-37、

表 5-2　产量统计表

产量＼型号 月份	TV-29	TV-34	TV-37	TV-40	TV-46
一	438	269	738	624	513
二	340	420	572	726	612
三	455	286	615	530	728
四	385	324	713	594	544
五	402	382	550	633	654
六	424	400	625	578	615

表 5-3　单价表

型号	单价(元)
TV-29	1500
TV-34	2550
TV-37	3640
TV-40	5200
TV-46	7360

TV-40 和 TV-46，数组中的每一元素值为相应月份和型号的产量。表 5-3 也需用一个一维数组来存储，该数组的下标依次对应每一种产品型号，每一元素值为该型号的单价。假定用 b 和 c 分别表示这两个数组，则此程序开始应定义它们并进行初始化。

要计算出上半年的总产值，首先必须计算出每月份的产值，然后再逐月累加起来。为此，设一维数组 d[6]用来存储各月份的产值，即用 d[0]存储一月份的产值，d[1]存储二月份的产值，以此类推。设用变量 sum 累加每一月份的产值，当从 1 月份累加到 6 月份之后，sum 的值就是该公司上半年的总产值。根据数组 b 和 c 计算出第 i+1 月份（0≤i≤5）产值的公式为：

$$d[i]=\sum_{j=0}^{4} b[i][j]*c[j] \qquad (0\leqslant i\leqslant 5)$$

根据分析，编写出此题的完整程序如下：

```
#include<iostream.h>
void main()
{
    int b[6][5]={{438,269,738,624,513},{340,420,572,726,612},
                {455,286,615,530,728},{385,324,713,594,544},
                {402,382,550,633,654},{424,400,625,578,615}};
    int c[5]={1500,2550,3640,5200,7360};
    double d[6]={0};
    double sum=0;
    int i,j;
    cout.precision(10);              //使输出最多保留 10 位数字精度，默认为 6 位
    for(i=0;i<6;i++) {
        for(j=0;j<5;j++)             //计算出第 i+1 月份的产值
            d[i]+=b[i][j]*c[j];
        cout<<i+1<<"月份："<<d[i]<<"元\n";      //输出第 i+1 月份的产值
        sum+=d[i];                   //把第 i+1 月份的产值累加到 sum 中
    }
    cout<<endl<<"总产值："<<sum<<"元"<<endl;       //输出上半年总产值
}
```

若上机输入和运行该程序，则得到的输出结果为：

1 月份：11049750 元
2 月份：11942600 元
3 月份：11764480 元
4 月份：11091660 元
5 月份：11684140 元
6 月份：11463000 元
总产值：68995630 元

5.5.2 统计

例 5-2-1 假定有一个协会在换届选举中由全体会员无记名投票直选主席，共有 5 名候选人，每个人的代号分别用 1、2、3、4、5 表示，每名会员填写一张选票，若同意某名候选人则在其姓名及代号后打上对号即可，当然每张选票上只能有一个对号，否则无效。编一程序根据所有选票统计出每位候选人所得票数，其中每张选票上所写候选人的代号由键盘输入，当输入完所有选票后用–1 作为终止数据输入的标志。

分析：由于需要分别统计 5 位候选人的票数，所以要同时使用 5 个统计变量，为此定义一个具有 6 个元素的一维整型数组，其中用下标为 1 的元素统计代号为 1 的候选人票数，用下标为 2 的元素统计代号为 2 的候选人票数，以此类推，而下标为 0 的元素不用。假定该数组为 a[6]，则当从键盘上输入的一个代号为 1 时，就在元素 a[1]上加 1，为 2 时就在元素 a[2]上加 1，总之当输入的代号为 i(1≤i≤5)时就在 a[i]上加 1。当统计结束后每个数组元素 a[i]的值就是代号为 i 的候选人最后所得的票数。

根据分析，编写出程序如下：

```
#include<iostream.h>
void main()
{
    int i,a[6]={0};     //作为统计而使用的数组，每个元素初始值为 0
    cout<<"请依次输入每张选票上所投候选人的代号:";
    cin>>i;
    while(i!=-1) {
        if(i>=1 && i<=5) a[i]++;
        cin>>i;
    }
    for(i=1;i<=5;i++) cout<<i<<':'<<a[i]<<endl;
}
```

下面是程序一次运行的结果：

```
请依次输入每张选票上所投候选人的代号:1 2 3 2 4 3 5 1 3 4 2 3 5 -1
1:2
2:3
3:4
4:2
5:2
```

例 5-2-2 某研究机构对我国职工工资状况进行调查，把工资划分为 11 个区段，每隔 1000 为一个区段，即 1～999 为第 1 区段，1000～1999 为第 2 区段，…，10 000 及以上为第 11 区段。编一程序，首先把调查得到的一批职工的工资数据输入到一个数组中，然后分别统计出每个区段内的职工人数及占总职工数的百分比。

分析：由题意可知，职工工资的统计区段共 11 个，为此定义一个统计数组，假定用 c[11]表示，用它的第 1 个元素 c[0]统计工资在 1～999 区段内的职工数，用它的第 2 个元素 c[1]统计工资在 1000～1999 区间内的职工数，…，用它的第 11 个元素 c[10]统计工资在 10 000 及以上区段内的职工数。另外，还需要设置一个输入数组，假定为 a[N]，用来最多保存 N 个职工的工资，N 为一个符号常量。

在程序的主函数中，首先定义数组 a[N]并为它最多输入 N 个工资数据，若工资小于等于 0 则结束输入；接着定义数组 c[11]并初始化每个元素值为 0；然后依次读取 a 数组中的每个元素值，通过对 1000 整除确定出相应的统计区段，使得 c 数组中相应的元素值增 1；最后计算出百分比并输出。

根据分析编写出程序如下：

```
#include<iostream.h>
const int N=100;              //假定 N 的值为 100
void main()
{
    double a[N];
    int i=0; double x;
    cout<<"输入一批职工的工资数据（以 0 或负数结束）:\n";
    while(1) {
        cin>>x;
        if(x<=0 || i>=N) {cout<<"数据输入完毕！\n"; break;}
        a[i++]=x;
    }
    int c[11]={0};            //初始化 c 数组中的每个元素值为 0
    int k=i-1;                //k 的值为 a 数组中保存的最后一个工资的下标值
    for(i=0;i<=k;i++) {
        if(a[i]<10000) c[int(a[i])/1000]++; else c[10]++;
    }
    for(i=0;i<10;i++) {
        cout<<i*1000<<'～'<<i*1000+999<<':';
        cout<<c[i]<<", "<<int(c[i]*1.0/(k+1)*100)<<"%\n";
    }
    cout<<10000<<"及以上:";
    cout<<c[i]<<", "<<int(c[10]*1.0/(k+1)*100)<<"%\n";
}
```

程序的运行结果如下，其中键盘输入的数据是任意的。

```
输入一批职工的工资数据（以 0 或负数结束）:
546 789 1234 5438 5670 6892 1348 2316 4522 1200 673 6678 -1
```

```
数据输入完毕!
0～999:3, 25%
1000～1999:3, 25%
2000～2999:1, 8%
3000～3999:0, 0%
4000～4999:1, 8%
5000～5999:2, 16%
6000～6999:2, 16%
7000～7999:0, 0%
8000～8999:0, 0%
9000～9999:0, 0%
10000 及以上:0, 0%
```

5.5.3　排序

例 5-3-1　已知有 10 个常数为 42、65、80、74、36、44、28、65、94、72，编一程序，采用选择排序方法，按照从小到大的顺序打印输出。

分析：首先需要把已知的 10 个常数存入到一维数组中，假定该数组被定义为 a[10]；接着采用选择排序的方法对数组 a[10]中的 10 个元素按照其值从小到大的顺序排序，使得元素值的排列次序与下标次序相同，即得到 a[0]≤a[1]≤a[2]≤…≤a[9]；最后按照下标次序显示出每个元素的值，它们必定是按照从小到大的次序排列的。

对数组 a 中的 n 个元素进行选择排序共需要进行 n–1 次选择和交换的过程，第 1 次从待排序区间 a[0]～a[n–1]中通过顺序比较选择出一个最小值元素，把它与该区间的第 1 个元素 a[0]交换后，a[0]就成为所有 n 个元素中的最小值；第 2 次从新的待排序区间 a[1]～a[n–1]中通过顺序比较选择出一个最小值元素，把它与当前区间的第 1 个元素 a[1]交换后，a[1]就成为仅次于 a[0]的最小值元素；以此类推，第 n–1 次（即最后一次）从当前待排序区间 a[n–2]～a[n–1]中通过顺序比较选择出一个最小值元素，把它与当前区间的第一个元素 a[n–2]交换后，整个排序过程结束，此时数组 a 中的所有 n 个元素就按照其值从小到大的次序排列了。

按照选择排序方法对题目中所给的 10 个常数进行排序，则前 4 次选择和交换的结果如下所示，后 5 次类推。

```
下标  0    1    2    3    4    5    6    7    8    9
(0) [42   65   80   74   36   44   28   65   94   72]   //a[0]与a[6]交换
(1)  28  [65   80   74   36   44   42   65   94   72]   //a[1]与a[4]交换
(2)  28   36  [80   74   65   44   42   65   94   72]   //a[2]与a[6]交换
(3)  28   36   42  [74   65   44   80   65   94   72]   //a[3]与a[5]交换
(4)  28   36   42   44  [65   74   80   65   94   72]
```

若一个数组中的元素是按照其值从小到大的次序排列的，则称之为有序表，否则称之为无序表。对于一个有序表若按照从小到大有序则又称为升序表或正序表，若按照从大到小有序则又称为降序表或逆序表。通常若不特别指明，所说的有序均为升序。

选择排序过程需要使用双重 for 循环来实现，设外循环变量为 i，它需要从 1 顺序取值到 n–1，其中 n 为待排序数组中元素的个数，每次的待排序区间为 a[i–1]～a[n–1]，这里假定 a 为数组名；设内循环变量为 j，它需要从 i 顺序取值到 n–1，每次取值都让 a[j]同 a[k]比较（k 的初值为 i–1），若 a[j]<a[k]成立则把 j 的值赋给 k，使得 a[k]始终为当前区间中已比较过的所有元素中的最小值，每次从当前排序区间选择出最小值 a[k]后，都要把它与 a[i–1]的值相交换，使得 a[i–1]成为当前区间中的最小值。

根据以上分析，编写出此题的完整程序如下，其中选择排序用一个专门的函数来实现。

```
#include<iostream.h>
const n=10;
int a[n]={42,65,80,74,36,44,28,65,94,72};
void SelectSort()                                  //选择排序算法
{
    int i,j,k;
    for(i=1;i<n;i++) {                             //进行 n-1 次选择和交换
        k=i-1;                                     //给 k 赋初值
        for(j=i;j<n;j++)                           //选择出当前区间内的最小值 a[k]
            if(a[j]<a[k]) k=j;
        int x=a[i-1]; a[i-1]=a[k]; a[k]=x;         //交换 a[i-1]与 a[k]的值
    }
}
void main()
{
    SelectSort();                                  //调用函数对数组 a[n]进行选择排序
    for(int i=0;i<n;i++) cout<<a[i]<<' ';
                                                   //依次输出数组 a[n]中的每个元素值
    cout<<endl;
}
```

该程序的运行结果为：

```
28 36 42 44 65 65 72 74 80 94
```

例 5-3-2 已知 10 个常数与上例相同，即为 42、65、80、74、36、44、28、65、94、72，试采用插入排序的方法对其进行排序并输出。

分析：首先把 n 个常数放入到一维数组中，假定数组名仍为 a，插入排序方法的过程是：把数组 a[n]中的 n 个元素看作为一个有序表和一个无序表，开始时有序表中只有一个元素 a[0]，无序表中包含有 n–1 个元素 a[1]～a[n–1]，以后每次从无序表中取出第 1 个元素 a[i]（i=1, 2,⋯, n–1），就把它插入前面有序表中的合适位置，使之仍为一个有序表，这样有序表就增加了一个元素，由上一次的 a[0]～a[i–1]变为当前的 a[0]～a[i]，无序表中就减少了一个元素，由上一次的 a[i]～a[n–1]变为当前的 a[i+1]～a[n–1]，经过 n–1 次插入过程后整个数组 a 中的 n 个元素就成为了一个有序表。

在第 i 次把无序表中的第 1 个元素 a[i]插入到前面有序表 a[0]～a[i–1]中，使之成为一个新的有序表 a[0]～a[i]的过程为：从有序表的表尾元素 a[i–1]开始，依次向前使每一个元素 a[j](j=i–1、i–2、…、0)同 x（用 x 暂存待插入元素 a[i]的值）进行比较，若 x<a[j]则把 a[j]后移一个位置，直到此条件不成立或 j<0 为止，此时已空出的下标为 j+1 的位置就是 x 的插入位置，接着把 x 的值存人 a[j+1]即可。

按照插入排序方法对题目中所给的 10 个常数进行排序，则前 4 次插入结果如下所示，后 5 次类推。

```
下标 0    1    2    3    4    5    6    7    8    9
(0) [42] 65   80   74   36   44   28   65   94   72    //插入 a[1]元素, 位置不变
(1) [42  65]  80   74   36   44   28   65   94   72    //插入 a[2]元素, 位置不变
(2) [42  65   80]  74   36   44   28   65   94   72    //插入 a[3]元素, 前移 1 位置
(3) [42  65   74   80]  36   44   28   65   94   72    //插入 a[4]元素, 前移 4 位置
(4) [36  42   65   74   80]  44   28   65   94   72
```

根据分析编写出程序如下：

```
#include<iostream.h>
const int n=10;
int a[10]={42,65,80,74,36,44,28,65,94,72};
void InsertSort()                    //插入排序算法
{
   int i,j,x;
   for(i=1;i<n;i++) {                //进行 n-1 次循环, 每次插入一个元素到有序表
      x=a[i];                        //将此次待插入元素存入 x
      for(j=i-1;j>=0;j--)            //为 x 顺序向前寻找插入位置
         if(x<a[j]) a[j+1]=a[j];/*元素值后移*/ else break;
      a[j+1]=x;                      //将 x 插入已找到的插入位置
   }
}
void main()
{
   InsertSort();  //调用插入排序算法对数组 a[n]进行排序
   for(int i=0;i<n;i++) cout<<a[i]<<' ';  //输出数组 a[n]
   cout<<endl;
}
```

5.5.4 查找

例 5-4-1 假定在一维数组 a[10]中保存着 10 个整数 42、55、73、28、48、66、30、65、94、72，编一程序从中顺序查找出具有给定值 x 的元素，若查找成功则返回该元素的下标位置，否则表明查找失败返回–1。

此程序比较简单，假定把从一维数组中顺序查找的过程单独用一个函数定义模块来实现，把数组定义和初始化以及调用该函数通过主函数来实现，则整个程序如下：

```
#include<iostream.h>
const int N=10;          //假定把数组中保存的整数个数用符号常量 N 表示
```

```
int SequentialSearch(int a[], int n, int x)
{  //从数组a[n]中顺序查找值为x的算法
    for(int i=0;i<n;i++)
        if(x==a[i]) return i;          //查找成功返回元素a[i]的下标值
    return -1;                          //查找失败返回-1
}
void main()
{
    int a[N]={42,55,73,28,48,66,30,65,94,72};
    int x,y;
    while(1) {
        cout<<"从键盘上输入一个待查找的整数(小于等于0则结束):";
        cin>>x;
        if(x<=0) {cout<<"程序运行结束!\n"; return;}
        y=SequentialSearch(a,N,x);   //返回元素下标或-1赋给y
        if(y==-1) cout<<"查找"<<x<<"失败!"<<endl;
        else cout<<"查找"<<x<<"成功!"<<"下标为"<<y<<endl;
    }
}
```

上机输入和运行该程序，得到的输出结果为：

```
从键盘上输入一个待查找的整数(小于等于0则结束): 65
查找65成功!下标为7
从键盘上输入一个待查找的整数(小于等于0则结束): 73
查找73成功!下标为2
从键盘上输入一个待查找的整数(小于等于0则结束): 24
查找24失败!
从键盘上输入一个待查找的整数(小于等于0则结束): 0
程序运行结束!
```

例 5-4-2 假定一维数组 a[N]中的 N 个元素是一个从小到大顺序排列的有序表，编一程序从 a 中二分查找出其值等于给定值 x 的元素。

分析：二分查找又称折半查找或对分查找。它比顺序查找要快得多，特别是当数据量很大时效果更显著。二分查找只能在有序表上进行，对于一个无序表则只能采用顺序查找。在有序表 a[N]上进行二分查找的过程为：首先待查找区间为所有 N 个元素 a[0]～a[N–1]，将其中点元素 a[mid]（mid=(N–1)/2）的值同给定值 x 进行比较，若 x==a[mid]则表明查找成功，返回该元素的下标 mid 的值，若 x<a[mid]，则表明待查元素只可能落在该中点元素的左边区间 a[0]～a[mid–1]中，接着只要在这个左边区间内继续进行二分查找即可，若 x>a[mid]，则表明待查元素只可能落在该中点元素的右边区间 a[mid+1]～a[N–1]中，接着只要在这个右边区间内继续进行二分查找即可。这样经过一次比较后就使得查找区间缩小一半，如此进行下去，直到查找到对应的元素，返回下标值，或者查找区间变为空（即区间下界 low 大于区间上界 high），表明查找失败返回–1 为止。

假定数组 a[10]中的 10 个整型元素如下所示：

0	1	2	3	4	5	6	7	8	9
15	26	37	45	48	52	60	66	73	90

若要从中二分查找出值为 37 的元素，则具体过程为：开始时查找区间为 a[0]～a[9]，中点元素的下标 mid 为 4，因 a[4]的值为 48，待查值 37 小于它，所以应接着在左区间 a[0]～a[3]中继续二分查找，此时中点元素的下标 mid 为 1，因 a[1]的值为 26，待查值 37 大于它，所以应接着在当前右区间 a[2]～a[3]中继续二分查找，此时中点元素的下标 mid 为(2+3)/2 的值 2，因 a[2]的值等于 37，即与待查值 37 相等，至此查找结束返回该元素的下标值 2。此查找过程如下所示，其中每次二分查找区间用方括号括起来，该区间的下界、上界和中点位置分别用 low、high 和 mid 标识。

```
下标  0    1     2    3    4     5    6     7    8     9
(1) [15   26    37   45   48    52   60    66   73    90]  //37<a[mid]
      ↑low                ↑mid                        ↑high
(2) [15   26    37   45]  48    52   60    66   73    90   //37>a[mid]
      ↑low↑mid       ↑high
(3)  15   26   [37   45]  48    52   60    66   73    90   //37=a[mid]
           low↑mid↑high
```

若要从数组 a[10]中二分查找其值为 70 的元素，则经过 3 次比较后因查找区间变为空，即区间下界 low 大于区间上界 high，所以查找失败，其查找过程如下所示。

```
下标  0    1     2    3    4     5    6     7    8     9
(1) [15   26    37   45   48    52   60    66   73    90]  //70>a[mid]
      ↑low                ↑mid                        ↑high
(2)  15   26    37   45   48   [52   60    66   73    90]  //70>a[mid]
                                 ↑low      ↑mid       ↑high
(3)  15   26    37   45   48    52   60    66  [73    90]  //70<a[mid]
                                              low↑mid↑high
     15   26    37   45   48    52   60    66] [73    90  //查找区间空
                                          high↑   ↑low
```

根据以上的分析和举例说明，编写出此题完整程序如下：

```
#include<iostream.h>
const int N=10;                                    //假定 N 等于 10
int BinarySearch(int a[], int n, int x)
{ //从 a[n]所存的有序表中二分查找值为 x 的算法
    int low=0, high=n-1;                           //定义并初始化区间下界和上界变量
    int mid;                                       //定义保存中点元素下标的变量
    while(low<=high) {                             //进行二分查找的循环过程
        mid=(low+high)/2;                          //计算出中点元素的下标
        if(x==a[mid]) return mid;                  //查找成功返回
        else if(x<a[mid]) high=mid-1;              //修改 high 得到左区间
        else low=mid+1;                            //修改 low 得到右区间
```

```
    }
    return -1;                                          //查找失败返回-1
}
void main()
{
    int a[N]={15,26,37,45,48,52,60,66,73,90};    //定义数组 a[N]并初始化
    int x,y;
    while(1) {
        cout<<"从键盘上输入一个待查找的整数(小于等于 0 则结束)：";
        cin>>x;
        if(x<=0) {cout<<"程序运行结束!\n"; return;}
        y= BinarySearch(a,N,x);                     //返回元素下标或-1 赋给 y
        if(y==-1) cout<<"二分查找"<<x<<"失败!"<<endl;
        else cout<<"二分查找"<<x<<"成功!"<<"下标为"<<y<<endl;
    }
}
```

5.6 字符串

5.6.1 字符串概念

1. 字符串的定义

在 C++语言中，一个字符串常量（简称字符串或串）就是用一对双引号括起来的一串字符，其双引号是该字符串的起、止标志符，它不属于字符串本身的字符，就像单引号是字符常量的起、止标志符那样。如，下面五个都是 C++字符串。

（1）"string"
（2）"Visual C++"
（3）"\na+b=\n"
（4）"姓名,年龄"
（5）"Input a integer to x:"

一个字符串的长度等于双引号内所有字符的长度之和，其中每个 ASCII 码字符或转义字符的长度为 1，每个区位码字符（如汉字）的长度为 2。如上面每个字符串的长度依次为 6、10、6、9 和 21。

特殊地，当一个字符串不含有任何字符时，则称为空串，其长度为 0，当只含有一个字符时，其长度为 1，如""是一个空串，"A"是一个长度为 1 的字符串。另外，一个空串和一个空格串是不同的，空串的长度为 0，含有一个空格的串其长度为 1，该空格字符的 ASCII 码为 32。

还要注意字符和字符串表示的不同。如'A'和"A"是不同的，前者表示一个字符，后者表示一个字符串，虽然它们的值都是 A，但稍后便知它们具有不同的存储格式。

在一个字符串中不仅可以使用一般字符，而且可以使用转义字符。如字符

串"\"cout<<ch\"\n"中包含有 11 个字符，其中第 1 个和第 10 个为表示双引号的转义字符，最后一个为表示换行的转义字符。

2．字符串的存储

在 C++语言中，存储字符串是利用一维字符数组来实现的，该字符数组的长度必须大于等于待存字符串的长度加 1。设一个字符串的长度为 n，则用于存储该字符串的数组的长度应至少为 n+1。

把一个字符串存入数组时，是把每个字符依次存入到数组的对应元素中，即把第 1 个字符存入到下标为 0 的元素中，第 2 个字符存入到下标为 1 的元素中，以此类推，把最后一个（即第 n 个）元素存入到下标为 n–1 的元素中，然后还要把一个空字符'\0'存入到下标为 n 的元素中。空字符'\0'（即 ASCII 码为 0）是作为字符数组中所存字符串的结束符。当然在字符数组中存储的每个字符是存储它的 ASCII 码或区位码。如利用一维字符数组 a[12]来存储字符串"Strings.\n"时，数组 a 中的内容为：

	0	1	2	3	4	5	6	7	8	9	10	11
字符表示：	S	t	r	i	n	g	s	.	\n	\0		

	0	1	2	3	4	5	6	7	8	9	10	11
ASCII 码表示：	83	116	114	105	110	103	115	46	10	0		

若一个数组被存储了一个字符串后，其尾部还有剩余的元素位置，实际上也被自动存储上空字符'\0'。在上述例子中，a[10]和 a[11]元素的值也被自动置为'\0'。

3．利用字符串初始化字符数组

一个字符串能够在定义字符数组时作为初始化数据被存入到数组中，而不允许通过赋值号把一个字符串直接赋值给数组变量。如：

```
（1）char a[10]="array";
（2）char b[20]="This is a pen.";
（3）char c[8]="";
（4）a="struct";
（5）a[0]='A';
```

第（1）条语句定义了字符数组 a[10]并被初始化为"array"，其中 a[0]～a[5]元素的值依次为字符'a'、'r'、'r'、'a'、'y'和'\0'。第（2）条语句定义了字符数组 b[20]，其中 b[i]元素（0≤i≤13）被初始化为所给字符串中的第 i+1 个字符，b[14]被初始化为字符串结束标志符'\0'。第（3）条语句定义了一个字符数组 c[8]并初始化为一个空串，此时它的每个元素的值均为'\0'。第（4）条语句是非法的，因为它试图使用赋值号把一个字符串直接赋值给一个数组变量，这在 C++中是不允许的。第 5 条语句是合法的，它把字符'A'赋给了 a[0]元素，使得数组 a 中保存的字符串变为"Array"。

注意：在变量定义语句中，使用的等号不是赋值表达式中的赋值号，而是赋初值的标记符号。如在上面的 5 条语句格式中，前 3 条中的等号是赋初值的标记符号，而后 2 条中的等号才是赋值号。

利用字符串初始化字符数组也可以写成初值表的格式。如上述第1条语句与下面语句格式完全等效。

```
char a[10]={'a','r','r','a','y','\0'};  //'\0'也可直接写为常数0
```

在这种格式中，最后一个字符'\0'是必不可少的，它是利用数组存储一个字符串的结束标志，否则只是字符数组，而不是字符串数组。

4．字符串的输入和输出

用于存储字符串的字符数组，其元素可以通过下标运算符访问，这与一般字符数组和其他任何类型的数组是相同的。除此之外，还可以对它进行整体的输入和输出以及有关的函数操作。如假定a[11]为一个字符数组，则：

(1) cin>>a;

(2) cout<<a;

是允许的，即允许在输入（提取）或输出（插入）操作符后面直接使用数组变量实现向数组输入字符串或输出数组中保存的字符串的目的。

计算机执行上述第（1）条语句时，要求用户从键盘上输入一个不含空格的字符串，用空格或回车键作为字符串输入的结束符，系统就把该字符串存入到字符数组a中，当然在存入的整个字符串的后面将自动存入一个结束符'\0'。

在向一个字符数组输入一个字符串时，输入的字符串的长度要小于数组的长度，这样才能够把输入的字符串有效地存储起来，否则就没有结束符'\0'的存储位置，违反编程者的初衷，为程序设计引埋了一个逻辑错误，常常导致程序运行出错。另外，输入的字符串不需要加上双引号定界符，只需要输入字符串本身即可，假如输入了双引号则被视为一般字符存入数组中。还有，通过键盘输入的字符串中不能使用转义字符。

执行上述第（2）条语句时向屏幕输出在数组a中保存的字符串，它将从数组a中下标为0的元素开始，依次输出每个元素的值，直到碰到字符串结束符'\0'为止。若数组a中的内容为：

0	1	2	3	4	5	6	7	8	9	10
w	r	i	t	e	\0	r	e	a	d	\0

则输出 a 时只会输出第一个空字符前面的字符串"write"，而它后面的任何内容都不会被输出。

利用输出操作符<<不仅能够直接输出字符数组中保存的字符串，而且能够直接输出一个字符串常量，即用双引号括起来的字符串。如：

```
cout<<"x+y="<<x+y<<endl;
```

此语句输出字符串"x+y="后接着输出 x+y 的值和一个换行符。若 x 和 y 的值分别为15和24，则得到的输出结果为：

```
x+y=39
```

5．利用二维数组存储字符串

利用一维字符数组能够保存一个字符串，而利用二维字符数组能够同时保存若干个字符串，最多能保存的字符串个数等于该数组的行下标数。如：

```
(1) char a[7][4]={"SUN","MON","TUE","WED","THU","FRI","SAT"};
(2) char b[][8]={"well","good","middle","pass","bad"};
(3) char c[6][10]={"int","double","char"};
(4) char d[10][20]={""};
```

在第（1）条语句中定义了一个二维字符数组 a，其行下标的上界为 7，列下标的上界为 4，共包含 7 行×4 列大小的字符存储空间，每行可以用来保存长度小于等于 3 的一个字符串。该语句同时对 a 进行了初始化，使得"SUN"被保存到行下标为 0 的行里，该行包含 a[0][0]，a[0][1]，a[0][2]和 a[0][3]这四个二维元素，每个元素的值依次为'S','U','N'和'\0'，同样"MON"被保存到行下标为 1 的行里，…，"SAT"被保存到行下标为 6 的行里。以后既可以利用双下标变量 a[i][j]（0≤i≤6,0≤j≤2）访问每个字符元素，也可以利用只带行下标的单下标变量 a[i]（0≤i≤6）访问每个字符串。如 a[2]则表示字符串"TUE"，a[5]则表示字符串"FRI"，cin>>a[4]则表示从键盘上向 a[4]输入一个字符串，cout<<a[i]则表示向屏幕输出 a[i]中保存的字符串。

上述第（2）条语句定义了一个二维字符数组 b，它的行数没有显式地给出，隐含为初值表中所列字符串的个数，因所列字符串为 5 个，所以该数组 b 的行数为 5，又因列下标的上界定义为 8，所以每一行所存字符串的长度要小于等于 7。该语句被执行后，b[0]表示字符串"well"，b[1]表示字符串"good"，其余类推。

第（3）条语句定义了一个二维字符数组 c，它最多能够存储 6 个字符串，每个字符串的长度要不超过 9。该数组前三个字符串元素 c[0]、c[1]和 c[2]分别被初始化为"int"，"double"和"char"，后三个字符串元素均被初始化为空串，即只含有空字符的串。

第（4）条语句定义了一个能够存储 10 个字符串的二维字符数组 d，每个字符串的长度不得超过 19。该语句对所有字符串元素初始化为一个空串。

下面的程序段能够从键盘上依次输入 10 个字符串到二维字符数组 w 中保存起来，输入的每个字符串的长度不得超过 29。

```
const int N=10;
char w[N][30];
for(int i=0;i<N;i++) cin>>w[i];
```

下面的一条 for 语句将按相反的次序依次输出在数组 w 中保存的所有字符串，在输出每个字符串之后都输出一个换行符。

```
for(i=N-1;i>=0;i--) cout<<w[i]<<endl;
```

5.6.2 字符串函数

C++系统专门为处理字符串提供了一些预定义函数供编程者使用，这些函数的原型被保存在 string.h 或 cstring 头文件中，当用户在程序文件开始使用#include 命令把该头文件引入之后，就可以在后面定义的每个函数中调用这些预定义的字符串函数，对字符串作相应的处理。

C++系统提供的处理字符串的预定义函数有许多，从 C++库函数资料中可以得到全部说明，下面简要介绍其中几个主要的字符串函数。

1．求字符串长度

函数原型：

```
int strlen(const char s[]);
```

此函数只有一个参数，它是一个元素类型为字符的数组参数，它前面使用的保留字 const 表示该参数的内容在函数体中是不允许改变的，只允许读取该参数的值。该函数对应的实参可以为任何形式的字符串，如可以是一个字符串常量，可以是一个一维字符数组名，也可以是二维字符数组中只带行下标的单下标变量。待学习完第 6 章“指针”之后，读者将会对数组参数有更深刻的理解。

调用该函数时，将返回实参字符串的长度。

假定一个字符数组 a[10]的内容为空串″″，b[10]的内容为″a″，c[20]的内容为″StringLength″，则 strlen(a)、strlen(b)和 strlen(c)的值分别为 0、1 和 12。

若要计算字符串常量″constant″的长度，则使用 strlen(″constsnt″)即可得到，返回值为 8。

2．字符串复制

函数原型：

```
char* strcpy(char* dest, const char* src);
```

此函数有两个参数，它们都是字符指针参数。因为每个字符指针是指向相应字符串的首地址，即第 1 个字符的存储地址，而一维字符数组名就是所存字符串的首地址，所以一维字符数组名也就是一个字符指针。字符指针参数说明同字符数组参数说明是等价的，也就是说，该函数中的两个参数说明分别同 char dest[]和 const char src[]是等价的。无论采用哪一种说明，dest 或 src 都能够接受调用时由实参传送来的一个字符指针，即一个字符串存储空间的首地址。

该函数的功能是把第 2 个参数 src 所指字符串复制（即赋值）到第 1 个参数 dest 所指的存储空间（即 dest 字符数组）中，然后返回 dest 的值，它是一个字符指针。

因为该函数只需要从 src 字符串中读取内容，不需要修改它，所以用 const 修饰，而对于第 1 个参数 dest，需要修改它的内容，所以就不能用 const 修饰。

关于指针的更详细的内容将在第六章讨论。

请看下面的程序段：

```
char a[10], b[10]=″copy″;
strcpy(a,b);
cout<<a<<′ ′<<b<<′ ′;
cout<<strlen(a)<<′ ′<<strlen(b)<<endl;
```

该程序段首先定义了两个字符数组 a 和 b，并对 b 初始化为″copy″；接着调用 strcpy 函数，把 b 所指向（即数组 b 保存）的字符串″copy″复制到 a 所指向（即数组 a 占用）的存储空间中，使得数组 a 保存的字符串同样为"copy"，该函数返回 a 的值被自动丢失；该程序段中的第 3 条语句输出 a 和 b 所指向的字符串，或者说输出数组 a 和 b 中所保存的字符串；第 4 条语句输出 a 和 b 所指向的字符串的长度。该程序段的运行结果为：

```
copy copy 4 4
```

3．字符串连接

函数原型：

```
char* strcat(char* dest, const char* src);
```

此函数同上述 strcpy 函数具有完全相同的参数说明和返回值类型。函数功能是把第 2 个参数 src 所指字符串复制到第 1 个参数 dest 所指字符串之后的存储空间中，或者说，把 src 所指字符串连接到 dest 所指的字符串之后。该函数返回 dest 的值。

使用该函数时要确保 dest 所指字符串之后有足够的存储空间用于存储 src 串。

调用此函数之后，第一个实参所指字符串的长度将等于两个实参所指字符串的长度之和。例如：

```
char a[20]="string";          //字符串长度为 6
char b[]="catenation";        //字符串长度为 10
strcat(a," ");                //连接一个空格到 a 串之后
strcat(a,b);                  //把 b 串连接到 a 串之后
cout<<a<<' '<<strlen(a)<<endl;
```

执行该程序段得到的输出结果为：

```
string catenation 17
```

4．字符串比较

函数原型：

```
int strcmp(const char* s1, const char* s2);
```

此函数带有两个字符指针参数，各自指向相应的字符串，函数的返回值为整型。

该函数的功能为：比较 s1 所指字符串与 s2 所指字符串的大小，若 s1 串大于 s2 串则返回整数 1；若 s1 串等于 s2 串则返回 0；若 s1 串小于 s2 串则返回整数–1。

比较 s1 串和 s2 串的大小是一个循环过程，需要从两个串的第一个字符起依次向后比较，整个比较过程可用下面的程序段描述出来。

```
int i;
for(i=0; s1[i] && s2[i]; i++)          //循环比较到任一个字符串结尾
    if(s1[i]>s2[i]) return 1;
    else if(s1[i]<s2[i]) return -1;
if(s1[i]==0 && s2[i]==0) return 0;     //每个等号右边的数值 0 可改为'\0'
else if(s1[i]!=0) return 1;
else return -1;
```

在这个程序段中使用的 s1[i]和 s2[i]分别为 s1 数组和 s2 数组中下标为 i 的元素，分别表示 s1 和 s2 所指字符串中的第 i+1 个字符。

假定字符数组 a、b、c 的值分别为字符串"1234"、"4321"、"1304"，则：

```
strcmp(a,"1234")=0          strcmp(a,b)=-1
strcmp(a,c)=-1              strcmp(a,"123")=1
strcmp("A","a")=-1          strcmp("英文","汉字")=1
```

5．从字符串中查找字符

函数原型：

```
char* strchr(const char* s, int c);
```

该函数从 s 所指字符串中的第 1 个字符起顺序查找 ASCII 码为 c 值的字符，若查找成功则返回该字符的存储地址，否则返回 NULL（即数值 0）。一个字符数组 a 中下标为 i 的元素 a[i]的存储地址就是所存字符的存储地址，此地址可根据 a+sizeof(char)*i 计算出来，因为 sizeof(char)=1，所以 a[i]的地址为 a+i 的值。

当调用该函数时传送给第 2 个形参 c 的实参，可以为整数，但通常是一个待查找的字符，该字符的 ASCII 码将被传送给参数 c。

例如，进行 strchr("abcd",'c')函数调用将返回字符串"abcd"的首地址加 2 的值，进行 strchr("abcd",'e')函数调用将返回地址值 NULL。

6．从字符串中逆序查找字符

函数原型：

```
char* strrchr(const char* s, int c);
```

它与上面介绍的 strchr 函数功能相同，都是从字符串中查找字符，但查找次序不同，该函数是从 s 所指字符串的最后一个字符起顺序向前查找，同样若查找成功则返回字符的存储地址，否则返回 NULL。

例如，进行 strrchr("abcab",'a')函数调用将返回字符串"abcab"的首地址加 3 的值，若把函数名改为 strchr，则结果为"abcab"的首地址值。

7．从字符串中查找子串

函数原型：

```
char* strstr(const char* s1, const char* s2);
```

该函数从第一个参数 s1 所指字符串中第一个字符起，顺序向后查找出与第二个参数 s2 所指字符串相同的子串，若查找成功则返回该子串的首地址，否则返回 NULL。

例如：

```
char a[20]="abcdabxcdabxy";
char b[4]="abx";
char c[4]="axy";
cout<<strstr(a,b)<<endl;
if(strstr(a,c)==NULL)
    cout<<"Not found!"<<endl;
cout<<strstr("学习文化知识","文化")<<endl;
```

该程序段首先定义了3个字符数组并分别进行了初始化，接着输出以strstr(a,b)的返回地址为首地址的字符串，该字符串为"abxcdabxy"，执行第4条if语句时，因从a串中查找不到c串，所以条件表达式成立，将向屏幕输出字符串"Not found!"和一个换行符，执行最后一条语句时，输出的字符串为"文化知识"。

5.6.3 字符串应用举例

例 5-6-1 编一程序，首先从键盘上输入一个字符串，接着输入一个字符，然后分别统计出字符串中大于、等于、小于该字符的个数。

分析：设用于保存输入字符串的字符数组用a[N]表示，用于保存一个输入字符的变量用ch表示，用于分三种情况进行统计的计数变量分别用c1、c2和c3表示。定义字符数组所使用的N为一个需要事先定义的整型常量，它要大于待输入的字符串的长度。

下面是此题的一个完整程序。

```
#include<iostream.h>
const int N=30;                    //假定输入的字符串的长度小于30
void main()
{
    char a[N],ch;
    int c1,c2,c3;
    c1=c2=c3=0;
    cout<<"输入一个字符串:";
    cin>>a;
    cout<<"输入一个字符:";
    cin>>ch;
    int i=0;
    while(a[i]) {                  //访问到字符串结束符离开循环
        if(a[i]>ch) c1++;
        else if(a[i]==ch) c2++;
        else c3++;
        i++;
    }
    cout<<"c1="<<c1<<endl;
    cout<<"c2="<<c2<<endl;
    cout<<"c3="<<c3<<endl;
}
```

例 5-6-2 编一程序，首先输入10个字符串到一个二维字符数组中，接着输入一个待查的字符串，然后从二维字符数组中查找统计出含有待查字符串的个数。

此程序比较简单，编写如下：

```
#include<iostream.h>
#include<string.h>
void main()
{
    char a[10][30]={""};
```

```
    //用于存储10个字符串，假定每个串的长度小于30
    char s[30];  //存储待查的字符串
    int i,k=0;
    cout<<"输入10个字符串:\n";
    for(i=0;i<10;i++) cin>>a[i];
    cout<<"输入一个待查字符串:";
    cin>>s;
    for(i=0;i<10;i++)
        if(strcmp(a[i],s)==0) k++;
    cout<<"字符串个数:"<<k<<endl;
}
```

例 5-6-3 编一程序，首先输入M个字符串到一个二维字符数组中，并假定每个字符串的长度均小于N，M和N为事先定义的整型常量，接着对这M个字符串进行选择排序，最后输出排序结果。

分析：我们已经在第四章学习了对简单类型的数据进行选择排序的方法和算法描述，在这里只要把它移植过来用于字符串排序即可，不过对字符串的比较和赋值必须使用字符串比较和复制函数来实现。

此题的完整程序如下：

```
#include<iostream.h>
#include<cstring>
const int M=10, N=30;                        //定义常量M和N
void SelectSort(char a[M][N])                //对字符串进行选择排序的算法
{
    int i,j,k;
    for(i=1;i<M;i++) {                       //进行M-1次选择和交换
        k=i-1;                               //给k赋初值
        for(j=i;j<M;j++)                     //选择出当前区间内的最小值a[k]
            if(strcmp(a[j],a[k])<0) k=j;     //进行字符串比较
        char x[N];                  //定义字符数组x用于交换a[i-1]和a[k]的值
        strcpy(x,a[i-1]);           //利用字符串拷贝函数交换a[i-1]与a[k]的值
        strcpy(a[i-1],a[k]);
        strcpy(a[k],x);
    }
}
void main()
{
  //定义二维字符数组b并初始化每个字符串为空串
    char b[M][N]={""};
  //从键盘输入M个字符串到字符串数组b中
    int i;
    cout<<"输入"<<M<<"个字符串:\n";
    for(i=0;i<M;i++) cin>>b[i];
  //调用字符串选择排序算法对字符串数组b进行选择排序
    SelectSort(b);
```

```
  //依次输出字符串数组b中的每个字符串
    for(i=0;i<M;i++) cout<<b[i]<<endl;
}
```

例 5-6-4 编一程序，首先定义二维字符数组 ax[M][N]和一维整型数组 bx[M]，接着从键盘上依次输入 M 个人的姓名和成绩，每次输入的姓名和成绩分别存入到 a[i][N]和 b[i]中，其中 0≤i≤M–1，然后调用选择排序算法按照成绩从高到低的次序排列 ax 和 bx 数组中的元素，最后按照成绩从高到低的次序输出每个人的姓名和成绩。

分析：因为字符串数组 ax 和整型数值数组 bx 中的下标相同的元素是用来表示同一个学生的姓名和成绩的，所以在对学生成绩数组进行选择排序的过程中，遇到元素值交换时也必须同时交换姓名数组中对应元素的值，这样才能够保持一个学生的姓名和成绩始终处于同一个下标的对应元素中。此题的完整程序如下：

```
#include<iomanip.h>
#include<string.h>
const int M=10, N=30;                    //假定定义常量M和N分别为10和30
void SelectSort(char a[M][N], int b[M])
{
    int i,j,k;
    for(i=1;i<M;i++) {                   //进行M-1次选择和交换
        k=i-1;                           //给k赋初值
        for(j=i;j<M;j++)                 //选择出当前区间内的最大值b[k]
            if(b[j]>b[k]) k=j;
        char x[N]; int y;                //定义待交换元素用的临时字符数组和整型变量
        y=b[i-1]; b[i-1]=b[k]; b[k]=y;           //交换成绩数组中对应元素的值
        strcpy(x,a[i-1]); strcpy(a[i-1],a[k]); strcpy(a[k],x);
                                                 //交换姓名数组中对应元素的值
    }
}
void main()
{
  //定义保存姓名和成绩的数组ax和bx
    char ax[M][N];
    int bx[M];
  //从键盘输入M个人的姓名和成绩到数组ax和bx中
    int i;
    cout<<"输入"<<M<<"个人的姓名和成绩:\n";
    for(i=0;i<M;i++) cin>>ax[i]>>bx[i];
  //调用选择排序算法对ax和bx数组按成绩进行选择排序
    SelectSort(ax,bx);
  //按排序结果依次输出每个人的姓名和成绩
    cout.setf(ios::left);  //在给定输出宽度内按左对齐显示
    for(i=0;i<M;i++)
        cout<<setw(30)<<ax[i]<<setw(4)<<bx[i]<<endl;
}
```

下面是程序的一次运行结果：

```
输入 10 个人的姓名和成绩：
wer 76 erty 93 asdf 54 wqert 80 dwerty 65
zxc 88 vcfdshjk 58 gfhj 42 sfr 74 jkzh 86
erty                    93
zxc                     88
jkzh                    86
wqert                   80
wer                     76
sfr                     74
dwerty                  65
vcfdshjk                58
asdf                    54
gfhj                    42
```

本章小结

1．数组由同一种数据类型和固定数目的元素所组成。数组中的每个元素又称为下标变量，通过中括号下标运算符把数组名和下标连接起来进行表示。

2．数组在内存中占用一块连续的存储空间，占用内存空间的大小等于每个元素的类型长度与数组中元素个数的乘积。

3．一维数组是数组的基本形式，二维数组是一维数组的推广，即一维数组中的每个元素仍为一维数组时则就构成了二维数组。同理三维数组是二维数组的推广，以此类推。如二维数组 a[M][N]就是一维数组 a[M]的推广，a[M]中的每个元素 a[i]都包含有 N 个元素，依次为 a[i][0]、a[i][1]、…、a[i][N–1]。

4．在 C++中，字符串不作为单独的预定义的数据类型而存在，而是作为一种特殊的字符数组，每个字符串都隐含以空字符作为结束符。

5．对字符串进行赋值、比较、连接等操作都是通过相应字符串函数的功能实现的，对字符串的输入、输出操作与同简单类型的数据一样可直接进行。

6．数组在日常数据表示和处理中有着广泛地应用，如可以利用数组进行数值计算、数据统计、数据排序、数据查找等。

7．对数组中的数据进行排序的方法很多，在数据结构课程将会有详细的讨论，本章只介绍了两种简单的排序方法，即选择排序和插入排序方法。

8．对数组中的数据有顺序查找和二分查找两种方法，顺序查找可以在任何数组上进行，而二分查找只能在按元素值有序的数组上查找，二分查找比顺序查找要快得多。

9．使用 typedef 语句能够定义数组类型和给其他已有数据类型另起别名，这样能够使同一个别名标识符在不同的情况下代表不同的数据类型。如在一个程序中用 DataType 表示整型时则通过“typedef int DataType;”语句实现，在另一个程序中用 DataType 表示字符指针类型时则通过“typedef char* DataType;”语句实现。

习题五

5.1 指出函数功能并上机调试和验证。

1.
```
void f1(int a[], int n)
{
    int i=0,j=n-1,x;
    do {
        while(a[i]<60) i++;
        while(a[j]>=60) j--;
        if(i<j) {x=a[i]; a[i]=a[j]; a[j]=x; i++; j--;}
    } while(i<j);
}
```

2.
```
void f2(double a[], int n)
{
    int i; double sum=0;
    for(i=0; i<n; i++) sum+=a[i];
    sum/=n;
    for(i=0; i<n; i++)
        if(a[i]>=sum) cout<<a[i]<<' ';
    cout<<endl;
}
```

3.
```
void f3(char a[])
{
    int i,c[5]={0};
    for(i=0; a[i]; i++)
        switch(a[i]) {
            case ',': c[0]++;break;
            case ';': c[1]++;break;
            case '(':
            case ')': c[2]++;break;
            case '[':
            case ']': c[3]++;break;
            case '{':
            case '}': c[4]++;break;
        }
    for(i=0; i<5; i++) cout<<c[i]<<' ';
    cout<<endl;
}
```

4.
```
void f4(char a[][N], int M)
{
    int i,j;
```

```
    for(i=1; i<M; i++) {
        char x[N];
        strcpy(x,a[i]);
        for(j=i-1; j>=0; j--)
            if(strlen(x)>=strlen(a[j])) break;
            else strcpy(a[j+1],a[j]);
        strcpy(a[j+1],x);
    }
}
```

5.2 根据题目要求编写程序并上机调试和运行。

1. 有一个数列，它的第一项为 0，第二项为 1，以后每一项都是它的前两项之和，试产生出此数列的前 20 项，并按逆序显示出来。

2. 从键盘上输入一个字符串，假定该字符串的长度不超过 50，试统计出该串中每一种十进制数字字符的个数并输出。

3. 首先从键盘上输入一个 4 行×4 列的一个实数矩阵到一个二维数组中，然后求出主对角线上元素之乘积。

4. 已知一个数值矩阵为$\begin{bmatrix} 3 & 8 & 2 & 9 \\ 4 & 7 & 3 & 6 \\ 5 & 2 & 8 & 4 \end{bmatrix}$，求出该矩阵的转置矩阵并输出出来，其中转置矩阵中的[i][j]位置上的元素等于原矩阵中的[j][i]位置上的元素。

5. 已知一个矩阵 A 为$\begin{bmatrix} 3 & 0 & 4 & 5 \\ 6 & 2 & 1 & 7 \\ 4 & 1 & 5 & 7 \end{bmatrix}$，另一个矩阵 B 为$\begin{bmatrix} 1 & 4 & 0 & 3 \\ 2 & 5 & 1 & 6 \\ 0 & 7 & 4 & 4 \\ 9 & 3 & 6 & 0 \end{bmatrix}$，求出 A 与 B 的乘积矩阵 C[3][4]并输出出来，其中 C 中的每个元素 C[i][j]等于 $\sum_{k=0}^{3} A[i][k]*B[k][j]$。

6. 首先利用一维数组保存系统随机产生的 10 个两位正整数，然后利用选择排序方法按照从小到大的次序排序并显示出来。

7. 从键盘上输入一个字符串，假定字符串的长度小于 80，试分别统计出每一种英文字母（不区分大、小写）的个数并输出出来。

8. 某学校有 12 名学生参加 100 米短跑比赛，每个运动员号和成绩如表 5-4 所示，请按照比赛成绩排名并输出，要求每一行输出名次、运动员号和比赛成绩三项数据。

表 5-4 100 米短跑比赛成绩

运动员号	成绩（秒）	运动员号	成绩（秒）
001	13.6	031	14.9
002	14.8	036	12.6
010	12.0	037	13.4
011	12.7	102	12.5
023	15.6	325	15.3
025	13.4	438	12.7

9. 首先从键盘上输入 N 个学生的 M 门课程的成绩，然后计算并输出每个学生的总成绩和平均值。

第六章　指　　针

本章主要介绍 C++语言中指针的定义、运算与应用，数组元素的指针表示与下标表示方法，引用类型的定义与使用，变量存储空间的动态分配与释放等内容。通过本章的学习，应能够达到在程序设计中灵活地运用指针表示和处理数据。

6.1　指针的概念

指针（pointer）就是内存单元的地址。每个内存单元为二进制的八位，即 1 个字节。每个内存单元对应着一个编号（即地址），计算机控制器（CPU）就是通过这个地址访问（即存取）对应单元中的内容。

一种类型的数据占用内存中固定个数的存储单元。如 char 型数据（即字符）占用 1 个存储单元，int 型整数占用 4 个存储单元，即 4 个字节，double 型实数占用 8 个存储单元，即 8 个字节。

计算机系统将为保存每个数据分配一定大小的存储空间，称此存储空间为一个数据单元，数据类型不同，所对应的数据单元的大小（即所含的存储字节数）也不同。如整型数据单元的大小为 4，双精度型数据单元的大小为 8。一个数据单元的大小称为该数据或所属类型的长度。如整型数长度为 4，双精度数长度为 8。

一个数据被存储在一块连续的存储单元中，其第一个单元的地址称为该数据的地址，根据一个数据的地址和该数据的类型就可以存取这个数据。一个数据的地址被称为指向该数据的指针，该数据被称为指针所指向的数据。

假定 x 是一个 int 型变量，它的值为 100，系统为它分配的存储地址假定为 p，则 p 所指向的数据为 x，p 为指向 x 的指针。当我们访问 x 时，实际上是访问 p 所指向的 4 个字节内保存的整数 100。指针 p 和它所指向的数据 x 可形象地用图 6-1（a）表示出来，其中矩形框表示为 x 分配的存储空间，带箭头的线段表示“指向”。因为指向 x 的指针 p 也需要存储起来，它占用一个指针数据单元，即 4 个字节的存储空间，所以 p 指向 x，也可以用图 6-1（b）表示出来。

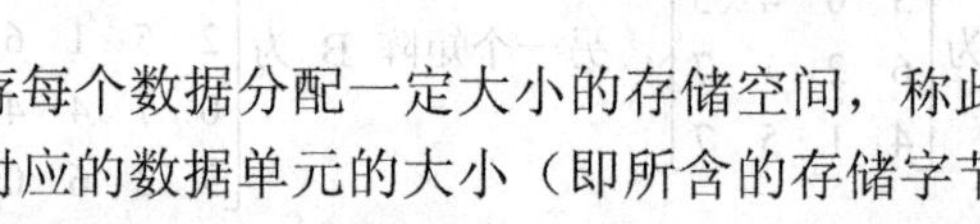

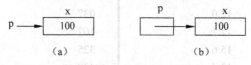

图 6-1　指针与指向数据之间的图形表示

在 C++中指针也是一种数据类型，存储每个指针占用 4 个字节的存储空间，即指针类型的长度为 4，它同整数型（int）、枚举型（enum）和单精度型（float）具有相同的类型长度。

占用 4 个字节的任何一个二进制整数都是一个指针常数，它表示内存中一个相应的内存单元，但它们只能提供给计算机操作系统和编译系统内部使用，用户定义的对象必须由操作系统分配存储空间，不允许用户直接使用地址常数为对象分配存储空间。因此，所有指针常数都不允许用户使用，但只有一个指针常数 0 例外，它允许用户使用，但其含义已经不是指编址为 0 的存储单元，而表示指针为空，即不指向内存中任何存储单元。在 iostream.h 头文件所包含的 ios.h 头文件、iostream 头文件、iomanip.h 头文件、stdio.h 头文件、cstdio 头文件以及其他一些系统头文件中，都把符号常量 NULL 定义为指针常数 0。

在 C++程序中通常使用的是指针变量，用它来存储一个数据（对象）的地址，当然这个地址是在定义对象时由系统自动分配的。若要通过指针（变量）访问它所指向的数据，必须同时知道它所指向的数据的类型，因为类型不同，一次存取的存储空间的大小可能不同，对存取内容的解释也不同。因此，要知道一个指针所指向数据的类型，必须把一个指针定义为指向某种数据类型的指针。如把一个指针变量定义为指向 int 类型的指针，当通过该指针存取它所指向的数据时将是一个整数；若把一个指针变量定义为指向 double 类型的指针，则存取它所指向的数据就是一个双精度数。

一个指针所指向数据的类型，也可以称为该指针的类型。如一个指针所指向的数据为 int 型，则称该指针为 int 型，当然更确切地应称为 int*型；又如一个指针所指向的数据为 char 型，则称该指针为 char 型，或确切地称为 char*型。

6.2 指针变量

1. 定义格式

指针变量的定义语句的格式为：

```
<类型关键字> * <指针变量名>[=<指针表达式>],…;
```

定义指针变量同定义普通变量一样，都需要给出类型名（即类型关键字）和变量名，同时可以有选择地给出初值表达式，用于给变量赋初值，当然，初值表达式的类型应与等号左边的被定义变量的类型相一致。

定义指针变量与定义普通变量也有不同之处：它要在指针变量名前加上星号*字符，表示后跟的为指针变量，而不是普通变量，指针变量名前面的类型关键字和星号一起就构成了指针类型，星号字符前、后位置可以不留空格，也可以带有任意多个空格。

在此指针变量定义语句中，可以同时定义多个指针变量，但每个指针变量名前面都必须重写星号字符，每个星号字符同其最前面共用的类型关键字一起构成指针类型。

给指针变量赋初值的最简单的指针表达式是在一个变量名前面加上取地址操作符&。如 x 是一个变量，则&x 就是一个最简单的指针表达式，该表达式的值为存储 x 的数据单元的首地址。把一个变量的地址赋给一个指针变量后，通过这个指针变量就能够间接地存取所指向的变量的值。

定义指针变量语句中的<类型关键字>，除了可以是一般的类型关键字外，还可以是指针类型关键字和无类型关键字（void）。指针类型关键字由普通类型关键字后加星号（*）

所组成，如 int*为 int 指针类型关键字。void 是一个特殊的类型关键字，它只能用来定义指针变量，表示该指针变量无类型，或者说只指向一个存储单元，不具有任何的数据类型。

2．格式举例

（1）`int *p;`
（2）`int a=10, *pa=&a;`
（3）`char c='a', *cp=&c;`
（4）`char *hp1="abc",*hp2=hp1;`
（5）`void *p1=0,*p2=cp;`
（6）`double *dp[5],*q;`
（7）`int *ip[10]={0};`
（8）`char * rp[3]={"front","middle","rear"};`
（9）`int n=20,*np=&n,**pp=&np;`

第（1）条语句定义 p 为一个整型指针变量，即 p 的类型为 int*，p 占用 4 个字节的存储空间，用来存储一个整数变量（即类型为 int 的变量）的地址。

第（2）条语句定义一个整型变量 a 和一个整型指针变量 pa，a 被初始化为 10，pa 被初始化为 a 的地址，使 pa 指向变量 a，通过 pa 可间接地存取 a 的值。

第（3）条语句定义了一个字符变量 c 和一个字符指针变量 cp，c 被初始化为字符'a'，cp 被初始化为 c 的地址，使 cp 指向字符变量 c，通过 cp 可以取出 c 的值'a'和向 c 存入一个新字符。

第（4）条语句定义了两个字符指针变量 hp1 和 hp2，hp1 被初始化为字符串常量"abc"所在存储空间的首地址。因为在 C++语言中规定，一个字符串可以初始化或直接赋值给一个字符指针变量，它是把存储该字符串的首地址（即第 1 个字符的地址）赋给字符指针变量。对 hp1 进行初始化后，它就指向了字符串"abc"，通过 hp1 可以访问到这个字符串。此语句对 hp2 也进行了初始化，使它等于 hp1 的值，这样 hp2 也指向了字符串"abc"。

第（5）条语句定义了两个无类型指针变量 p1 和 p2，对 p1 初始化为空，对 p2 初始化为 cp 的值，结合第（3）条语句，可知 p2 的值为字符变量 c 的存储单元的地址。

在 C++语言中，利用变量定义语句不仅可以定义指针变量，也可以定义指针数组，就像定义普通变量和数组一样。

第（6）条语句定义了一个 double 指针数组 dp，该数组包含有 5 个元素 dp[0]～dp[4]，每个元素为一个 double*类型的指针变量，用来保存一个双精度变量的地址。因 dp 数组的长度为 5，每个元素的类型（即 double*类型）长度为 4，所以整个数组占用 20 个字节的存储空间，该存储空间的首地址可通过数组名 dp 访问。该语句同时定义了一个 double*类型的指针变量 q。

第（7）条语句定义了一个整型指针数组 ip[10]，该数组中的每个元素都是一个 int*型变量，各自用于保存一个整数存储空间的地址。该语句对 ip 数组进行了初始化，使得每个元素的值均为 0（即空指针），它也能够用'\0'或 NULL 来代替。

第（8）条语句定义了一个字符指针数组 rp[3]，它的每个元素都是一个字符指针变量，并且分别被初始化为相应字符串常量的地址，使得 rp[0]指向"front"字符串，rp[1]指向"middle"字符串，rp[2]指向"rear"字符串，如图 6-2 所示。

第（9）条语句定义了一个整型变量 n 并初始化为 20，又定义了一个整型指针变量 np，并初始化为 n 的地址，使之指向 n，还定义了一个整型二级指针变量 pp，它指向一个整型指针变量，即指向类型为 int*的变量，因为 np 就是类型为 int*的变量，所以可以用它的地址对 pp 进行初始化。

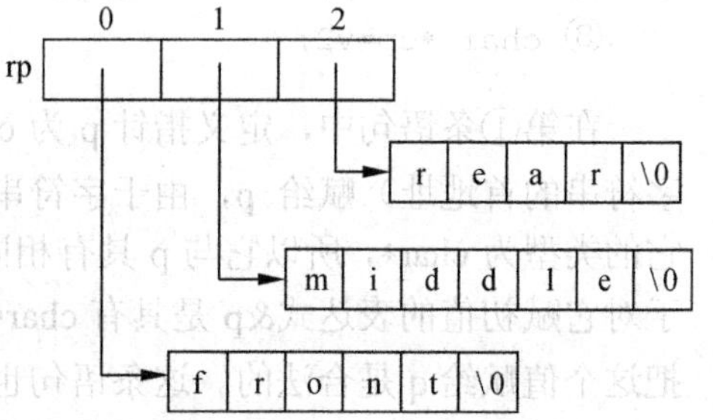

图 6-2　字符指针指向字符串数据的图形表示

在这里，n、np 和 pp 的类型分别为 int、int* 和 int**（或表示为(int*)*），n 为整数类型，np 为指向整数的指针类型，pp 为指向整数指针的指针类型，或者说是指向整数的二级指针类型。np 指向的数据是一个整数，其值被初始化为变量 n 的地址，pp 指向的数据是一个整数指针，其值被初始化为整数指针变量 np 的地址。n、np 和 pp 之间的联系如图 6-3 所示。

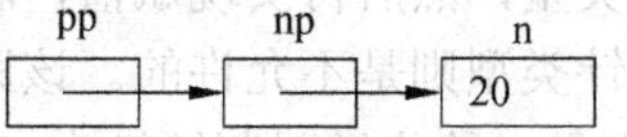

图 6-3　指针与指向数据之间的关系

假定经系统编译和连接后给 n、np 和 pp 分配的数据单元的地址依次为十六进制的 0xFDF4、0xFDF0 和 0xFDEC，则 np 的值应为 0xFDF4，pp 的值应为 0xFDF0。当程序要求访问 n、np 和 pp 时，就是分别从 0xFDF4～0xFDF7、0xFDF0～0xFDF3 和 0xFDEC～0xFDEF 的存储空间中存取内容。若将&n 的值赋给 pp 指针是错误的，因为&n 的值具有的类型为 int*，而 pp 指针的类型为 int**。

3．几点说明

（1）C++语言中的每一种数据类型同其后面的一个星号（*）结合起来就构成了一种新的数据类型，即指针数据类型，但每个星号只对它后面的一个变量名起作用，而对逗号之后的下一个变量无效。如：

```
int *p1,p2;
```

p1 被定义为 int*类型，即指向整型的指针类型，而 p2 被定义为 int 类型，若要把 p2 也说明为 int*类型，则必须在 p2 之前加上星号，变为如下形式的定义：

```
int *p1,*p2;
```

（2）指针数据类型也同样是一种数据类型，它同后面的一个星号的结合又产生出一种新的指针数据类型，这个新的指针数据类型可以继续同星号结合产生新类型，以此类推。如：

```
int *p1,**p2,***p3;
```

p1、p2 和 p3 的类型依次为 int*、int**和 int***，它们都是指针类型，并且最基本的类型都为 int，但指针的级别不同，p1 称为一级整型指针，p2 和 p3 分别称为二级和三级整型指针。一级指针指向普通（即非指针）数据，二级指针指向的数据为一级指针，三级指针指向的数据为二级指针，等等。

（3）给一个指针变量的赋值必须是同类型的指针表达式的值，但对 void*类型的指针变量的赋值可以为任何类型的指针表达式的值，反过来则不允许。

```
① char *p="string",**q=&p;
② void *v1=p,*v2=(void*)p;
③ char *cp=v2;
```

在第①条语句中，定义指针 p 为 char*类型，并把赋初值号右边的"string"的值（即该字符串的首地址）赋给 p，由于字符串的首地址就是存储第一个字符的存储单元的地址，它的类型为 char*，所以它与 p 具有相同的类型。该语句定义的指针 q 为 char**类型，而用于对它赋初值的表达式&p 是具有 char*类型的 p 的地址，所以该表达式的类型为 char**，把这个值赋给 q 是合法的。这条语句也可以被改写为：

```
char *p; p="string"; char**q; q=&p;
```

上述第②条语句定义 v1 为 void*类型，并给它赋初值为字符指针 p 的值，虽然类型不同，但是允许的，系统将自动把这个值转换为左边的 void*类型，然后再实现赋值，若反过来把一个 void*类型的值赋给除该类型之外的其他任何指针类型则是不允许的。该语句同时定义了无类型指针变量 v2，并把具有 char*类型的指针变量 p 的值经强制转换为 void*类型后赋给 v2，此时 v2 和 v1 一样，其值均为字符串"string"的首地址。

上述第③条语句是错误的，因为它试图把一个无类型的指针赋给一个有类型的指针变量。

（4）若需要把一个指针表达式的值赋给一个与之不同的指针类型的变量，应把这个值强制转换为被赋值变量所具有的指针类型，当然在转换前后，只是类型发生了变化，其具体的地址值（即一个十六进制的整数代码）不变。如：

```
char *cp;
int a[10];
cp=(char*)&a[0];
```

在这里 cp 为 char*类型的指针变量，而&a[0]为 int*类型的表达式，要把这个表达式的值赋给 cp 就必须对它强制转换为 char*类型，此次赋值使得 cp 的值为数组 a 所在存储空间的第 1 个存储单元的地址。

（5）在 cout 语句中，既可以输出普通表达式的值，也可以输出指针表达式的值。但有一点例外，当指针表达式的值为一个 char*类型的指针时，不是输出这个指针值，而是输出这个值所指向的字符串。如：

```
int a=30,*ap=&a;
char *cp;
cp="output";
cout<<ap<<' '<<cp<<endl;
cout<<(void*)cp<<endl;
```

当执行这个程序段中的第 1 条 cout 语句时，输出的 ap 的值就是整型变量 a 的存储地址，输出 cp 数据项时不是输出它的指针值，而是输出它指向的字符串"output"。执行第 2 条 cout 语句时，由于把字符指针 cp 的值转换成了一个 void*类型的值，所以此处输出的是真正的 cp 值，即存储字符串常量"output"的首地址。该程序段的执行结果为：

```
0x0013FF7C output
0x0042501C
```

当然，上面输出的地址值是在一种机器上运行得到的，对于不同的机器和运行环境将会得到不同的地址值。

在第 5.6 节中已经讲过，当把保存字符串的数组名或一个字符串常量作为输出项时，输出的是数组中的字符串或所给的字符串本身，这是因为字符数组名的值是该数组存储空间的首地址，即第一个字符的地址，它的类型为 char*，字符串常量的值是存储该字符串的首地址，它也具有 char*类型。

（6）在 cin 输入语句中，除了能够使用普通变量输入数据外，只能够再使用字符指针变量输入字符串数据，不能够使用其他任何指针变量输入数据。但要注意：用于输入的字符指针变量必须指向一个字符数组空间，并且该数组的长度要大于待输入的字符串的长度。如：

```
char a[30];
char *p=a;
cin>>p;
cout<<p<<' '<<a<<endl;
```

该程序段首先定义了一个字符数组 a[30]，接着定义了一个字符指针变量 p，并给它赋初值为 a，即数组 a 的首地址，然后等待用户从键盘上输入一个字符串，输入结束并按下回车键后，将把它存入 p 指针所指向的存储空间中，即数组 a 的存储空间中，当然输入的字符串的长度要小于 30。此程序段的最后一行语句分别输出 p 和 a 所指向的字符串，因为 p 和 a 的值相同，所以将输出同一个字符串，即在数组 a 中保存的字符串。

（7）在一条变量定义语句的前面加上 const 保留字，将使得所定义的普通变量为常量，即除了在定义时能够赋初值外，其后只允许读取它的值而禁止对它的修改，该语句同时使所定义的指针变量为常量指针（即指向常量的指针），对它所指向的对象只能被读取，而不允许被修改，但这个指针变量的值可以被修改。如：

```
① const int a[3]={-1,0,1};
② int n=20,m=30;
③ const int *p=&n;
④ p=&m;
⑤ const char b[10]="computer";
⑥ char c[12]="television";
⑦ const char *pp=b;
⑧ pp="pointer";
```

第①条语句定义 a[3]为整型常量数组，其三个元素依次被初始化为–1、0 和 1，该数组被初始化后不允许被修改，而只能够从中读取每个元素的值。

第②条语句定义了 n 和 m 这两个整数变量，前者被初始化为 20，后者被初始化为 30。

第③条语句定义了一个整型常量指针 p，并被初始化为整数变量 n 的地址，使 p 初始指向 n，由于 p 是一个常量指针，所以不允许以后修改 p 所指向的对象，但允许修改 p 的值，使之指向另一个对象，以后同样也不允许通过 p 修改当前所指向的另一个对象。

第④条语句使常量指针 p 指向了另一个整数对象 m。

第⑤条语句定义 b[10]为字符型常量数组并被初始化，该数组中的每个元素只允许被读取，不允许被修改。

第⑥条语句定义一个字符数组 c[12]并被初始化，该数组的内容既可以被读取也可以被修改。

第⑦条语句定义了一个字符型常量指针 pp，并使之指向 b 数组中保存的字符串，由于 pp 是常量指针，所以不允许修改 pp 所指向的对象（当前为数组 b）。若把 pp 初始化为 c 的值，使 pp 指向数组 c 中的字符串，则以后也不允许修改 pp 所指向的对象（当前为数组 c）。

第⑧条语句把一个字符串常量″pointer″的首地址赋给了字符指针 pp，这是允许的，因为虽然不允许修改常量指针所指向的对象，但允许修改它本身的值，使之指向另一个对象。

另外，若把 const 保留字放在变量定义语句中的星号*与变量名之间，则定义的指针变量为一个指针常量，即不允许修改该指针的值。如：

```
① char * const cp="const";
② cp="variable";
```

第①条语句定义 cp 为一个字符型指针常量，它指向字符串″const″，以后不允许修改 cp 的值，使它指向其他存储位置。第②条语句是非法的，因为它试图修改指针常量 cp 的值。

这里顺便指出，一个字符串常量被存储在内存中的常量数据区内，无论把它的地址赋给任何字符指针变量，都不允许通过这个指针修改所指向的字符串常量。

（8）使用 typedef 语句也同样能够把一种指针类型定义为新的名字。如：

```
① typedef int* inPointer;
② typedef char* chPointer;
③ typedef char *AA[10];
```

第①条语句定义标识符 inPointer 为 int*类型的别名，以后利用这个标识符可以定义出类型为 int*的对象。同理，利用第②条语句定义的 chPointer 标识符能够定义出类型为 char*的变量，利用第③条语句定义的 AA 标识符能够定义出类型为 char*[10]的变量，该类型为含有 10 个字符指针的数组类型。如：

```
① inPointer a;
② chPointer b=0;
③ AA c={"zero","one"};
```

其中 a 为 int*类型的指针，b 为 char*类型的指针，c 为 char*[10]类型的指针数组，b 被初始化为 NULL，c 中的元素 c[0]和 c[1]分别被初始化为″zero″和″one″的地址，其余所有元素被初始化为 NULL。

6.3 指针运算

对指针也可以进行一些运算，如赋值、取地址、间接访问、比较、增 1、减 1 等。

1．赋值（=）

指针之间也能够赋值，它是把赋值号右边指针表达式的值赋给左边的指针对象，该指针对象必须是一个左值，并且赋值号两边的指针类型必须相同。但有一点例外，那就是允许把任一类型的指针赋给 void*类型的指针对象。如：

```
char ch='d',*cp;
cp=&ch;                        //把 ch 的地址赋给 cp
```

2．取地址（&）

取地址操作符是单目操作符，它被用在一个指针对象的前面，运算结果是该指针对象的地址。如：

```
int x=30, *xp=&x;
cout<<x<<' '<<xp<<endl; //输出 x 的值和 x 的地址
```

取地址操作符的操作对象必须是一个左值，其操作结果是一个右值。

3．间接访问（*）

间接访问操作符也是一个单目操作符，它的后面是一个指针操作数，操作结果是该指针所指的对象。如：

```
int x=10,y=20;
int *xp=&x,*yp=&y;
cout<<*xp<<' '<<*yp<<endl;
int z=*xp+*yp;
*xp+=5;
cout<<*xp<<' '<<*yp<<' '<<z<<endl;
```

此程序段中的第 1 条语句定义了两个整型变量 x 和 y 并分别赋初值为 10 和 20。第 2 条语句定义了两个整型指针变量 xp 和 yp，并分别赋初值为 x 和 y 的地址。第 3 条语句依次输出 xp 和 yp 所指对象（对应为 x 和 y）的值。第 4 条语句定义了一个整型变量 z，使它初始化为表达式*xp+*yp 的值，因为*xp 为 xp 所指的对象 x，*yp 为 yp 所指的对象 y，所以该表达式等同于 x+y，其值为 30。第 5 条语句把*xp 的值加上 5 后再赋给*xp，因*xp 指的是 x，所以相当于执行 x+=5 的操作。第 6 条语句依次输出*xp、*yp 和 z 的值，该程序段的运行结果为：

```
10 20
15 20 30
```

又如：

```
char c1='a',c2='b',c;
cout<<c1<<' '<<c2<<endl;
char *cp=&c1,*cq=&c2;
c=*cp; *cp=*cq; *cq=c;
cout<<c1<<' '<<c2<<endl;  //相当于 cout<<*cp<<' '<<*cq<<endl;
```

此程序段的第 1 行定义了字符变量 c1、c2 和 c，并对 c1 和 c2 分别初始化为'a'和'b'；第 2 行输出 c1 和 c2 的值；第 3 行定义了字符指针变量 cp 和 cq，并分别初始化为 c1 和 c2

的地址；第 4 行 3 条语句实现 c1 和 c2 值的交换，相当于执行“c=c1; c1=c2; c2=c;”这 3 条语句；第 5 行又重新输出 c1 和 c2 的值。该程序段的运行结果为：

```
a b
b a
```

间接访问操作符的一个指针操作数，既可以是左值，也可以是右值，其操作结果是该指针所指向的对象，它是一个左值。

间接访问操作符是一个星号，它与定义指针变量所使用的星号相同，同时星号也是算术运算中的双目运算符乘号，用户应根据星号出现的位置加以区分，判断其作用。

假定 x 是一个变量，则*&x 的结果仍为 x。这是因为，按照*和&的运算规则，它们属于同一级运算，且其结合性是从右向左，所以先进行&运算取出 x 的地址，再进行*运算访问该地址所指向的对象 x，因此整个运算结果仍为 x；同样，若 p 是一个指针对象，则&*p 的值仍为 p 的值，因为应先进行*运算得到 p 所指的对象，接着进行&运算得到该对象的地址，该地址就是 p 的值。

4．增 1（++）和减 1（– –）

增 1 和减 1 操作符同样适应于指针类型，使指针值增加或减少所指数据类型的长度值。设 p 是一个指向 A 类型的指针变量，则 p++表示先得到 p 的值，然后 p 增 1，实际上 p 增加了 A 类型的长度值，使 p 指向了原数据的后面一个数据。如：

```
int a[4]={10,25,36,48};
int *p=a;
cout<<*p<<' ';
p++;
cout<<*p++<<' ';
cout<<*++p<<endl;
```

该程序段的第 1 行定义了一个整型数组 a[4]并被初始化；第 2 行定义了一个整型指针 p 并使之指向数组 a 中的第 1 个元素 a[0]；第 3 行输出 p 所指向的对象 a[0]的值，第 4 行使 p 增加 1，使之指向数组 a 中的第 2 个元素 a[1]，p 所保存的地址值实际上是增加了 int 型的长度 4；第 5 行输出表达式*p++的值和一个空格，计算表达式*p++的值时，因++和*是同一级单目运算，并且按从右向左结合，所以先计算++后计算*，计算 p++得到 p 的值，接着计算*得到 p 所指向的对象 a[1]，同时在计算 p++得到 p 的值之后又使 p 增 1，这时 p 指向了下一个元素 a[2]；第 6 行输出表达式*++p 的值和一个回车，计算*++p 时，应先计算++后计算*，使输出的是 a[3]的值。该程序段的运行结果为：

```
10 25 48
```

若把表达式*p++改写成(*p)++，则将首先访问 p 所指向的对象，然后使这个对象的值增 1，而指针 p 的值将不变。

又如：

```
char b[10]="abcdef";
char *p=b;
```

```
cout<<*p++<<' ';
p++;p++;
cout<<*p--<<' ';
cout<<*--p<<endl;
```

该程序段的第 1 行定义了一个字符数组 b[10]并被初始化为"abcdef"；第 2 行定义了一个字符指针 p 并使之指向数组 b 中的第一个元素 b[0]；第 3 行输出 p 所指向的元素 b[0]的值并修改 p 使之指向下一个元素 b[1]；第 4 行两次使 p 增 1，此时 p 就指向了元素 b[3]；第 5 行输出元素 b[3]的值并使 p 指向前一个元素 b[2]；第 6 行使 p 指向前一个元素 b[1]并输出该元素的值。此程序段的运行结果为：

```
a d b
```

5. 加（+）和减（–）

一个指针可以加上或减去一个整数（假定为 n），得到的值将是该指针向后或向前移动 n 个数据的地址值。如：

```
char a[10]="ABCDEF";
int b[6]={1,3,5,7,9,11};
char *p1=a,*p2;
int *q1=b,*q2;
p2=p1+4; q2=q1+2;
cout<<*p1<<' '<<*p2<<' '<<*(p2-1)<<endl;
cout<<*q1<<' '<<*q2<<' '<<*(q2+3)<<endl;
```

该程序段的运行结果为：

```
A E D
1 5 11
```

一个指针也可以减去另一个指针，其值为它们之间的数据个数，若被减数较大则得到正值，否则为负值。如：

```
double a[10]={0};
double *p1=a, *p2=p1+8;
p1++; --p2;
cout<<p2-p1<<' '<<p1-p2<<endl;
```

该程序段的运行结果为：

```
6 -6
```

6. 加赋值（+=）和减赋值（–=）

这两种操作是加、减操作和赋值操作的复合。如：

```
int a[5]={2,4,6,8,10};
int *p1=a+1, *p2=a+4;
```

```
cout<<*p1<<' '<<*p2<<endl;
p1+=2; p2-=3;
cout<<*p1<<' '<<*p2<<endl;
```

该程序段的运行结果为：

```
4 10
8 4
```

7. 比较（==,!=,<,<=,>,>=）

因为指针是一个地址，地址也有大小，即后面数据的地址大于前面数据的地址，所以两个指针可以比较大小。设 p 和 q 是两个同类型的指针，则当 p 大于 q 时，关系式 p>q、p>=q 和 p!=q 的值为 true，而关系式 p<q、p<=q 和 p==q 的值为 false；若 p 的值与 q 的值相同，则关系式 p==q、p<=q 和 p>=q 成立，其值为真，而关系式 p!=q、p<q 和 p>q 不成立，其值为假；当 p 小于 q 时，也可进行类似的分析。

单个指针也可以同其他任何对象一样，作为一个逻辑值使用，当它的值不为空时则为逻辑值 true，否则为逻辑值假。判断一个指针 p 是否为空，若为空则返回 true，否则返回 false，该条件可表示为!p 或 p==0 或 p==NULL。若要判断一个指针 p 是否为空，若不为空则返回 true，否则返回 false，该条件可表示为 p 或 p!=0 或 p!=NULL。

6.4 指针与数组

6.4.1 指针与一维数组

一维数组是由固定数目的同一类型元素所组成，整个数组占用内存中一块连续的存储空间，该空间的大小等于所含元素的个数乘以元素类型的长度。

假定 a[n]是一个元素类型为 int 的一维数组，该数组占用 4×n 个字节的存储空间，其存储空间的首地址，亦即第一个元素 a[0]的存储地址，可以通过访问数组名 a 或者对 a[0]元素进行取地址运算（&a[0]）而得到。由数组名可以直接得到数组中第一个元素的地址，因此数组名就是指向整个数组的指针，亦即指向数组的第一个元素的指针。可把数组名看作为一个具有指针类型的符号常量（即指针常量），其值是数组存储空间的首地址，是不允许改变的。如对于数组 a，它的值为 a[0]的地址，是只允许访问而不允许改变的，这个地址的类型为 int*。

对于上面假定的一维数组 a[n]，下标为 i 的元素 a[i]的存储地址为 a+i，因为 a[i]是 a 所指向的 a[0]元素之后的第 i 个元素。根据指向 a[i]的指针 a+i，可利用间接访问操作符*访问 a[i]元素，其访问表达式为*(a+i)。所以访问数组元素有两种方式，一种是下标方式，另一种是指针方式。利用中括号运算符访问数组元素的方式称为下标方式，利用星号运算符访问数组元素的方式称为指针方式。例如：

```
int a[10],i,s=0;
for(i=0;i<10;i++) cin>>a[i];
```

```
for(i=0;i<10;i++) {
    s+=a[i];
    cout<<a[i]<<' ';
}
cout<<endl<<s<<endl;
```

该程序段向数组 a[10]输入 10 个整数，接着把每一个元素值累加到 s 上并输出每个元素值，最后输出累加和 s 的值。该程序段可以改写为：

```
int a[10],i,s=0;
for(i=0;i<10;i++) cin>>*(a+i);
for(i=0;i<10;i++) {
    s+=*(a+i);
    cout<<*(a+i)<<' ';
}
cout<<endl<<s<<endl;
```

由于数组名是指针常量，其值不能被改变（也不应该被改变，若改变了就无法再找到该数组），所以不能够对数组名施加增 1 或减 1 运算；但若用一个指针变量指向一个数组，则可改变这个指针变量的值，从而使它指向数组中任何一个元素。据此可将上述程序段改写如下：

```
int a[10],i,s=0;
int *p=a;                       //p 指向数组 a 的第一个元素 a[0]
for(i=0;i<10;i++) cin>>*p++;
p=a;                            //使 p 重新指向数组 a 的开始位置
for(i=0;i<10;i++) {
    s+=*p;
    cout<<*p++<<' ';
}
cout<<endl<<s<<endl;
```

使用指针变量指向数组后，同样有下标和指针两种访问数组元素的方式。若把上述程序段改写为下标访问方式则为：

```
int a[10],i,s=0;
int *p=a;                       //p 指向数组 a 的第一个元素 a[0]
for(i=0;i<10;i++) cin>>p[i];
p=a;                            //使 p 重新指向数组 a 的开始位置
for(i=0;i<10;i++) {
    s+=p[i];
    cout<<p[i]<<'';
}
cout<<endl<<s<<endl;
```

对于一个存储字符串的数组，其数组名就是指向其字符串的指针，因为它的值为字符串中第一个字符的存储地址。实际上，指向一个字符串中任一字符位置的指针都是一个指向字符串的指针，该字符串从所指位置开始到末尾空字符为止，它是整个字符串的一个子串。例如：

```
char s1[]="StringPointer";
char*sp=s1;                              //s1 的值为 char*类型
cout<<sp<<endl;
cout<<s1+6<<endl;
char s2[10];
for(int i=0;i<6;i++) s2[i]=sp[i];
s2[i]=0;
cout<<s2<<' '<<&s1[6]<<endl;           //&s1[6]等同于 s1+6
```

该程序段的运行结果为：

```
StringPointer
Pointer
String Pointer
```

对于每个字符串常量，从任一字符开始也都是一个字符串，它是整个字符串的一个尾部子串。如：

```
char* s1="AddSubtruct";
char* s2=s1+3;
cout<<s1<<' '<<s2<<endl;
char s3[10];
strcpy(s3,s2);
s3[3]='\0';
cout<<s3<<' '<<s3+4<<endl;
```

该程序段的运行结果为：

```
AddSubtruct Subtruct
Sub ruct
```

数组名是指向元素类型的一个指针常量，它的值是数组存储空间的首地址，但使用 sizeof 运算符对数组名进行运算时，将得到整个数组所占用的存储空间的大小。如对于具有 10 个元素的 int 型数组 a，所占用的存储空间的大小可以用 sizeof(a)计算得到，其值为 40。

6.4.2 指针与二维数组

一个二维数组可被看作为仅带有第一维下标的一维数组，该数组中的每一个元素又都是一个仅带有第二维下标的一维数组。这样把二维数组分解为两层一维数组后，就可以按照讨论一维数组的方法来讨论二维数组了。例如：

```
int a[M][N];        //M 和 N 为已定义的整型常量
```

此语句定义了一个二维数组 a，第一维大小（即行数）为 M，第二维大小（即列数）

为 N，按照第一维得到的一维数组为 a[M]，所含元素依次为 a[0]、a[1]、…、a[M–1]，其中每个元素 a[i]（0≤i≤M–1）又都是一个具有第二维大小的一维数组，所含元素依次为 a[i][0]、a[i][1]、…、a[i][N–1]，a[i]就是该一维数组的数组名，a[i]的值就是指向二维数组 a 中行下标为 i、元素类型为 int 的一维数组的指针，即为 a[i][0]元素的地址，类型为 int*。二维数组 a 中的每个一维元素 a[i]都具有相同的类型，即为一维数组类型 int[N]，每个元素 a[i]的地址（即&a[i]）则为 int(*)[N]类型。由于二维数组名 a 是指向 a[0]元素的指针常量，即 a 的值为 a[0]元素的地址，所以 a 的值的类型为 int(*)[N]，大小为整个二维数组空间的首地址，即二维元素 a[0][0]的地址。

由于二维数组名 a 的值为 int(*)[N]类型，该值增 1 就使指针后移 4*N 个字节，所以 a+i 指向数组 a 的行下标为 i 的一维数组的开始位置，即 a[i][0]元素的位置。

对于二维数组 a 中的一维元素 a[i]，其指针访问方式为*(a+i)，所以二维数组 a[M][N]中任一元素 a[i][j]可等价表示为：

```
(*(a+i))[j]  或  *(*(a+i)+j)  或  *(a[i]+j)
```

上式中所加的圆括号确保间接访问操作优先于下标运算符，若不加圆括号，按照 C++运算规则，下标运算符优先于间接访问运算符。

在二维数组 a[M][N]中，a、a[0]、&a[0]和&a[0][0]的地址值都相同，但类型不同，a 和&a[0]的值为 int(*)[N]类型，而 a[0]和&a[0][0]的值均为 int*类型。a+1 或&a[0]+1 则比 a（或&a[0]）增加 4*N 个字节，而 a[0]+1 或&a[0][0]+1 则比 a[0]（或&a[0][0]）只增加 4 个字节。

若把一个指针定义为指向具有 N 个元素的一维数组的类型，并用一个具有列数为 N 的二维数组的数组名进行初始化，则该指针就指向了这个二维数组。通过指向二维数组的指针，同样可以访问该二维数组元素。例如：

```
int a[3][4]={{2,4,6,8},{3,6,9,12},{4,8,12,16}};
int(*p)[4]=a;  //p 与 a 的值具有相同的指针类型，均为 int(*)[4]类型
int i,j;
for(i=0;i<3;i++) {
    for(j=0;j<4;j++)
        cout<<setw(5)<<p[i][j];
            //采用下标方式访问 p 所指向的二维数组
    cout<<endl;
}
```

该程序段的运行结果为：

```
2    4    6    8
3    6    9   12
4    8   12   16
```

上面的 for 双重循环也可以改写为：

```
for(i=0;i<3;i++) {
    int *q=p[i];                        //或使用*p++或使用*(p+i)
```

```
    for(j=0;j<4;j++)
        cout<<setw(5)<<*q++;        //采用指针访问方式
    cout<<endl;
}
```

还可以改写如下：

```
int *q=a[0];  //或把 a[0]写成&a[0][0]或(int*)a
for(i=0;i<3;i++) {
    for(j=0;j<4;j++)
        cout<<setw(5)<<*q++;
    cout<<endl;
}
```

6.5 引用变量

引用同指针一样，不是一种独立定义的数据类型，而属于引申类型，它们必须同其他类型组合使用。如 int*为 int 指针类型，该类型的变量用来保存整数对象的存储地址，而 int&构成 int 引用类型，该类型的变量是对它进行初始化的一个对象的引用，或者说，它是进行初始化对象的一个别名，它共享初始化对象所具有的存储空间。

定义引用变量同定义指针变量的格式完全相同，当然要把定义指针的标记符号*改为定义引用的标记符号&。另外，必须对引用变量初始化，这样系统才能够知道它所引用的对象是谁。

引用变量的定义格式：

<类型关键字> & <引用变量名>=<已定义的同类型变量>,…;

例如：

```
double x=10;
cout<<&x<<endl;
double &y=x,z=20;
cout<<x<<' '<<y<<' '<<z<<endl;
cout<<&x<<' '<<&y<<' '<<&z<<endl;
```

该程序段中的第 1 条语句定义了一个整型变量 x 并赋初值为 10；第 2 条语句输出 x 的地址；第 3 条语句定义了一个整型引用变量 y 并初始化为 x，这样 y 就成为 x 的别名，即 y 将访问 x 所具有的存储空间，该语句同时定义了一个整型变量 z 并初始化为 20；第 4 条语句依次输出 x、y 和 z 的值，第 5 条语句依次输出 x、y 和 z 的地址。该程序段的运行结果为：

```
0x0066FDF0
10 10 20
0x0066FDF0 0x0066FDF0 0x0066FDE4
```

从运行结果可以看出，y 和 x 占用同一存储空间，即系统为 x 分配的存储空间，显示出的 x 和 y 的值相同，即为共用的存储空间中保存的整数 10。

定义引用变量所使用的符号标记与取对象地址运算符相同，即为&，读者可根据它所出现的场合判明它的用途，当出现在变量定义语句（或函数参数表）中一个被定义的变量之前时，则表示该变量为引用，当出现在其他任何地方时，则表示为取地址运算符。

由于引用变量是使用它所引用的对象的存储空间，所以对它赋值等价于对它所引用的对象的赋值，反之亦然。如：

```
char h='a',&r=h;
cout<<h<<' '<<r<<endl;
r='b';
cout<<h<<' '<<r<<endl;
h='c';
cout<<h<<' '<<r<<endl;
```

该程序段的运行结果为：

```
a a
b b
c c
```

任何一种数据类型同&结合都可以构成引用类型，从而定义出引用变量，下面给出定义指针引用变量的例子。

```
int a[5]={10,20,30,40,50};
int *p=a;
int*&r=p;                              //r是p的引用，p和r均指向a[0]元素
cout<<&p<<' '<<&r<<endl;
cout<<p<<' '<<r<<' '<<&a[0]<<endl;  //p和r的值为a[0]的地址
cout<<*p<<' '<<*r<<endl;              //*p和*r表示对象a[0]
p++;r++;
cout<<&p<<' '<<&r<<endl;
cout<<p<<' '<<r<<' '<<&a[2]<<endl;  //p和r的值为a[2]的地址
cout<<*p<<' '<<*r<<endl;              //*p和*r表示对象a[2]
```

该程序段的运行结果为：

```
0x0065FDE0 0x0065FDE0
0x0065FDE4 0x0065FDE4 0x0065FDE4
10 10
0x0065FDE0 0x0065FDE0
0x0065FDEC 0x0065FDEC 0x0065FDEC
30 30
```

引用类型主要使用在对函数形参的说明中，使该形参成为传送给它的实参对象的别名，关于这方面的内容将留到第七章讨论。

6.6 动态存储分配

1. 动态存储分配的概念

在变量定义语句中定义的变量是在程序的编译阶段浮动分配其存储空间的，在程序运行阶段才真正从内存的称为“栈存储区”中获得对应的存储空间，每个变量的存储空间的大小等于所属类型的长度。这种对变量定义语句中定义的变量进行的存储分配称为静态分配或预分配。

在 C++语言中，除了静态分配外，还可以进行动态存储分配，即在程序运行阶段从内存的称为“堆存储区”中获得变量的存储空间。

使用 new 操作符能够实现动态分配，它是一种单目操作符，操作数紧跟其后，该操作数是任一种数据类型关键字，当数据类型不是数组时，还可以初始化由动态分配得到的数据存储单元。

当程序执行 new 运算时，将首先从内存中用于动态分配的堆存储区内分配一块存储空间，该空间的大小等于 new 运算符后指明的数据类型的长度；然后返回该存储空间的地址，对于数组类型返回的是该空间中存储第一个元素的地址。

若执行 new 操作时，无法得到所需的存储空间，则表明动态分配失败，此时返回空指针，即运算结果为 NULL。

使用 new 运算符的格式为：

```
new <已知数据类型>[(<初值表达式>)]
```

对于非数组类型<初值表达式>为可选项，对于数组类型则不含此项。

2. 使用 new 运算符格式举例

```
(1) new int;
(2) new int(5);
(3) new char[10];
(4) new int[n];
(5) new double[m+1][N+1];
(6) new char*(&x);
```

执行第（1）条运算时将分配到具有 4 个字节的整数存储空间，并返回该存储空间的地址，即指向该存储空间的指针，该指针的类型为 int*。

执行第（2）条运算时同样分配到具有 4 个字节的整数存储空间，返回该存储空间的地址，并且对该存储空间进行初始化，使之存储一个整数 5。

执行第（3）条运算时，首先分配到具有 10 个字节的字符数组空间，然后返回该存储空间中存储第一个元素的地址，其返回值类型为 char*。

执行第（4）条运算时，首先分配到能够存储 n 个整数的数组空间，然后返回该存储空间首地址，即存储第一个元素的地址，其返回值为 int*类型。

执行第（5）条运算时，首先分配(m+1)*(N+1)个双精度数存储空间，它是一个二维双精度数组空间；然后返回第一个元素的地址。由于对应的一维数组的元素类型为double[N+1]，所以返回值的类型为double(*)[N+1]。

执行第（6）条运算时，首先动态分配一个 4 字节的用于存储一个字符指针的数据空间，并使这个数据空间初始指向 x，假定 x 是一个 char 类型的对象；然后返回这个数据空间的地址。由于该数据空间保存的是字符指针，所以返回值的类型为 char**。

3．几点说明

（1）当采用 new 运算动态分配一维数组空间时，括号内的数组长度既可以为一个常量表达式，也可以为一个变量表达式。而在变量定义语句中定义的数组，其每一维的长度都必须是一个常量表达式，不允许是变量表达式。当只有在程序运行时才能够确定待使用数组的长度时，只能采用动态分配建立该数组，不能采用变量定义语句定义它。

（2）当采用 new 运算动态分配二维数组空间时，第二维的长度（即列数）必须为常量表达式，第一维的长度（即行数）可以为常量表达式，也可以为变量表达式。在上述第（5）条运算中，N 必须为一个事先定义的整型常量，而 m 可以为常量，也可以为变量。

同理，当采用 new 运算动态分配二维以上数组的存储空间时，只有第一维的尺寸是可变的，其余维的尺寸都必须为常量。动态分配二维及以上数组时其返回值为一个指向低一级数组的指针。如：

```
new int[2][3][4];
```

返回值的类型为 int (*)[3][4]，其值是按第一维考虑的第一个元素的地址。

（3）采用 new 运算能够实现数据存储空间的动态分配，但用户只有把它的返回值保存到一个指针变量后，才能够通过这个指针变量间接地访问这个存储空间（即数据对象）。当然用户所定义的指针变量的类型必须与 new 运算返回值的类型相同。如：

```
① int *p1=new int(8);
② int *p2=new int[10];
③ char(*p3)[12]=new char[6][12];
④ int**p4=new int*(p1);
```

第①条语句使 p1 指向动态分配的一个存储整数的空间，该空间被初始化为 8，通过使用*p1 可以存取该整数对象。

第②条语句使 p2 指向动态分配的、能够存储 10 个整数的数组空间，通过 p2 指针可以按下标和指针两种方式访问该数组中的任意元素。

第③条语句使 p3 指向一个二维字符数组，该数组为 6 行 12 列，共包含存储 72 个字符的空间，通过 p3 指针可以同使用数组名一样访问该数组。如使用语句：

```
cin>>p3[i];
```

可以从键盘上输入一个字符串到行下标为 i 的一维字符数组 p3[i][12]中，当然，输入的字符串的长度必须小于等于 11。

第④条语句使 p4 指向一个 int*型的指针对象，该对象被初始化为 p1（假定 p1 为 int*

类型）的值，所以表达式*p4 的值就是指向一个整数对象的指针，表达式**p4 的值就是这个整数对象的值。

4．使用 delete 运算符释放动态存储空间

使用 new 运算符动态分配给变量的存储空间，可以通过使用 delete 运算符重新归还给系统，若没有使用这种运算归还，则只有等到整个程序运行结束才被系统自动回收。

使用 delete 运算符的格式为：

```
delete p1;    或 delete []p1;
```

其中 p1 表示指向动态分配的非数组空间的指针，p2 表示指向动态分配的数组空间的指针。如：

```
int *p=new int;
*p=20; (*p)++;
int x=*p-5;
cout<<*p<<' '<<x<<endl;
delete p;
```

该程序段中的第 1 行得到一个动态分配的整数变量（对象）*p；第 2 行首先给*p 赋值为 20，然后让它增 1，其值由 20 变为 21；第 3 行定义整数变量 x，并对它进行初始化，初始表达式为*p–5，值为 16；第 4 行输出*p 和 x 的值；第 5 行把 p 所指向的动态分配的整数空间归还给系统。注意：为指针变量 p 静态分配的 4 个字节的存储空间不会被归还，还可以利用 p 指向另一个整数对象。如：

```
int y=13; p=&y; cout<<*p<<endl;
```

又使 p 指向了整数对象 y，此时*p 就是 y。

下面的程序段含有动态分配和释放数组的操作。

```
int n,i;
cin>>n;
int *a=new int[n];
if(a==NULL){cout<<"内存中动态存储空间用完，退出运行!\n"; exit(1);}
    //对于一般的程序,内存动态空间不会用完，所以可省略此语句
a[0]=1;
for(i=1;i<n;i++)
    a[i]=2*a[i-1]+1;              //下标访问方式
for(i=0;i<n;i++)
    cout<<*(a+i)<<' ';            //指针访问方式
cout<<endl;
delete []a;
```

该程序段首先定义 n 并从键盘上输入一个整数给 n；接着得到一个动态分配的具有 n 个元素的一维数组，并由 a 指针所指向，若 a 为空则退出运行；再接着给这个数组中的每个元素赋值；然后依次输出每个元素的值；程序段最后释放（即删除）由 a 所指向的动态

数组空间。假定从键盘上给 n 输入的整数为 10，则得到的运行结果为：

```
1 3 7 15 31 63 127 255 511 1023
```

这里再强调一下：由指针变量指向一块动态分配的数组空间，该指针变量可以作为数组名使用，采用下标方式访问每个元素，但它不是数组名，所以可修改它的值。

下面给出一个使用动态数组空间的完整程序，供读者参考。

```
#include<iostream.h>
#include<stdlib.h>                        //包含有退出程序运行的exit()函数的原型
void main()
{
    int n;
    cout<<"请输入一个正整数表示数据个数:";
    cin>>n;
    int *a=new int[n];
    if(a==NULL){cout<<"内存中动态存储空间用完, 退出运行!\n"; exit(1);}
    int i,j;
    cout<<"请输入"<<n<<"个待排序的整数:"<<endl;
    for(i=0;i<n;i++) cin>>a[i];
    for(i=1; i<n; i++) {                 //对n个元素进行选择排序
        int k=i-1;
        for(j=i; j<n; j++)
            if(a[j]<a[k]) k=j;
        int x=a[i-1]; a[i-1]=a[k]; a[k]=x;
    }
    for(i=0; i<n; i++)                   //输出排序结果
        cout<<a[i]<<' ';
    cout<<endl;
    delete []a;
}
```

该程序首先得到从键盘上输入的 n 个整数，然后再按照从小到大的次序显示出来。

本章小结

1．指针是一种简单数据类型，类型长度为 4 个字节，除 void 指针类型外，每个指针类型都同一种数据类型相联系，称为指向该数据类型的指针。

2．一个变量的地址是由计算机系统控制分配的，用户无法也无须干涉，但变量的地址可以由取地址运算符运算得到，可以把它赋给同类型的一个指针变量，通过对指针变量的间接访问可以操作所指向的变量。

3．对指针变量能够向对整型变量那样进行增 1 或减 1 操作，或者进行加整数赋值或减整数赋值操作。由于指针是具有一定的数据类型的，所以增 1 或减 1 后将使指针指向了后一个或前一个数据，使按字节为单位的指针值增加了相应数据类型长度的大小。

4．每个数组的数组名是一个指针常量，它的值为第一个元素的地址，不允许给数组名赋值。

5．可以使用一个指针指向一个数组，即用数组名初始化该指针，以后可以用该指针访问该数组，其访问方式可以采用下标方式，也可以采用指针方式。

6．假定一种数据类型为 DataType，则指向该类型的一维数组的指针类型为 DataType*，指向该类型的二维数组的指针类型为 DataType(*)[N]，假定 N 是一个整型常量，表示该二维数组的列数。

7．引用变量是对它进行初始化的变量所起的一个别名，它没有独立的存储空间，而是使用对它进行初始化的那个变量（称为原变量）的存储空间，以后对引用变量和原变量的操作都是在同一存储空间上进行的。

8．使用 new 运算符能够进行动态存储空间分配，且分配的数组空间的大小可以在事先不确定，待执行该运算时求出。释放动态分配的存储空间则采用 delete 运算符。

9．假定 p 指向 new 运算符分配的动态存储空间，则*p 就代表这个动态变量（对象），若 p 指向的是动态数组空间，则可以按下标或指针方式访问数组元素，同时允许修改 p 的值。

习题六

6.1 写出程序运行结果并上机验证。

1.
```
#include<iostream.h>
void main()
{
    int a[8]={25,18,36,42,17,54,30,63};
    int *p=a;
    int c2,c3,c5;
    c2=c3=c5=0;
    while(p<a+8) {
        if(*p%2==0) c2++;
        if(*p%3==0) c3++;
        if(*p%5==0) c5++;
        p++;
    }
    cout<<c2<<' '<<c3<<' '<<c5<<endl;
}
```

2.
```
#include<iostream.h>
void main()
{
    int a[8]={46,38,72,55,24,63,50,37};
    int s=0;
```

```
    int *p=a+2;
    while(p<a+6) s+=*p++;
    while(--p>=a+2) cout<<*p<<' '; cout<<endl;
    cout<<s<<' '<<s/4<<' '<<float(s)/4<<endl;
}
```

3.
```
#include<iostream.h>
const int n=5;
void main()
{
    int a[n]={3,10,5,4,7};
    int *p1=a, *p2=a+n-1;
    while(p1<p2) {
        int x=*p1; *p1=*p2; *p2=x;
        p1++; p2--;
    }
    for(int i=0;i<n;i++) cout<<*(a+i)<<' ';
    cout<<endl;
}
```

4.
```
#include<iostream.h>
#include<string.h>
void main()
{
    char*a[5]={"computer","telephone","typewriter",
               "television","fridge"};
    char *p=a[0];
    for(int i=1; i<5; i++)
        if(strcmp(a[i],p)==1) {cout<<p<<' '; p=a[i];}
    cout<<endl<<p<<endl;
}
```

5.
```
#include<iomanip.h>
void main() {
    int x=20,y=40,*p;
    p=&x; cout<<*p<<' ';
    *p=x+10;
    p=&y; cout<<*p<<endl;
    *p=y+20; cout<<x<<' '<<y<<endl;
}
```

6.
```
#include<iostream.h>
#include<string.h>
typedef char AA[10];
void main()
{
    AA a,b="camera";
```

```
    char *ap=a, *bp=b+strlen(b);
    while(bp!=b) *ap++=*--bp;
    *ap='\0';
    cout<<a<<' '<<b<<endl;
}
```

7.
```
#include<iostream.h>
void main()
{
    int x=23;
    int *p1=new int(5);
    int *p2=new int(x-10);
    cout<<*p1<<' '<<*p2<<endl;
    int temp=*p1;
    *p1=*p2;
    *p2=temp;
    cout<<*p1<<' '<<*p2<<endl;
    delete p1; delete p2;
    p1=new int(18); p2=new int; *p2=*p1+42;
    cout<<*p1<<' '<<*p2<<endl;
    delete p1;
}
```

6.2 指出程序功能上机验证。

1.
```
#include<iostream.h>
#include<stdlib.h>
#include<time.h>
void main()
{
    srand(time(0));
    int m;
    cout<<"从键盘上输入一个整型数组的长度：";
    cin>>m;
    int *a=new int[m];
    int i;
    for(i=0; i<m; i++) a[i]=rand()%100;
    int *p=a, s=0;
    while(p<a+m) {cout<<*p<<' '; s+=*p++;}
    cout<<endl<<int(s*1.0/m*100)/100.0<<endl;
}
```

2.
```
#include<iostream.h>
void main()
{
    int m,n;
    cout<<"从键盘输入一个数值矩阵的行、列数：";
```

```
    cin>>m>>n;
    int **a=new int*[m];
    int i,j;
    for(i=0; i<m; i++) a[i]=new int[n];
    cout<<"从键盘输入"<<m<<"行*"<<n<<"列的数值矩阵：\n";
    for(i=0; i<m; i++)
        for(j=0; j<n; j++)
            cin>>a[i][j];
    for(i=0; i<m; i++) {
        for(j=0; j<n; j++)
            cout<<a[i][j]<<' ';
        cout<<endl;
    }
    for(i=0; i<m; i++) delete []a[i];
    delete []a;
}
```

3.
```
#include<iostream.h>
void main()
{
    int m;
    cout<<"从键盘上输入一个整型数组的长度：";
    cin>>m;
    int *a=new int[m];
    int i;
    cout<<"从键盘上为数组输入"<<m<<"个数值：\n";
    for(i=0; i<m; i++) cin>>a[i];
    int **p=new int*[m];
    for(i=0; i<m; i++) p[i]=a+i;  //a+i 可替换为&a[i];
    for(i=1; i<m; i++) {
        int k=i-1;
        for(int j=i; j<m; j++)
            if(*p[j]<*p[k]) k=j;
        int* x=p[i-1]; p[i-1]=p[k]; p[k]=x;
    }
    for(i=0; i<m; i++) cout<<*p[i]<<' ';
    cout<<endl;
}
```

4.
```
#include<iostream.h>
#include<string.h>
#define N 30
void main()
{
    int m;
    cout<<"从键盘上输入待处理字符串的个数：";
```

```
    cin>>m;
    char (*a)[N]=new char[m][N];
    int i;
    cout<<"从键盘上输入"<<m<<"个字符串：\n";
    for(i=0; i<m; i++) cin>>a[i];
    cout<<"从键盘上输入待查找的一个子串：";
    char x[N]; cin>>x;
    for(i=0; i<m; i++)
       if(strstr(a[i],x)!=NULL) cout<<a[i]<<endl;
}
```

第七章　函　　数

本章主要介绍 C++函数的定义与调用，不同类型参数的实虚结合特点，变量的作用域和生存期，以及函数的递归、重载和模板等内容。通过学习能够学会根据解决问题的需要建立和调用函数，会进行模块化的程序设计。

7.1　函数定义

7.1.1　函数定义格式

在一个 C++程序中，可以包含有一个或若干个程序文件和头文件，每个头文件通常由编译预处理命令、用户定义类型、全局变量定义、符号常量定义、函数原型声明等内容组成，每个程序文件通常由一个或若干个函数定义所组成，每个函数的定义格式为：

[<有效范围>] <类型名> <函数名> (<参数表>) <函数体>

<有效范围>由所使用的保留字 extern 或 static 决定。若使用 extern，则称为全局函数或外部函数，它在整个程序的所有程序文件中都有效，即能够被任何程序文件所调用；若使用 static 则称为局部函数或静态函数，它只在所属的程序文件中有效，即只能被所属的程序文件调用。若<有效范围>选项被省略，则默认为使用了保留字 extern，即默认为全局函数。

<类型名>为系统或用户已定义的一种数据类型，它是函数执行过程中通过 return 语句返回的值的类型，又称为该函数的类型。当一个函数不需要通过 return 语句返回一个值时，称为无返回值函数或无类型函数，此时需要使用保留字 void 作为类型名。当类型名为 int 时，可以省略不写，但为了清楚起见，还是写明为好。

<函数名>是用户为函数所起的名字，它是一个标识符，应符合 C++标识符的一般命名规则，用户通过使用这个函数名和实参表可以调用该函数。

<参数表>又称形式参数表，它包含有任意多个（含 0 个，即没有）参数说明项，当多于一个时，其前后两个参数说明项之间必须用逗号分开。每个参数说明项由一种已定义的数据类型和一个变量标识符组成，该变量标识符称为该函数的形式参数，简称形参，形参前面给出的数据类型称为该形参的类型。一个函数定义中的<参数表>可以被省略，表明该函数为无参函数；若<参数表>用 void 取代，则也表明是无参函数。若<参数表>不为空，同时又不是保留字 void，则称为带参函数。

<函数体>是一条复合语句，它以左花括号开始，到右花括号结束，中间为一条或若干条 C++语句。

在一个函数的参数表中，每个参数可以为任一种数据类型，包括普通类型、指针类型、数组类型、引用类型等，一个函数的返回值可以是除数组类型之外的任何类型，包括普通类型、指针类型和引用类型等。另外，当不需要返回值时，应把函数定义为 void 类型。

7.1.2 函数定义格式举例

下面给出一些函数定义格式的例子，但只给出函数头，省略函数体中的内容。

（1）`void f1() {…}`

（2）`static void f2(int x) {…}`

（3）`int f3(int x,int* p) {…}`

（4）`char* f4(char a[]){…}`

（5）`int f5(int& x,double d) {…}`

（6）`int& f6(int b[10], int n) {…}`

（7）`void f7(float c[][N], int m, float& max) {…}`

（8）`bool f8(ElemType*& bt, ElemType& item) {…}`

在第（1）条函数定义中，函数名为 f1，函数类型为 void，参数表为空，此函数是一个无参无类型函数。若在 f1 后面的圆括号内写入保留字 void，也表示为无参函数。

在第（2）条函数定义中，仅带有一个类型为 int 的形参变量 x，该函数没有返回值。另外 f2 是一个仅局限于所属程序文件使用的函数，在同一程序的其他程序文件中不能够被声明和调用。

在第（3）条函数定义中，函数名为 f3，函数类型为 int，函数参数为 x 和 p，其中 x 为 int 型普通参数，p 为 int*型指针参数。

在第（4）条函数定义中，函数名为 f4，函数类型为 char*，即字符指针类型，参数表中包含一个一维字符数组参数。注意：在定义任何类型的一维数组参数时，不需要给出维的尺寸（即数组长度），当然给出也是允许的，但没有任何意义。

在第（5）条函数定义中，函数名为 f5，返回类型为 int，该函数带有两个形参，一个为整型引用变量 x，另一个为双精度变量 d。

在第（6）条函数定义中，函数名为 f6，函数类型为 int&，即整型引用，该函数带有两个形参，一个是整型数组 b，另一个是整型变量 n。在这里定义形参数组 b 所给出的维的尺寸 10 可以被省略，另一个形参 n 通常用来表示形参数组的大小。

在第（7）条函数定义中，函数名为 f7，无函数类型，参数表中包含 3 个参数，一个为二维单精度型数组 c，第 2 个为整型变量 m，第 3 个为单精度引用变量 max。注意：当定义一个二维数组参数时，第 2 维的尺寸必须给出，并且必须是一个常量表达式，而第 1 维尺寸可给出也可以不给出，其作用相同，第 1 维的实际尺寸通常需要由另一个整型参数来表示，在此例中用 m 来表示。

在第（8）条函数定义中，函数名为 f8，返回类型为 bool，即逻辑类型，该函数带有两个参数，一个为形参 bt，它为 ElemType 的指针引用类型，另一个为形参 item，它是 ElemType 的引用类型，其中 ElemType 为一种用户定义的类型或是通过 typedef 语句定义的一个类型的别名。

在上述 8 条函数定义中，除第（2）条外都是外部函数，相当于在函数头的首部省略了 extern 保留字。这些函数除了可以在所属程序文件中声明和调用外，也可以在同一个程序的其他程序文件中声明和调用。从函数原型来看，若一个函数原型声明语句中带有 static 保留字则函数定义只能被放置在所属程序文件中，否则可以被放置在任何程序文件中。

7.1.3　有关函数定义的几点说明

1．函数原型语句

在一个函数定义中，函数体之前的所有部分称为函数头，它给出函数名、返回类型、每个参数的次序和类型等函数原型信息，所以当没有专门给出函数原型声明语句时，系统就从每个函数头中获取函数原型信息。

一个函数必须先定义或声明而后才能被调用，否则编译程序无法判断该调用的正确性。一个函数的声明是通过使用一条函数原型语句实现的，当然使用多条相同的原型语句声明同一个函数虽然多余但也是允许的，编译时不会出现错误。

在一个完整的程序中，函数的定义和函数的调用可以在同一个程序文件中，也可以处在不同的程序文件中，但必须确保函数原型语句与函数调用表达式出现在同一个文件中，且函数原型语句出现在前，函数的调用出现在后。

通常可以把一个程序中用户定义的所有全局函数的原型语句组织在一起，构成一个头文件，让该程序中所含的每个程序文件的开始（即所有函数定义之前）包含这个头文件（通过#include 命令实现），这样不管每个函数的定义在哪里出现，都能够确保函数先声明后调用这一原则的实现。

一个函数的原型语句就是其函数头的一个副本，当然要在最后加上语句结束符分号。函数原型语句与函数头也有细微的差别，在函数原型语句中，其参数表中的每个参数允许只保留参数类型，而省略参数名，并且允许其参数名与函数定义的函数头中对应的参数名不同。

2．常量形参

在定义一个函数时，若只允许函数体访问一个形参的值，而不允许修改它的值，则应把该形参说明为常量，这只要在形参说明的前面加上 const 保留字进行修饰即可。如：

```
void f9(const int& x, const char& y);
void f10(const char* p, char key);
```

在函数 f9 的函数体中只允许读取 x 和 y 的值，不允许修改它们的值。在函数 f10 的函数体中只允许使用 p 所指向的字符对象或字符数组对象的值，不允许修改它们的值，但在函数体中既允许使用也允许修改形参 key 的值。

3．默认值参数

在一个函数定义中，可根据需要对参数表末尾的一个或连续若干个参数给出默认值，当调用这个函数时，若实参表中没有给出对应的实参，则形参将采用这个默认值。如：

```
void f11(int x, int y=0) {…}
int f12(int a[], char op='+', int k=10) {…}
```

函数 f11 的定义带有两个参数，分别为整型变量 x 和 y，且 y 带有默认值 0，若调用该函数的表达式为 f11(a,b)，将把 a 的值赋给 x，把 b 的值赋给 y，接着执行函数体；若调用该函数的表达式为 f11(a+b)，则也是正确的调用格式，它将把 a+b 的值赋给 x，因 y 没有对应的实参，将被赋予默认值 0，参数传送后接着执行函数体。

函数 f12 的定义带有 3 个参数，其中后 2 个参数带有默认值，所以调用它的函数格式有 3 种：一种只带一个实参，用于向形参 a 传送数据，后两个形参采用默认值；第 2 种带有两个实参，用于分别向形参 a 和 op 传送数据，第 3 个参数 k 采用默认值；第 3 种带有 3 个实参，分别对应传送给 3 个形参，每个形参的默认值不被采用。

若一个函数带有专门的函数原型语句，则形参的默认值只能在该函数原型语句中给出，不允许在函数头中给出。如对于上述的 f11 和 f12 函数，其对应的函数原型语句分别为：

```
void f11(int x, int y=0);
int f12(int a[], char op='+', int k=10);
```

函数定义应分别改写为：

```
void f11(int x, int y) {…}
int f12(int a[], char op, int k) {…}
```

4. 数组参数

在函数定义中的每个数组参数实际上是指向元素类型的指针参数。对于一维数组参数说明如下：

```
<数据类型> <数组名>[]
```

它与下面的指针参数说明完全等价：

```
<数据类型> *<指针变量名>
```

其中<指针变量名>就是数组参数说明中的<数组名>。如对于 f12 函数定义中的数组参数说明 int a[]，等价于指针参数说明 int* a。也就是说，数组参数说明中的数组名 a 是一个类型为 int*的形参。注意：此形参数组 a 是一个具有元素指针类型的变量，而不像在一般变量定义语句中定义的数组那样只是一个指针常量，此形参数组 a 可以在调用时被对应的实参值所修改。

对于二维数组参数说明如下：

```
<数据类型> <参数名>[][<第 2 维尺寸>]
```

它与下面的指针参数说明完全等价：

```
<数据类型> (*<参数名>)[<第 2 维尺寸>]
```

如对于 f7 函数定义中的二维数组参数说明 float c[][N]，等价于指针参数说明 float(*c)[N]。

在每个数组参数说明的前面也可以使用 const 保留字，表示只能在函数体中使用形参数组的每个元素的值，而不允许被修改，即对数组元素的值起到写保护作用，否则既允许读取也允许修改数组元素的值。

5．函数类型

当调用一个函数时就执行一遍循环体。对于类型为非 void 的函数，函数体中至少必须带有一条 return 语句，并且每条 return 语句必须带有一个表达式，当执行到任一条 return 语句时，将计算出其表达式的值，结束整个函数的调用过程，把这个值作为所求的函数值带回到调用位置，参与后续的运算；对于类型为 void 的函数，它不需要返回任何函数值，所以在函数体中只能使用不带表达式的 return 语句返回，当然也允许不使用 return 语句，此时执行到函数体最后结束位置（即函数体最后的右花括号）时，将结束函数的调用过程，返回到调用位置向下继续执行。

6．内联函数

当在一个函数的定义和声明前加上关键字 inline 时，就把该函数声明为内联函数。计算机在执行一般函数的调用时，无论该函数多么简单或复杂，都要经过参数传递、执行函数体和返回等操作过程。若把一个函数声明为内联函数后，在程序编译阶段系统就有可能把所有调用该函数的地方都直接替换为该函数的执行代码，由此省去函数调用时的参数传递和返回操作，从而加快整个程序的执行速度。通常可把一些相对简单的函数声明为内联函数，对于较复杂的函数则不应声明为内联函数。从用户的角度看，调用内联函数和调用一般函数没有任何区别。下面就是一个内联函数声明和定义的例子，它返回形参值的立方。

```
inline int cube(int n);            //声明
inline int cube(int n)             //定义
{
    return n*n*n;
}
```

7.2　函数调用

7.2.1　调用格式

调用一个已定义或声明的函数需要给出相应的函数调用表达式，其格式为：

```
<函数名>(<实参表>)
```

若调用的是一个无参函数，或全部形参为可选的函数，则<实参表>被省略，此时实参表为空。

<实参表>为一个或若干个用逗号分开的表达式，表达式的个数应至少等于不带默认值的形参的个数，应不大于所有形参的个数，<实参表>中每个表达式称为一个实参，每个实参的类型必须与相应的形参类型相同或兼容（即能够被自动转换为形参的类型，如整型与

字符型就是兼容类型）。每个实参是一个表达式，包括是一个常量、一个变量、一个函数调用表达式，或一个带运算符的一般表达式。如：

```
（1）g1(25)              //实参是一个整数
（2）g2(x)               //实参是一个变量
（3）g3(a,2*b+3)         //第一个实参为变量，第二个实参为带运算的表达式
（4）g4(sin(x),'@')      //第一个为函数调用表达式，第二个为字符常量
（5）g5(&d,*p,x/y-1)     //实参分别为取地址、间接访问和一般算术表达式
```

任一个函数调用表达式都可以单独作为一个表达式语句使用，但当该函数调用带有返回值时，这个值就被自动丢失。对于具有返回值的函数，调用它的函数表达式通常是作为一个数据项使用，其返回值将参与相应的运算，如把它赋值给一个变量，把它输出到屏幕上显示出来等。如：

```
（1）f1();                       //作为单独的语句，若有返回值则被丢失
（2）y=f3(x,a);                  //返回值被赋给 y 保存
（3）cout<<f6(c,10)<<endl;       //返回值被输出到屏幕上
（4）f2(f5(x1,d1)+1);            //f2 调用作为单独的语句，f5 调用是 f2 实参的一个数据项
（5）f6(b,5)=3*w-2;              //f6 函数调用的返回值当作一个左值
（6）if(f8(ct,x)) cout<<"true"<<endl;  // f8 函数调用作为一个判断条件
```

7.2.2 调用过程

当调用一个函数时，整个调用过程分为三步进行：第一步是参数传递；第二步是函数体执行；第三步是返回，即返回到函数调用表达式的位置。

1. 参数传递过程

参数传递称为实虚结合，即实参向形参传递信息，使形参具有确切地含义（即具有对应的存储空间和初值）。这种传递又分为两种不同情况，一种是向非引用参数传递，另一种是向引用参数传递。

形参表中的非引用参数包括普通类型的参数、指针类型的参数和数组类型的参数三种。实际上可以把数组类型的参数归类为指针类型的参数，因为它是指向元素的指针类型。

（1）按值传递

当形参为非引用参数时，实虚结合的过程为：首先计算出实参表达式的值，接着给对应的形参变量分配一个数据存储单元，然后把已求出的实参表达式的值赋给形参变量，成为形参变量的初值（当前值）。这种实虚结合是把实参表达式的值传送给对应的形参变量，被称为“按值传递”。

假定有下面的函数原型：

```
① void h1(int x, int y);
② bool h2(char*p);
③ void h3(int a[], int n);
④ char* h4(char b[][N], int m);
```

若采用如下的函数调用：

```
① h1(a,25);                    //假定a为int型
② bool bb=h2(sp);              //假定sp为char*型
③ h3(b,10);                    //假定b为int*型
④ char* s=h4(c,n+1);           //假定c为int(*)[N]型，n为int型
```

当执行第①条语句中的h1(a,25)调用时，把第一个实参a的值传送给对应形参x的数据单元中，成为x的初值，把常数25传送给形参y的数据单元（存储空间）中，成为y的初值。

当执行第②条语句中的h2(sp)调用时，将把sp的值，即一个字符对象的存储地址传送给对应的指针形参p的数据单元中，使p指向的对象就是实参sp所指向的对象，即*p和*sp表示的是同一个对象，若在函数体中对*p进行了修改，则待调用结束返回后通过访问*sp就得到了这个修改。

当执行第③条语句中的h3(b,10)调用时，将把b的值（通常为元素类型为int的一维数组的首地址）传送给对应数组变量（实际为指针变量）a的数据单元中，使得形参a指向实参b所指向的数组空间，因此，在函数体中对数组a的存取元素的操作就是对实参数组b的操作。也就是说，采用数组传送能够在函数体中使用形参数组访问对应的实参数组。

当执行第④条语句中的h4(c,n+1)调用时，将把c的值（通常为与形参b具有相同元素类型和列数的二维数组的首地址）传送给对应二维数组参数（实际为指针变量）b的数据单元中，使得形参b指向实参c所指向的二维数组空间，在函数体中对数组b的存取元素的操作就是对实参数组c的操作；该函数调用还要把第2个实参表达式n+1的值传送给形参m中，在函数体中对m的操作与相应的实参无关。

在函数定义的形参表中说明一个数组参数时，通常还需要说明一个整型参数，用它来接收由实参传送来的数组的长度，这样才能够使函数知道待处理元素的个数。如上面的第③条函数原型中的参数n和第④条函数原型中的参数m都是用来表示数组长度的参数。

（2）按址传递

当形参为引用参数时，对应的实参通常是一个变量，实虚结合的过程为：把实参变量的地址传送给引用形参，成为引用形参所访问的数据单元的地址，也就是说，使得引用形参是实参变量的一个引用（别名），引用形参所占用的存储空间（数据单元）就是实参变量所占用的存储空间。因此，在函数体中对引用形参的操作实际上就是对被引用的实参变量的操作。这种向引用参数传递信息的方式称为引用传递或按址传递。

引用传递的好处是不需要为形参分配新的存储空间，从而节省存储，另外能够使对形参的操作反映到实参上，函数被调用结束返回后，能够从实参中得到函数对它的处理结果。有时，既为了使形参共享实参的存储空间，又不希望通过形参改变实参的值，则应当把该形参说明为常量引用，如：

```
void f13(const int& A, const Node& B, char C);
```

在该函数执行时，只能读取引用形参A和B的值，不能够修改它们的值。由于它们是

对应实参的别名，所以，换句话说，只允许函数体读取 A 和 B 对应实参的值，不允许进行修改，从而杜绝了对实参值进行的有意或无意的破坏。

进行函数调用除了要把实参传递给形参外，系统还将自动把函数调用表达式执行后的位置（称为返回地址）传递给被调用的函数，使之保存起来，当函数执行结束后，将按照所保存的返回地址返回到原来位置，继续向下执行。

2．执行函数体

函数调用的第二步是执行函数体，实际上就是执行函数头后面的一条复合语句，它将按照从上向下、同一行从左向右的次序执行函数体中的每条语句，当碰到 return 语句时就结束返回。对于无类型函数，当执行到函数体最后的右花括号时，与执行一条不带表达式的 return 语句相同，也将结束返回。

3．函数返回

函数调用的第三步是返回，这实际上是执行一条 return 语句的过程。当 return 语句不带有表达式时，其执行过程为：按函数中所保存的返回地址返回到调用函数表达式的位置接着向下执行。当 return 语句带有表达式时，又分为两种情况：一种是函数类型为非引用类型，则计算出 return 语句中的表达式的值，并把它暂时保存起来，以便返回后读取它参与相应的运算；另一种情况是函数的类型为引用类型，则 return 中的表达式必须是一个左值，并且不能是本函数中的局部变量（关于局部变量的概念留在下一节讨论），执行 return 语句时就返回这个左值，也可以说函数的返回值是该左值的一个引用。因此，返回为引用的函数调用表达式既可作为右值又可作为左值使用，但非引用类型的函数表达式只能作为右值使用。例如：

```
int& f14(int a[], int n)
{
    int k=0;
    for(int i=1;i<n;i++)
        if(a[i]>a[k]) k=i;
    return a[k];
}
```

该函数的功能是从一维整型数组 a[n]中求出具有最大值的元素并引用返回。当调用该函数时，其函数表达式既可以作为右值，从而取出 a[k]的值，又可以作为左值，从而向 a[k]赋予新值。如：

```
#include<iostream.h>
int& f14(int a[], int n)
{
    int k=0;
    for(int i=1;i<n;i++)
        if(a[i]>a[k]) k=i;
    return a[k];
```

```
}
void main()
{
    int b[8]={25,37,18,69,54,73,62,31};
    cout<<f14(b,8)<<endl;                //引用函数调用做右值使用
    f14(b,5)=10;                         //引用函数调用做左值使用
    for(int i=0;i<8;i++) cout<<b[i]<<' ';
    cout<<endl;
}
```

该程序的运行结果如下：

```
73
25 37 18 10 54 73 62 31              //b[3]的值被修改为10
```

通常把函数定义为引用的情况较少出现，而定义为非引用（即普通类型和指针类型）的情况则更为普遍。

7.2.3　函数调用举例

程序 7-2-1

```
#include<iostream.h>
int xk1(int n);
void main()
{
    cout<<"输入一个正整数:";
    int m;
    cin>>m;
    int sum=xk1(m)+xk1(2*m+1);
    cout<<sum<<endl;
}
int xk1(int n)
{
    int i,s=0;
    for(i=1;i<=n;i++) s+=i;
    return s;
}
```

该程序文件包含一个主函数和一个 xk1 函数，在程序文件开始给出了一条 xk1 函数的原型语句，使得 xk1 函数无论在什么地方定义，即无论在同一程序的任何程序文件中定义，在此程序文件中的所有函数都能够合法地调用它。

函数 xk1 的功能是求出自然数 1～n 之和，这个和就是 s 的最后值，由 return 语句把它返回。在主函数中首先为 m 输入一个自然数，接着首先用 m 作为实参去调用 xk1 函数返回 1～m 之间的所有自然数之和，再用 2*m+1 作为实参去调用 xk1 函数返回 1～2*m+1 之

间的所有自然数之和，把这两个和加起来赋给变量 sum，最后输出 sum 的值。

假定从键盘上为 m 输入的正整数为 5，则进行 xk1(m)调用时把 m 的值 5 传送给 n，接着执行函数体后返回函数值为 15，进行 xk1(2*m+1)调用时把 2*m+1 的值 11 传送给 n，接着执行函数体后返回函数值为 66，它们的和 81 被作为初值赋给 sum，最后输出的 sum 值为 81。

程序 7-2-2

```
#include<iostream.h>
void xk2(int& a, int b);
void main()
{
    int x=12,y=18;
    cout<<"x="<<x<<' '<<"y="<<y<<endl;
    xk2(x,y);
    cout<<"x="<<x<<' '<<"y="<<y<<endl;
}
void xk2(int& a, int b)
{
    cout<<"a="<<a<<' '<<"b="<<b<<endl;
    a=a+b;
    b=a+b;
    cout<<"a="<<a<<' '<<"b="<<b<<endl;
}
```

该程序包含一个主函数和一个 xk2 函数，xk2 函数使用了两个形参，一个是整型引用变量 a，另一个是整型变量 b。在主函数中使用 xk2(x,y)调用时，将使形参 a 成为实参 x 的别名，在函数体中对 a 的访问就是对主函数中 x 的访问，此调用同时把 y 的值传送给形参 b，在函数体中对形参 b 的操作是与对应的实参 y 无关的，因为它们使用各自的数据存储单元。该程序的运行结果为：

```
x=12 y=18
a=12 b=18
a=30 b=48
x=30 y=18
```

程序 7-2-3

```
#include<iostream.h>
void xk3(int* a, int* b);
void xk4(int& a, int& b);
void main()
{
    int x=5,y=10;
    cout<<"x="<<x<<' '<<"y="<<y<<endl;
    xk3(&x, &y);
```

```
    cout<<"x="<<x<<' '<<"y="<<y<<endl;
    x+=18; xk4(x, y);
    cout<<"x="<<x<<' '<<"y="<<y<<endl;
}
void xk3(int* a, int* b)
{
    int c=*a; *a=*b; *b=c;
}
void xk4(int& a, int& b)
{
    int c=a; a=b; b=c;
}
```

该程序中的 xk3 函数用于交换 a 和 b 分别指向的两个对象的值，主函数使用 xk3(&x, &y)调用时，分别把 x 和 y 的地址赋给形参 a 和 b，所以实际交换的是主函数中 x 和 y 的值；xk4 函数用于直接交换引用参数 a 和 b 的值，由于 a 和 b 都是引用参数，所以在主函数使用 xk4(x,y)调用时，执行 xk4 函数体实际交换的是相应实参变量 x 和 y 的值。

此程序的运行结果为：

```
x=5 y=10
x=10 y=5
x=5 y=28
```

上述的 xk3 和 xk4 具有完全相同的功能，但由于在 xk3 中使用的是指针参数，传送给它的实参也必须是对象的地址，在函数体中访问指针所指向的对象必须进行间接访问运算，所以，定义和调用 xk3 不如定义和调用 xk4 直观和简便。

程序 7-2-4

```
#include<iostream.h>
const int N=8;
int xk5(int a[], int n);
void main()
{
    int b[N]={1,7,2,6,4,5,3,-2};
    int m1=xk5(b,8);
    int m2=xk5(&b[2],5);
    int m3=xk5(b+3,3);
    cout<<m1<<' '<<m2<<' '<<m3<<endl;
}
int xk5(int a[], int n)
{
    int i,f=1;
    for(i=0;i<n;i++)  f*=a[i];  //或写成 f*=*a++;
    return f;
}
```

该函数包含一个主函数和一个 xk5 函数，xk5 函数的功能是求出一维整型数组 a[n]中所有元素之积并返回。在主函数中第 1 次调用 xk5 函数时，把数组 b 的首地址传送给 a，把数组 b 的长度 8 传送给 n，执行函数体对数组 a 的操作实际上就是对主函数中数组 b 的操作，因为它们同时指向数组 b 的存储空间；第 2 次调用 xk5 函数是把数组 b 中 b[2]元素的地址传送给 a，把整数 5 传送给 n，执行函数体对数组 a[n]的操作实际上是对数组 b 中 b[2]～b[6]之间元素的操作；第 3 次调用 xk5 函数是把数组 b 中 b[3]元素的地址传送给 a，把整数 3 传送给 n，执行函数体对数组 a[n]的操作实际上是对数组 b 中 b[3]～b[5]之间元素的操作。该程序的运行结果为：

```
-10080 720 120
```

程序 7-2-5

```
#include<iostream.h>
char* xk6(char* sp, char* dp);
void main()
{
   char a[15]="abcadecaxybcw";
   char b[15];
   char* c1=xk6(a,b);
   cout<<c1<<' '<<a<<' '<<b<<endl;
   char* c2=xk6(a+4,b);
   cout<<c2<<' '<<a<<' '<<b<<endl;
}
char* xk6(char* sp, char* dp)
{
   if(*sp=='\0') {*dp='\0'; return dp;}
   int i=0,j;
   for(char* p=sp; *p; p++) {     //扫描 sp 所指字符串中的每个字符位置
      for(j=0;j<i;j++)            //从 dp 数组的当前所有元素中查找是否存在字符*p
         if(*p==dp[j]) break;
      if(j>=i) dp[i++]=*p;        //若 dp 数组中不存在*p，则把*p 赋给 dp[i]
   }
   dp[i]='\0';                    //写入字符串结束符
   return dp;
}
```

xk6 函数的功能是把 sp 所指向的字符串，去掉重复字符后复制到 dp 所指向的字符数组中，并返回 dp 指针。在主函数中第 1 次调用 xk6 函数时，分别以 a 和 b 作为实参，第 2 次调用时分别以 a+4（即 a[4]的地址）和 b 作为实参。该程序运行后的输出结果为：

```
abcdexyw abcadecaxybcw abcdexyw
decaxybw abcadecaxybcw decaxybw
```

程序 7-2-6

```
#include<iostream.h>
```

```
int* xk7(int*& a1, int* a2);
int* xk7(int*& a1, int* a2)
{
    cout<<"when enter xk7: *a1,*a2="<<*a1<<", "<<*a2<<endl;
    a1=new int(2**a1+4);
    a2=new int(2**a2-1);
    cout<<"when leave xk7: *a1,*a2="<<*a1<<", "<<*a2<<endl;
    return a2;
}
void main()
{
    int *xp=new int(10), y=25;
    int *yp=&y;
    cout<<"before call xk7: *xp,*yp="<<*xp<<", "<<*yp<<endl;
    int* ip=xk7(xp,yp);
    cout<<"after call xk7: *xp,*yp="<<*xp<<", "<<*yp<<endl;
    cout<<"*ip="<<*ip<<endl;
    delete xp;    //xp指向的是在执行xk7函数时动态分配的对象*a1
    delete ip;    //ip指向的是在执行xk7函数时动态分配的对象*a2
}
```

在xk7函数的定义中，把形参a1定义为整型指针的引用，把a2定义为整型指针，当在主函数中利用xk7(xp，yp)表达式调用该函数时，a1就成为xp的别名，访问a1就等于访问主函数中的xp，而a2同yp具有各自独立的存储空间，a2的初值为yp的值，在xk7函数中对a2的访问（指直接访问）与yp无关。

此程序运行结果为：

```
before call xk7: *xp,*yp=10, 25
when enter xk7: *a1,*a2=10, 25
when leave xk7: *a1,*a2=24, 49
after call xk7: *xp,*yp=24, 25
*ip=49
```

7.3 变量作用域

在一个C++程序中，对于每个变量必须遵循先定义后使用的原则。根据变量定义的位置不同将使它具有不同的作用域。一个变量离开了它的作用域，在定义时为它分配的存储空间就被系统自动回收了，因此该变量也就不存在了。

7.3.1 作用域分类

变量的作用域具有四种类别或称四个层次：全局作用域、文件作用域、函数作用域和块作用域。

1．全局作用域

当一个变量定义语句出现在一个程序文件的所有函数定义之外（通常出现在所有函数定义之前），并且不带任何存储属性标识或使用 extern 存储属性标识时，则被该语句定义的所有变量具有全局作用域，它们在整个程序的所有文件中都有效，或者说都是可见的，都是可以访问的。具有全局作用域的变量称为全局变量。当一个全局变量不是在本程序文件中定义时，若要在本程序文件中使用，则必须在本程序文件开始进行声明，声明格式为：

```
extern <类型名> <变量名>, <变量名>,…;
```

它与变量定义语句格式类似，但对每个变量不能进行初始化，同时在前面必须加上 extern 保留字。

当用户定义一个全局变量时，若没有对其初始化，则默认的初始值为 0。

2．文件作用域

当一个变量定义语句出现在一个程序文件中的所有函数定义之外，且该语句带有 static 存储属性时，则该语句定义的所有变量都具有文件作用域，即仅局限在本程序文件内有效，而在其他文件中是无效的、不可见的。

若在定义文件作用域变量时没有初始化，则默认的初始值同样为 0。

在所有函数定义之外，也同样可以定义和声明符号常量。在定义或声明符号常量的语句中，同样可以带有存储属性 extern 或 static，同样表示定义或声明的所有符号常量为全局常量或文件域常量，此时也允许在语句中省略存储属性，但语句中的所有符号常量均被默认为是文件域常量，这一点与变量定义或声明的存储属性的默认值是截然不同的，在那里默认是全局属性的。

3．函数作用域

在每个函数中使用的语句标号具有函数作用域，即它在本函数中有效，供本函数中的 goto 语句跳转使用。由于语句标号不是变量，严格地说，函数作用域不属于变量的一种作用域。

4．块作用域

当一个变量或常量定义语句出现在一个函数体内时，其定义的所有变量或符号常量都被称为具有块作用域，其作用域范围是从定义点开始，直到该块结束（即所在复合语句的右花括号）为止。具有块作用域的变量或常量称为局部变量或常量。

在函数体内使用的变量或常量定义语句可以带有 static、auto 或 register 存储属性，若省略则默认为 auto 存储属性。若使用 static 存储属性，将为变量或常量在内存的“堆存储区”中分配数据存储单元；若使用 auto 存储属性或省略，将为变量或常量在内存的“栈存储区”中分配数据存储单元；若使用 register 存储属性，系统将尽可能为变量或常量在 CPU 的寄存器阵列内分配数据存储单元，以提高访问速度。通常 auto 和 register 存储属性被很少使用，只在需要时使用 static 存储属性。另外，经常使用的变量或常量定义语句不带有存储属性标识，即均采用默认的 auto 属性。

若具有 auto 或 register 存储属性的局部变量没有被初始化，则系统也不会对它初始化，它的初值是不确定的。若具有 static 存储属性的局部变量没有被初始化，则系统将对它初始化为 0。具有 static 属性的局部变量被通常称为静态变量，而具有 auto 或 register 属性的局部变量被通常称为自动变量或寄存器变量。

任一函数定义中的每个形参也具有块作用域，这个块是作为函数体的复合语句，当离开函数体后形参就不存在了，函数调用时为它分配的存储空间也就被系统自动回收了，当然引用参数对应的存储空间不会被回收，因为它只是对应实参的别名。由于每个形参具有块作用域，所以它也是局部变量。

具有全局或文件作用域的变量或常量，以及具有 static 属性的局部变量或常量都是在内存的“堆存储区”中分配存储空间的，它们的初值默认为 0，它们的生存期是整个程序的运行过程，即从定义点开始一直到程序运行结束为止，其对应的数据存储单元一直保留着；而具有 auto 或 register 属性的局部变量或常量，其生存期是所在复合语句块的运行过程，即对应的数据存储单元只从定义点开始保留到所在块运行结束为止，离开所在块后立即被释放给系统。

对于利用 new 运算符动态分配的对象，也有作用域和生存期的含义，它的作用域和生存期都是从动态分配建立对象开始到采用 delete 运算符回收或整个程序结束为止。

在同一个作用域范围内所定义的任何标识符，不管它表示什么对象（如常量、变量、函数、类型等）都不允许重名，若重名系统就无法唯一确定它的含义了。

由于每一个复合语句就是一个块，所以在不同复合语句中定义的对象具有不同的块作用域，其对象名允许重名，因为系统能够区分它们。

7.3.2　程序举例

下面通过程序举例来体会每个被定义变量或常量所具有的不同作用域。

程序 7-3-1　此程序包含两个程序文件。

程序主文件 prog1.cpp

```
#include<iostream.h>
int xk8(int n);                //函数 xk8 的原型声明
int xk9(int n);                //函数 xk9 的原型声明
int AA=5;                      //定义全局变量 AA
extern const int BB=8;         //定义全局常量 BB
static int CC=12;              //定义文件域变量 CC
const int DD=23;               //定义文件域常量 DD
void main()
{
    int x=15;                  //x 的作用域为主函数体
    cout<<"x*x="<<xk8(x)<<endl;
    cout<<"mainFile: AA,BB="<<AA<<','<<BB<<endl;
    cout<<"mainFile: CC,DD="<<CC<<','<<DD<<endl;
```

```
    cout<<xk9(16)<<endl;
}
int xk9(int n)                  //n的作用域为xk9函数体
{
    int x=10;                   //x的作用域为xk9函数体
    cout<<"xk9:x="<<x<<endl;
    return n*x;
}
```

程序次文件 prog2.cpp

```
#include<iostream.h>
int xk8(int n);                 //函数xk8的原型声明
extern int AA;                  //全局变量AA的声明
extern const int BB;            //全局常量BB的声明
static int CC=120;              //定义文件域变量CC
const int DD=230;               //定义文件域常量DD
int xk8(int n)                  //n的作用域为xk8函数体
{
    cout<<"attachFile: AA,BB="<<AA<<','<<BB<<endl;
    cout<<"attachFile: CC,DD="<<CC<<','<<DD<<endl;
    return n*n;
}
```

此程序包含两个程序文件，定义有各种类型的变量和常量，其中AA为全局变量，BB为全局常量，CC为各自的文件域变量，DD为各自的文件域常量。主函数中的x为作用于主函数的局部变量，xk9函数中的x为作用于该函数的局部变量，xk8和xk9函数的各自参数表中的形参n是作用于各自函数的局部变量。为了在程序次文件中能够使用程序主文件中定义的全局变量AA和全局常量BB，必须在该文件开始对它们进行声明。

当上机输入和运行该程序时，可以先建立程序主文件并编译通过，再建立程序次文件并编译通过，然后把它们连接起来生成可执行文件。该程序的运行结果为：

```
attachFile: AA,BB=5,8
attachFile: CC,DD=120,230
x*x=225
mainFile: AA,BB=5,8
mainFile: CC,DD=12,23
xk9:x=10
160
```

请读者结合上述程序分析结果的正确性。

程序 7-3-2

```
#include<iostream.h>
const int N=10;
void main()
```

```
{
    int a[N]={3,8,12,20,15,6,7,24,8,19};
    for(int i=0;i<N/2;i++) {
        int x=a[i];
        a[i]=a[N-i-1];
        a[N-i-1]=x;
    }
    for(i=0;i<N;i++) cout<<a[i]<<' ';
    cout<<endl;
}
```

在这个程序中，N 为文件域常量，a 和 i 分别为主函数体复合语句块内的局部数组和变量，它们的作用域从定义点开始到主函数结束，x 为 for 循环体复合语句块内的局部变量，它的作用域从定义点开始到所在的 for 循环体结束。

在主函数中，首先定义了一维整型数组 a[N]，接着利用 for 循环交换数组 a 中前后对称元素的值，使得 a 中的每个元素值按原有位置的逆序排列，然后依次输出 a 中每个元素值。该程序运行结果为：

```
19 8 24 7 6 15 20 12 8 3
```

程序 7-3-3

```
#include<iostream.h>
void input();                                    //函数原型声明
void output();                                   //函数原型声明
int sumSquare(int b[], int n);                   //函数原型声明
const int nn=5;                                  //定义文件域常量 nn
int a[nn];                                       //定义全局域数组 a[nn]
void main()
{
    input();
    output();
    cout<<"计算结果:"<<sumSquare(a,nn)<<endl;//a 和 nn 作为实参
}
void input()
{
    cout<<"为数组 a 输入"<<nn<<"个整数:"<<endl;
    for(int i=0;i<nn;i++) cin>>a[i];             //i 是本函数的局部变量
}
void output()
{
    cout<<"输出数组 a 中的"<<nn<<"个元素值:"<<endl;
    for(int i=0;i<nn;i++) cout<<a[i]<<' ';  //i 是本函数的局部变量
    cout<<endl;
}
```

```
int sumSquare(int b[], int n)         //b 将指向对应的实参数组 a，形参数组 b 和形
                                      //参变量 n 是本函数中的局部变量
{
  //求数组 a 中 n 个元素之和的平方
    int s=0,i;                        //s 和 i 是本函数的局部变量
    for(i=0;i<n;i++) s+=b[i];
    return s*s;
}
```

该程序包含 1 个主函数和 3 个一般函数，主函数依次调用这 3 个函数。Input 函数从键盘上向数组 a[nn]输入数据，output 函数依次输出数组 a[nn]中每个元素的值，sumSquare 函数求出数组 b 中 n 个元素值之和的平方。由于调用 sumSquare 函数是把实参数组 a 和常量 nn 分别传送给形参数组 b 和形参变量 n，所以在函数体中对数组 b[n]的操作实际上是对实参数组 a[nn]的操作。

在本程序中，nn 为文件域常量，a[nn]为全局域数组，所以，它们能够使用在该程序文件中的任何地方，即在任何地方都是有效和可见的。

假定程序运行时从键盘上输入的 5 个整数为：1、2、3、4、5，则得到的运行结果为：

```
为数组 a 输入 5 个整数:
1 2 3 4 5
输出数组 a 中的 5 个元素值:
1 2 3 4 5
计算结果:225
```

程序 7-3-4

```
#include<iostream.h>
int x=10;
void main()
{
    int y=20;
    cout<<"x,y="<<x<<','<<y<<endl;
    {
        int x=30;
        y=y+x;
        cout<<"x,y="<<x<<','<<y<<endl;
    }
    cout<<"x,y="<<x<<','<<y<<endl;
}
```

在这个程序的主函数定义之前定义的 x 为全局变量，在主函数的函数体内定义的 y 为作用于整个函数体的局部变量，在主函数体中的一条复合语句内又定义了一个变量 x，它的作用域只局限于该复合语句内，离开了该复合语句它就不存在了。

在 C++中，当一个作用域包含另一个作用域时，则在里层作用域内可以定义与外层作用域同名的对象，此时在外层定义的同名对象，在内层将被重新定义的同名对象屏蔽掉，

使之变为不可见。如在此程序主函数体中的一条复合语句内，由于重新定义了变量 x，所以全局变量 x 在此复合语句内暂时被屏蔽掉，当离开这条复合语句后，全局变量 x 仍然为有效。这就是内层定义优先的原则，内层定义的变量可以使外层的同名变量暂时失效。此程序运行结果如下：

```
x,y=10,20
x,y=30,50
x,y=10,50
```

这里顺便指出：若要在函数体内访问与局部变量同名的全局域或文件域变量，则只要在该变量名前加上作用域区分符(::)即可。如::x 使用在上述主函数中定义有 x 的复合语句内时，则就表示全局变量 x，若不加作用域区分符则表示在当前作用域内定义的变量 x。

程序 7-3-5

```
#include<iostream.h>
int xk10(int m, int n)          //求出m和n的最大公约数
{
    int r=m%n;
    while(r!=0) {
        m=n; n=r; r=m%n;
    }
    return n;
}
void main()
{
    int m,n;
    do {
        cout<<"\n输入两个整数求其最大公约数(若任一数<=0则结束):";
        cin>>m>>n;
        if(m<=0 || n<=0) break;  //输入的任一数小于等于0则结束循环
        cout<<m<<"和"<<n<<"的最大公约数为:"<<xk10(m,n)<<endl;
    } while(1);
}
```

在这个程序中，主函数和 xk10 函数中都定义有 m 和 n 这两个整数变量，且主函数调用 xk10 是通过值传送进行的，所以主函数中的 m 和 n 与 xk10 函数中的 m 和 n 分别占用各自的存储空间，分别具有各自的作用域，一个函数中的 m 和 n 值的变化与另一个函数中的 m 和 n 无关。假定需要依次求出（75，15）、（36，90）、（74，25）、（350，48）等四组整数的最大公约数，则程序运行结果如下：

```
输入两个整数求其最大公约数(若任一数<=0则结束):75 15
75和15的最大公约数为:15

输入两个整数求其最大公约数(若任一数<=0则结束):36 90
36和90的最大公约数为:18
```

```
输入两个整数求其最大公约数(若任一数<=0 则结束):74 25
74 和 25 的最大公约数为:1

输入两个整数求其最大公约数(若任一数<=0 则结束):350 48
350 和 48 的最大公约数为:2

输入两个整数求其最大公约数(若任一数<=0 则结束):0 0
```

程序 7-3-6

```
#include<iostream.h>
void xk11(int& x, int y);
void main()
{
    int x=12, y=25;
    xk11(x,y);
    cout<<"main1:x,y="<<x<<' '<<y<<endl;
    xk11(y,x);
    cout<<"main2:x,y="<<x<<' '<<y<<endl;
    xk11(x,x+y);
    cout<<"main3:x,y="<<x<<' '<<y<<endl;
}
void xk11(int& x, int y)
{
    x=x+2; y=x+y;
    cout<<"xk11: x,y="<<x<<' '<<y<<endl;
}
```

在 xk11 函数中，说明 x 为引用参数，y 为非引用参数，在主函数中也定义 x 和 y 变量，每次利用不同的实参调用 xk11 函数，并通过输出语句显示出 x 和 y 的值，读者可以借此分析不同的参数传递方式对不同作用域内变量的影响作用。该程序运行结果为：

```
xk11: x,y=14 39
main1:x,y=14 25
xk11: x,y=27 41
main2:x,y=14 27
xk11: x,y=16 57
main3:x,y=16 27
```

程序 7-3-7

```
#include<iostream.h>
void xk12();
void main()
{
    for(int i=0;i<5;i++) xk12();
}
```

```
void xk12()
{
    int a=0;                     //a 若不被初始化，则初值是未知的
    a++;
    static int b=0;              //b 若不被初始化，也将被自动赋初值 0
    b++;
    cout<<"a="<<a<<", b="<<b<<endl;
}
```

在该程序的 xk12 函数中定义有一般变量 a 和静态变量 b，主函数 5 次调用这个函数，每次调用都对 a 分配存储空间并初始化为 0，但只有第一次调用才对 b 分配存储空间并初始化为 0，其余 4 次调用都不会再分配存储空间并初始化。也就是说，静态变量同全局变量和文件域变量一样，一经建立和初始化后将在整个程序运行过程中始终存在，只有当程序运行结束时系统才收回分配给它们的存储空间。该程序的运行结果为：

```
a=1, b=1
a=1, b=2
a=1, b=3
a=1, b=4
a=1, b=5
```

7.4 递归函数

在 C++语言程序中，主函数可以调用其他任何函数，任一函数又可以调用除主函数之外的任何函数。特别地，一个函数还可以直接或间接地调用它自己，这种情况称为直接或间接递归调用。直接递归是指在一个函数体中出现调用本函数的表达式，间接递归是指在一个函数中调用另一个函数，而在另一个函数中又反过来调用这个函数。本节只简要讨论一下直接递归调用的情况。

若一个问题的求解过程可以化为采用同一方法的较小问题的求解过程，而较小问题的求解过程又可化为采用同一方法的更小问题的求解过程，以此类推，这种有规律地将原有问题逐渐化小的过程，并且求解大、小问题的方法相同，则称为递归求解过程。由于在递归过程中，求解的问题越化越小，最后必然能够得到一个最小问题的解，它不需要再向下递归求解，能够直接得到，然后再逐层向上返回，依次得到较大问题的解，最终必将得到原有问题的解。

例 7-4-1 利用递归方法求解一维数组 a[n]中 n 个元素之和。

分析：把求解数组 a 中 n 个元素之和看作为求解数组 a 中前 n–1 个元素之和，把这个和与最后一个元素 a[n–1]相加就得到了原问题的解，再把求解数组 a 中 n–1 个元素之和看作为求解数组 a 中前 n–2 个元素之和，把这个和与当前最后一个元素 a[n–2]相加就得到了求 n–1 个元素之和的解，以此类推，直到求解数组 a 中 1 个元素之和时可直接得到 a[0]。从此结束逐层向下递归的过程，接着逐层向上返回，第 1 次返回可由一个元素之和得到两个元素之和，第 2 次返回再由 2 个元素之和得到 3 个元素之和，以此类推，直到第 n–1 次

返回后根据返回值（即数组 a 中前 n–1 个元素之和）加上元素 a[n–1]的值得到 n 个元素之和，把这个值返回就结束了整个递归求解过程。

采用递归方法编写的函数称为递归函数。假定 a[n]数组的元素类型为 int，则求解数组 a 中 n 个元素之和的递归函数为：

```
int fun1(int a[], int n)
{
    if(n<=0) {cerr<<"参数 n 值非法!\n";exit(1);}  //cerr 与 cout 作用相同
    if(n==1) return a[0];
    else return a[n-1]+fun1(a,n-1);
}
```

在这个函数中，fun1(a,n–1)为一个函数递归调用表达式，进行递归调用和普通调用（即非递归调用）一样，也经过参数传递、函数体执行和结束返回这三个步骤。在这个函数中，共需要进行 n–1 次递归调用，对应的第 2 个实参的值依次为 n–1、n–2、…、1。每次递归调用都要把实参 a 的值赋给本次递归调用为形参 a 分配的存储空间中，把实参 n–1 的值赋给本次递归调用为形参 n 分配的存储空间中，接着执行函数体，若当前 n 的值等于 1，则结束本次的递归调用，直接返回 a[0]的值，并使程序执行返回到进行本次递归调用的 return 语句中，接着计算出 a[n–1]与返回值之和，然后又向上层的调用返回，以此类推；若当前 n 的值大于 1，则执行 else 后面的 return 语句，接着再向下进行递归调用。

下面是计算一维数组 b[n]中 n 个元素之和的完整程序。

```
#include<iostream.h>
#include<stdlib.h>
int fun1(int a[], int n);
void main()
{
    int b[8]={5,16,7,9,20,13,18,6};
    int s=fun1(b,8);
    cout<<s<<endl;
}
int fun1(int a[], int n)
{
    if(n<=0) {cerr<<"参数 n 值非法!\n";exit(1);}
    if(n==1) return a[0];
    else return a[n-1]+fun1(a,n-1);
}
```

主函数中利用 fun1(b,8)调用递归函数 fun1 为非递归调用，有时为分析方便起见也称为第 0 次递归调用，进行此次调用时把数组 b 的首地址传送给数组参数（又称指针参数）a，把常量 8 传送给形参 n，以便计算出数组 b 中前 8 个元素之和。当函数 fun1 被主函数调用的过程中，n 的值将在各层递归调用时从 8 依次变化到 1，if 后面的 return 语句只在最后一次递归调用时被执行并返回 a[0]的值，其余每次递归调用都执行 else 后面的 return 语句，依次返回前 2 个、3 个、…、8 个元素的值。该函数的运行结果，即 s 的值为 94。

例 7-4-2 利用递归方法求解 n 阶乘(n!)的值。

分析：设用函数 f(n)表示 n!，由数学知识可知，n 阶乘的递归定义为：它等于 n 乘以 n–1 的阶乘，当 n 等于 0 或 1 时，函数值为 1，用数学公式表示为：

$$f(n)=\begin{cases}1 & (n==0\text{或}1)\\ n*f(n-1) & (n>1)\end{cases}$$

在这里 n 等于 0 或 1 是递归终止的条件，得到的函数值为 1，当 n 大于 1 时需要向下递归先求出 f(n–1)的值后，再乘以 n 才能够得到 f(n)的值。计算 f(n)的递归函数为：

```
int f(int n)
{
    if(n==0 || n==1) return 1;
    else return n*f(n-1);
}
```

假定用 f(5)去调用 f(n)函数，该函数返回 5*f(4)的值，因返回表达式中包含有函数 f(4)表达式，所以接着进行第 1 次递归调用，返回 4*f(3)的值，以此类推，当最后进行 f(1)递归调用，返回函数值 1 后，结束本次递归调用，返回到调用函数 f(1)的位置，从而计算出 2*f(1)的值 2，即 2*f(1)=2*1=2，作为 f(2)函数调用的返回值，返回到 3*f(2)表达式中，计算出值 6 作为 f(3)函数调用的返回值，接着返回到 4*f(3)表达式中，计算出值 24 作为 f(4)函数调用的返回值，再接着返回到 5*f(4)表达式中，计算出 f(5)函数调用的返回值 120，从而结束整个调用过程，返回到调用函数 f(5)的位置继续向下执行。

利用上述计算 n 阶乘的函数，可以编写出一个完整程序计算出组合数 C_m^k，其中 m 和 k 均为正整数，并且 m≥k。由数学知识可知，组合数 C_m^k 的含义是从 m 个互不相同的元素中每次取出 k 个不同元素的所有不同取法的种数。C_m^k 也可写成 C(m,k)，C_m^k 的计算公式为：

$$C_m^k=\frac{m!}{k!(m-k)!}$$

下面给出求 C(m,k)的完整程序，其中 m 和 k 的值由键盘输入。

```
#include<iostream.h>
int f(int n);
void main()
{
    int m,k;
    cout<<"求从 m 个互不相同的元素中每次取出 k 个元素的组合数."<<endl;
    do {
        cout<<"输入 m 和 k 的值:";
        cin>>m>>k;
        if(m>0 && k>0 && m>=k) break;
        else cout<<"输入数据不正确，重输!"<<endl;
    }while (1);
    cout<<"c("<<m<<','<<k<<")=";
    cout<<float(f(m))/(f(k)*f(m-k))<<endl;
}
```

```
int f(int n)
{
    if(n==0 || n==1) return 1;
    else return n*f(n-1);
}
```

假定要求出C(10,3)的值，则程序运行结果如下：

```
求从m个互不相同的元素中每次取出k个元素的组合数.
输入m和k的值:10 3
c(10,3)=120
```

对于像上述那样的递归函数都可以很方便地改写为非递归函数，求n阶乘的非递归函数如下：

```
int f(int n)
{
    int s=1;
    for(int i=1;i<=n;i++) s*=i;
    return s;
}
```

求数组a[n]中n个元素之和的非递归函数为：

```
int fun1(int a[], int n)
{
    if(n<=0) {cerr<<"参数n值非法!\n"; exit(1);}
    int s=0;
    for(int i=0;i<n;i++) s+=a[i];
    return s;
}
```

递归求解是一种非常重要的求解问题的方法，在计算机领域有着广泛的用途。当然为了说明问题，上面列举的只是最简单的例子，它们还不如非递归函数来得简单和易读。在以后学习的数据结构课程中，将会接触到更多的递归函数，能够更深刻地体会到递归求解的优越性。

7.5 函数重载

C++程序中的每个函数都是并列定义的，或者说都处在同一层，即顶层上，不允许在一个函数中定义另一个函数，即不允许函数被嵌套定义。每个函数的函数名都是在整个程序或所属的程序文件中有效的，按理说不应该重名，若重名就是重复定义错误。但当且仅当两个函数的参数表不同时，允许这两个函数重名，即使用相同的名字。进行函数调用时，系统会根据函数名和参数表唯一确定调用哪一个函数。当两个参数表中的任一个参数的类型对应不同，或者两参数表中的参数个数不同（带有默认值的参数不算在内），则认为这两个参数表不同。

这种具有相同函数名但具有不同参数表的函数称为重载函数，允许使用相同函数名定义多个函数的情况称为函数重载。如：

```
（1）void f1(int x, char h, float d=1){…}
（2）char f1(){…}                               //与(1)参数个数不同
（3）void f1(int x){…}                          //与(1)参数个数不同
（4）void f1(char ch){…}                        //与(1)参数类型和个数均不同
（5）void f1(char ch, int x){…}                 //与(1)参数类型不同
（6）void f1(int a, char b, double c){…}        //与(1)参数类型不同
（7）int f1(int a, int b){…}                    //与(1)参数类型不同
（8）double* f1(double a[], int n){…}           //与(1)参数类型不同
（9）void f1(int a, char b){…}
（10）void f1(int a, char b, float c){…}
（11）int f1(int x, char y){…}
```

在这些函数中，前8个函数为重载函数，因为它们的函数名相同，并且要么它们的参数个数不同，要么它们对应参数的类型不同，要么这两者均不同。第（9）个函数不是第一个函数的重载函数，因为对应的参数类型和个数均相同（此时不应考虑带有默认值的参数），当在函数调用表达式中省略最后一个实参时，系统就无法唯一确定调用哪一个函数。第（10）个函数也不是第一个函数的重载函数，因为对应的参数类型和个数均相同，当在函数调用表达式中不省略最后一个实参时，系统也无法唯一确定调用哪一个函数。第（11）个函数也不是第一个函数的重载函数，因为它只是返回类型不同，参数表中对应的参数类型和个数均相同，返回类型不同不是判断是否能够重载的条件。当然参数名不同更不是判断重载的条件。

下面程序就使用了两个重载函数，函数名为 FindMax，一个函数的功能是求出一维整型数组 a 中 n 个元素的最大值，另一个函数的功能是求出二维字符数组 a 中保存的 n 个字符串的最大值，因为这两个函数的功能相同，只是参数的类型和实现上有所不同，所以应定义为重载函数，以增强程序的可读性。

```
#include<iostream.h>
#include<string.h>
const int M=15;
int FindMax(int a[], int n);
char* FindMax(char a[][M], int n);
void main()
{
    int a[8]={45,28,59,43,72,36,60,48};
    char b[6][M]={"qiushuhua","wangchunfong","ningchen",
          "zhaoyuanlin","guliang","shenyafen"};
    int x=FindMax(a,8);
    char* cp=FindMax(b,6);
```

```
    cout<<x<<' '<<cp<<endl;
}
int FindMax(int a[], int n)
{
    int x=a[0];
    for(int i=1; i<n;i++)
        if(a[i]>x) x=a[i];
    return x;
}
char* FindMax(char a[][M], int n)
{
    char* x=a[0];
    for(int i=1;i<n;i++)
        if(strcmp(a[i],x)>0) x=a[i];
    return x;
}
```

该程序的运行结果为：

```
72 zhaoyuanlin
```

7.6 模板函数

1. 由重载函数引出模板函数

对于普通函数，所使用的每个对象的类型都是确定的，如：

```
int max(int x, int y)
{
    return (x>y? x:y);
}
```

该函数中每个参数的类型和函数返回类型均为整型。该函数的功能是返回两个整型参数 x 和 y 中的最大值。若要求两个双精度数中的最大值则需要定义出如下函数：

```
double max(double x, double y)
{
    return (x>y? x:y);
}
```

它是上述函数的一个重载，当函数调用表达式中的两个参数均为 int 型时则自动调用第一个重载函数，当这两个参数均为 double 型时，则自动调用第二个重载函数。

若能够把功能相同只是参数类型不同的多个重载函数用一个函数来描述，将会给程序设计带来极大的方面。在 C++中可以通过定义模板函数来实现。每个模板函数中可以定义一个或若干个类型参数，每个类型参数代表一种数据类型，该数据类型要在进行函数调用时才能够具体确定。模板函数中可以利用类型参数定义函数返回类型、参数类型和函数体中的变量类型。

2．模板函数的定义格式

模板函数的定义格式为：

```
template< <类型参数表> > <返回类型> <函数名> (<函数形参表>) {…}
```

<类型参数表>中包含一个或多个用逗号分开的类型参数项，每一项由保留字 class 或 typename 开始，后跟一个用户命名的标识符，此标识符为类型参数，表示一种数据类型，它可以同一般数据类型一样使用在函数中的任何地方。

<函数形参表>必须至少给出一个参数说明，并且在<类型参数表>中给出的每个类型参数都必须在<函数形参表>中得到使用，即作为形参的类型使用。

3．模板函数定义举例

下面给出一些模板函数定义的例子。

格式举例 1：

```
template<class T> T max(T x, T y)    //保留字 class 可换为 typename
{
    return (x>y?x:y);
}
```

此模板函数定义了标识符 T 为一种类型参数，用 T 作为函数的返回类型以及 x 和 y 参数的类型。该模板函数的功能是返回参数类型为 T 的 x 和 y 中的最大值。模板函数中 T 的具体类型由调用它的函数表达式决定。

格式举例 2：

```
template<class A, class B> void ff(A a, B b)
{
    cout<<a<<' '<<b<<endl;
    cout<<sizeof(a)<<' '<<sizeof(b)<<endl;
}
```

此模板函数定义了 A 和 B 两个类型参数，用 A 作为形参 a 的类型，用 B 作为形参 b 的类型。该模板函数的功能是显示出 a 和 b 的值及相应的类型长度。同样，A 和 B 的具体类型由调用它的函数表达式决定。

格式举例 3：

```
template<typename Type> void inverse(Type a[], int n)
{
    Type x; int i;
    for(i=0;i<n/2;i++) {
        x=a[i];
        a[i]=a[n-i-1];
```

```
        a[n-i-1]=x;
    }
}
```

该模板函数定义了 Type 为一种类型参数，用该类型定义形参数组 a 和函数体中的变量 x。该模板函数的功能是使数组 a 中的 n 个元素的值按相反的次序重新排列。

4．模板函数的原型声明

模板函数的原型语句也是由它的函数头后加分号所组成。如上述三个模板函数的原型语句分别如下：

```
(1) template<class T> T max(T x, T y);
(2) template<class A, class B> void ff(A a, B b);
(3) template<class Type> void inverse(Type a[], int n);
```

当然，同一般的函数原型语句一样，允许参数名与函数定义中的对应参数名不同，允许省略参数名。

5．模板函数的调用和类型参数的确定

调用模板函数的表达式同调用一般函数的表达式的格式相同，由函数名和实参表所组成。如可以使用 max(a,b)调用模板函数 max，当 a 和 b 均为 int 型时，则自动把 int 类型赋予类型参数 T；当 a 和 b 均为 double 型时，则自动把 double 类型赋予类型参数 T。总之，模板函数中的每个类型参数将在调用时赋予具有该类型的形参所对应的实参的类型。

当利用一个函数调用表达式调用一个模板函数时，系统首先确定类型参数所对应的具体类型，并按该类型生成一个确定类型的函数，然后再调用这个函数。由模板函数在调用时生成的具体函数，称为模板函数的一个实例或实例函数。如利用 max(a,b)调用模板函数 max 时，假定 a 和 b 均为 int 型实参，则由系统自动生成的实例函数为：

```
int max(int x, int y)
{
    return (x>y?x:y);
}
```

若利用 inverse(b,10)调用对应的模板函数，并假定实参数组 b 中的元素类型为 double，则由系统自动生成的实例函数为：

```
void inverse(double a[], int n)
{
    double x; int i;
    for(i=0;i<n/2;i++) {
        x=a[i];
        a[i]=a[n-i-1];
        a[n-i-1]=x;
    }
}
```

在一个程序中，当进行函数调用时若存在对应的一般函数，即非模板函数，则将优先调用一般函数，只有当不存在对应的一般函数时，才会由对应的模板函数生成实例函数，然后调用之。如假定在一个程序中既存在 max 模板函数的定义，又存在如下的一个重载函数的定义：

```
char* max(char* x, char* y)
{
    return strcmp(x,y)>0 ? x:y;
}
```

当使用 max(a,b)进行函数调用时，并假定 a 和 b 均为 char*类型，则系统将优先调用这个非模板的 max 函数，而不会去调用由 max 模板函数生成的、类型为 char*的实例函数。若没有专门给出类型为字符指针的 max 函数，将调用由模板函数生成的实例函数，此时比较的只是两个字符指针的值，而达不到比较两个指针所指字符串的目的，显然这种调用是不正确的。因此，对于模板函数中特殊类型的处理，必须再给出相应的一般函数的定义，该函数是带有具体类型的模板函数的一个重载函数。

在调用模板函数时，类型参数一般是根据该类型的形参所对应的实参的类型自动确定的，但也可以由用户在函数调用表达式中显式给出。即在函数名和实参表之间用一对尖括号把一种或若干个用逗号分开的实际类型括起来。如函数调用表达式 max<int>(a,b)将使 max 模板函数生成一个类型参数 T 为 int 的实例函数，不管 a 和 b 的类型如何，都将会把它们的值强制转换为整数后再传送给对应的整型参数 x 和 y。

6．带有模板函数的程序举例

下面给出一个使用函数模板的程序的例子，供读者结合运行结果自行分析。

```
#include<iomanip.h>
#include<string.h>
template<class TT> void swop(TT& x, TT& y);
void swop(char* x, char* y);
void main()
{
    int a1=20, a2=35;
    double b1=3.25, b2=-4.86;
    char c1='a', c2='b';
    char d1[10]="abcdef", d2[10]="ghijk";
    cout.setf(ios::left);    //使输出的数据在显示区域内靠左显示
    cout<<"数据交换前:"<<endl;
    cout<<"a1="<<setw(10)<<a1<<"a2="<<setw(10)<<a2<<endl;
    cout<<"b1="<<setw(10)<<b1<<"b2="<<setw(10)<<b2<<endl;
    cout<<"c1="<<setw(10)<<c1<<"c2="<<setw(10)<<c2<<endl;
    cout<<"d1="<<setw(10)<<d1<<"d2="<<setw(10)<<d2<<endl;
    swop(a1,a2);                  //或者为 swop<int>(a1,a2);
    swop(b1,b2);                  //或者为 swop<double>(b1,b2);
    swop(c1,c2);                  //或者为 swop<char>(c1,c2);
    swop(d1,d2);                  //或者为 swop<char*>(d1,d2);
```

```
        cout<<endl<<"数据交换后:"<<endl;
        cout<<"a1="<<setw(10)<<a1<<"a2="<<setw(10)<<a2<<endl;
        cout<<"b1="<<setw(10)<<b1<<"b2="<<setw(10)<<b2<<endl;
        cout<<"c1="<<setw(10)<<c1<<"c2="<<setw(10)<<c2<<endl;
        cout<<"d1="<<setw(10)<<d1<<"d2="<<setw(10)<<d2<<endl;
    }
    template<class TT> void swop(TT& x, TT& y)
    {
        TT w=x; x=y; y=w;
    }
    void swop(char* x, char* y)
    {
        int n=strlen(x);
        char* w=new char[n+1];
        strcpy(w,x);
        strcpy(x,y);
        strcpy(y,w);
    }
```

该程序的运行结果为：

```
数据交换前:
a1=20        a2=35
b1=3.25      b2=-4.86
c1=a         c2=b
d1=abcdef    d2=ghijk

数据交换后:
a1=35        a2=20
b1=-4.86     b2=3.25
c1=b         c2=a
d1=ghijk     d2=abcdef
```

7.7 函数指针

我们知道，一个数组的数组名是一个指针常量，它指向该数组对应存储空间的开始地址，即它的值是第一个元素的存储地址。同样，一个函数的函数名也是一个指针常量，它指向该函数执行代码对应存储空间的开始位置，即它的值为保存函数执行代码的首地址。当调用一个函数时，实际上是根据该函数名找到对应执行代码的首地址，从而能够执行这段代码，即调用这个函数。

根据函数的定义格式：

```
<函数类型> <函数名> (<参数表>) {…}
```

可得到<函数名>的指针类型为：

```
<函数类型> (*) (<参数表>)
```

该<参数表>中可以只保留参数类型，省略其参数名。如假定有如下函数原型声明：

```
(1) void f1(int x);
(2) int f2(int a[],int n);
(3) char* f3(char* a, const char* b);
(4) void f4(int& x, double d);
```

每个函数名所对应的函数指针类型分别为：

```
(1) void(*)(int)
(2) int (*)(int[], int)
(3) char* (*)(char*, const char*)
(4) void (*)(int&, double)
```

若把一个指针定义为指向一种函数的指针类型，并把这种函数的函数名赋予这个指针，则这个指针就可以同函数名一样使用，出现在函数名能够出现的任何地方。如：

```
(1) void(*pf1)(int)=f1;
(2) int (*pf2)(int[], int)=f2;
(3) char* (*pf3)(char*, const char*)=f3;
(4) void (*pf4)(int&, double)=f4;
```

以后使用 pf1、pf2、pf3 和 pf4 就如同使用 f1、f2、f3 和 f4 一样。如函数调用 pf1(25) 同函数调用 f1(25)完全一样。

通过 typedef 语句也可以把一种函数定义为函数类型，如把返回类型为 void、带有一个 int 类型参数的函数定义为 VoidInt 函数类型则为：

```
Typedef void VoidInt(int);
```

通过函数类型可以定义出指向该种函数类型的指针变量。如：

```
VoidInt *qf1=f1;
```

qf1 就是具有函数类型 VoidInt 的指针变量，并用函数名 f1 的值进行初始化，因为 f1 函数的返回类型为 void、带有一个 int 类型参数，同 VoidInt 具有相同的类型。若用 qf1(25) 函数调用与用 f1(25)函数调用是完全相同的。

在一个函数定义的参数表中，每个参数的类型可以是普通、指针、引用和数组类型，除此之外还可以是函数类型。同数组类型实际上是指向元素的指针类型一样，函数类型实际上也是指向函数的指针类型。如假定一个函数参数说明为 void ff(int)，则等价于指向该函数的指针说明 void(*ff)(int)。

对于一个函数参数或函数指针参数，它的作用域同其他形参一样，都是这个函数的函数体。函数参数或函数指针参数所对应的实参必须是同种类型函数的函数名或函数指针。当进行实虚结合时，将把作为实参的函数名或函数指针的值传送给对应形参所占用的存储空间中，当在带有函数参数的函数体中使用函数形参进行函数调用时，实际上是调用对应实参所表示的函数。

下面是使用函数参数的一个程序的例子。

```
#include<iostream.h>
typedef void VD(int&, int&);                //定义一种函数类型
void swop(int& x, int& y)                   //交换 x 和 y 的值的函数
{
    int w=x; x=y; y=w;
}
void selectMax(int a[],int n1, int n2, int& k)
  //从 a[n1]至 a[n2]中顺序查找出具有最大值的元素，将该元素的下标赋给 k 带回
{
    k=n1;
    for(int i=n1+1;i<=n2;i++)
        if(a[i]>a[k]) k=i;
}
void selectSort(int a[], int n, VD *ff) //带函数参数的函数定义
      //对数组 a[n]按降序进行选择排序
{
    for(int i=0;i<=n-2;i++) {
        int k;
        selectMax(a,i,n-1,k);               //从一趟区间中查找最大值
        ff(a[i],a[k]);                      //交换 a[i]和 a[k]元素的值
    }
}
void main()
{
    int a[8]={34,25,68,50,76,13,45,64};
    selectSort(a,8,swop);
    for(int i=0;i<8;i++) cout<<a[i]<<' ';
    cout<<endl;
}
```

该程序的运行结果为：

```
76 68 64 50 45 34 25 13
```

在这个程序的 selectSort 函数定义中，函数参数“VD *ff”也可以用：

```
void ff(int&, int&) 或 void (*ff)(int&, int&)
```

来替代，效果相同。

本章小结

1. 函数是 C++程序中的基本功能模块和执行单位，每个函数可通过原型语句在程序文件开始进行声明，对应的函数定义可以在本程序文件，也可以在同一程序的其他程序文件中。

2．函数中的形参可以被定义为不可修改的常量，可以为独立的变量，可以带有默认值，可以引用实参变量，可以访问实参指针所指向的对象等。

3．一般类型参数、指针参数和数组参数都是值参数，而带有引用符号的参数为引用参数，值参数所对应的实参可以是类型相匹配的常量、变量、函数调用或表达式，而引用参数所对应的实参只能是变量（包括对指针间接取值运算得到的对象）。

4．当形参是值参时，它接受的是对应实参的值，函数执行中对形参的直接操作与对应的实参无关，当然若是使用指针的间接操作还是直接相关的；当形参是引用时，它就是对应实参变量的别名，函数体中对引用参数的操作就是对相应实参变量的操作。

5．变量和符号常量都具有确定的作用域和生存期，不同作用域的变量和常量可以使用不同的名字，也可以使用相同的名字，但同一作用域的变量必须使用不同的名字。内层作用域的变量其有效性高于外层作用域的同名变量，或者说能够暂时屏蔽掉外层作用域的同名变量。

6．递归是解决问题的一种常用的方法，按照递归的思路编写的函数称为递归函数，递归函数在执行时要不断地调用自己，但总有递归终止的条件被满足，此时结束向下递归的过程，再依次向上返回，从而依次结束每个递归过程，最后结束整个递归函数的执行，返回到非递归调用的位置继续执行。

7．为了增强函数的可读性则使用重载函数。在重载函数中，函数名完全相同，但参数个数或参数对应类型必须不同，而函数返回类型可以任意。

8．为了增强函数的通用性则使用模板函数。每个模板函数可以带有一个或多个类型参数，当函数调用时在生成相应的实例函数，进而调用这个实例函数得到执行结果。模板函数也可以同一般函数重载，此时对一般函数的调用优先于对模板函数的调用。

9．函数名是指向保存函数执行代码存储空间的指针常量，其值为这个存储空间的首地址，其类型就是由返回值类型和参数表决定的函数指针类型。定义与函数名类型相同的指针可以指向一个函数，利用该指针同样可以调用函数。函数类型或指向函数的指针类型也可以通过 typedef 语句定义。

习题七

7.1　写出程序运行结果并上机验证。

1.
```
#include<iostream.h>
void main() {
    int a=10, b=20, c=15;
    cout<<a<<' '<<b<<' '<<c<<endl;
    {  a*=3;
       int b=a+35;
       cout<<a<<' '<<b<<' '<<c<<endl;
    }
    cout<<a<<' '<<b<<' '<<c<<endl;
}
```

2.
```
#include<iostream>
#include<iomanip>
using namespace std;
int f1(int x, int y)
{
    x=x+y; y=x+y;
    cout<<"x="<<setw(5)<<x<<"y="<<setw(5)<<y<<endl;
    return x+y;
}
void main()
{
    cout.setf(ios::left);
    int x=5,y=8;
    int z=f1(x,y);
    cout<<"x="<<setw(5)<<x<<"y="<<setw(5)<<y;
    cout<<"z="<<setw(5)<<z<<endl;
}
```

3.
```
#include<iostream.h>
void f4(int a[], int& s, int n=5);
void main()
{
    int a[5]={2,7,5,4,9};
    int b[10]={4,8,6,9,2,10,7,12,6,15};
    int x;
    f4(a,x);
    int y=x;
    f4(b,x,8);
    y+=x;
    f4(b+3,x);
    cout<<x+y<<endl;
}
void f4(int a[], int& s, int n)
{
    s=0;
    for(int i=0; i<n; i+=2) s+=a[i];
}
```

4.
```
#include<iostream.h>
#include<string.h>
char* f7(char* x, char *y);
void main()
{
    char *a="apple";
    char b[10]="pear";
    char *p;
    p=f7(a,b);
    cout<<a<<' '<<b<<' '<<p<<endl;
```

```
        delete []p;
    }
    char* f7(char* x, char* y)
    {
        char* p=new char[strlen(x)+strlen(y)+1];
        strcpy(p,x);
        strcat(p,y);
        strcat(y,"1234");
        return p;
    }
```

5.
```
#include<iostream.h>
const N=10;
int f8(char a[][N], int m)
{
    int c=0;
    for(int i=0; i<m; i++) {
        int j=0;
        while(a[i][j]) {
            if(a[i][j]>='0' && a[i][j]<='9') c++;
            j++;
        }
    }
    return c;
}
void main()
{
    char b[4][N]={"12ab3","70542","abc25","x+y=26"};
    int c1=f8(b,4);
    int c2=f8(b+2,2);
    cout<<c1<<' '<<c2<<endl;
}
```

6.
```
#include<iostream.h>
int f9(int x)
{
    cout<<x<<' ';
    if(x<=0) {cout<<endl; return 0;}
    else return x*x+f9(x-1);
}
void main()
{
    int x=f9(6);
    cout<<x<<endl;
}
```

7.
```
#include<iostream.h>
const N1=8, N2=6;
int average(int a[], int n);
double average(double a[], int n);
void main()
{
    int a[N1]={3,6,5,10,8,2,12,6};
    double b[N2]={3.2,5,6.2,5.6,4.9,8.4};
    int v1; double v2;
    v1=average(a,N1);
    v2=average(b,N2);
    cout<<"v1="<<v1<<endl;
    cout<<"v2="<<v2<<endl;
}
int average(int a[], int n)
{
    int s=0;
    for(int i=0; i<n; i++) s+=a[i];
    return s/n;
}
double average(double a[], int n)
{
    double s=0;
    for(int i=0; i<n; i++) s+=a[i];
    return s/n;
}
```

8.
```
#include<iomanip.h>
const N=10;
template<class DataType>
bool insert(DataType a[], int& n, DataType x);
template<class DataType>
void print(DataType a[], int& n);
void main()
{
    int a1[N]={25,48,50,82,66,43};
    char a2[N]="student";
    char* a3[N]={"File","Edit","Insert","Project"};
    int b1=6,b2=7,b3=4;
    int k=75; char ch='w'; char* p="Build";
    insert(a1,b1,k);
    insert(a2,b2,ch);
    insert(a3,b3,p);
    print(a1,b1);
    print(a2,b2);
```

```
    print(a3,b3);
}

template<class DataType>
bool insert(DataType a[], int& n, DataType x)
{
    if(n<1) {cout<<"操作失败!"<<endl; return false;}
    a[n]=x; n++;
    cout<<"操作成功!"<<endl;
    return true;
}
template<class DataType>
void print(DataType a[], int& n)
{
    for(int i=0;i<n;i++) {
        cout<<a[i]<<' ';
    }
    cout<<endl;
}
```

7.2 指出函数功能并上机验证。

1.
```
int fun1(int n)
{
    int p=1, s=0;
    for(int i=1;i<=n;i++) {
        p*=i; s+=p;
    }
    return s;
}
```

2.
```
bool year(int y)
{
    if((y%4==0 && y%100!=0) || y%400==0) return true; else return false;
}
```

3.
```
void fun3(int a[], int n)
{
    int i,j,x;
    for(i=1; i<n; i++) {
        x=a[i];
        for(j=i-1;j>=0;j--)
            if(x<a[j]) a[j+1]=a[j];
            else break;
        a[j+1]=x;
    }
}
```

4.
```
void fun5(char* a, const char* b)
{
    while(*b) *a++=*b++;
    *a=0;
}
```

5.
```
int Multiple(int a, int b, int k=2)
{
    if(a>=k && b>=k) {
        if(a%k==0 && b%k==0) return k*Multiple(a/k,b/k,k);
        else return Multiple(a,b,k+1);
    }
    else return a*b;
}
```

6.
```
void Contrary(unsigned int x)
{
    if(x) {
        cout<<x%10;
        contrary(x/10);
    }
    else cout<<endl;
}
```

7.
```
template<class T>
bool fun8(T a[], int n, T key)
{
    for(int i=0;i<n;i++)
        if(a[i]==key) return true;
    return false ;
}
```

8.
```
void fun11(int**& a, int m, int n)
{
    int i,j;
    a=new int*[m];
    for(i=0; i<m; i++)
        a[i]=new int[n];
    cout<<"输入"<<m<<"*"<<n<<"整数矩阵"<<endl;
    for(i=0; i<m; i++)
        for(j=0; j<n; j++)
            cin>>a[i][j];
}
```

7.3　根据题目要求编写程序。

1. 编写一个函数，求出一维整型数组a[n]中所有元素的平方之和。

```
int fun1(int a[], int n);
```

2. 编写一个函数，分别求出一维整型数组 a[n]中所有奇数元素的个数和所有偶数元素的个数，假定分别用 c1 和 c2 参数带回。

```
void fun2(int a[], int n, int& c1, int& c2);
```

3. 编写一个函数，从一个二维整型数组中查找出具有最大值的元素，假定由引用参数 row 和 col 带回该元素的行号和列号。

```
void fun3(int a[][N], int m, int& row, int& col);
```

4. 编写一个函数，求出由指针 a 所指向的字符串中包含的每种十进制数字出现的次数，把统计结果保存在由指针 b 所指向的整型数组中。

```
void fun4(char* a, int* b);
```

5. 编写一个非递归函数过程，求出两个自然数 m 和 n 的最大公约数。

```
int fun5(int m, int n);
```

6. 编写一个非递归函数过程，求出两个自然数 m 和 n 的最小公倍数。

```
int fun6(int m, int n, int b=2);
```

7. 编写一个程序，求出二元一次方程组 $\begin{cases} a_{11}x + a_{12}y = a_{13} \\ a_{21}x + a_{22}y = a_{23} \end{cases}$ 的解，其中方程组的系数用一个实数二维数组保存。要求编写出一个主函数和两个普通函数，一个普通函数用于从键盘上向数组输入数据，另一个普通函数用于求出以该数组为系数矩阵的对应方程组的解，并由引用参数 x 和 y 返回所求的两个根，还有当方程组有唯一解时返回真，否则返回假。程序中的主函数用来定义一个二维实型数组，依次调用这两个普通函数，并且输出所求得的解。

提示：方程的两个根 x_0 和 y_0 分别如下，当 $a_{11}a_{22}-a_{12}a_{21}\neq 0$ 时有唯一解。

$$x_0 = \frac{a_{13}a_{22} - a_{12}a_{23}}{a_{11}a_{22} - a_{12}a_{21}} \qquad y_0 = \frac{a_{11}a_{23} - a_{13}a_{21}}{a_{11}a_{22} - a_{12}a_{21}}$$

第八章　结构与联合

本章详细介绍了结构类型和对象的定义、结构对象的初始化和成员的访问格式，单链表的建立和遍历，运算符重载函数的定义与使用，联合类型和对象的定义与使用等内容。通过本章学习要求能够利用结构和联合这两种数据类型来组织和处理数据，编写出相应的应用程序。

8.1　结构和联合的概念

结构和联合都是一种根据C++语言系统提供的语法框架由用户给出具体内容的自定义数据类型。我们已经学习过的整型（int）、字符型（char）、实型（float、double）、逻辑型（bool）等，它们都是C++系统中内部定义的数据类型，又称为标准类型或预定义类型，系统为它们规定了相应的取值范围和操作（运算），在程序中可以直接使用它们定义对象。

数组、指针和引用称为引申类型，它是依附于原有类型的，可以说是原有类型的相应变体。在原有类型之后加上[]、*、&就分别构成了相应的引申类型。

用户自定义的数据类型，简称用户类型或自定义类型，系统只给出类型框架，用户必须根据需要填写具体内容。自定义类型包括枚举（enum）、结构（struct）、联合（union）和类（class）。除了枚举类型外，每一种用户类型都由数据和操作两个部分组成，数据部分由已有类型的变量所组成，操作部分由对数据部分进行各种操作的函数所组成。数据和操作的任何一个部分均可以省略。

用户类型中定义的每个变量称为数据成员，每个函数称为函数成员或成员函数。无论是数据成员还是成员函数都统称为该类型的成员。通常在使用结构和联合时只定义它的数据成员，不定义它的成员函数，对其数据成员的操作是通过调用外部函数（即不是该类型内的成员函数）实现的；而在类类型中通常既定义数据成员又定义成员函数，对其数据成员的操作往往仅通过调用该类内部的成员函数来实现。

本章只介绍结构和联合的定义与使用。类类型的定义与使用将在第九章讨论。

8.2　结构的定义

1．结构的引入

C++语言中的预定义数据类型只能用来描述简单数据，如可用整型描述人的年龄，用字符串型（即字符指针或字符数组型）描述人的姓名，用浮点型描述人的工资等。但对于较复杂的数据，即包含有一个或多个数据项，各数据项可以具有相同或不同的类型，并且每个数据项的含义不同，这就无法由预定义类型进行整体描述，必须由用户定义的类型来描述。如要描述一个人的记录数据，假定它包含姓名、性别、年龄和工资这四个数据项，则可以使用一种结构类型来描述。设该结构类型的名字用标识符 Person 表示，其中的姓名数据项用标识符 name 表示，对应类型为字符串型；性别数据项用标识符 sex 表示，对应类型为布尔（逻辑）型，这里分别用布尔常量 true 和 false 表示男和女；年龄数据项用标识符 age 表示，对应类型为整型；工资数据项用标识符 pay 表示，对应类型为浮点型。整个 Person 结构类型可定义为：

```
struct Person {
    char name[10];          //姓名
    bool sex;               //性别
    int age;                //年龄
    float pay;              //工资
};
```

用此 Person 类型定义的每一个变量（对象）可以具体表示（存储）一个人的记录，该变量的 name、sex、age 和 pay 域（数据成员）用来分别存储一个人的姓名、性别、年龄和工资。

2．结构的定义格式

上面定义的 Person 结构类型是一个具体的例子。在 C++中，结构类型的定义格式如下：

```
struct <结构类型名> {
    <成员类型名 1>  <成员名 1>;
    <成员类型名 2>  <成员名 2>;
         ⋮              ⋮
    <成员类型名 n>  <成员名 n>;
};
```

一个结构类型的定义以关键字 struct 开始，后跟一个作为结构类型名的标识符，然后从左花括号之后进行成员定义，以右花括号结束成员定义，左右花括号之间称为结构体，最后以分号结束整个结构类型的定义。

结构定义中的<结构类型名>为用户命名的任何一个有效的标识符，以后使用它就如同使用任何一种简单类型名一样，允许出现在简单类型名能够出现的任何地方，利用它能够定义具有该结构类型的对象。

<成员类型名 1>～<成员类型名 n>用来给出该结构类型所包含的数据成员的相应类型，每个成员类型名必须是一种已有的类型。

<成员名 1>～<成员名 n>为 n 个由用户命名的有效的标识符，用它们表示相应的数据成员。由一个成员类型名和成员名构成一个数据成员的定义，每个定义之后用分号结束。一个数据成员可以单独属于一种数据类型，也可以把若干个数据成员用逗号分开后共同属于一种数据类型。

3．定义格式举例

（1）
```
struct A {
  int a,b,c;
};
```

（2）
```
struct B {
  char ch;
  int x,y;
  double z;
};
```

（3）
```
struct C {
  char *cp;
  int a[5];
};
```

（4）
```
struct D {
  int *a;
  int *ap;
  int maxsize;
};
```

（5）
```
struct E {
  int d, *e;
  B b;
};
```

（6）
```
struct F {
  double data;
  F *next;
};
```

上述定义的结构类型 A 包含有 3 个整型成员 a、b 和 c；类型 B 包含有一个字符型成员 ch，两个整型成员 x 和 y，以及一个双精度浮点型成员 z；类型 C 包含有一个字符指针型成员 cp 和一个具有 5 个元素的整型数组成员 a；类型 D 包含有两个整数指针型成员 a 和 ap，以及一个整型成员 maxsize；类型 E 包含有一个整型成员 d，一个整数指针型成员 e 和一个 B 结构类型成员 b；类型 F 包含有一个双精度浮点型成员 data 和一个 F 结构型指针成员 next。

4．结构定义说明

（1）在一个结构的定义中，其成员类型可以是除本身结构类型之外的任何已有数据类型，也可以是任何已有类型（包括本身类型在内）的指针类型。如在上面的格式举例（6）中，next 为指向本身结构的指针成员，这是允许的，但若把 next 定义为 F 类型的直接成员，则是非法的，因为这种递归定义，将无法确定它的对象所需占用的存储空间的大小。

（2）当一个结构类型定义在函数之外时，它具有文件作用域，若定义在任一对花括号之内，则具有局部作用域，其作用域范围是所在花括号构成的块。当然，使用用户自定义的数据类型也同使用其他任何对象一样，必须遵循先定义后使用的原则，即只有被定义了一种数据类型后，才能够用它来定义对象，包括定义变量、定义函数参数和定义函数的返回类型。

（3）在程序中同一个作用域内用户类型名是唯一的，即不允许出现重复的类型标识符或其他同名量，但在不同的作用域内用户类型名可以重复，它们不会发生冲突。如假定类型 A 为文件作用域，但在一个函数中又用标识符 A 定义了另一个类型，则这个类型 A 的作用域仅局限在这个函数内，文件作用域类型 A 在这个函数内被局部类型 A 所取代，而在该函数之外的所有地方起作用。

（4）每个结构类型定义中的数据成员名在该类型中必须唯一，但在整个程序中不要求唯一，它可以同程序中的类型名（包括本身类型）、变量名、函数名以及任何类型中的成员名重名，都是允许的。因为当引用一种类型中的成员时，总是与它所属的对象（变量）联系起来，对象名成了成员名的限定词，所以不会与其他同名量产生二义性。如 a、x.a、y.a 各不相同，a 表示一个独立变量，x.a 表示 x 对象中的成员 a，y.a 表示 y 对象中的成员 a，它们都是唯一的，无二义性。

（5）若在定义一个结构类型 AA 时需要使用另一个结构类型 BB 作为其成员类型，而定义 BB 时又需要使用 AA 作为其成员类型，这就使它们的定义互为先决条件。在 C++中允许事先给出一种用户类型的不完整定义。一种用户类型的不完整定义是指只给出它的类型关键字和类型标识符而不给出定义体就结束定义的情况。不完整定义的类型只能用来定义指针对象，并且必须在稍后给出它的完整定义。例如：

```
struct BB;              //BB 类型的不完整定义
struct AA {             //AA 类型的完整定义
    char a;
    BB *b;              //允许使用 BB 的指针类型
};
struct BB {             //给出 BB 的完整定义
    int b;
    AA a;               //使用了刚定义的 AA 类型
};
```

（6）一种结构类型的长度等于结构定义中所含的每个数据成员的类型长度之和。如对于上述定义的 A、B、C、D、E、F 结构类型，其类型长度分别为 12、17、24、12、25 和 12。这种定义结构类型的长度是它的理论值，用 sizeof 运算符进行计算时，得到的是它的实际值，即实际为该类型的对象所分配的存储空间的大小（字节数），实际值必然大于等于其理论值。

（7）类型定义语句属于非执行语句，只在程序编译阶段处理它，并不在编译后生成的目标程序中存在对应的可执行目标代码。进行编译处理时，是把类型保留字和类型标识符、类型长度、所含成员的每个成员名称和类型，以及类型作用域等信息登记到系统中，待以后定义该类型的对象时访问。

8.3 结构变量的定义和初始化

一种结构类型定义后，就可以利用它在其作用域内定义变量并进行必要的初始化，这如同利用标准类型定义变量并进行初始化的情况一样。每定义一个变量，系统就按照所属类型的大小为其分配相应的存储空间，若定义中包含有初始化数据，则求出其值并赋给该变量的存储空间中，以后对变量的访问就是对相应的存储空间存取信息。

对结构变量的定义可采用 3 种格式。

1．用结构类型名定义变量

用已定义的结构类型定义变量的具体定义格式为：

```
[struct] <结构类型名> <变量名> [={<初始化数据>} | <同类型变量名>],…;
```

它就是以前介绍过的变量定义语句格式，这里只是把标准类型关键字替换为结构类型名而已。语句格式中的 struct 保留字可省略，<结构类型名>是已定义的结构类型，<变量名>是由用户命名的任何有效的标识符，用它表示一个结构变量，变量名后的中括号内为初始数据项，若需要对变量进行初始化则使用它，否则可省略。

用户给出的初始数据项可以是用花括号括起来的由每一个成员值（成员值之间用逗号分开）构成的<初始化数据>，也可以是同类型的另一个变量。利用同类型变量初始化就是将它的值复制到被定义的变量中，利用初始化数据对结构变量进行初始化就是将它的每一个成员值依次复制到变量的相应域中。初始化数据中的成员值个数可以小于变量的成员数，在这种情况下，结构变量中后面未被初始化的成员由系统自动置为 0。

同一般的变量定义语句一样，在此语句中既可以定义结构变量，也可以定义结构指针变量、结构引用变量、结构数组和结构指针数组，并且每一种对象都可以定义任意多个，但每个对象定义之间要用逗号分开，最后以分号结束整个语句。

当全局域和文件域结构变量以及静态（static）局部结构变量未被初始化时，它的每个成员被系统自动置为 0，当非静态的局部结构变量未被初始化时，它的每个成员的值是随意的，即不确定的。

假定一个结构类型 Arith 包含有一个字符成员 op 与两个整数成员 a 和 b，如下所示：

```
struct Arith {
    char op;
    int a,b;
};
```

因每个字符占 1 个字节，每个整数占一个机器字长，即 4 个字节，所以 Arith 类型大小的理论值为 9，但系统通常为一个结构对象分配整数倍大小的机器字长，所以 Arith 类型的实际大小至少为 12 而不是 9，此时 op 成员也同样占有 4 个字节，其中只有第 1 个字节有用，其后 3 个字节未用。

又假定有如下一条对整型变量 xx 的定义语句：

```
int xx=40;
```

下面每一条结构变量定义语句都是正确的。

```
(1) Arith x,y;
(2) Arith z1={'+',10,xx}, z2={'*',60}, z3=z1;
(3) Arith *d=&z1;
(4) Arith a[4]={{'+',3,7},{'-',10,5},{'*',6,4},{'/',8,5}};
(5) Arith *b[]={&z1,&z2,a+2,&a[3]};
```

在上述第（1）条语句定义中，定义了类型为 Arith 的两个结构变量 x 和 y；第（2）条语句定义了 3 个结构变量 z1、z2 和 z3，并分别对它们进行了初始化，使得 z1 的 op、a 和 b 成员的值分别为字符'+'、整数 10 和 xx 的值 40，z2 的成员值依次为'*'、60 和 0，z3 被初始化为 z1 的值，其成员值同样为'+'、10 和 40；第（3）条语句定义了一个结构指针，即指向 Arith 结构类型的指针变量 d，并用 z1 的地址来初始化，使其指向 z1 对象；第（4）条语句定义了一个 Arith 类型的结构数组 a，它包含 4 个元素，并被依次初始化，如 a[2]元素中的成员被初始化'*'、6 和 4；第（5）条语句定义了一个 Arith 结构指针数组 b，其元素个数等于初始化表中所列指针的个数 4，每个元素的初值依次为结构变量 z1 的地址、结构变量 z2 的地址、数组 a 中 a[2]元素的地址和 a[3]元素的地址。

我们知道，利用 new 运算符能够创建动态变量和动态数组，利用 delete 运算符能够删除动态变量和动态数组，即删除它们所占有的动态存储空间。同样，利用它们也能够创建或删除动态结构变量和动态结构数组，但此种创建方式不能够对其进行初始化。

通过 new 运算符创建一个动态结构变量或动态结构数组后返回的同样是其对应的存储空间的首地址，把这个首地址赋给一个同类型的结构指针后，就可以利用这个指针访问所指向的动态结构变量或数组。例如：

```
Arith *p=new Arith;
Arith *a=new Arith[n];
```

第 1 条语句创建了一个具有 Arith 结构的动态变量（对象），并将它的地址赋给指针 p，第 2 条语句创建了一个含有 n 个元素的、具有 Arith 结构的动态数组，并将数组的首地址赋给指针 a。

当不需要动态变量或动态数组时，也需要使用 delete 运算把它删除，释放所占有的存储空间，否则将一直占有着，直到程序运行结束为止。例如：

```
delete p;
delete []a;
```

将删除 p 指针所指向的动态变量和 a 指针所指向的动态数组。

对于非动态分配的结构变量或结构数组，同一般变量或数组一样，当离开其作用域后，所占用的存储空间将自动被系统收回。

2．定义结构类型的同时定义变量

在结构类型定义语句中同时可以定义变量，其具体定义格式为：

```
struct <结构类型名> {
    <成员类型名 1>  <成员名 1>;
    <成员类型名 2>  <成员名 2>;
         ⋮             ⋮
    <成员类型名 n>  <成员名 n>;
} <变量名> [={<初始化数据>} | <同类变量名>],…;
```

格式举例：

```
struct AAA {
    char s[20];
    int top;
} a1={"MicroSoft",0}, a2=a1, a3, *ap;
```

此语句在定义 AAA 结构类型的同时定义了三个结构变量 a1、a2 和 a3 以及一个指针变量 ap，其中 a1 被初始化为{"MicroSoft",0}，a2 被初始化为 a1，a3 和指针 ap 未被初始化。

3．定义无名结构类型的同时定义变量

定义一种结构类型时，也可以省略其结构名，此时只能同时定义结构变量，否则其无名结构类型是没有意义的。定义无名结构类型的同时定义变量的具体格式为：

```
struct {
    <成员类型名 1>  <成员名 1>;
    <成员类型名 2>  <成员名 2>;
         ⋮             ⋮
    <成员类型名 n>  <成员名 n>;
} <变量名> [={<初始化数据>} | <同类变量名>],…;
```

下面是将这种定义格式用在另一种结构类型中对成员定义的情况。

```
struct BBB {
    char name[10];
    struct {                  //无名结构
        int yy,mm,dd;         //无名结构体
    } birth;                  //无名结构变量,它含有 3 个整数域 yy,mm 和 dd
}bx={"xxk",{55,3,27}};
```

BBB 结构含有两个成员 name 和 birth，name 为具有 10 个元素的字符数组，可用来存储不超过 9 个字符的一个字符串，birth 为含有 3 个整数域 yy、mm 和 dd 的结构变量。上述在定义 BBB 结构的同时定义了 bx 变量，并对它进行了初始化，使 name 成员保存的值为"xxk"，birth 成员保存的值为{55,3,27}，其中 yy 的值为 55，mm 的值为 3，dd 的值为 27。

8.4　结构成员的访问

定义结构变量之后就可以利用它存储具体的结构数据，系统对结构变量所提供的运算有赋值(=)、直接指定成员(.)和间接指定成员(->)三种，这三种运算符分别称为赋值运算符、直接成员运算符（或点运算符）和间接成员运算符（或箭头运算符）。它们都是双目运算符，且成员运算符同下标运算符和函数运算符一样具有最高的优先级，而赋值运算符的优先级较低。

赋值运算符的两边为同类型的结构变量，即为同一结构类型标识符所定义的变量，运算功能是把右边变量的值复制到左边变量中，即复制到左边变量所对应的存储空间中，运算的结果为左边的变量。赋值号可以连续使用，并且规定结合性为从右到左，所以若 z1、z2 和 z3 为同类型的结构变量，则赋值表达式 z3=z2=z1 的执行过程是首先把 z1 赋给 z2，再接着把 z2 赋给 z3，使得 z3 和 z2 都具有 z1 的值。

直接成员运算符的左边是一个结构变量，右边是该结构变量中的一个成员，运算结果是一个结构变量中的成员变量。如 x.a 表示 x 中的成员变量 a，x.b.t 表示 x 中 b 成员内的成员变量 t，其中 b 又是 x 中的结构类型的数据成员，vec[5].name 表示结构数组 vec 中下标为 5 的元素所含的成员变量 name。

间接成员运算符的左边是一个结构指针变量，右边是该结构指针变量所指结构对象中的一个成员，运算结果就是这个成员变量。如 p->a 表示 p 指针所指向结构对象中的成员变量 a，它可以等价表示为(*p).a，此处的*p 用圆括号括起来是必须的，若写成*p.a 则是错误的，因为成员运算符的优先级高于取内容运算符的优先级，不带括号时先做的是点运算，而不是星号运算。P->c->n 表示先得到 p 指针所指结构对象中的成员 c，再接着得到由 c 所指结构对象中的成员变量 n，它可以等价表示为(*p).c->n、(*(*p).c).n 或(*p->c).n。list[n]->wage 表示结构指针数组 list 中下标为 n 的元素所指结构对象中的成员变量 wage。

C++中的其他运算符，如算术运算符、关系运算符等，不能直接使用在结构对象上，但通过后面将要介绍的定义运算符重载函数后也能够直接作用在结构对象上。

通过成员运算符能够得到结构中的成员变量，每个成员变量与相同类型的简单变量或数组元素一样，能够作为左值或右值参与该类型所具有的各种运算。

8.5　使用结构的程序举例

例 8-5-1　用结构数组保存数据。

```
#include<iostream.h>
const int N=10;
struct Person {                  //定义结构类型 Person
    char name[10];               //姓名
    bool sex;                    //性别
    int age;                     //年龄
```

```
    float pay;                          //工资
};
Person a[N];                            //定义全局域结构数组 a,大小为符号常量 N
void input(int n)                       //向全局结构数组 a 中输入 n 个记录
{
    int i,k;
    Person x;                           //定义局部结构变量 x
    cout<<"从键盘上输入具有 Person 结构的"<<n<<"个记录:"<<endl;
    for(i=0; i<n; i++) {
        cin>>x.name;                    //输入一个人的名字
        cin>>k;                         //因 C++没有提供为逻辑变量直接输入数据的功能,
                                        //所以在此用输入 1 表示男,0 表示女
        if(k==1) x.sex=true; else x.sex=false;
                                        //此处含有向成员赋值的操作
        cin>>x.age>>x.pay;              //输入年龄和工资
        a[i]=x;                         //将 x 赋给 a[i]元素,此为结构赋值
    }
}

void output(int n)                      //显示出全局结构数组 a 中的 n 个记录
{
    cout<<"显示具有 Person 结构的"<<n<<"个记录:"<<endl;
    for(int i=0; i<n; i++) {
        cout<<a[i].name<<' ';           //显示姓名
        if(a[i].sex==true)              //显示性别
            cout<<"male"<<' ';
        else
            cout<<"female"<<' ';
        cout<<a[i].age<<' '<<a[i].pay<<endl;  //显示年龄和工资
    }
}

void main()
{
    int n;
    cout<<"请输入一个正整数(1<=n<=10):";
    cin>>n;
    input(n);
    output(n);
}
```

假定程序运行后从键盘上输入数值 3 到变量 n 中，则程序输入和运行结果如下：

```
请输入一个正整数(1<=n<=10):3
从键盘上输入具有 Person 结构的 3 个记录:
```

```
xxk 1 52 5460
hexx 1 56 4640
wchf 0 51 4850.5
显示具有 Person 结构的 3 个记录:
xxk male 52 5460
hexx male 56 4640
wchf female 51 4850.5
```

例 8-5-2 从结构数组中查找某个域的值最大的记录。

```
#include<iostream.h>
struct Person {                    //定义结构 Person
   char name[10];
   bool sex;
   int age;
   float pay;
};
Person a[5]={{"luyx",1,42,4386},{"gcying",0,45,4482},
       {"luming",1,40,4820},{"ningch",1,36,3530},
       {"wchf",0,46,4275}};      //定义全局结构数组 a 并初始化

void output(int n)                 //显示出全局结构数组 a 中的 n 个记录
{
                                   //函数体同上一程序
}

void find(int n)                   //从全局结构数组 a 的前 n 个记录中查找
                                   //并显示出具有最大工资值的记录
{
   int k=0;                        //用 k 指示当前具有最大工资值元素的下标,初值为 0
   float x=a[0].pay;               //用 x 保存当前最大工资值,初值为 a[0]的工资值
   for(int i=1; i<n; i++) {        //采用顺序比较的方法进行查找
      if(a[i].pay>x) {
         x=a[i].pay; k=i;
      }
   }
   cout<<endl<<"显示数组 a 中具有最大工资值的记录:"<<endl;
   cout<<a[k].name<<' '<<a[k].sex<<' ';
   cout<<a[k].age<<' '<<a[k].pay<<endl;
}

void main()
{
   output(5);
   find(5);
```

```
}
```

此程序首先输出数组 a 中的 5 个记录，然后从数组 a 的前 5 个记录中查找并显示出具有最大工资值的记录。程序运行结果如下：

```
显示具有 Person 结构的 5 个记录:
luyx male 42 4386
gcying female 45 4482
luming male 40 4820
ningch male 36 3530
wchf female 46 4275

显示数组 a 中具有最大工资值的记录:
luming 1 40 4820
```

例 8-5-3 对结构数组中保存的记录进行选择排序。

下面程序是对具有 Student 类型的结构数组 a 中的 n 个记录进行选择排序，并输出排序前后的结果。假定排序域是 Student 类型的 num 成员域，它是一个字符串型，两记录排序码之间的比较必须使用字符串函数，不能够直接使用等于号(==)，因为等号比较的只是字符指针（即字符数组名）的值，而不是它们指向的字符串。具体程序如下：

```
#include<iomanip.h>
#include<string.h>
struct Student {                          //定义学生记录结构
   char num[8];                           //学号
    char name[10];                        //姓名
    short grade;                          //成绩
};
Student a[5]={{"cs102","张平",78},{"ch231","王广敏",69},
              {"ec115","刘文",82},{"pt327","古明",72},
              {"bx214","张文远",65}}; //定义全局结构数组 a 并初始化
void output(int n)                        //显示出全局结构数组 a 中的 n 个记录
{
    cout<<"显示具有 Student 结构的"<<n<<"个记录:"<<endl;
    cout.setf(ios::left);                 //使向屏幕输出的数据按左对齐显示
    for(int i=0; i<n; i++) {
        cout<<setw(8)<<a[i].num<<setw(12)<<a[i].name;
        cout<<setw(5)<<a[i].grade<<endl;
    }
    cout<<endl;
}

void range(int n)                         //对全局结构数组 a 中的 n 个记录进行选择排序
{
    int k;                                //用 k 指向每趟中当前具有最小排序码的元素
    for(int i=1; i<=n-1; i++) {           //进行 n-1 趟查找和交换
```

```
        k=i-1;                          //每趟都要给 k 赋初值为 i-1
        for(int j=i; j<n; j++)
        {                               //进行一趟比较后，得到最小排序码的元素为 a[k]
            if(strcmp(a[j].num,a[k].num)<0) k=j;
        }
        if(k!=i-1) {                    //当条件成立时交换 a[i-1] 与 a[k]的值
            Student x=a[i-1];
            a[i-1]=a[k]; a[k]=x;
        }
    }
}

void main()
{
    output(5);
    range(5);
    output(5);
}
```

该程序的运行结果如下：

```
显示具有 Student 结构的 5 个记录：
cs102    张平      78
ch231    王广敏    69
ec115    刘文      82
pt327    古明      72
bx214    张文远    65

显示具有 Student 结构的 5 个记录：
bx214    张文远    65
ch231    王广敏    69
cs102    张平      78
ec115    刘文      82
pt327    古明      72
```

例 8-5-4　在不改变结构数组中记录原有排列次序的情况下，显示按排序码的升序排列的记录。

分析：在上例介绍的选择排序方法中，排序前后数组 a 中记录的排列次序发生了变化，这是因为在排序过程中需要移动记录（即元素值）。是否有办法既能够使记录按排序码的升序输出，又不改变数组 a 中记录的位置呢？回答是肯定的，需要另外设置一个具有 n 个元素的整型数组（假定为 b），b 数组中每个元素的初值为 a 数组中对应记录的下标位置（即 b[i]=i），然后采用选择排序的方法调整数组 b 中每个元素值的排列次序，使得以 b[0]为下标位置的记录具有最小的排序码，以 b[1]为下标位置的记录具有次最小排序码，以此类推。这样以在数组 b 中保存的记录下标位置的移动代替了记录在数组 a 中的直接移动，从而不需移动记录也同样达到了排序的目的。

假定需要按 Student 结构类型的数组 a 中 grade 域值的升序显示记录，并且要求不改变数组 a 中记录的位置，则只要对上例中选择排序算法略加修改就可以得到符合此要求的选择排序算法，具体程序如下：

```
#include<iomanip.h>
struct Student {          //定义学生记录结构
   char num[8];           //学号
   char name[10];         //姓名
   short grade;           //成绩
};
Student a[5]={{"cs102","张平",78},{"ch231","王广敏",69},
          {"ec115","刘文",82},{"pt327","古明",72},
          {"bx214","张文远",65}};
void output(int n)        //显示出全局结构数组 a 中的 n 个记录
{
   cout.setf(ios::left);
   for(int i=0; i<n; i++) {
      cout<<setw(8)<<a[i].num<<setw(12)<<a[i].name;
      cout<<setw(5)<<a[i].grade<<endl;
   }
   cout<<endl;
}

void output1(int *b, int n)
{    //以 b 数组中元素值为下标,显示出全局数组 a 中的对应记录
   cout.setf(ios::left);
   for(int i=0; i<n; i++) {
      cout<<setw(8)<<a[b[i]].num<<setw(12)<<a[b[i]].name;
      cout<<setw(5)<<a[b[i]].grade<<endl;
   }
   cout<<endl;
}

void range1(int n)        //对具有 Student 类型的全局结构数组 a 中的 n 个记录
{                         //按 grade 域值的升序显示,并且不允许改变原有记录的位置
   int* b=new int[n]; //动态分配一个具有 n 个整型元素的数组 b
   for(int i=0; i<n; i++) b[i]=i; //为数组 b 中的每个元素赋初值
   int k;                 //用 b[k]保存每趟选择中具有最小排序码的元素的下标位置
   for(i=1; i<=n-1; i++) {          //进行 n-1 趟选择和交换
      k=i-1;                        //每趟选择都要给 k 赋初值为 i-1
      for(int j=i; j<n; j++) {
         if(a[b[j]].grade<a[b[k]].grade) k=j;
      }
      if(k!=i-1) {                  //当条件成立时交换 b[i-1]与 b[k]的值
```

```
            int x=b[i-1]; b[i-1]=b[k]; b[k]=x;
        }
    }
    output1(b,n);  //利用位置数组 b 输出数组 a 中的记录
    delete []b;    //释放 b 所使用的动态数组空间
}

void main()
{
    int n=5;
    cout<<"输出数组 a 中的记录: "<<endl;
    output(n);
    cout<<"按记录的 grade 域值的升序输出数组 a 中的记录: "<<endl;
    range1(n);
    cout<<"再一次输出数组 a 中的记录: "<<endl;
    output(n);
}
```

从下面程序运行结果可以看出，调用 range(n)选择排序算法前后，数组 a 中记录的排列次序保持不变。

```
输出数组 a 中的记录:
cs102   张平     78
ch231   王广敏   69
ec115   刘文     82
pt327   古明     72
bx214   张文远   65

按记录的 grade 域值的升序输出数组 a 中的记录:

bx214   张文远   65
ch231   王广敏   69
pt327   古明     72
cs102   张平     78
ec115   刘文     82

再一次输出数组 a 中的记录:
cs102   张平     78
ch231   王广敏   69
ec115   刘文     82
pt327   古明     72
bx214   张文远   65
```

例 8-5-5　在结构中使用二维数组的情况。

此程序定义了 ClassGrade 结构，用来反映一个班级 N 个学生、M 课程的考试成绩，并

能够记录每个学生所有课程的总成绩和每门课程的平均成绩。此程序包含一个主函数和三个一般函数。这三个一般函数分别用来输入、计算和输出班级的成绩。这三个一般函数的形参表都相同，都包含有一个引用类型的结构参数 x 和两个整型参数 n 与 m。

```
#include<iostream.h>
const int N=3, M=5;    //用 N 表示班级学生数,M 表示课程门数
struct ClassGrade {    //定义保存班级成绩的记录结构
    char num[N][10];    //N 个学生的学号
    char name[N][10];   //N 个学生的姓名
    int a[N][M];        //N 个学生 M 门课程的成绩
    int sum[N];         //N 个学生的总成绩
    int mean[M];        //M 门课程的平均成绩
};

void Input(ClassGrade& x, int n,int m)
{     //从键盘向 x 输入一个班级的成绩数据
    int i,j;
    cout<<"从键盘上输入"<<n<<"个学生的学号、姓名及"<<m<<"门课程的成绩:\n";
    for(i=0; i<n; i++) {
        cin>>x.num[i]>>x.name[i];
        for(j=0; j<m; j++) cin>>x.a[i][j];
    }
}

void Calculate(ClassGrade& x, int n,int m)
{    //计算出学生总成绩和课程平均成绩
    int i,j;
    for(i=0; i<n; i++) {
        x.sum[i]=0;
        for(j=0; j<m; j++) x.sum[i]+=x.a[i][j];
    }
    for(i=0; i<m; i++) {
        x.mean[i]=0;
        for(j=0; j<n; j++) x.mean[i]+=x.a[j][i];
        x.mean[i]/=n;
    }
}

void Output(ClassGrade& x, int n,int m)
{    //输出 x 中保存的班级学生成绩
    int i,j;
    for(i=0; i<n; i++) {
        cout<<x.num[i]<<' '<<x.name[i]<<'\t';
        for(j=0; j<m; j++) cout<<x.a[i][j]<<' ';
        cout<<'\t'<<x.sum[i]<<endl;
```

```
    }
    cout<<"\n 课程平均成绩：";
    for(i=0; i<M; i++) cout<<x.mean[i]<<' ';
    cout<<endl;
}

void main()
{
    ClassGrade x;
    Input(x,N,M);          //输入班级成绩
    Calculate(x,N,M);      //计算每个学生总成绩和每门课程的平均成绩
    Output(x,N,M);         //输出班级成绩
}
```

8.6 结构与函数

结构是一种类型，它能够使用在允许简单类型使用的所有地方，当然也允许作为函数的参数类型和返回值类型，下面通过例子说明结构在这方面的使用情况。

例 8-6-1 从 Student 结构数组中查找某一给定学号的记录，若能够找到，则表明查找成功，返回记录位置（即元素下标），否则返回-1，表明查找失败。

分析：按照题目要求，可以编写一个函数来实现，假定函数名用标识符 search 表示，函数返回值类型应为整型，函数参数应包括三个：其一为结构数组参数，假定用 s 表示，其二为数组长度（即数组中所含元素的个数）参数，假定用 n 表示，其三为保存给定学号的结构变量参数，假定用 x 表示，它可以为值参，也可以为引用。查找过程为：从数组 s 中第一个元素 s[0]起，依次使每一个元素的 num 域的值同 x 的 num 域的值（即给定的学号）进行比较，若相等则表明查找成功，返回该元素的下标，否则继续向后比较，直到比较完最后一个元素仍不成功时返回-1 即可。函数具体定义如下：

```
int search(Student s[], int n, Student x)
  //第 1 个参数也可用 Student *s 代替
{
    for(int i=0; i<n; i++)
        if(strcmp(s[i].num, x.num)==0)
            return i;
    return -1;
}
```

在这个函数中，s 是结构数组参数，它实际上是定义了一个结构指针参数，n 为整型参数，x 为结构变量参数，它们都是值参，均属于本函数的局部变量。在下面的主函数中，采用 search(a,5,x)调用了上述检索函数，当调用执行时，首先把 a 的值（它是数组 a 的首地址，类型为 Student*）赋给形参 s，把常数 5 赋给形参 n，把 x 的值赋给形参 x，当然在传送实参值之前系统自动为每个值参变量分配好对应的存储空间；参数传送后接着执行

search 函数体，由于 s[2].num 的值等于 x.num 的值，所以返回 i 的值 2。调用 search 函数后返回到主函数，把返回值赋给变量 k，然后显示出 a[k]元素的值，它就是要检索的记录。

```
void main()
{
    Student a[5]={{"cs102","张平",78},{"ch231","王广敏",69},
                {"ec115","刘文",82},{"pt327","古明",72},
                {"bx214","张文远",85}};
    Student x={"ec115"};
    int k=search(a,5,x);
    if(k>=0)
        cout<<a[k].num<<' '<<a[k].name<<' '<<a[k].grade<<endl;
    else
        cout<<"学号为"<<x.num<<"的记录不存在!"<<endl;
}
```

主程序运行结果为：

```
ec115 刘文 82
```

例 8-6-2 从 Student 结构数组中更新某一给定学号的记录，若更新成功则返回 1，否则将新记录插入到数组末尾，并修改数组长度为已有长度加 1，同时返回 0 表示完成插入。

分析：此题同样可以用一个函数来实现，假定函数名用 update 表示，函数类型可定义为整型或布尔型，函数参数有三个，分别为结构指针、数组长度和存储更新值的结构变量，假定依次用 s、n 和 x 表示。其中，第 1 个参数 s 应定义为值参；第 2 个参数 n 应定义为一个引用类型，因为要用它带回修改后的数组长度，即反映到实参变量中；最后一个参数可以定义为值参，也可以定义为引用类型。若一个形参为引用类型，则访问的是实参的数据单元，而不需要像值参那样为其分配存储空间和传送实参值。另外，对于引用参数，若只需要在函数中取用其值，而不需要改变它的值，则最好在参数说明前加上关键字 const，这样当进行任何赋值时，能够被编译器发现，避免人为的错误。

此题的更新过程为：从数组 s 的第 1 个元素起顺序查找，若查找到 s[i].num 的值与 x.num 的值相等，就用 x 的值更新（即修改）s[i]元素的值并返回 1，否则表明没有查找到待更新的元素，应将 x 的值插入到数组 s 中下标为 n 的位置上，并将 n 的值增 1（即数组长度增 1）后返回 0。函数具体定义如下：

```
int update(Student s[], int& n, const Student& x)
{
    for(int i=0; i<n; i++)
        if(strcmp(s[i].num, x.num)==0) {
            s[i]=x;    //用 x 值更新 s[i]的值
            return 1;
        }
    s[n++]=x;          //将 x 值插入 s 数组中最后一个记录的后面
    return 0;
```

```
}
```

在下面程序的主函数中，两次调用了更新函数：第1次调用时形参n和x分别成为了实参n和x的别名，并且x不能被修改；第2次调用时形参n和x分别成为了实参n和y的别名，并且x（对应实参y）不能被修改。另外第1次调用的结果是修改了结构数组a中的一条记录，第2次调用的结果是向数组a中添加了一条记录。

```
#include<iomanip.h>
#include<string.h>
struct Student {      //定义学生记录结构
    char num[8];      //学号
    char name[10];    //姓名
    short grade;      //成绩
};
void output(Student* s, int n)
    //显示出结构数组s中的n个记录
{
    cout.setf(ios::left);
    for(int i=0; i<n; i++) {
        cout<<i<<' '<<setw(8)<<s[i].num<<setw(12)<<s[i].name;
        cout<<setw(5)<<s[i].grade<<endl;
    }
    cout<<endl;
}

int update(Student s[], int& n, const Student& x)
{    //用x更新s数组中学号为x.num的记录,若不存在则添加到s数组尾部
    for(int i=0; i<n; i++)
        if(strcmp(s[i].num, x.num)==0) {
            s[i]=x;    //用x值更新s[i]的值
            return 1;
        }
    s[n++]=x;          //将x值插入s数组中最后一个记录的后面
    return 0;
}
void main()
{
  //为了给插入记录留有空间,应将定义的数组长度大于初始化元素的个数
    Student a[8]={{"cs102","张平",78},{"ch231","王广敏",69},
    {"ec115","刘文",82},{"pt327","古明",72},{"bx214","张文远",65}};
  //定义并初始化两个结构变量x和y,用作更新数据
    Student x={"pt327","古明",86},y={"sr203","田飞",74};
  //定义n为数组a中当前保存的记录个数,即为a的当前长度
    int n=5;
  //利用x保存的数据对数组a进行更新
```

```
    if(update(a,n,x)==1) cout<<"完成更新操作!"<<endl;
    else cout<<"完成插入操作!"<<endl;
  //利用y保存的数据对数组a进行更新
    if(update(a,n,y)==1) cout<<"完成更新操作!"<<endl;
    else  cout<<"完成插入操作!"<<endl;
  //输出数组a中当前保存的全部记录
    output(a,n);
}
```

该程序运行结果如下：

```
完成更新操作!
完成插入操作!
0 cs102   张平      78
1 ch231   王广敏    69
2 ec115   刘文      82
3 pt327   古明      86
4 bx214   张文远    65
5 sr203   田飞      74
```

从运行结果可以看出，学号为pt327的记录被更新为新值，最后一条记录是新添加的。

例 8-6-3　假定从要求Student结构数组中查找学号等于给定值的记录时，若查找成功则返回该元素的地址，否则返回空。

此题对应的函数定义如下：

```
Student* search(Student s[], int n, const Student& x)
{
    for(int i=0; i<n; i++)
        if(strcmp(s[i].num, x.num)==0)
            return &s[i];       //返回元素的地址
    return 0;                   //返回空值,或使用符号常量NULL
}
```

此函数返回的是结构指针，即被检索到的元素的地址。当一个函数的返回类型为指针类型或引用类型时，则返回语句中使用的变量不能是本函数中定义的局部变量，因为当退出该函数后，其局部变量就不存在了，但可以是本函数中定义的动态变量，因为其生存期（即存储空间被保留的期限）只要不使用delete运算释放的话，将一直持续到程序运行结束。

假定用下面的主函数调用上述函数。

```
void main()
{
    Student a[8]={{"cs102","张平",78},{"ch231","王广敏",69},
    {"ec115","刘文",82},{"pt327","古明",72},{"bx214","张文远",65}};
    int n=5;
    Student x, *p;
```

```
    cout<<"请输入一个待查学生的学号:";
    cin>>x.num;
    p=search(a,n,x);     //调用查找函数返回元素地址
    if(p!=NULL) {
        cout<<p->num<<' '<<p->name<<' '<<p->grade<<endl<<endl;
        cout<<"请输入学号为"<<x.num<<"学生的新成绩:";
        cin>>p->grade;
    }
    else cout<<"没有找到学号为"<<x.num<<"的记录"<<endl;
    output(a,n);
}
```

假定要查找的学号为bx214，要把他的成绩修改为86，则程序输入和运行结果如下：

```
请输入一个待查学生的学号:bx214
bx214 张文远 65

请输入学号为bx214学生的新成绩:86
0 cs102    张平      78
1 ch231    王广敏    69
2 ec115    刘文      82
3 pt327    古明      72
4 bx214    张文远    86
```

当一个函数返回的是指针或引用时，用户既可以直接从返回指针所指向的对象中或从返回引用所对应的对象中取值，也可以改变它们的值，也就是说，它们既可以当左值也可以当右值使用，否则只能把返回值作为右值使用。

8.7　结构与运算符重载

8.7.1　运算符重载的概念

在C++语言中，系统为每种标准（内定义）数据类型定义了各种相应的运算（操作）符，利用它们能够对相应类型上的数据进行运算。如在整数类型上定义了+、–、*、/、%等算术运算符，==、!=、>=、>、<、<=等关系运算符，=、+=、–=、*=、/=、%=等赋值运算符，++、––自增和自减运算符，>>、<<用于对数据进行标准输入和输出的运算符，以及其他运算符。

对于用户自定义的数据类型，如结构类型，系统只定义了访问成员运算符和赋值运算符，没有定义其他任何运算符。若用户需要对自定义类型的对象进行某一种算术、关系或输入输出等运算，则一种方法是按照一般函数定义的规则定义出相应的函数，另一种方法是按照运算符重载函数的定义规则定义出相应的运算符重载函数。

在C++语言中除了直接访问成员运算符（.）、条件运算符（?:）和类作用域区分符（::）

等个别运算符外，每种运算符都能够根据编程需要针对自定义数据类型定义出相应的运算符重载函数，然后再调用它对具有自定义类型的实际数据进行相应的运算，就如同对标准类型的数据进行运算一样的简单和直观。但运算符被重载后，其运算符的目数、优先级和结合性仍为系统规定的那样，不会因此而改变，改变的只是运算对象的类型，使之适用于自定义类型。

8.7.2 用一般函数实现对自定义数据类型的运算功能

首先要定义一种数据类型，然后再进行函数运算。假定把一个分数定义为一种结构类型，类型名用 Franction 表示，它包含有分子和分母两个整数成员，成员名分别用 nume 和 deno 表示，则具体定义格式为：

```
struct Franction {        //定义分数类型
    int nume;             //定义分子
    int deno;             //定义分母
};
```

假定要对分数类型的数据进行加法（+）、小于（<）、等于（= =）、前增 1（++）、后增 1（++）、标准输入（>>）、标准输出（<<）等运算的功能，并通过一般的函数定义来实现。

1．两分数相加

为了用一个函数实现两个分数的加法，假定函数名用 FranAdd 表示，该函数应带有两个分数类型的参数，分别表示被加数和加数，函数的返回值也应为分数类型，以便返回相加的结果。该函数具体定义如下：

```
Franction FranAdd(const Franction& a, const Franction& b)
{    //返回两个分数 a 和 b 之和
    Franction c;  //定义临时变量 c,用于保存求和结果
    c.nume=a.nume*b.deno+b.nume*a.deno;  //计算结果分数的分子
    c.deno=a.deno*b.deno;                //计算结果分数的分母
    FranSimp(c);                         //对结果分数进行简化处理
    return c;                            //返回结果分数
}
```

在上述前 3 条语句计算出结果分数 c 之后，还需要调用 FranSimp 函数对其进行简化，使得 c 变为最简分数，并且当分母为负时使其变为正数，把符号加到分子上。该函数的具体定义如下：

```
void FranSimp(Franction& x)
{    //把 x 化简为最简分数
  //用辗转相除法求出 x 分数的分子和分母的最大公约数
    int m,n,r;
    m=x.nume; n=x.deno; r=m%n;
    while(r!=0)
```

```
    { //当循环结束后,n 的值就是 x 的分子和分母的最大公约数
        m=n; n=r; r=m%n;
    }
  //化简 x,使分子和分母均缩小 n 倍
    if(n!=1) {x.nume/=n; x.deno/=n;}
  //若分母为负则让分子和分母同时取负后使分母转换为正值
    if(x.deno<0) {x.nume=-x.nume; x.deno=-x.deno;}
}
```

2．两分数小于比较

为了用一个函数判断一个分数 a 是否小于另一个分数 b，假定函数名用 FranLess 表示，该函数应返回一个逻辑值或整型值，若 a 小于 b 则返回 1，否则返回 0。该函数的具体定义如下：

```
bool FranLess(const Franction& a, const Franction& b)
{   //若 a 小于 b 则返回 true,否则返回 false
    if(a.nume*b.deno<b.nume*a.deno) return true;
    else return false;
}
```

3．两分数等于比较

为了用一个函数判断两个分数是否相等，假定函数名用 FranEqual 表示，该函数应返回一个逻辑值或整型值，若两个分数相等则返回 1，否则返回 0。函数的具体定义如下：

```
bool FranEqual(const Franction& a, const Franction& b)
{    //若 a 和 b 的值相等则返回 true,否则返回 false
    if(a.nume*b.deno==b.nume*a.deno) return true;
    else return false;
}
```

4．分数的前增 1 运算

前增 1 运算（++）是单目运算符，并被使用在运算对象的左边。若要在一个分数上实现此功能，可定义一个函数，假定函数名为 FranFront，它带有一个具有分数类型的引用参数，在函数体中实现增 1 后，返回这个引用参数。由于前增 1 运算后得到的结果是一个左值，所以该函数的返回类型应为分数的引用类型。函数的具体定义如下：

```
Franction& FranFront(Franction& a)
{                        //实现对引用参数 a 的前增 1 功能,a 被增 1 后返回
    a.nume+=a.deno; //a 的分子增加分母的值后,使得 a 的值增 1
    return a;
}
```

5．分数的后增 1 运算

后增 1 运算（++）是也单目运算符，运算符被使用在运算对象的右边。若要在一个分

数上实现此功能，可定义一个函数，假定函数名为FranBack，它带有一个具有分数类型的引用参数，在函数体中需要首先定义一个临时变量，用来暂存运算对象的值以便返回，接着使运算对象增1，然后返回临时变量的值，即运算对象的原值。由于后增1运算得到的结果是一个右值，所以该函数的返回类型应为分数的非引用类型。函数的具体定义如下：

```
Franction FranBack(Franction& a)
{    //实现对引用参数 a 的后增 1 功能,a 被增 1 但原值被返回
   Franction b=a;   //定义临时变量 b,用于保存运算对象 a 的原值以便返回
   a.nume+=a.deno;  //a 的分子增加分母的值后,使得 a 的值增 1
   return b;        //返回 a 增 1 前的值
}
```

6．分数的标准输入和输出运算

当进行一个分数的输入和输出时，也可以定义为函数的形式，假定分数输入或输出的格式为：分子/分母。如要输入一个分数$\frac{8}{15}$，则采用8/15的格式输入；若一个分数x的分子和分母分别为–4和5，则输出结果为：–4/5。假定进行分数输入和输出的函数名分别用FranInput和FranOutput表示，则它们的具体定义分别如下：

```
void FranInput(Franction& x)
{    //从键盘上按规定格式输入一个分数到 x 中
   char ch;    //用 ch 保存分数输入中的除号
   cout<<"Input a francion:";
   cin>>x.nume>>ch>>x.deno;
   if(x.deno==0) {
       cerr<<"除数为 0!"<<endl;
       exit(1); //中止程序运行
   }
}
void FranOutput(Franction& x)
{    //按规定格式输出 x 中的分数
   cout<<x.nume<<'/'<<x.deno<<endl;
}
```

假定使用如下主函数调用上述各函数。

```
void main()
{
    Franction a,b,c;                  //定义 a,b,c 三个分数对象
    FranInput(a);                     //输入分数 a
    FranInput(b);                     //输入分数 b
    c=FranAdd(a,b);                   //a 和 b 相加结果赋给 c
    cout<<"a: "; FranOutput(a);  //输出分数 a
    cout<<"b: "; FranOutput(b);  //输出分数 b
```

```
    cout<<"c: "; FranOutput(c);            //输出分数 c
    if(FranLess(a,b))                      //判断 a 是否小于 b
        cout<<"a<b"<<endl;
    else
        cout<<"a>=b"<<endl;
    if(FranEqual(a,b))                     //判断 a 和 b 是否相等
        cout<<"a==b"<<endl;
    else
        cout<<"a!=b"<<endl;
    if(FranEqual(c,FranAdd(a,b)))          //判断 c 和 a 加 b 的结果是否相等
        cout<<"c==a+b"<<endl;
    else
        cout<<"c!=a+b"<<endl;
    cout<<"++a: "; FranOutput(FranFront(a));      //计算并输出 a 的前增 1 值
    cout<<"b++: "; FranOutput(FranBack(b));       //计算并输出 b 的后增 1 值
    cout<<"a: "; FranOutput(a);
    cout<<"b: "; FranOutput(b);
}
```

假定分别向分数 a 和 b 输入的具体值为 8/15 和 4/5，则程序运行结果如下：

```
Input a francion:8/15
Input a francion:4/5
a: 8/15
b: 4/5
c: 4/3
a<b
a!=b
c==a+b
++a: 23/15
b++: 4/5
a: 23/15
b: 9/5
```

8.7.3 用运算符重载函数实现对自定义数据类型的运算功能

1．运算符重载函数的定义格式

利用运算符（操作符）重载函数也可以实现上述用一般函数实现的运算功能，并且调用格式非常方便和直观，与在标准类型的对象上使用运算符的格式完全相同。运算符重载函数的函数名为 C++关键字 operator 及后跟一个运算符，该运算符就是重载运算符，它同前面的关键字 operator 之间有无空格均可。

运算符重载函数必须带有参数，并且至少要有一个为用户自定义类型的参数。对于单目运算符的重载，其参数表中为一个参数，该参数就是单目运算符的运算对象；对于双目

运算符的重载，其参数表中有 2 个参数，第 1 个参数为双目运算符左边的运算对象，第 2 个参数为双目运算符右边的运算对象。

单目运算符重载函数的定义格式为：

```
<返回类型> operator <单目运算符> (<一个用户类型参数说明>) {<函数体>}
```

双目运算符重载函数的定义格式为：

```
<返回类型> operator <双目运算符> (<第一个参数说明>,<第二个参数说明>)
        {<函数体>}
```

2．运算符重载函数的调用格式

单目运算符重载函数的调用格式为：

```
<单目运算符> <实参>
```

它等价于下面的调用格式：

```
operator <单目运算符>(<实参>)
```

特别地，对于单目后增 1 或减 1 运算符，在重载函数定义格式的参数表中要增加一个整型参数，以视同前增 1 或减 1 运算符重载格式相区别，但该整型参数是虚设的，可以只给出整型关键字而不给出参数名。

双目运算符重载函数的调用格式为：

```
<第 1 个实参> <双目运算符> <第 2 个实参>
```

它等价与下面的调用格式：

```
operator <双目运算符>(<第 1 个实参>, <第 2 个实参>)
```

3．两分数相加的运算符重载函数

两分数相加的运算符重载函数的定义如下：

```
Franction operator+(const Franction& a, const Franction& b)
{     //返回两个分数 a 和 b 之和
    Franction c;     //定义临时变量 c,用于保存求和结果
    c.nume=a.nume*b.deno+b.nume*a.deno; //计算结果分数的分子
    c.deno=a.deno*b.deno;               //计算结果分数的分母
    FranSimp(c);                        //对结果分数进行简化处理
    return c;                           //返回结果分数
}
```

4．两分数小于比较的运算符重载函数

两分数小于比较的运算符重载函数的定义如下：

```
bool operator<(const Franction& a, const Franction& b)
```

```
{     //若 a 小于 b 则返回 true,否则返回 false
    if(a.nume*b.deno<b.nume*a.deno) return true;
    else return false;
}
```

5. 两分数等于比较的运算符重载函数

两分数等于比较的运算符重载函数的定义如下：

```
bool operator==(const Franction& a, const Franction& b)
{ //若 a 和 b 的值相等则返回 true,否则返回 false
    if(a.nume*b.deno==b.nume*a.deno) return true;
    else return false;
}
```

6. 分数前增 1 和后增 1 的运算符重载函数

为了实现一个分数前增 1 的运算，可进行如下单目++运算符重载函数的定义：

```
Franction& operator++(Franction& x)
{     //x 先增 1,然后返回它的引用
    x.nume+=x.deno;
    return x;
}
```

在这个函数中，需要修改引用参数 x 的值，所以它不能用 const 关键字修饰。该函数返回的是一个分数类型的引用，由返回语句可知，返回的是 x 的引用，也就是返回调用该函数的实在变量，这样当一个分数进行前增 1 运算后，仍可作为左值使用，从而符合前增 1 运算符的定义。对于前减 1 及各种赋值运算符的重载函数的定义也是如此。

为了实现对一个分数后增 1 的运算，可进行如下单目后增 1 运算符重载函数的定义：

```
Franction operator++(Franction& x, int)
{     //使 x 增 1,但返回的是 x 的原值
    Franction y=x;  //保存 x 的值以便返回
    x.nume+=x.deno;
    return y;
}
```

7. 用于输入输出分数的运算符重载函数

对于分数的输入操作，也可以通过定义输入（提取）运算符（>>）重载函数来实现，该重载函数的第 1 个参数为标准输入流类 istream 的引用，第 2 个参数为分数类型的引用，函数返回类型应为标准输入流类 istream 的引用，以便能够继续使用输入运算符输入其他数据。针对分数结构类型的输入运算符重载函数的定义如下：

```
istream& operator>>(istream& istr, Franction& x)
{                   //从键盘上按规定格式输入一个分数到 x 中
```

```
    char ch;     //用 ch 保存分数输入中的除号
    cout<<"输入一个具有 x/y 格式的分数:";
    istr>>x.nume>>ch>>x.deno;
    if(x.deno==0) { cerr<<"除数为 0!"<<endl; exit(1);}
    return istr;
}
```

因为标识符 cin 是在 iostream.h 等头文件中定义的标准输入流类 istream 的一个对象，所以当用 cin>>a>>b 语句（假定 a 和 b 均为一个分数对象）调用上述重载函数时，首先将 cin 传送给第 1 个参数 istr，把 a 传送给第 2 个参数 x，因此 istr 和 x 就分别成了 cin 和 a 的别名，该函数返回的是被传送的实参对象 cin，接着执行 cin>>a>>b 语句中的第 2 个输入运算符时，仍调用上述的重载函数，分别把 cin 和 b 传送给形参 istr 和 x，使它们成为 cin 和 b 的别名，在函数体中给 b 输入数据后，又返回 cin 对象。

对于分数的输出操作，对应的输出（插入）运算符（<<）重载函数的定义如下：

```
ostream& operator<<(ostream& ostr, Franction& x)
{   //按规定格式输出 x 中的分数
    ostr<<x.nume<<'/'<<x.deno<<endl;
    return ostr;
}
```

因为 cout 是标准输出流类 ostream 的一个对象，当执行 cout<<a<<endl 语句（假定 a 为分数对象）时，将自动调用上述输出（插入）运算符重载函数，在函数体中按照规定格式输出 a 的值后，返回 cout 对象，以便能够在一条输出语句中多次使用输出运算符输出数据。

下面给出调用上述运算符重载函数的主函数。

```
void main()
{
    Franction a,b,c;                 //定义 a,b,c 三个分数对象
    cin>>a>>b;                       //输入分数 a 和 b
    FranSimp(a); FranSimp(b);        //对 a 和 b 进行规范化
    c=a+b;                           //a 和 b 相加结果赋给 c
    cout<<"a: "<<a;                  //输出分数 a
    cout<<"b: "<<b;                  //输出分数 b
    cout<<"c: "<<c;                  //输出分数 c
    if(a<b)                          //判断 a 是否小于 b
        cout<<"a<b"<<endl;
    else
        cout<<"a>=b"<<endl;
    if(a==b)                         //判断 a 和 b 是否相等
        cout<<"a==b"<<endl;
    else
        cout<<"a!=b"<<endl;
```

```
    if(c==a+b)                          //判断c和a加b的结果值是否相等
        cout<<"c==a+b"<<endl;
    else
        cout<<"c!=a+b"<<endl;
    c=++a; cout<<"c="<<c; cout<<"a="<<a;   //使用前缀加
    c=b++; cout<<"c="<<c; cout<<"b="<<b;   //使用后缀加
}
```

在主函数中使用了如下一些运算符表达式调用相应的运算符重载函数。

（1）cin>>a
（2）cout<<a
（3）a+b
（4）a<b
（5）a==b
（6）c==a+b
（7）++a
（8）b++

它们分别与下面的调用表达式等效，显然上面的调用格式是简便、自然和直观的。

（1）operator>>(cin,a)
（2）operator<<(cout,a)
（3）operator+(a,b)
（4）operator<(a,b)
（5）operator==(a,b)
（6）operator==(c,operator+(a,b))
（7）operator++(a)
（8）operator++(a,1)　//第2个实参可以为任意整数值,这里用1表示

主函数执行结果如下：

```
输入一个具有x/y格式的分数:8/15
输入一个具有x/y格式的分数:4/5
a: 8/15
b: 4/5
c: 4/3
a<b
a!=b
c==a+b
c=23/15
a=23/15
c=4/5
b=9/5
```

8.7.4　运算符重载函数应用举例

例 8-7-1　编写一个程序，能够分别从任何标准类型的数组、字符串数组和以前介绍过的 Student 结构类型的数组中查找出最大值，假定结构数组中的元素以 grade 域值的大小来决定元素的大小。

分析：此程序中需要包含一个求任意类型数组中元素最大值的模板函数，该模板函数的具体定义如下：

```
template<class Type>    //定义模板类型参数为 Type
Type FindMax(Type a[], int n)
{    //求类型为 Type 的具有 n 个元素的数组 a 中的最大值并返回
    Type max=a[0];          //用 max 保存已比较元素中的最大值,初值为 a[0]
    for(int i=1; i<n; i++)
        if(a[i]>max) max=a[i];
    return max;             //返回数组中的最大值
}
```

对于字符串（字符指针）数组，若要求出其最大字符串，则不能使用上面的模板函数生成针对字符指针类型的实例函数，因为函数中进行的 a[i]与 max 的比较是字符指针的比较，而不是所指字符串的比较。因此必须针对字符串数组专门写出求最大值的特定函数，它应是模板函数的一个重载函数，当进行求字符串数组中最大值的调用时，将自动调用该函数，而不会由模板函数生成相应的实例函数并被调用。此特定函数的具体定义如下：

```
char* FindMax(char* a[], int n)
{     //从具有 n 个元素的字符串数组 a 中查找出最大值并返回
    char* max=a[0];
    for(int i=1; i<n; i++)
        if(strcmp(a[i], max)>0) max=a[i];
    return max;
}
```

当利用函数模板生成针对 Student 结构类型的实例函数时，需要进行两个结构对象 a[i]与 max 的大于比较，为此程序中必须提供对两个结构对象进行大于号比较的运算符重载函数的支持。根据题意，该运算符重载函数的定义如下：

```
bool operator>(const Student& x, const Student& y)
{    //用 grade 域值的大小来代表元素的大小
    return x.grade>y.grade;
}
```

假定需要从整型数组、字符串数组和 Student 数组中查找最大值，则完整程序如下：

```
#include<iostream.h>
#include<string.h>
```

```
struct Student {      //定义学生记录结构
    char num[8];      //学号
    char name[10];    //姓名
    short grade;      //成绩
};
template<class Type> Type FindMax(Type a[], int n);
char* FindMax(char* a[], int n);
bool operator>(const Student& x, const Student& y);
void main()
{
    int a1[8]={35,26,48,69,60,35,83,55};
    char* a2[6]={"GULIANG","NINGCHEN","XUXKAI","WEIRONG",
                "CUICHM","WANGPING"};
    Student a3[5]={{"cs102","张平",74},{"ch231","王广敏",89},
    {"ec115","刘文",62},{"pt327","古明",75},{"bx214","张文远",68}};
  //因a1的元素类型为int,所以将由模板函数生成类型为int的实例函数
    int b1=FindMax(a1,8);
  //因a2的元素类型为char*,所以将调用针对该类型的特定函数执行
    char* b2=FindMax(a2,6);
  //因a3的元素类型为Student,所以将由模板函数生成类型为Student
  //在实例函数,执行中需要调用大于号运算符重载函数比较两个结构的大小
    Student b3=FindMax(a3,5);
    cout<<b1<<endl;         //输出数组a1中的最大值
    cout<<b2<<endl;         //输出数组a2中的最大值
    cout<<b3.num<<' '<<b3.name<<' '<<b3.grade<<endl;
                            //输出数组a3中的最大值
}

template<class Type>        //定义模板类型参数为Type
Type FindMax(Type a[], int n)
{   //求类型为Type的具有n个元素的数组a中的最大值并返回
    Type max=a[0];          //用max保存已比较元素中的最大值,初值为a[0]
    for(int i=1; i<n; i++)
        if(a[i]>max) max=a[i];
    return max;             //返回数组中的最大值
}
char* FindMax(char* a[], int n)
{     //从具有n个元素的字符串数组a中查找出最大值并返回
    char* max=a[0];
    for(int i=1; i<n; i++)
        if(strcmp(a[i], max)>0) max=a[i];
    return max;
}
bool operator>(const Student& x, const Student& y)
```

```
{     //用 grade 域值的大小来代表元素的大小
   return x.grade>y.grade;
}
```

此程序的运行结果如下：

```
83
XUXKAI
ch231 王广敏 89
```

在上面的程序中，对 Student 结构类型的数据也可以定义出相应的输出运算符（<<）重载函数，通过标准输出流 cout 对结构数据进行整体输出。该重载函数的定义如下：

```
ostream& operator<<(ostream& ostr, Student& x)
{
   ostr<<x.num<<' '<<x.name<<' '<<x.grade;
   return ostr;
}
```

把这个重载函数加入到上面程序后，可以把主函数中的最后一条输出语句用如下一条语句来代替，将具有完全相同的作用。

```
cout<<b3<<endl;
```

8.8 结构与链表

1．链表的定义

在结构类型中有一种特殊类型，它除了包含有一般的数据域以外，还包含有一个指向自身结构的指针域。这种类型的对象又称为结点，每个结点的指针域用来指向下一个结点，即保存下一个结点的地址，由此构成结点之间的线性链接关系，即形成一个链表。因为这种链表中的每个结点只有一个指针域，所以又称为单链表。如假定 IntNode 结构（结点）类型为：

```
struct IntNode {
   int data;            //结点值域
   IntNode* next;       //结点指针域
};
```

该类型结点的整型值域 data 用于存储一个整数，指向自身结点类型的指针域 next 用于存储下一个结点的地址，或者说用于指向下一个结点。当一个结点不需要指向任何结点时，则它的指针域应被置为空（NULL）。通过 next 指针域使每个结点依次链接起来形成链表。

假定具有 IntNode 类型的 4 个结点，其值分别为 48、56、72 和 83，并且它们依次被链接起来，则对应的链表结构示意图如图 8-1 所示。

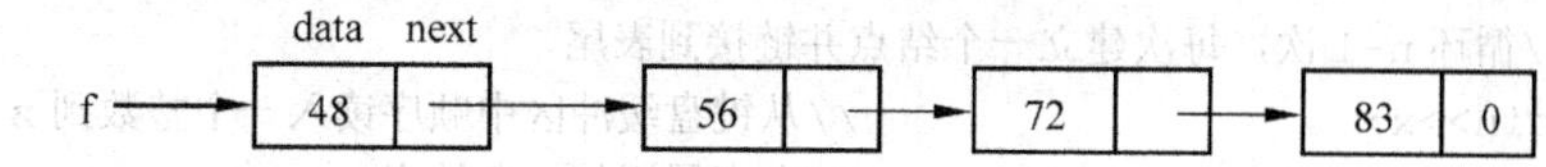

图 8-1　一个链表结构的示意图

在一个链表中，指向第 1 个结点的指针称为表头指针，第 1 个结点又称为表头结点，每个结点的指针域所指向的结点称为该结点的后继结点，而该结点又称为后继结点的前驱结点。链表中的第 1 个结点无前驱结点，而最后一个结点（又称为表尾结点）无后继结点。

在图 8-1 中，f 为表头指针，f 所指向的值为 48 的结点为表头结点，它的后继结点是值为 56 的结点，此结点的后继结点是值为 72 的结点，而值为 72 结点的后继结点是值为 83 的结点，它是链表中的最后一个结点，即表尾结点。

当访问一个链表时，必须从表头指针出发顺序进行，只有第 1 个结点被访问后，才能根据第一个结点的指针域的值访问第 2 个结点，同样只有第 2 个结点被访问后，才能够访问第 3 个结点，以此类推，表尾结点只能最后被访问到。因此链表具有顺序存取的特性，不像数组那样具有随机存取的特性，即在数组中能够根据下标直接存取其中的任何一个元素。

链表能够用来存储同一类型的一组数据，每个数据保存在一个结点的值域中，通过结点的指针域建立起数据之间的线性关系。当一组数据需要经常变化时，即需要不断的进行插入或删除运算时，则适合采用链表结构，因为当向链表插入或删除一个结点非常方便，只需要修改相关指针即可。

链表中的结点通常是通过使用 new 运算符动态分配产生的，若不通过使用 delete 运算符及时回收结点，则动态分配的结点直到程序运行结束才会被系统回收掉。另外，在整个程序运行期间都可以随时访问动态结点中的内容。

2．链表的建立操作

下面给出的 createList 函数能够根据从键盘上输入的 n 个整数建立一个具有 n 个结点、每个结点为 IntNode 类型的链表。

此函数建立的链表以 f 参数为表头指针，f 必须为指针引用参数，这样才能够使对应的实参成为该链表的表头指针，以便在返回后的函数中访问它。

```
void createList(IntNode*& f, int n)
{
    if(n<0) {cerr<<"n 的值无效!"<<endl; exit(1);}
    if(n==0) {f=NULL; return;}  //置表头指针为空后返回
    cout<<"从键盘上输入"<<n<<"个整数:"<<endl;
    int x;
    cin>>x;                      //从键盘上输入第一个整数到 x
    f=new IntNode;               //产生一个动态结点作为表头结点
    f->data=x; f->next=NULL;     //建立表头结点
    if(n==1) return;             //若条件成立则链表已经建好,应返回
    IntNode* p=f;                //使 p 指向刚建立好的表头结点
    for(int i=1; i<=n-1; i++)
```

```
    {   //循环 n-1 次，每次建立一个结点并链接到表尾
        cin>>x;                     //从键盘缓冲区中顺序读入一个整数到 x
        p->next=new IntNode;        //向表尾添加一个结点
        p=p->next;                  //使 p 指向新添加的表尾结点
        p->data=x;                  //把 x 的值赋给表尾结点
    }
    p->next=NULL;                   //把链表的最后一个结点的指针域置空
}
```

在上述函数（算法）所建立的链表中，其结点的次序与键盘上输入数值的次序相同，因为每次都是向表尾插入结点的。在下面的算法中，由于每次是向表头插入一个新结点，所以链表中结点的次序正好与键盘上输入的每个整数的次序相反。

```
void createList1(IntNode*& f, int n)
{
    if(n<0) {cerr<<"n 的值无效!"<<endl; exit(1);}
    if(n==0) {f=NULL; return;}          //置表头指针为空后返回
    cout<<"从键盘上输入"<<n<<"个整数:"<<endl;
    int x; cin>>x;                      //从键盘上输入第一个整数到 x
    f=new IntNode;                      //产生一个动态结点作为表头结点
    f->data=x; f->next=NULL;            //建立表头结点
    if(n==1) return;                    //若条件成立则链表已经建好,应返回
    IntNode* p;
    for(int i=1; i<=n-1; i++) {         //循环 n-1 次,每次建立结点并链接到表头
        cin>>x;
        p=new IntNode;                  //由 p 指针指向一个新分配的结点
        p->data=x;                      //把 x 的值赋给 p 结点的值域
        p->next=f;                      //把 f 所指向的链表链接到 p 结点之后
        f=p;                            //使 f 表头指针指向刚插入的 p 结点
                                        //即把 p 结点插入到原 f 链表的表头
    }
}
```

为了实现同样的功能可以编写出不同的算法，如将上述算法中从 int x 语句开始向下的程序段改写成下面程序段，不但正确而且更简练。

```
f=NULL;
while(n-->0) {
    IntNode* p=new IntNode;
    cin>>p->data;
    p->next=f;
    f=p;
}
```

3. 链表的遍历操作

下面是一个遍历链表的算法，即从表头指针所指向的表头结点开始，顺序访问每个结

点，直到结点的指针域为空时止。此算法中的表头指针参数既可以为值参，也可以为引用。

```
void traversalList(IntNode* f)  //遍历由表头指针 f 所指向的链表
{
    while(f) {
        cout<<f->data<<' ';       //输出结点值
        f=f->next;                //得到指向下一个结点的指针
    }
    cout<<endl;
}
```

4. 链表的插入操作

可以编写一个函数（算法）向已有的链表中插入一个值为 x 的新结点。通常要求按条件插入新结点，如要求插入表头、插入表尾、插入结点值（即 data 域的值）大于等于一个结点值而小于其后继结点值的两相邻结点之间。

假定把值为 x 的新结点插入到表头指针为 f 的链表中，要求其插入位置为：从表头结点开始顺序查找，若 x 小于表头结点的值或链表为空则插入到表头，若大于等于一个结点值而小于其后继结点值则插入到它们之间，若大于等于表尾结点的值则插入到表尾。此算法具体描述为：

```
void insertList(IntNode*& f, int x)
{
    IntNode* p=new IntNode;
    p->data=x; p->next=NULL;
    if(f==NULL) {f=p; return;}
    if(x<f->data) {p->next=f; f=p; return;}
    IntNode *p1=f, *p2=f->next;
    while(p2!=NULL) {
        if(x<p2->data) break;         //找到插入位置则退出循环
        else {p1=p2; p2=p2->next;}    //分别指向后继结点
    }
    p->next=p2; p1->next=p;           //p 结点被插入到 p1 和 p2 之间
    return;
}
```

5. 链表的删除操作

可以编写一个算法从一个已知的链表中删除结点。通常要求按条件删除，如要求删除表头结点、表尾结点、结点值等于给定值 x 的结点。

从链表中删除一个结点时，若删除的是表头结点，则要让表头指针指向原来的第 2 个结点，使该结点成为新的表头结点；若删除的是表尾结点则其前驱结点就成为了新的表尾结点；若删除的是前后结点之间的一个结点，则要修改它的前驱结点的指针域的值，使之指向它的后继结点。

假定要从表头指针为 f 的链表中删除值为 x 的一个结点，当删除成功时返回真，删除失败（即链表中不存在值为 x 的结点）时返回假，则算法描述为：

```
bool deleteList(IntNode*& f, int x)
{
    if(f==NULL) return false;
    if(f->data==x) {f=f->next; return true;}
    IntNode *p1=f, *p2=f->next;
    while(p2!=NULL) {
        if(p2->data==x) break;          //找到删除结点则退出循环
        else {p1=p2; p2=p2->next;}      //分别指向后继结点
    }
    if(p2==NULL) return false;
    p1->next=p2->next;                  //完成删除值为 x 的 p2 结点的链接
    return true;
}
```

6. 使用链表的程序举例

程序 8-8-1 下面程序是分别调用了上面按键盘输入次序建立链表 createList、按键盘输入相反次序建立链表 createList1 和遍历输出一个链表的算法。

下面的主函数将调用上面的三个函数。

```
#include<iostream.h>
#include<stdlib.h>
struct IntNode {
    int data;           //结点值域
    IntNode* next;      //结点指针域
};
void createList(IntNode*& f, int n);
void createList1(IntNode*& f, int n);
void traversalList(IntNode* f);
void main()
{
    IntNode *head1, *head2;
    int n;
    cout<<"输入结点数:";
    cin>>n;
    createList(head1, n);
    traversalList(head1);
    createList1(head2, n);
    traversalList(head2);
}
```

程序输入时还需要添加每个声明函数的具体定义，该程序的运行结果如下，当然将随着输入数据的不同而不同。

```
输入结点数:8
从键盘上输入 8 个整数:
78 56 69 70 88 75 63 68
78 56 69 70 88 75 63 68
从键盘上输入 8 个整数:
78 56 69 70 88 75 63 68
68 63 75 88 70 69 56 78
```

程序 8-8-2　下面程序是分别调用了上面向链表插入结点的算法 insertList、从链表中删除结点的算法 deleteList，以及遍历链表输出结点值的算法。

```
#include<iostream.h>
#include<stdlib.h>
struct IntNode {
   int data;          //结点值域
   IntNode* next;     //结点指针域
};
void insertList(IntNode*& f, int x);
bool deleteList(IntNode*& f, int x);
void traversalList(IntNode* f);
void main()
{
   IntNode *head=NULL;
   int i, a[6]={12,8,25,16,34,28};
   for(i=0; i<6; i++) insertList(head,a[i]);
   traversalList(head);
   insertList(head,5); insertList(head,30); insertList(head,60);
   traversalList(head);
   for(i=0; i<3; i++) deleteList(head,a[i]);
   traversalList(head);
}
```

当然在输入程序时还要输入每个被声明函数的定义。该程序的运行结果如下：

```
8 12 16 25 28 34
5 8 12 16 25 28 30 34 60
5 16 28 30 34 60
```

8.9 联合

1. 联合的定义

联合（union）是又一种用户定义的数据类型，它同结构类型的定义一样，也由若干个数据成员所组成，也可以带有成员函数。但两者有一点不同：在任一时刻，结构中的所有成员都是可访问的，而联合中只有一个成员是可访问的，其余所有成员都是不可访问的。

这种不同反映到存储空间分配上的差别：每个结构对象包含有全部数据成员的存储空间，它所占用的存储空间的大小等于所有数据成员占有的存储空间大小的总和，而每个联合对象所占用的存储空间的大小等于所有数据成员中占有的存储空间的最大值，在任一时刻只能从对象的首地址开始保存一个数据成员的值。

假定一个结构对象 x 和一个联合对象 y 具有相同的数据成员，即均包含有一个字符成员、一个整数成员、一个整数指针成员和一个双精度浮点数成员，则对应的结构类型和联合类型的定义分别为：

```
struct stype {
    char ch;
    int gr;
    int *pt;
    double db;
};
```

```
union utype {
    char ch;
    int gr;
    int *pt;
    double db;
};
```

这里用 ch 表示字符成员，gr 表示整数成员，pt 表示整数指针成员，db 表示双精度浮点数成员。结构定义的格式是从关键字 struct 开始的，后跟结构类型名和结构体，而联合定义的格式是从关键字 union 开始的，后跟联合类型名和联合体。结构类型名和联合类型名都是用户命名的类型标识符，结构体和联合体都是由一对花括号括起来的若干个数据成员的定义所组成，当然也可以包含有成员函数的声明，两种类型定义的最后都必须用分号结束。

2．联合对象的存储空间分配

假定具有 stype 类型的结构对象 x 和具有 utype 类型的联合对象 y 被定义如下：

```
stype x;
utype y;
```

x 和 y 对应的存储空间分配分别如图 8-2（a）和图 8-2（b）所示。

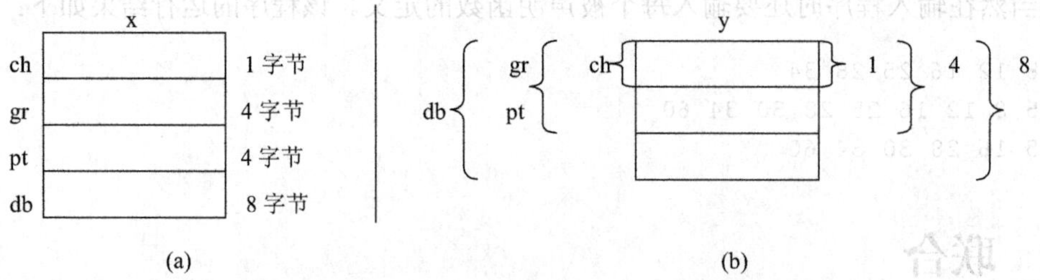

图 8-2 x 和 y 的存储空间分配示意图

从图 8-2 可以看出：结构对象 x 的大小等于所有四个数据成员的大小之和，即等于 1+4+4+8=17 个字节，而联合对象 y 的大小等于所有四个数据成员的大小的最大值，即等于 max(1,4,4,8)=8 个字节。在作用域范围内，结构对象的每个数据成员都有固定的存储位置，都可以随时被访问，而联合对象的每个数据成员都从同一位置（即对象的首地址）开始存储，在任一时刻只能保存一个数据成员，因而也只有该成员能够被访问，当然在不同时刻可以用联合对象存储不同的成员并进行相应的访问。

联合对象的存储空间的利用率视存储不同的成员而定。例如，当利用 y 的 ch 成员保存一个字符时，y 中只有第 1 个字节被利用，剩余 7 个字节空闲；当利用 y 的 gr 或 pt 成员保存一个整数或整数指针时，y 中只有前 4 个字节被利用，而后 4 个字节空闲；当利用 y 的 db 成员保存一个双精度浮点数时，y 中的 8 个字节全部被利用。

3. 使用联合的几点说明

（1）结构与联合在变量的初始化上也有所不同，系统允许对结构中的每个数据成员按照定义的次序进行初始化，但只允许对联合中的第一个数据成员进行初始化，而不允许对其他数据成员进行初始化。当然进行初始化的数据要用花括号括起来。如：

```
utype y={'a'};          //允许
utype z={'a',25};       //不允许
```

（2）联合变量的定义格式也同使用结构一样，包括用联合类型名定义变量，在定义联合类型的同时定义变量，定义无名联合类型的同时定义变量这三种情况。

（3）对联合对象中成员的访问也包括使用点运算符进行直接成员访问和使用箭头运算符进行间接成员访问这两种方式。如对于上述的联合对象 y，直接访问每个成员的表示为 y.ch、y.gr、y.pt 和 y.db，若 p 是指向上述 utype 类型的指针类型，则间接访问 p 所指对象中每个成员的表示为 p->ch、p->gr、p->pt 和 p->db，若表示成直接访问操作则相应为(*p).ch、(*p).gr、(*p).pt 和(*p).db。

（4）在联合类型的定义中，若既没有给出类型名又没有给出变量也是有意义的，此时联合中的成员可以直接使用。这种联合被称为**匿名联合或无名联合**，通常被定义在一个结构或类（class）的内部，联合中的成员直接作为所在结构或类中的成员使用。例如：

```
struct ABC {
    char ch;
    union {         //匿名联合
        int ia;
        float fa;
    };
    ABC *pa;
} x,*px=&x;
```

由于 ia 和 fa 被定义为匿名联合中的成员，任一时刻只有一个成员有效，所以在任何时刻 ABC 类型中只包含 3 个成员：ch、ia 和 pa，或者 ch、fa 和 pa。ABC 类型的大小为 9 个字节，其中 1 个字节用于 ch 成员，接着 4 个字节用于无名联合中的 ia 或 fa 成员，最后 4 个字节用于 pa 成员。在 ABC 类型的定义中，同时定义了该类型的变量 x 和指针变量 px，并将 px 初始化为 x 的地址。对象 x 中的成员可表示为 x.ch、x.ia（或 x.fa）和 x.pa，对象 x 中的成员通过指向 x 的指针 px 可表示为 px->ch、px->ia（或 px->fa）和 px->pa。

4. 使用联合举例

例 8-9-1　要求利用一个数组保存一个单位的职工记录，假定每个职工含有编号、姓名、

性别、类别和职级这5个数据项，其中类别取整数1、2、3之中的值，用1表示干部类别，用2表示教师类别，用3表示工人类别。在干部类别中又分为“JVJI”（局级）、“CHUJI”（处级）、“KEJI”（科级）和“KEYUAN”（科员）四个职级，在教师类别中又分为“JIAOSHOU”（教授）、“FUJIAOSHOU”（副教授）、“JIANGSHI”（讲师）和“ZHUJIAO”（助教）四个职级，在工人类别中又分为1～8共八个职级。编一程序把表8-1中的数据输入到数组中，接着把数组中的记录输出到屏幕上，然后统计出每一类别的人数。

表8-1　职工记录简表

编　号	姓　名	性　别	类　别	职　级
01001	Liuminzhu	m	1	CHUJI
01002	Zhaogang	m	1	KEJI
01003	Wangmin	f	2	FUJIAOSHOU
02001	Xuzhongyi	m	2	JIANGSHI
02005	Liziyou	m	3	4
03002	Zhuhong	f	2	ZHUJIAO
03014	Chenyi	m	3	5
12020	Dingrong	f	2	JIANGSHI

分析：由题意可知，应把职工记录定义为结构类型，该类型的前4个成员应分别为编号（num）、姓名（name）、性别（sex）和类别（kind），其中编号和姓名均为字符串型，性别定义为字符型，假定用字母m表示男，用字母f表示女，类别应定义为短整型，该结构的最后一个数据成员应定义为无名联合类型，它包含有3个数据成员，分别为干部（cadre）、教师（teacher）和工人（worker），对应类型分别为字符串、字符串和短整型，根据一个记录中的不同人员类别将使用联合中的不同成员。职工记录的结构类型定义如下：

```
struct Workers {                //职工记录类型
    char num[6];                //编号
    char name[12];              //姓名
    char sex;                   //性别
    short int kind;             //类别
    union {                     //职级
        char cadre[8];          //干部职级
        char teacher[12];       //教师职级
        short int worker;       //工人职级
    };
};
```

从键盘上向具有Workers类型的数组中输入n个记录的函数定义如下：

```
void Input(Workers a[], int n)
{    //向结构数组a中输入n个职工记录
    for(int i=0; i<n; i++)
    {
        cout<<"请输入第"<<i+1<<"条记录的编号,姓名,性别,类别,职级:\n";
```

```
        cin>>a[i].num>>a[i].name>>a[i].sex;
        cin>>a[i].kind;
        switch(a[i].kind)  //根据类别输入相应的职级
        {
            case 1: cin>>a[i].cadre; break;
            case 2: cin>>a[i].teacher; break;
            case 3: cin>>a[i].worker;
        }
    }
}
```

从具有 Workers 类型的数组中向屏幕上输出 n 个记录（假定不输出类别的值）的函数定义如下：

```
void Output(Workers a[], int n)
{    //把数组 a 中的 n 个记录输出到屏幕上
     //使每项数据按左对齐输出
    cout.setf(ios::left);
  //输出表头,即记录中的各项名称
    cout<<setw(6)<<"num"<<setw(12)<<"name";
    cout<<setw(5)<<"sex"<<setw(12)<<"duty"<<endl;
  //依次输出每条记录
    for(int i=0; i<n; i++) {
        cout<<setw(6)<<a[i].num<<setw(12)<<a[i].name;
        cout<<setw(5)<<a[i].sex<<setw(12);
        switch(a[i].kind) {
            case 1: cout<<a[i].cadre; break;
            case 2: cout<<a[i].teacher; break;
            case 3: cout<<a[i].worker;
        }
        cout<<endl;  //输出每条记录后换行
    }
}
```

从数组 a 中统计出各类别人数的函数定义如下：

```
void Count(Workers a[], int n)
{    //统计出数组 a 中各类别的人数并输出
    int c1,c2,c3;     //用它们分别统计干部、教师和工人的人数
    c1=c2=c3=0;
    for(int i=0; i<n; i++) {
        switch(a[i].kind) {
            case 1: c1++; break;
            case 2: c2++; break;
            case 3: c3++; break;
        }
```

```
    }
    cout<<"cadres: "<<c1<<endl;
    cout<<"teachers: "<<c2<<endl;
    cout<<"workers: "<<c3<<endl;
}
```

按照题目要求，编写出的程序如下：

```
#include<iomanip.h>
struct Workers {                          //职工记录类型
    char num[6];                          //编号
    char name[12];                        //姓名
    char sex;                             //性别
    short int kind;                       //类别
    union {                               //职级
        char cadre[8];                    //干部职级
        char teacher[12];                 //教师职级
        short int worker;                 //工人职级
    };
};
void Input(Workers a[], int n);           //程序输入时给出定义
void Output(Workers a[], int n);          //程序输入时给出定义
void Count(Workers a[], int n);           //程序输入时给出定义
void main()
{
    int n=8;                              //n 等于表 8-1 中的记录数
    Workers* a=new Workers[n];            //动态分配结构数组
    Input(a,n);
    cout<<endl;
    Output(a,n);
    cout<<endl;
    Count(a,n);
    delete []a;
}
```

该程序的运行结果如下（键盘输入除外）：

```
num   name        sex    duty
01001 Liuminzhu    m     CHUJI
01002 Zhaogang     m     KEJI
01003 Wangmin      f     FUJIAOSHOU
02001 Xuzhongyi    m     JIANGSHI
02005 Liziyou      m     4
03002 Zhuhong      f     ZHUJIAO
03014 Chenyi       m     5
12020 Dingrong     f     JIANGSHI
```

```
cadres: 2
teachers: 4
workers: 2
```

例 8-9-2　假定一种结点的结构如下：

```
struct MixNode {
    short int mark; //结点值类型标志域
    union {
        float f;        //浮点型值域
        char r[12];    //字符数组值域
    };
    MixNode* next;    //链接指针域
};
```

该结点的值域为无名联合中的 f 或 r，当标志域 mark 分别取 1 和 2 时，对应的值域分别为 f 和 r，当然在任一时刻只能有一个值域，不是 f 就是 r。该结点的指针域为 next，由它把同一类型的不同结点链接起来。要求编一程序，动态产生每个结点，其值由键盘输入，并按照结点产生的先后次序链接起来形成一个链表，然后遍历这个链表。

此题的完整程序如下，读者可自行分析。

```
#include<iostream.h>
#include<stdlib.h>
struct MixNode {                            //结构定义
    short mark;                             //结点值类型标志域
    union {
        float f;                            //浮点型值域
        char r[12];                         //字符数组值域
    };
    MixNode* next;                          //链接指针域
};

void Create(MixNode*&, int);               //Create 函数声明
void Traversal(MixNode* );                 //Traversal 函数声明
void main()
{
    MixNode* f;
    int n=6; //假定建立具有 6 个结点的链表
    Create(f,n);
    Traversal(f);
}

void Create(MixNode*& head, int n)
{ //建立以 head 为表头指针的、包含 n 个结点的一个链表,结点值由键盘输入
    if(n<0) {cerr<<"n 的值无效!\n"; exit(1);}
    MixNode* p=new MixNode;                //首先为链表建立一个附加表头结点
```

```
    head=p;                         //将p赋给表头指针
    cout<<"从键盘输入"<<n<<"个结点的值!\n";
    for(int i=0; i<n; i++) {
        p=p->next=new MixNode;      //将新结点的地址赋给p结点的指针域及p
        cout<<"输入第"<<i+1<<"个结点值类型的标记(1:浮点, 2:字符串):";
        cin>>p->mark;
        if(p->mark==1) {
            cout<<"输入一个浮点数:";
            cin>>p->f;
        }
        else {
            cout<<"输入一个字符串,长度小于12:";
            cin>>p->r;
        }
    }
    p->next=NULL;         //将链表中最后一个结点的指针域置空
    p=head;               //p指向附加表头结点
    head=head->next;  //指向链表的第一个结点的指针赋给head
    delete p;             //回收临时使用的附加表头结点
}

void Traversal(MixNode* head)
{   //遍历以head为表头指针的链表
    MixNode* p=head;
    while(p!=NULL) {
        if(p->mark==1) cout<<p->f<<' ';
        else cout<<p->r<<' ';
        p=p->next;
    }
    cout<<endl;
}
```

本章小结

1．结构、联合与类都是用户自定义的数据类型，它们既可以包含数据成员，也可以包含函数成员。在一般的习惯中，使用结构和联合时仅需要包含数据成员，而不需要包含函数成员。但使用类类型时通常既需要包含数据成员又需要包含函数成员。类类型的定义和使用将在第九章具体给出。

2．结构与联合中均可以包含一个或多个数据成员，每个数据成员可以为任何指针类型，包括指向自身结构的指针类型，但只能为除本身结构类型之外的其他任何直接类型。

3．一个结构的大小等于各数据成员的大小之和，一个联合的大小等于各数据成员大小的最大值。通过 sizeof 运算可以得到一个结构或联合的实际占有的数据单元的大小，它也是相应结构或联合类型的实际长度。

4．利用结构或联合类型标识符定义一个对象时，同使用简单类型标识符定义一个对象一样，就是在内存中为其分配相应大小的存储空间，并进行必要的初始化。当它们为全局域、文件域或带有 static 存储属性的对象时，若各成员没有被初始化，则将被系统自动置为 0，否则若是自动或寄存器对象则各成员初值不确定。

5．对用户类型的对象中成员的访问是通过使用直接或间接成员访问运算符实现的，相同用户类型的对象之间也允许赋值操作，即把一个对象中的全部内容赋值到另一个对象中。

6．一种用户类型被定义后，同 C++系统中预定义的各种简单类型一样，可以使用在程序中的任何地方，包括用来定义变量、函数参数和函数返回值类型。

7．如果一个结构类型中定义有指向本身结构类型的指针数据成员，则通过该成员可以把同一类型的不同对象依次链接起来，形成一个链表。从指向表头结点的指针出发可以依次访问到该链表中的每一个结点。向一个链表插入结点和从中删除结点是对链表的常用运算，插入和删除结点的位置要根据条件从链表中通过顺序查找确定。

8．在一个联合对象中，任一时刻只能够存储一个数据成员的值，当要存储另一个成员的值时，则上一次存储的一个数据成员的值就被自动冲掉。

9．在结构或类的定义中，可以包含匿名联合，不管它包含有多少数据成员，但只有一个是当前有效的，或者说，整个匿名联合只作为结构或类中的一个数据成员使用。

10．对于用户定义的数据类型，也能够采用一般的运算符进行相应运算，只要事先定义有运算符重载函数即可。

习题八

8.1　写出程序运行结果上机验证。

1.
```
#include<iostream.h>
struct AAA {
    int a[10];
    int n;
};
struct AAA x;
void main(void)
{
    int b[6]={20,35,46,18,24,52};
    x.n=6;
    int i;
    for(i=0; i<x.n; i++) x.a[i]=b[i];
    x.a[x.n]=37; x.n++;
    for(i=0; i<x.n; i++) cout<<x.a[i]<<' ';
    cout<<endl;
}
```

2.
```
#include<iostream.h>
#include<string.h>
```

```
struct CCC {
    char *a;
    int n;
};
void main(void)
{
    CCC x;
    char* p="PersonalComputer";
    x.n=strlen(p)+1;
    x.a=new char[x.n];
    strcpy(x.a,p);
    cout<<x.n-1<<' '<<x.a<<endl;
    cout<<x.n-1-8<<' '<<x.a+8<<endl;
    delete []x.a;
}
```

3.
```
#include<iostream.h>
#include<string.h>
struct String {
    char* a;
    int n;
};
String operator+(String a, String b)
{
    String c;
    c.n=a.n+b.n;
    c.a=new char[c.n+1];
    strcpy(c.a, a.a); strcat(c.a, b.a);
    return c;
}
bool operator==(String a, String b)
{
    if(a.n!=b.n) return false;
    for(int i=0; i<a.n; i++)
        if(a.a[i]!=b.a[i]) return false;
    return true;
}
void main(void)
{
    String x1,x2,x3;
    x1.a="large"; x1.n=strlen(x1.a);
    x2.a="laser"; x2.n=strlen(x2.a);
    x3=x1+x2;
    cout<<x1.a<<' '<<x2.a<<' '<<x3.a<<endl;
    if(x1==x2) cout<<"x1 and x2 be equal\n";
```

```
        else cout<<"x1 and x2 is not equal\n";
    }
```

4.
```
#include<iostream.h>
#include<stdlib.h>
const int N=10;
struct Array {
    int a[N];
    int n;
};
Array operator+(Array a, Array b)
{
   Array c;
    if(a.n!=b.n) {cout<<"a and b not add!\n"; exit(1);}
    c.n=a.n;
    for(int i=0; i<c.n; i++) c.a[i]=a.a[i]+b.a[i];
    return c;
}
bool operator==(Array a, Array b)
{
    int k;
    if(a.n<=b.n) k=a.n; else k=b.n;
    for(int i=0; i<k; i++)
       if(a.a[i]!=b.a[i]) return false;
    if(a.n==b.n) return true;
    else return false;
}
void main(void)
{
    Array x1,x2;
    int i;
    for(i=0; i<5; i++) {x1.a[i]=i; x2.a[i]=3*i+1;}
    x1.n=x2.n=5;
    x2=x1+x2;
    cout<<"x1.a[5]: "; for(i=0; i<5; i++) cout<<x1.a[i]<<' ';
    cout<<"\nx2.a[5]: "; for(i=0; i<5; i++) cout<<x2.a[i]<<' ';
    cout<<endl;
    if(x1==x2) cout<<"Array x1 and x2 is eqeal!\n";
    else cout<<"Array x1 and x2 is not eqeal!\n";
}
```

5.
```
#include<iostream.h>
struct DDD {
    int a[3];
    DDD* next;
};
```

```
DDD* ff1(int n)
{
    DDD *f=NULL, *r;
    for(int i=0; i<n; i++) {
        r=new DDD;
        r->a[0]=i; r->a[1]=i+1; r->a[2]=i+2;
        r->next=f;
        f=r;
    }
    return f;
}
int ff2(DDD* p)
{
    int s=0;
    while(p) {
        for(int i=0; i<3; i++)
            if(p->a[i]%3==0) s+=p->a[i];
            p=p->next;
    }
    return s;
}
void main(void)
{
    DDD* p;
    p=ff1(5);
    int x=ff2(p);
    cout<<"x="<<x<<endl;
}
```

6.
```
#include<iostream.h>
struct DDD {
    int *a;
    DDD* next;
};
DDD* ff3(int n)
{
    DDD *f=NULL, *r;
    for(int i=0; i<n; i++) {
        r=new DDD;
        r->a=new int;
        *(r->a)=5*i-3;
        r->next=f;
        f=r;
    }
    return f;
}
```

```
int ff4(DDD* p)
{
    int s=0;
    while(p) {
        s+=*(p->a);
        p=p->next;
    }
    return s;
}
void main(void)
{
    DDD* p;
    p=ff3(5);
    int x=ff4(p);
    cout<<"x="<<x<<endl;
}
```

8.2　指出函数功能。

1. void Count(Person a[], int n, int &c1, int &c2)

```
{
    c1=c2=0;
    for(int i=0; i<n; i++)
        if(a[i].sex==true) c1++;
        else c2++;
}
```

2. IntNode* FindMax(IntNode *f)

```
{
    if(f) return NULL;
    IntNode *p=f;
    f=f->next;
    while(f) {
        if(f->data>p->data) p=f;
        f=f->next;
    }
    return p;
}
```

3. void InsertRear(IntNode*& f, int x)

```
{
    IntNode* r=new IntNode;
    r->data=x; r->next=NULL;
    if(f==NULL) {f=r; return;}
    for(IntNode* p=f; p->next!=NULL; p=p->next);
    p->next=r;
}
```

```
4. int operator==(Student x, char* key)
   {
       if(strcmp(x.num,key)==0) return 1;
       else return 0;
   }

5. bool operator<(Student x, Student y)
   {
       if(x.grade<y.grade) return true;
       else return false;
   }

6. Franction operator*(int c, Franction& x)
   {
       Franction y;
       y.nume=c*x.nume;
       y.deno=x.deno;
       return y;
   }
```

8.3 按照题目要求编写出相应函数。

1．编一函数，从类型为 Person 的、具有 n 个人员记录的数组 a 中查找并打印出年龄不小于整型变量 x 值的所有记录，要求所有输出记录的同一数据项具有相同的显示宽度。

2．编一函数，从具有 n 个元素的 Student 结构数组中查找学号等于字符指针 key 所指字符串的记录，若查找成功则返回该元素的地址，否则返回空。

3．分别编写一个普通函数和减法操作符重载函数，实现具有 Franction 类型的两个分数相减的操作，运算结果保存在第一个操作数中并带回，同时函数返回第一个操作数的引用。

4．编写一个函数，实现从任意类型的具有 n 个元素的数组中删除下标为 i(0≤i<n–1)的元素值并返回这个值的功能。具体删除操作是把下标为 i+1～n–1 的元素值依次向前移动一个位置，并使元素个数变为 n–1。

5．编写一个函数，对于具有 Workers 类型和 n 个元素的数组 a，若从下标为 k 的位置起向后查找属于教师类别的、职级为 x 值的元素，当查找成功时返回该元素的下标，否则返回–1。

第九章　类 与 对 象

本章主要介绍类的定义与作用，类的各种构造函数的定义与作用，类的赋值重载函数的定义与作用，类的析构函数的定义与作用，类的友元函数和友元类的声明与作用，类的运算符重载函数和其他函数的定义与作用。通过学习本章知识，能够使读者会利用类进行初步的面向对象的程序设计。

9.1　类的概念与定义

1．类的概念

类（class）是对具有共同属性和行为的一类事物的抽象描述，共同属性被描述为类中的数据成员，共同行为被描述为类中的成员函数。虽然类所描述的事物具有共同的属性和行为（操作），但每一个具体事物（又称为个体、实例或对象）都具有属于自己的属性值和行为特征。例如，人的共同属性有姓名、性别、出生日期、民族、籍贯等，但每个人都有自己的姓名、性别等属性值，他与别人的属性值不同，但也允许相同，如允许有重名。人的共同行为有工作、学习、休息、吃饭、穿衣、打扮、爱好等，但每个人都有属于自己的行为特征，当然也允许与别人的行为特征相同或不同，如有的人爱好看电视，有的人爱好听音乐，有的人爱好下象棋，有的人爱好游泳等。

同结构与联合一样，类也是一种用户定义的类型，它包括定义数据成员和定义成员函数两个方面，用数据成员来描述同类事物的属性，用成员函数来描述它们的行为。另外，用类定义变量（对象）也同用结构或联合定义变量一样，具有完全相同的语法格式，用类访问数据成员和成员函数，也同用结构变量或联合变量访问它们一样，是通过点操作符直接指明或通过箭头操作符间接指明来实现的。

在由C++提供的、允许用户使用的结构、联合和类类型中，它们的定义和使用具有完全相同的格式，上一章我们讨论了结构与联合中的数据成员以及它们的应用情况，这一章将讨论类类型中的数据成员和各种函数成员的定义、使用及有关知识。

2．类的定义格式

类定义的基本格式为：

```
class  <类名> {<成员表>};
```

class 为类类型定义的关键字，其后的<类名>为用户命名的标识符，以后可以利用它定义该类的变量以及引申的引用、指针和数组变量，<成员表>为该类包含的数据成员和成员函数的列表。

类中每一个成员的定义都带有一定的存取权限，或者称存取属性、访问权限、访问属性等，它由存取指明符关键字 public、private 或 protected 所指定。具体使用时，应在存取指明符后面加上一个冒号，使之与成员定义分开，此后的所有成员都具有该存取指明符所规定的存取权限，直到出现另一个存取指明符改变存取权限为止。若成员定义的前面没有使用存取指明符规定存取权限，则对于类成员来说隐含具有 private 访问属性，对于结构和联合中定义的成员来说隐含具有 public 访问属性。三个存取指明符的含义如下：

- public：**公用**（又称公有、公共）访问属性，成员可以为任意函数所访问。
- private：**私有**访问属性，成员只能为该类的成员函数和友元函数所访问。
- protected：**保护**访问属性，成员只能为该类的成员函数和友元函数以及继承此类的所有派生类中的成员函数和友元函数所访问。

一般情况，按照面向对象的程序设计的要求，把类中的数据成员定义为私有的，这样只允许该类的成员函数访问，不允许该类以外的任何函数（包括具有全局作用域的一般函数和其他类中的具有类作用域的成员函数）访问，从而使类对象中的数据得到了隐藏和保护，不会受到外界有意或无意的破坏。

3．类的定义格式举例

```
(1) struct CA {
      int a;
      int b;
    } ax;
```

语句（1）定义了一个结构类型 CA，它包含有两个整数成员 a 和 b，由于没有显式规定其访问属性，所以采用隐含属性 public，即公用访问属性。利用该结构定义对象后，在对象作用域范围内，通过成员访问运算符均可访问对象中的成员 a 和成员 b。例如，在该语句中同时定义了一个对象 ax，在 ax 作用域范围内，均可使用 ax.a 和 ax.b 作为表达式中的左值或右值。

```
(2) class CB {
        int a;
        int b;
    } bx;
```

语句（2）定义了一个类类型 CB，与语句（1）相同，它同样包含有两个整数成员 a 和 b，但由于没有显式规定其访问属性，所以采用隐含属性 private，即私有访问属性。利用该类定义对象后，在对象作用域范围内，均不能使用成员运算符访问对象中的成员 a 和成员 b，若出现有这种访问的操作，则在程序编译时将显示出“Cannot assess private member declared in class ‘CB’”的错误信息，表示不允许访问 CB 类中的私有成员，致使编译无法通过。

因此对于含有私有成员的类，外界只能够通过类中提供的公用成员函数通过调用该函数的方式访问其私有成员，若没有提供有关的公用成员函数则就无法访问了。在该语句中，既把 a 和 b 规定为私有成员，又没有提供访问它们的公用成员函数，所以无法访问它们，这表明该类的定义虽然语法正确，但没有实际使用价值。

（3）
```
class CC {
    int a;
  public:
    void Init(int aa) {a=aa;}
    int GetData() {return a;}
 } cx;
```

语句（3）定义了一个类类型 CC，它具有一个数据成员，即整数成员 a，其访问属性为私有的，该类具有两个访问属性为公用的成员函数，Init 成员函数能够把形参 aa 的值赋给成员变量 a，达到初始化数据成员 a 的目的。

CC 类中另一个成员函数 getData 能够返回成员变量 a 的值。语句（3）同时定义了一个类变量 cx，由于类成员 a 是私有的，所以无法用 cx.a 存取 cx 中的成员 a，但由于 Init 和 GetData 成员函数是公用的，所以通过 cx.Init(x)的调用可以把实参 x 的值传送给形参 aa，接着在执行函数体时由 aa 赋给 cx 中的成员变量 a，从而达到对 cx 的私有成员 a 赋值的目的；通过 cx.GetData()的调用能够返回 cx 中成员变量 a 的值，从而达到从 cx 的私有成员 a 中取值的目的。

（4）
```
class CD {
    char* a;
    int b;
  public:
    void Init(char* aa, int bb)
    {
        a=new char[strlen(aa)+1];
        strcpy(a,aa);
        b=bb;
    }
    char* Geta() {return a;}
    int Getb() {return b;}
    void Output() {cout<<a<<' '<<b<<endl;}
 } dx;
```

语句（4）定义了一个类类型 CD，它含有一个字符指针成员 a 和一个整数成员 b，这两个数据成员都是私有的，该类型同时包含有 4 个公用的成员函数，Init 函数给成员变量 a 和 b 赋值，且 a 所指向的字符串存储空间是根据形参 aa 的长度动态分配产生的，Geta 函数返回字符指针成员 a 的值，Getb 函数返回整数成员 b 的值，Output 函数输出字符指针成员 a 所指向的字符串和整数成员 b 的值。

该类型定义语句同时定义了一个类变量 dx，假定利用 dx.Init("xxkwr", 30)调用，则使得 dx.a 指向一个包含 6 个字节的动态分配的字符串空间，该空间存储的字符串为"xxkwr"，该调用使得 dx.b 的值为 30；利用 dx.Geta()调用时，返回 dx.a 的值，由它可以得到所指向的字符串；利用 dx.Getb()调用时，返回 dx.b 的值；利用 dx.Output()调用时，在屏幕上显示出 dx.a 所指向的字符串和 dx.b 的值。

```
(5) class CE {
      private:
        int a,b;
        int getmax() {return (a>b? a:b);}
      public:
        int c;
        void SetValue(int x1,int x2, int x3) {
           a=x1; b=x2; c=x3;
        }
        int GetMax() {
           int d=getmax();
           return (d>c? d:c);
        }
    } ex, *ep=&ex;
```

语句（5）定义了名为 CE 的类，它把整数成员 a 和 b 定义为私有的，把整数成员 c 定义为公用的，所以 a 和 b 只能由该类的成员函数访问，而 c 既可以为该类的成员函数访问，又可以为类外的任何函数访问。CE 类定义了一个私有成员函数 getmax，该函数返回成员变量 a 和 b 中的最大值，由于该函数是私有的，所以它只能为该类的成员函数调用，不能为类外的任何函数调用。CE 类同时定义了两个公用函数 SetVavue 和 GetMax，前者为该类的 3 个数据成员赋值，后者返回 3 个数据成员中的最大值，该函数首先调用私有成员函数 getmax()得到 a 和 b 中的最大值并赋给 d，然后返回 d 和 c 中的大者，它就是 a、b、c 中的最大值。

语句（5）同时定义了 CE 类的变量 ex 和指针变量 ep，并使 ep 初始化为 ex 的地址，这样*ep 与 ex、ep->c 与 ex.c、ep->SetValue(n1,n2,n3)与 ex.SetValue(n1,n2,n3)、ep->GetMax()与 ex.GetMax()的表示等价，其中假定 n1、n2 和 n3 为 3 个整型实参变量。当系统执行 ex.GetMax()调用时，首先调用私有函数 getmax()，返回 ex.a 和 ex.b 中的最大值，并把它赋给临时变量 d，接着返回 d 和 ex.c 中的最大值。

4．类定义的有关说明

（1）类的定义仅具有文件作用域，这与结构或联合的定义情况相同。若要在同一程序的不同文件中使用一个类定义或声明对象，必须把同一个类的定义放入到所需要的文件的首部。通常把程序中用到的所有类的定义、结构或联合定义、常量定义或声明、变量声明、函数原型声明等内容保存到一个用户定义的头文件中，让同一程序的每个程序文件开始通过使用#include 命令包含该头文件，就能够很方便地在不同文件中使用相同的定义。虽然用户定义类型仅具有文件作用域，但由它们定义的对象既可以规定为文件作用域，也可以规定为全局作用域，当然，若在函数中定义对象则为局部作用域。

（2）类中定义的所有数据成员和函数成员仅具有类作用域，即作用范围仅局限于该类的内部，所以它可以与类外作用域的对象重名而不会引起冲突，类外的同名对象将被类中的同名量所屏蔽。此特性是用户定义类型的共同特性，对于结构和联合也是如此。

（3）在类的成员函数的定义中，形参变量不能与该类定义的数据成员（变量）重名，若重名在函数体中只是把形参的值赋给形参变量，而不会赋给成员变量。这是因为在成员函数中，形参变量屏蔽了同名的成员变量。类中数据成员和函数成员的作用域为整个类，而形参变量的作用域只局限于所在的成员函数。

（4）类中的成员函数和数据成员一样，都是在给定类中定义的，所有在外部调用类中的成员函数同在外部访问类中的数据成员一样，必须带有所属类的对象名和成员操作符作为前缀，也就是说，必须通过对象（包括直接对象和指针对象）调用成员函数。由对象调用成员函数的过程就是对该对象进行操作的过程。当然外部能够访问的数据成员和调用的成员函数都必须是类的公用成员。

（5）在一个类的成员函数中，能够直接使用该类定义的所有数据成员和成员函数，其使用表示也是抽象的，因为并没有将它们同任何一个类对象具体联系起来。当用类对象调用成员函数时，才给成员函数使用的成员赋予确定的含义，即把它们与具体对象联系起来。

如 ex 为上述定义的 CE 类中的一个直接对象，进行 ex.SetValue(2,3,4)调用时，该成员函数中使用的 a、b、c 才被具体确定为对象 ex 中的 ex.a、ex.b 和 ex.c 成员，调用执行结束后，ex 中三个数据成员的值分别为 2、3 和 4；若 ey 为 CE 类中的另一个对象，则进行 ey.SetValue(2,3,4)调用时，该成员函数中使用的 a、b、c 确定为 ey 中的 ey.a、ey.b 和 ey.c 成员，调用执行结束后，ey 中 3 个数据成员的值分别为 2、3 和 4。

又如进行 ex.GetMax()调用时，该成员函数中使用的 getmax()被确定为 ex.getmax()，进行 ex.getmax()调用时，这个成员函数中使用的 a 和 b 被确定为 ex.a 和 ex.b，执行后返回它们的最大值并赋给 ex.GetMax()中的局部变量 d，接着返回 d 和 ex.c 中的最大值。

（6）一个类的每个成员函数中都隐含有一个所属类的指针参数，其名字由系统规定为 this，它是 C++的一个保留字。当由一个对象调用一个成员函数时，除了把实参传送给成员函数中被说明的形参外，还同时把该直接对象的地址或指针对象的值传送给成员函数中隐含说明的指针形参 this，执行成员函数时对数据成员的访问隐含着是对 this 指针所指对象中数据成员的访问，对成员函数的调用隐含着是对 this 指针所指对象中成员函数的调用。

在成员函数中可以利用 this 指针做任何操作，如将所使用的成员名前加上 this->限定符，则与不加完全相同，因为它是隐含的；又如当使用类对象 x 和点运算符调用成员函数时，在函数体中的 return this 语句将返回 x 的地址，而 return *this 语句将返回 x 对象本身。

（7）在类的成员函数的参数表和函数体之间若加上保留字 const，则表示该函数只能读取调用对象中各数据成员的值，而不能修改它们的值，也就是在该成员函数的执行中临时把调用对象规定为常量。这样能够避免在一个成员函数中对调用对象的无意修改，从而保护调用对象的值不变。当只需要利用成员函数读取类中的数据成员的值，而不需要改变它们的值时，可在函数头的末尾加上 const 保留字。如可在上面 CD 类的 Geta()、Getb()和 Output()成员函数的函数头与函数体之间加上 const，因为这三个函数都不需要改变数据成员的值。

（8）成员函数可以在类定义体中给出定义，在上述格式中都是如此，也可以使成员函数的声明与定义分开，即只在类中给出声明，而在类外给出完整的定义。

成员函数在类外定义时，函数名前面必须带有所属类的类名和类区分符（::），以标明该成员函数的所在类，否则它将是一个具有全局作用域的普通函数。例如，对于上述定义的 CE 类，若把它的所有成员函数都放在类外定义，则重写 CE 类如下：

```
class CE {
  private:
    int a,b;
    int getmax();    //成员函数声明
  public:
    int c;
    void SetValue(int x1, int x2, int x3);  //成员函数声明,形参名可省
    int GetMax();                           //成员函数声明
} ex, *ep=&ex;

int CE::getmax()  {                      //getmax()的类外定义
    return (a>b? a:b);
}
void CE::SetValue(int x1, int x2, int x3)
{                                        //SetValue(int, int, int)的类外定义
    a=x1; b=x2; c=x3;
}
int CE::GetMax()  {                      //GetMax()的类外定义
    int d=getmax();
    return (d>c? d:c);
}
```

（9）成员函数同普通函数一样，也可以通过使用 inline 关键字把它定义为内联函数。函数被定义为内联后，调用执行时可以具有更快的速度，一般只把简单的成员函数定义为内联的。另外，若成员函数是在类定义体中定义的，则隐含为内联的，就如同使用了 inline 关键字一样；若成员函数是在类外定义的，则 inline 关键字加到函数声明或函数定义上都可以规定它是内联的。如将 CE::GetMax()成员函数规定为内联的，则如下所示。

```
inline int CE::GetMax() {  //GetMax()的类外定义
    int d=getmax();
    return (d>c? d:c);
}
```

（10）同普通函数一样，每个成员函数中说明的形参也允许带有默认值，带有默认值的形参必须放在参数表的尾部，而不带默认值的形参必须放在参数表的前部，不允许它们相互混淆。若成员函数的声明和定义是分开的，则参数的默认值只能在函数声明中给出。

利用对象调用具有默认值的成员函数时，对应默认值的实参可以省略，当省略时则形参采用默认值，不省略时从对应实参中取得值。例如，对于上述 CE 类中声明的 SetValue(int, int, int)成员函数，假定第 2 个和第 3 个形参的默认值为 0 和 1，则该成员函数的声明和定义分别如下：

```
void SetValue(int x1, int x2=0, int x3=1);
void CE::SetValue(int x1, int x2, int x3)
{
    a=x1; b=x2; c=x3;
}
```

例如当进行 ex.SetValue(4,5,7)调用时，ex.a、ex.b 和 ex.c 分别被赋值为 4、5 和 7；当进行 ex.SetValue(4,5)调用时，ex 中的 3 个数据成员分别被赋值为 4、5 和 1；当进行 ex.SetValue(4)调用时，ex 中的 3 个数据成员又分别被赋值为 4、0 和 1。

（11）每个类的大小，即由该类定义的对象所占用存储空间的字节数等于所有数据成员所占存储字节数的总和。每个类对象中只保留有数据成员的存储空间，不保留有成员函数的存储空间。当由一个对象调用一个成员函数时，将从所属类中得到编译后的该成员函数执行代码的入口地址，然后把实参的值或引用传送给形参，把对象的地址传送给 this 指针，再接着执行函数体，执行结束后返回到调用前的位置。例如 CE 类的大小为 12，即等于所含的三个整数成员的大小之和。

（12）同普通函数一样，在类中的成员函数也允许函数名重载和运算符重载。当一个类中的成员函数名相同，但参数个数或参数对应类型不完全相同时则称为重载成员函数。利用 C++中已经定义的运算符，可以按照用户的要求在类上重新定义出运算符函数，称此为运算符重载成员函数。

9.2 类的运算符重载成员函数

在 C++语言中，运算符可以由一般函数（或称普通函数、全局函数、非成员函数）重载定义，这在第八章已经介绍过了，也可以由类中的成员函数重载定义，并且能够重载的运算符要多于一般函数的情况。在能够被重载的运算符中，赋值运算符（=）、下标运算符([])、函数调用运算符（()）和间接成员访问运算符（->）等只能被成员函数重载，而剩余的所有运算符既能够被成员函数重载，也能够被普通函数重载。运算符重载函数不能改变运算符的优先级、结合性和操作对象的个数（目数）。

当定义重载双目操作符的成员函数时，则参数表中只需要定义一个参数，该参数是进行双目运算的第 2 个运算对象，而第 1 个运算对象为调用该函数的实际对象；当定义重载单目运算符的成员函数时，则参数表为空（除重载后缀加或减需要一个整型参数外），单目运算的对象为调用该函数的实际对象。

下面通过例子来了解运算符重载成员函数的定义和作用。

例 9-2-1 用类来实现分数的定义和有关运算，则整个程序如下：

```
#include<iostream.h>
class Franction {                                   //定义分数类
   int nume;                                        //定义分子
   int deno;                                        //定义分母
 public:
   void FranSimp();                                 //把*this 化简为最简分数
   void InitFranction(int n=0, int d=1) {           //置分子和分母分别为 n 和 d
     nume=n; deno=d;
   }
   Franction operator+(Franction& x);               //返回两个分数*this 和 x 之和
   bool operator==(Franction& x)
```

```
    {  //若分数*this 和 x 的值相等则返回 true,否则返回 false
       return nume*x.deno==deno*x.nume;
    }
    Franction& operator++()
    {   //前缀++重载,先使分数增 1,然后返回它的引用
       nume+=deno; return *this;
    }
    Franction operator++(int)
    {   //后缀++重载,使分数增 1,但返回的是分数的原值
       Franction y=*this;
       nume+=deno;
       return y;
    }
    void FranOutput()
    {    //输出一个分数
       cout<<nume<<'/'<<deno<<endl;
    }
};  //类定义结束

void Franction::FranSimp()
{  //把*this 化简为最简分数
   int m,n,r;
    m=nume; n=deno;               //把*this 的分子和分母分别赋给 m 和 n 作初值
    r=m%n;                        //将 m 整除以 n 的余数赋给 r 作初值
    while(r!=0) {m=n; n=r; r=m%n;}
    if(n!=1) {nume/=n; deno/=n;}
    if(deno<0) {nume=-nume; deno=-deno;}
}
Franction Franction::operator+(Franction& x)
{  //返回两个分数*this 和 x 之和
    Franction c;                      //用 c 保存求和结果
    c.nume=nume*x.deno+deno*x.nume;   //计算结果分数的分子
    c.deno=deno*x.deno;               //计算结果分数的分母
    c.FranSimp();                     //对结果分数进行简化处理
    return c;                         //返回结果分数
}

void main()
{
    Franction a,b,c;                  //定义 a,b,c 三个分数类对象
    a.InitFranction(7,12);            //给 a 的分子和分母分别赋值为 7 和 12
    b.InitFranction(-3,8);            //给 b 的分子和分母分别赋值为-3 和 8
    c.InitFranction();                //c 中的分子和分母被分别赋值为 0 和 1
    c=a+b;                            //a+b 等价于 a.operator+(b)
    cout<<"a: "; a.FranOutput();      //输出分数 a
```

```
    cout<<"b: "; b.FranOutput();          //输出分数 b
    cout<<"c: "; c.FranOutput();          //输出分数 c
    if(a==b) cout<<"a==b"<<endl;          //a==b 等价于 a.operator==(b)
    else cout<<"a!=b"<<endl;
    if(c==a+b) cout<<"c==a+b"<<endl;      //c=a+b 等价于 c.operator==(a+b)
    else cout<<"c!=a+b"<<endl;
    c=++a;                                //++a 等价于 a.operator++()
    cout<<"a: "; a.FranOutput();          //输出分数 a
    cout<<"c: "; c.FranOutput();          //输出分数 c
    c=b++;                                //b++等价于 b.operator++(1)
    cout<<"b: "; b.FranOutput();          //输出分数 b
    cout<<"c: "; c.FranOutput();          //输出分数 c
}
```

该程序的运行结果为：

```
a: 7/12
b: -3/8
c: 5/24
a!=b
c==a+b
a: 19/12
c: 19/12
b: 5/8
c: -3/8
```

在类 Franction 的定义中，没有给出分数的输入输出操作的提取（输入）运算符>>和插入（输出）运算符<<的重载函数，因为它们需要用到类的友元函数，将稍后讨论。

例 9-2-2　定义一个整型数组类，该类包含一个整型指针参数 a 和一个表示数组长度的整型参数 n，a 用于指向一个现成的整型数组，它通过成员函数实现。该类中定义下标运算符重载成员函数，该函数的参数 i 为下标，要求取值为 1～n 之间，该函数引用返回 a[i–1]，并且还要求该成员函数对下标进行越界检查；该类中又定义函数调用运算符重载成员函数，该函数带有整型参数 i，假定要求该函数返回数组 a 中前 i 个元素之和，同样还要求该成员函数对下标进行越界检查。

```
#include<iostream.h>
#include<stdlib.h>
class ArrayClass {                          //整型数组类的定义
    int* a;                                 //指向已有数组
    int n;                                  //表示数组长度
  public:
    void InitArr(int aa[], int nn) {        //让 a 指向 aa 数组
        a=aa; n=nn;
    }
    int& operator[](int i) {                //定义下标运算符[]重载成员函数
```

```
        if(i<1 || i>n) {
            cout<<"下标越界!"<<endl; exit(1);
        }
        return a[i-1];              //返回数组中第 i 个元素的引用
    }
    int operator()(int i) {         //定义()重载函数
        if(i<1 || i>n) {cout<<"下标越界!\n"; exit(1);}
        int s=0;
        for(int j=1; j<=i; j++) s+=a[j-1];
        return s;
    }
};

void main()
{
    int a[6]={10,16,23,28,36,52};
    ArrayClass b;
    b.InitArr(a,6);
    int i;
    for(i=1; i<=6; i++) cout<<b[i]<<' '; //b[i]相当于 b.operator[](i)
    cout<<endl;
    for(i=1; i<=6; i++) cout<<b(i)<<' '; //b(i)相当于 b.operator()(i)
    cout<<endl;
}
```

该程序的运行结果为：

```
10 16 23 28 36 52
10 26 49 77 113 165
```

若把上面 ArrayClass 类中的下标运算符重载成员函数的参数 i 的取值范围定义为 0～n–1，其中 n 为数组长度，这样就同 C++中元素下标的合法取值范围相一致，兼有检查下标是否越界功能的[]重载函数应定义如下：

```
int& ArrayClass::operator[](int i) {     //定义下标运算符[]重载成员函数
    if(i<0 || i>=n) {
        cout<<"下标越界!"<<endl; exit(1);
    }
    return a[i];                          //返回数组中第 i+1 个元素的引用
}
```

通过下标运算符重载成员函数的定义，使得访问数组元素时能够强制检查下标值是否越界，从而弥补了 C++系统对使用数组元素不进行下标值越界检查的缺陷。

在对一个类或结构进行运算符重载时，通常优先考虑进行成员函数的运算符重载，然后再考虑进行普通函数的运算符重载，两者只能取一，否则当进行实际运算调用时可能存在着二义性。

9.3 构造函数

构造函数和析构函数属于类中的成员函数，由于它们具有特殊和重要的作用，所以在这一节和 9.4 节进行专门讨论。

构造函数与所在的类具有相同的名字，并且不带任何返回类型，也不需要返回任何值，函数的参数表和函数体由用户根据需要编写，可以为一个类建立一个构造函数，也可以根据需要为一个类建立多个重载的构造函数。建立构造函数的作用是为类对象中的数据成员赋初值，有时还要为其中的指针数据成员动态分配所指向的存储空间。

构造函数可以被显示地调用，目的是建立属于该类的一个临时对象，并由实际参数进行初始化，但通常是由系统在定义类的对象时自动调用，完成对象的初始化任务。因为类的对象是在类定义之外建立的，所以必须把类的每个构造函数定义为类的公用成员。

9.3.1 无参构造函数和带参构造函数

下面通过具体例子来说明无参构造函数和带参构造函数的定义和使用。

例 9-3-1 假定定义如下的数组类 Array，该类包含有 2 个构造函数：一个置数组指针 a 的初值为空，置数组长度 n 的初值为 0；另一个置数组指针 a 初始指向形参数组 aa，置数组长度 n 的初值为形参 len 的值，而 len 的值是形参数组 aa 的长度。

```
class Array                        //定义数组类
{
    int* a;                        //定义指向整型数组的指针
    int n;                         //定义数组长度
  public:
    Array() {a=NULL; n=0;}         //无参构造函数,构造空数组
    Array(int aa[], int len)
    {      //带参构造函数,构造指向形参 aa 的数组
       if(len<=0) {cerr<<"参数 len 值无效!\n"; exit(1);}
       n=len;                      //给 n 赋初值为 len
       a=aa;                       //给 a 赋初值为形参数组的地址
    }
    int Length() {return n;}       //返回数组的长度
    bool IsExist(int x) {          //判断 x 是否存在于数组 a 中
       for(int i=0; i<n; i++)
          if(a[i]==x) return true;
       return false;
    }
    int MaxValue();                //返回数组 a 中的最大值
    void Sort();                   //按升序排列数组 a 中的 n 个元素
    void Output() {                //依次输出数组 a 中的 n 个元素值
```

```
        for(int i=0; i<n; i++) cout<<a[i]<<' ';
        cout<<endl;
    }
};  //类定义结束

int Array::MaxValue()
{      //返回数组 a 中的最大值
    if(n==0) {cerr<<"a 为空数组!\n"; exit(1);}
    int x=a[0];
    for(int i=1; i<n; i++)
        if(a[i]>x) x=a[i];
    return x;
}
void Array::Sort()
{  //按升序排列数组 a 中的 n 个元素
    for(int i=1; i<=n-1; i++) {
        int k=i-1;
        for(int j=i; j<=n-1; j++)
            if(a[j]<a[k]) k=j;
        int x=a[i-1]; a[i-1]=a[k]; a[k]=x;
    }
}
```

在上述 Array 类定义中，除 2 个构造函数外，还定义了 5 个公用成员函数，Length 函数返回数组长度，即数组中的元素个数；IsExist 函数判断形参 x 是否存在于数组 a 中，若 x 的值与数组 a 中某一个元素的值相等则返回“真”表示存在，否则返回“假”表示不存在；MaxValue 函数返回数组 a 中的最大值；Sort 函数对数组 a 中的 n 个整数元素，采用选择排序的方法按升序进行排序；Output 函数依次输出数组 a 中 n 个元素的值。

结合下面使用 Array 类的主函数，分析构造函数的调用情况。

```
void main()
{
    int a[]={50,24,67,82,44,69};                            //定义数组 a 并初始化
    Array r1,r2(a,6);                                       //定义数组类对象 r1 和 r2
    cout<<"r1.Length()="<<r1.Length();                      //输出 r1 中的数组长度
    cout<<",r2.Length()="<<r2.Length()<<endl;               //输出 r2 中的数组长度
    r1=r2;          //r2 赋值给 r1
    cout<<"before sorting r2.a: "; r2.Output();             //输出排序前的 r2
    r2.Sort();      //对 r2 中的数组排序
    cout<<"after sorting r2.a: "; r2.Output();              //输出排序后的 r2
    cout<<"r1.a: "; r1.Output();                            //输出 r1 中的数组值
    cout<<"r1.Length()="<<r1.Length()<<endl;                //输出 r1 中数组长度
    cout<<"r1.MaxValue()="<<r1.MaxValue()<<endl;            //输出 r1 的最大值
}
```

在主函数中，第1条语句定义了一个整型数组a并初始化。第2条语句定义了两个Array类对象，定义r1时自动调用无参构造函数，给r1的整数指针a赋初值为NULL，整数成员n赋初值为0，表示建立了一个空数组；定义r2时自动调用带参构造函数，把r2后面括号内的实参值对应传送给形参变量aa和len，接着执行构造函数时再把它们的值分别赋给r2.a和r2.n，使得r2.a指向上述定义的整型数组a，r2.n的值为6，当对r2.a数组进行操作时实际上就是对上述定义的整型数组a的操作。

对象r1和r2的定义还可以分别写为r1=Array()和r2=Array(a,6)的赋初值的格式，而程序中的定义是这种赋初值格式的简写形式。从这种格式可以明确看出，执行类对象定义语句时，首先为对象分配存储空间，然后调用构造函数为其赋初值。

主函数中的第3条和第4条语句分别显示出r1和r2中的数组长度。第5条语句把r2的值赋给r1，使r1与r2相同，即r1.a也同时指向第1条语句定义的整型数组a，r1.n的值也同样为6。第6条语句输出r2中的数组值。第7条语句对r2中的数组进行排序。第8条语句输出排序后的r2中的数组值。第9～11条语句分别输出r1中的数组值、数组长度和数组中的最大值。由于r1.a和r2.a同时指向主函数中的数组a，所以对其中任一个数组成员的操作也是对另一个数组成员的操作。主函数运行结果如下：

```
r1.Length()=0,r2.Length()=6
before sorting r2.a: 50 24 67 82 44 69
after sorting r2.a: 24 44 50 67 69 82
r1.a: 24 44 50 67 69 82
r1.Length()=6
r1.MaxValue()=82
```

当定义一个类时，若没有定义任何构造函数，则系统隐含定义一个无参构造函数，该构造函数的函数体也为空，调用系统所给的构造函数不会执行任何操作。如对于上面定义的Array类，若没有定义任何构造函数，则系统隐含定义的构造函数为：

```
Array() {}              //系统隐含定义的空的无参构造函数
```

当用类类型定义一个类对象时，若需要它自动调用无参构造函数对其进行初始化，则只需给出对象名，若需要它自动调用带参构造函数对其进行初始化，则给出的对象名后必须带有用圆括号括起来的实参表。

类定义中的无参构造函数可能是系统定义的（用户未定义任何构造函数时），也可能是用户定义的，但带参构造函数必定是由用户定义的。

类对象定义所带的参数表中若只有一个实际参数，也可以用赋值号代替圆括号。如类对象定义中的x(5)可表示为x=5，其含义相同。但若在类定义体中构造函数声明或定义的前面加上explicit保留字，则不允许使用赋值号赋初值，只允许采用圆括号的形式。

当由动态分配一个类对象时，对该对象进行初始化所需要的参数表应放在new操作符后的类名的后面，当然调用无参构造函数时就不带参数表。如要动态产生两个Array类的类对象，使一个对象如同上述主函数中的r1，另一个对象如同r2，并假定指向它们的指针分别为s1和s2，则进行动态分配类对象的语句如下：

```
Array* s1=new Array;
Array* s2=new Array(a,6);
```

执行第 1 条语句时，首先动态分配一个具有 Array 类型大小的存储空间，并把它的首地址赋给 s1，接着自动调用 Array 类的无参构造函数，使动态对象*s1 的 a 成员的值为空，即 s1->a=NULL，使*s1 的 n 成员的值为 0，即 s1->n=0。执行第 2 条语句时，首先动态分配一个具有 Array 类型大小的存储空间，并把它的首地址赋给 s2，接着自动调用 Array 类的带参构造函数，把 a 的值传送给形参 aa，6 传送给形参 len，执行函数体时把 aa 的值赋给动态对象*s2 的 a 成员，即赋给 s2->a，把 len 的值赋给*s2 的 n 成员，即赋给 s2->n。

下面的主函数与上述的主函数具有完全相同的功能，除了输出的字符串提示信息外，其输出结果是相同的。

```
void main()
{
    int a[]={50,24,67,82,44,69};                       //定义数组 a 并初始化
    Array* r1=new Array;                               //定义一个动态对象*r1
    Array* r2=new Array(a,6);                          //定义一个动态对象*r2
    cout<<"r1->Length()="<<r1->Length();               //输出*r1 中的数组长度
    cout<<",r2->Length()="<<r2->Length()<<endl; //输出*r2 中的数组长度
    *r1=*r2;                                           //r2 所指对象的值赋值给*r1
    cout<<"before sorting r2->a: "; r2->Output();   //输出排序前*r2
    r2->Sort();                                         //对*r2 中的数组排序
    cout<<"after sorting r2->a: "; r2->Output();    //输出排序后*r2
    cout<<"r1->a: "; r1->Output();                      //输出*r1 中的数组值
    cout<<"r1->Length()="<<r1->Length()<<endl;          //输出*r1 中数组长度
    cout<<"r1->MaxValue()="<<r1->MaxValue()<<endl;  //输出最大值
    delete r1; delete r2;
}
```

这个主函数的运行结果如下：

```
r1->Length()=0,r2->Length()=6
before sorting r2->a: 50 24 67 82 44 69
after sorting r2->a: 24 44 50 67 69 82
r1->a: 24 44 50 67 69 82
r1->Length()=6
r1->MaxValue()=82
```

例 9-3-2 在上例定义的数组类 Array 中，使用的数组是形参 aa 指针所指向的数组，而不是由该类自己建立的数组，这样对该类中数组的操作实际上是在实参数组中进行的。为了使类中的数据具有独立性，就必须定义有自己的存储空间，而不是使用类外的存储空间。假定对 Array 类定义自己的非动态分配的数组空间，则该类的定义如下：

```
class Array              //定义数组类
{
```

```
    int a[10];          //定义数组最大空间,假定最多保存 10 个整数元素
    int n;              //定义数组中当前所存的数据个数,即当前数组长度
  public:
    Array() {n=0;}      //构造空数组,即当前数组长度为 0 的数组
    Array(int aa[], int len)
    {  //利用 aa 数组和 len 初始化数组 a 和 n
      if(len<=0) {cerr<<"n 值无效!\n"; exit(1);}
      n=len;            //给 n 赋初值为 len
      for(int i=0; i<n; i++) a[i]=aa[i]; //把 aa 数组中的每个元素值
                        //赋给 a 数组的对应元素中,此后类中数组内容的变化与实参数组无关
    }
  //类中的其他 5 个成员函数与例 9-3-1 完全相同，在此不重写
};
```

假定仍使用上述第 1 个主函数，则程序运行结果如下：

```
r1.Length()=0,r2.Length()=6
before sorting r2.a: 50 24 67 82 44 69
after sorting r2.a: 24 44 50 67 69 82
r1.a: 50 24 67 82 44 69
r1.Length()=6
r1.MaxValue()=82
```

由于 r2 对 r1 赋值后，对 r2 中的数组进行了排序，而 r1 中的数组内容不变，所以显示的 r1 中数组的内容为原 r2 中数组的内容。

例 9-3-3　上例类中的数组成员采用的是固定（即非动态）的存储空间分配，它需要分配实际应用中最大的数组空间，但这对于一般的应用又造成存储空间的浪费，所以通常对类中使用的数组进行动态分配，这样能够根据每个对象的实际需要分配合适的存储空间，使得类的定义既具有灵活性和适应性，又避免了存储空间的浪费。假定对 Array 类中的数组采用动态分配数组空间，则该类的定义如下：

```
class Array                     //定义数组类
{
   int* a;                      //定义数组指针,用以指向一个动态数组空间
   int n;                       //定义数组长度
  public:
   Array() {a=NULL; n=0;}       //构造空数组
   Array(int aa[], int len)
   {                            //利用 aa 数组构造数组长度为 len 的数组 a
      if(len<=0) {cerr<<"n 值无效!\n"; exit(1);}
      n=len;                    //给 n 赋初值为 len
      a=new int[n];             //建立动态数组
      for(int i=0; i<n; i++)
         a[i]=aa[i];            //把 aa 的每个元素值赋给 a 数组对应元素中
   }
  //类中的其他 5 个成员函数与例 9-3-1 完全相同,在此不重写
};
```

9.3.2 拷贝构造函数

类中的构造函数当只有一个参数并且是该类的引用参数时，则称此构造函数为**拷贝（复制）构造函数**。在用一个类对象初始化同类的另一个对象时需要调用相应的拷贝构造函数。如假定 a 是类 A 的一个对象，则当定义类 A 的另一个对象 b(a)时（此时的 b(a)也可表示为 b=a），就会自动调用类 A 的拷贝构造函数，把 a 作为初值来初始化 b 对象。若一个类中不带有拷贝构造函数，则系统为该类隐含定义一个拷贝构造函数。如假定类 X 中不带有拷贝构造函数，则系统为类 X 隐含定义的拷贝构造函数为：

```
X(X& x)            //假定引用形参用 x 表示
{
   *this=x;        //将引用形参的值赋给被初始化的对象
}
```

系统给定的拷贝构造函数把初始化对象的值赋给被初始化的对象中，也就是说，把用于初始化的对象中每个字节的内容原原本本地复制到被初始化对象的对应字节中，使得被初始化对象的每个成员值与初始化对象的每个成员值完全相同。

在一个类中，若存在指针数据成员指向动态分配的存储空间，采用系统隐含定义的拷贝构造函数用一个对象初始化另一个对象后，这两个对象的相应指针数据成员将指向同一个动态分配的存储空间，当一个对象中的动态存储空间由于某种原因使用 delete 操作释放给系统之后，另一个对象中的相应指针成员仍指向这个已被释放掉的存储空间，如果再通过它访问这个存储空间时，将是无效和非法的。所以为了避免这种情况的发生，需要用户定义自己的拷贝构造函数。在这个函数中，要为被初始化对象动态分配与初始化对象中相应指针成员所指向的同样大小的动态存储空间，并让指针成员指向它，接着进行动态存储空间之间数据的复制。这样，两个对象中相应指针成员就各自指向了不同的动态存储空间，一个对象中动态分配的存储空间的释放绝不会影响另一个对象中相应动态存储空间的存在，因此不会出现采用系统隐含提供的拷贝构造函数所带来的问题。

对于上述定义的具有动态数组空间的 Array 类，应为它提供的拷贝构造函数如下：

```
Array::Array(Array& x)
{
  //将 x 中 n 成员的值赋给*this 中的 n 成员
    n=x.n;
  //动态分配大小为 n 的整型数组并由*this 中的 a 成员所指向
    a=new int[n];
  //把 x.a 数组中每个元素值赋给 this->a 数组的对应元素中
    for(int i=0; i<n; i++) a[i]=x.a[i];
}
```

假定通过下面的语句定义 Array 类的两个对象 r1 和 r2。

```
Array r2(a,6), r1(r2);
```

当 C++系统执行这条语句时，首先为 r2 分配大小为 8 个字节的存储空间，接着调用带参构造函数，把实参 6 通过形参 len 赋给 r2.n 中，把实参 a 数组中的 6 个元素值通过指针形参 aa 赋给 r2.a 指针所指向的动态存储空间中；然后为 r1 分配大小为 8 个字节的存储空间，接着调用拷贝构造函数，把 x 作为 r2 的别名，通过此别名把 r2.n 的值赋给 r1.n 中，把 r2.a 数组中的元素值赋给 r1.a 指针所指向的动态存储空间中，此时虽然 r1.a 和 r2.a 数组的值相同，但它们所对应的存储空间不同，即 r1.a 和 r2.a 的指针值不同。图 9-1（a）和图 9-1（b）分别为 r2 和 r1 的存储映像，即存储状态示意图。

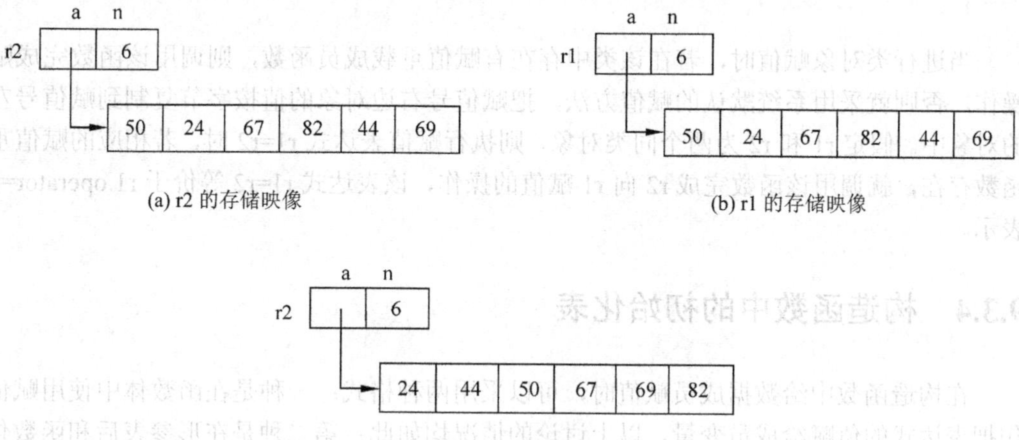

(a) r2 的存储映像

(b) r1 的存储映像

(c) 排序后 r2 的存储映像

图 9-1　r2 和 r1 的存储映像

当对 r2 中数组的元素值按升序排序后，r2 的存储映像如图 9-1（c）所示。由于没有对 r1 中的数组进行排序操作，所以 r1 的存储映像保持不变。

在程序执行中，除了用一个已定义的类对象初始化另一个被定义的同类对象时自动调用拷贝构造函数外，还在类的实参值传送给对应值参的过程中，以及在函数中将类对象作为值返回时也将自动调用拷贝构造函数。

9.3.3　赋值重载函数

在一个类中，若存在指针成员指向动态分配的存储空间的情况，则进行类对象赋值时，同样是把一个对象中指针成员的值赋给了另一个对象的相应指针成员中，使得它们共同指向了同一个动态存储空间。当一个对象中指针成员所指向的动态存储空间被释放后，致使另一个对象中相应指针成员指向了一个无效的存储空间。为了避免这种现象的发生，同样可以定义一个赋值操作符重载成员函数。该函数与拷贝构造函数类似，它只有一个形参并且为所属类的参数，不过此时可以为引用，也可以为值参，该函数应返回被赋值对象的引用，以便能够赋值给同类的其他对象，即可以使赋值号连用。在该函数的函数体内应首先删除被赋值对象的指针成员所指向的动态存储空间，接着进行与拷贝构造函数相同的操作，最后返回被赋值的对象。

对于上述定义的 Array 类，应为它提供的赋值重载函数如下：

```
Array& Array::operator=(Array& x)
{
    delete []a;
    n=x.n;
    a=new int[n];
    for(int i=0; i<n; i++)
        a[i]=x.a[i]; //把x.a中每个元素值赋给a数组对应元素中
    return *this;
}
```

当进行类对象赋值时，若在该类中存在有赋值重载成员函数，则调用该函数完成赋值操作，否则就采用系统默认的赋值方法，把赋值号右边对象的值按字节复制到赋值号左边的对象中。假定 r1 和 r2 为两个同类对象，则执行赋值表达式 r1=r2 时，若相应的赋值重载函数存在，就调用该函数完成 r2 向 r1 赋值的操作，该表达式 r1=r2 等价于 r1.operator=(r2) 表示。

9.3.4 构造函数中的初始化表

在构造函数中给数据成员赋值时，可以采用两种格式：一种是在函数体中使用赋值语句把表达式的值赋给成员变量，以上讨论的情况均如此；第二种是在形参表后和函数体之前使用初始化表（又称初值表）赋值，并且初始化表同形参表之间必须用冒号分开，初始化表中用逗号分开的每一项用于给一个数据成员赋值，每一项的格式为“数据成员名（初值表达式）”。例如对于 Array 类中的无参构造函数，若采用初始化表为每个数据成员赋值，则定义如下：

```
Array(): a(NULL), n(0) {}
```

当然，也可以一部分成员采用初始化表赋值，另一部分成员采用函数体赋值。如下面定义 Array 类的无参构造函数也是正确的。

```
Array(): a(NULL) {n=0;}
```

对于 Array 类中的带参构造函数，在确保形参 len 大于等于 1 的情况下，可以采用如下定义：

```
Array(int aa[], int len): n(len), a(new int[len])
{
    for(int i=0; i<n; i++) a[i]=aa[i];
}
```

当带有初始化表的构造函数执行时，首先执行初始化表，然后才执行函数体。在执行初始化表时，不管各项的排列次序如何，它都将按照类中数据成员定义的先后次序给数据成员赋初值。如在执行上面的构造函数时，不管初始化表中对数据成员 a 和 n 进行初始化项的先后次序如何，都将先对 a 赋初值，然后再对 n 赋初值。当然在执行函数体为数据成员赋初值时，是按照语句排列的顺序从上到下（同一行从左到右）执行的。

9.4 析构函数

析构函数的名字也与类名相同，不过应在函数名前加上波浪号(~)，以示同构造函数的区别。析构函数不允许带任何参数，也不允许带有返回类型。析构函数可以同其他成员函数一样由对象调用，但它只能由系统自动调用，且同构造函数的调用时机正好相反。构造函数是在对象生成时调用的，而析构函数是在对象撤销时调用的，且调用执行后才真正撤销对象。对于定义的非动态对象，当程序执行离开它的作用域时将自动被撤销，对于动态对象，只有当对其执行 delete 操作时才撤销，否则不会被自动撤销。由于撤销对象是在类外进行的，而析构函数是在撤销对象时自动调用的，所以必须把析构函数定义为公用成员函数。

当用户没有给一个类定义析构函数时，系统隐含给这个类定义一个析构函数，该函数的函数体为空，所以当自动调用系统给定的析构函数时不会执行任何操作。例如，设一个类为 X，当用户没有定义析构函数时，系统为该类隐含定义的析构函数为：

```
~X() {}
```

由于析构函数是在对象撤销时被自动调用的，所以通常利用析构函数删除对象中由指针成员所指向的动态分配的存储空间，当类对象中不带有动态存储空间时，则通常不需要用户定义该类的析构函数。

对于第 9.3.1 小节中的例 9-3-1 和例 9-3-2，不需要专门为 Array 类定义析构函数，而对于例 9-3-3 中定义的 Array 类，由于使用了动态存储空间，所以需要专门定义析构函数，用来释放由指针成员 a 所指向的动态数组空间。该类的析构函数定义如下：

```
~Array() {   //析构函数
    delete []a;
    cout<<"destructor "<<endl;
          //此条语句是让用户从屏幕输出中能够看到析构函数被调用的情况
}
```

下面给出含有无参构造函数、带参构造函数、拷贝构造函数、析构函数和赋值重载函数的 Array 类的定义：

```
class Array
{
    int* a;
    int n;
  public:
    Array(): a(NULL),n(0){}
    Array(int aa[], int len):a(new int[len]),n(len)
    {
```

```
    for(int i=0; i<n; i++) a[i]=aa[i];
  }
  Array(Array& x);                    //拷贝构造函数的声明
  Array& operator=(Array& x);         //赋值重载函数的声明
  ~Array() {  //析构函数
    delete []a;
    cout<<"destructor "<<endl;
  }
  void Exchange() {                   //使数组中的元素次序反向排列
    for(int i=0; i<n/2; i++) {
      int x=a[i]; a[i]=a[n-i-1];
      a[n-i-1]=x;
    }
  }
  //类中的其他 5 个成员函数与第 9.3.1 小节例 9-3-1 中完全相同,在此不重写
};
Array::Array(Array& x)
{    //拷贝构造函数的类外定义
  n=x.n;
  a=new int[n];
  for(int i=0; i<n; i++) a[i]=x.a[i];
}
Array& Array::operator=(Array& x)
{  //赋值重载函数的类外定义
  delete []a;
  n=x.n;
  a=new int[n];
  for(int i=0; i<n; i++) a[i]=x.a[i];
  return *this;
}
```

下面的主函数使用了上面的 Array 类。

```
void main()
{
  int a[]={50,24,67,82,44,69};
 //定义类对象 r 并调用带参构造函数
  Array r(a,6);
 //定义动态对象*s 并调用拷贝构造函数用 r 初始化*s
  Array* s=new Array(r);
 //定义动态对象*t 并调用无参构造函数初始化
  Array* t=new Array;
 //调用赋值构造函数把动态变量*s 的值赋值给动态变量*t
  *t=*s;
 //排序 r.a[]数组中的元素值
```

```
    r.Sort();
//逆序排列 t->a[]数组中的元素值
    t->Exchange();
    cout<<"r.a[]: "; r.Output();    //输出排序后 r 中的数组值
    cout<<"s->a[]: "; s->Output();  //输出 s 所指对象中的数组值
    cout<<"t->a[]: "; t->Output();  //输出倒序后 t 所指对象中的数组值
    cout<<"删除 s 所指的动态对象*s:"<<endl;
    delete s;  //自动调用析构函数
    cout<<"删除 t 所指的动态对象*t:"<<endl;
    delete t;  //自动调用析构函数
    cout<<"程序结束:"<<endl;
    //主函数结束之前撤销非动态对象 r 时自动调用析构函数
}
```

由上面 Array 类和主函数及相关的包含文件命令构成一个完整的程序，运行该程序得到的屏幕输出结果如下：

```
r.a[]: 24 44 50 67 69 82
s->a[]: 50 24 67 82 44 69
t->a[]: 69 44 82 67 24 50
删除 s 所指的动态对象*s:
destructor
删除 t 所指的动态对象*t:
destructor
程序结束:
destructor
```

请读者自行分析运行结果，体会主函数中每一条语句的功能。注意：当类指针对象离开作用域被系统自动撤销时不会自动调用该类的析构函数。如主函数执行结束自动释放 s 和 t 类指针对象的存储空间时不会调用析构函数。

9.5 友元函数和友元类

在一个类中，类对象的私有成员只能由该类的成员函数访问，外部定义的普通函数和其他类中定义的成员函数都不得访问，这些外部函数只能通过该类提供的公用成员函数进行访问，这样有利于数据的封装、隐藏和保护，符合面向对象程序设计的要求。但当一个函数或一个类与另一个类关系比较密切，即它们需要经常访问另一个类中的数据时，由于不能直接访问另一个类的私有数据成员，必须通过调用公用成员函数来实现，这将带来很低的访问效率，即访问速度很慢。为了提高访问效率，C++允许在一个类中把外部的有关函数或类声明（或称为说明、宣布等）为它的**友元函数**或**友元类**，被声明为一个类的友元函数或友元类具有直接访问该类的私有成员的特权。直接访问私有成员比通过调用成员函数访问私有成员具有更高的效率。但这将破坏数据的封装性，所以要有限制地使用，不能乱用。最好只在关系比较密切的类与类之间、类与函数之间使用。

下面通过例子来说明如何在类中声明友元函数和友元类，以及它们访问类中私有成员的情况。

例 9-5-1 下面的程序定义了一个分数类，该类把进行分数输入和输出的提取和插入操作符重载函数声明为它的友元函数，当然这两个友元函数都是类外的普通函数。

```
#include<iostream.h>
#include<stdlib.h>
class Franction;    //分数类的不完整定义,为下面两个函数声明使用该类提供根据
istream& operator>>(istream&, Franction&);
ostream& operator<<(ostream&, Franction&);

class Franction {   //定义分数类
    int nume;       //定义分子
    int deno;       //定义分母
  public:
    friend istream& operator>>(istream&, Franction&);
           //声明进行分数输入的提取操作符重载函数为该类的友元函数
    friend ostream& operator<<(ostream&, Franction&);
           //声明进行分数输出的插入操作符重载函数为该类的友元函数
    void FranSimp(); //函数声明,具体函数定义在第 9.2 节已经给出
    Franction() { nume=0; deno=1;}
    Franction(int n, int d) {nume=n; deno=d;}
    void InNume(int n) { nume=n;}     //重置分子 nume 的值
    void InDeno(int d) { deno=d;}     //重置分母 deno 的值
    int GetNume() { return nume;}     //取出分子 nume 的值
    int GetDeno() { return deno;}     //取出分母 deno 的值
  //分数加重载函数声明,具体定义在第 9.2 节已经给出
    Franction operator+(Franction& x);
  //分数相等比较重载函数定义
    bool operator==(Franction& x) {
        if(nume*x.deno==deno*x.nume) return true;
        else return false;
    }
  //分数大于比较重载函数定义
    int operator>(Franction& x) {
        if(nume*x.deno>deno*x.nume) return true;
        else return false;
    }
  //分数前缀加 1 重载函数声明,具体定义已在第 9.2 节给出
    Franction& operator++();
  //分数后缀加 1 重载函数声明,具体定义已在第 9.2 节给出
    Franction operator++(int);
};
```

```
istream& operator>>(istream& istr, Franction& x)
{      //从键盘上按规定格式输入一个分数到 x 中
    char ch;                              //用 ch 保存分数输入中的除号
    cout<<"输入一个分数,分子和分母用斜线分开：";
    istr>>x.nume>>ch>>x.deno;             //能够直接访问 x 对象中的私有成员
    if(x.deno==0) {cerr<<"除数为 0!退出运行!\n"; exit(1);}
    return istr;
}
ostream& operator<<(ostream& ostr, Franction& x)
{      //按规定格式输出 x 中的分数
    ostr<<x.nume<<'/'<<x.deno<<endl;   //能够直接访问 x 中的私有成员
    return ostr;
}

void main() {
    Franction a(5,8),b,c;   //定义三个类对象,前一个将自动调用
                            //带参构造函数,后两个将自动调用无参构造函数
    cin>>b;     //调用提取操作符重载函数,给分数 b 输入新值
    b++;        //分数 b 后缀加 1
    c=a+b;      //a+b 赋给 c
    cout<<a;    //输出分数 a
    cout<<b;    //输出分数 b
    cout<<c;    //输出分数 c
    if(a>b) cout<<"a>b\n"; else cout<<"a<=b\n";
}
```

该程序运行结果为：

```
输入一个分数,分子和分母用斜线分开：3/7
5/8
10/7
115/56
a<=b
```

声明友元函数或友元类的语句以关键字 friend 开始，后跟一个函数或类的声明。此语句可以放在类中的任何位置，与它前面使用的任一访问权限关键字无关。

该程序的分数类中说明了两个友元函数，一个为用于从键盘上输入分数的提取操作符重载函数，另一个为用于向屏幕输出分数的插入操作符重载函数。在这两个友元函数中都直接存取了分数对象 x 中的私有数据成员分子和分母的值。若不把它们规定为分数类的友元，则不允许它们访问该类的私有成员。下面给出的输入输出函数是不把它们规定为分数类的友元的情况，它们只能通过调用分数类的公用成员函数访问数据成员，从而会大大降低访问分数类对象的速度。

```
istream& operator>>(istream& istr, Franction& x)
{
```

```
    char ch;  //用 ch 保存分数输入中的除号
    cout<<"输入一个分数,分子和分母用斜线分开：";
    int n,d;
    istr>>n>>ch>>d;
    x.InNume(n); x.InDeno(d);
    if(d==0) {cerr<<"除数为 0!退出运行!\n"; exit(1);}
    return istr;
}
ostream& operator<<(ostream& ostr, Franction& x)
{
    ostr<<x.GetNume()<<'/'<<x.GetDeno()<<endl;
    return ostr;
}
```

用于分数输入或输出的操作符重载函数，其第 1 个操作数只能是输入流或输出流对象而不能是类对象，第 2 个操作数才为类对象，所以不能把它们改写为成员函数，只能作为普通函数定义和使用。当一个普通函数的第 1 个参数为类对象时，都可以改写为该类的成员函数，否则不能改写。改写得到的成员函数省略了原来的第 1 个参数，它由 this 指针所指向的对象所代替。

例 9-5-2 下面的程序定义了两个类，一个为点类 Point，另一个为圆类 Circle，其中后者被声明为前者的友元类，这样在后者的所有成员函数中都可以访问前者类对象中的私有成员。

```
#include<iostream.h>
class Point {                   //坐标点类
    int x,y;                    //点的横坐标和纵坐标
    friend class Circle;        //声明 Circle 类为 Point 类的友元类
  public:
    Point(){x=0; y=0;}          //无参构造函数,置坐标点为原点(0,0)
    Point(int xx, int yy){x=xx; y=yy;}  //带参构造函数,置坐标点为形参值
};

class Circle {                  //圆类
    Point centre;               //圆心坐标,数据成员为类对象
    int radius;                 //圆的半径
  public:
    Circle() { radius=0;}       //无参构造函数,置圆心为(0,0),置半径为 0
    Circle(int a, int b, int r): centre(a,b)
    { radius=r;}                //带参构造函数,置圆心为(a,b),置半径为 r
    float Area() {              //计算圆的面积
        return float(radius*radius*3.14159);
    }
    void Print() {              //输出圆心坐标和半径
        cout<<'('<<centre.x<<','<<centre.y;
```

```
        cout<<')'<<radius<<endl;
    }
    void Modify(int xm=0, int ym=0, int rm=0)
    {     //修改圆心坐标和半径,使之增加相应的值
        centre.x+=xm;    //因Circle类是Point的友元类
        centre.y+=ym;    //所以在此可直接访问圆心坐标
        radius+=rm;
    }
};

void main()
{
    Circle c1,c2(2,3,4);
    cout<<"c1: "; c1.Print();
    cout<<"c2: "; c2.Print();
    c1.Modify(2,5);
    cout<<"Modify c1: "; c1.Print();
    cout<<c1.Area()<<' '<<c2.Area()<<endl;
}
```

在一个类中，数据成员可以为除本身类型之外的任何直接类型，当然也包括类类型在内。当数据成员为一个类类型时，则对该数据成员的初始化只能通过初始化表实现，不能通过函数体实现。在初始化表中通过使用“类数据成员（实参表）”的格式调用相应的构造函数实现对该数据成员的初始化。若没有在初始化表中对类数据成员初始化，则系统隐含调用该类的无参构造函数使之初始化，相当于在初始化表中使用了“类数据成员()”调用项。若类中没有定义任何构造函数，则将使用系统隐含定义的无参构造函数；若类中定义了构造函数，但没有定义无参构造函数，则对类数据成员调用无参构造函数初始化时将出现编译错误。

在上面程序的 Circle 类中，无参构造函数首先调用 Point 类的无参构造函数给数据成员 centre 中的 x 和 y 分别赋初值 0，接着执行函数体给数据成员 radius 赋初值 0。带参构造函数首先调用 Point 类的带参构造函数给数据成员 centre 中的 x 和 y 分别赋初值为参数 a 和 b 的值，接着执行函数体给数据成员 radius 赋初值为参数 r 的值。

由于 Circle 类是 Point 类的友元类，所以在 Circle 类中的任何成员函数中都可以使用 Point 类中的私有成员。Circle 类包括有 5 个成员函数，其中 Print 成员函数和 Modify 成员函数使用了 Point 类中的私有数据成员。若没有把 Circle 类定义为 Point 类的友元，则这种使用是不允许的，在程序编译时将出现语法错误。

在上面程序的主函数中，第 1 条语句定义了两个圆类对象 c1 和 c2，c1 调用了无参构造函数，c2 调用了带参构造函数；第 2 条和第 3 条语句显示出圆 c1 和 c2 中的数据；第 4 条语句修改 c1 中的数据，使圆心 x 坐标和 y 坐标的值分别增加 2 和 5，使半径 radius 的值增加默认值 0；第 5 条语句显示出修改后的 c1 中的数据，第 6 条语句显示出 c1 和 c2 的面积。该程序的运行结果如下：

```
c1: (0,0)0
c2: (2,3)4
Modify c1: (2,5)0
0 50.2654
```

例 9-5-3 下面程序包含有三个类，其中前两个为例 9-5-2 中的类，第三个为圆组类 Group。Group 类需要使用前两个类中的私有成员，所以在前两个类中分别声明 Group 类为它们的友元。

```
#include<iostream.h>
class Point {                        //坐标点类
    int x,y;                         //点的横坐标和纵坐标
    friend class Circle;             //声明Circle类为Point类的友元类
    friend class Group;              //声明Group类为Point类的友元类
  public:
  //无参和带参构造函数与上例相同
};

class Circle {                       //圆类
    Point centre;                    //圆心坐标
    int radius;                      //圆的半径
    friend class Group;              //声明Group类为Circle类的友元类
  public:
  //所有公用函数与上例相同
};

class Group {                        //圆组类
    Circle* a;                       //圆类数组指针
    int n;                           //圆类数组长度
  public:
    Group(): a(0), n(0) {}           //无参构造函数
    Group(int aa[][3], int nn);      //带参构造函数
    ~Group() {                       //析构函数
        delete []a;
        cout<<"释放Group类对象中的动态存储空间!"<<endl;
    }
    void OutputMax();                //输出类对象中保存的最大圆的数据
};
Group::Group(int aa[][3], int nn)
{    //带参构造函数的类外定义
    n=nn;
    a=new Circle[n];   //每个元素均调用Circle类的无参构造函数进行初始化
    for(int i=0; i<n; i++) {        //向每个元素输入圆的数据
        a[i].centre.x=aa[i][0];
        a[i].centre.y=aa[i][1];
```

```
        a[i].radius=aa[i][2];
    }
}
void Group::OutputMax()
{     //输出类对象中保存的最大圆函数的类外定义
    int k=0;
    for(int i=1; i<n; i++)
        if(a[i].radius>a[k].radius) k=i;
    cout<<'('<<a[k].centre.x<<',';
    cout<<a[k].centre.y<<')'<<a[k].radius;
    cout<<": "<<a[k].Area()<<endl;
}

void main(){
    int g[][3]={{2,3,4},{5,1,7},{4,4,5},{2,4,8},{1,3,6}};
    Group a(g,5);
    a.OutputMax();
}
```

在 Group 类中包含有 Circle 类指针成员 a 和整数成员 n，用 a 指向 Circle 类类型的动态分配的数组空间，用 n 表示该数组的长度。该类中包含有两个构造函数。一个为无参构造函数，它置 a 和 n 的初值均为 0，指针值为 0 表示一个空（NULL）指针。第二个为带参构造函数，它首先为数据成员 n 赋初值；接着动态分配具有 n 个 Circle 类元素的存储空间，并由指针成员 a 所指向，对于每个元素都将自动调用该类的无参构造函数进行初始化，若没有无参构造函数可供调用，则无法生成类数组，包括动态和非动态定义的数组；然后把形参数组 aa[nn][3]中的每一行的三个整数分别赋给 a 数组的相应元素中，使它们分别成为该元素（即一个圆对象）的圆心横坐标、圆心纵坐标和圆的半径。 Group 类中定义有析构函数，它释放为类对象动态分配的数组空间。

在 Group 类中除了定义有构造函数和析构函数外，只定义了一个成员函数 OutputMax，其作用是输出数组 a 中保存的最大圆的圆心坐标、半径和面积。该程序运行结果如下：

```
(2,4)8: 201.062
释放 Group 类对象中的动态存储空间!
```

9.6　类的应用举例

类在面向对象程序设计的软件开发中具有广泛地应用，能够用来定义 C++系统内没有、而又实际需要的数据类型，如可以用来定义字符串类型。在 C 和 C++系统中，传统的处理字符串的方法不是定义独立的数据类型，而是借用字符数组和字符串结尾符'\0'以及一些系统内定义的字符串处理函数来实现。这种处理字符串的方法不能像处理系统预定义数据类型那样能够直接使用运算符进行各种运算，另外，不能自动进行下标位置的有效范围检查，不能根据当前所存字符串的长度动态改变字符数组的长度。

为了克服传统的处理字符串方法的不足，可以利用类来专门定义字符串类型，利用该类型定义的字符串对象，可以直接利用字符串常量或对象进行初始化和赋值操作，进行各种运算符的重载操作，进行字符数组空间的动态存储分配操作等。

下面给出字符串类的定义，其中仅定义一部分运算符的重载函数，若实际需要也可以很方便地定义出其他任何运算符的重载函数。

```
#include<iostream.h>
#include<stdlib.h>
#include<string.h>

class StringClass {
    char* s;  //用于指向动态分配的字符数组空间
    int n;    //表示字符数组中当前所存的字符串长度
  //用于字符串对象输入和输出的友元函数声明
    friend istream& operator>>(istream& istr, StringClass& r);
    friend ostream& operator<<(ostream& ostr, StringClass& r);
public:
  //各种构造函数定义或声明,其中无参构造函数构造空串对象,带参构造函数,用r所指
  //字符串为内容构造字符串对象,拷贝构造函数,构造与t内容相同的字符串对象
    StringClass() {s=new char('\0'); n=0;}
    StringClass(char* r);
     StringClass(StringClass& t);
  //赋值重载函数声明,把r所指字符串或t对象的内容赋给字符串对象
    StringClass& operator=(char* r);
    StringClass& operator=(StringClass& t);
  //等于号运算符重载函数声明,进行字符串对象与r所指字符串,或两字符串对象的比较
    bool operator==(char* r);
    bool operator==(StringClass& t);
  //小于号运算符重载函数声明,进行字符串对象与r所指字符串或两字符串对象的比较
    bool operator<(char* r);
    bool operator<(StringClass& t);
  //加号运算符重载函数声明,进行字符串对象与r所指字符串或两字符串对象相加
    StringClass operator+(char* r);
    StringClass operator+(StringClass& t);
  //加赋值重载声明,进行字符串对象与r所指字符串或两字符串对象相加并赋值
    StringClass& operator+=(char* r);
    StringClass& operator+=(StringClass& t);
   //下标运算符重载函数声明,返回字符串对象中下标为i的元素的引用
    char& operator[](int i);
   //返回字符串对象的长度,即字符指针s所指字符串的长度
    int StrLen() const {return n;}
   //析构函数,释放s所指向的动态存储空间
     ~StringClass() {delete []s;}
};
```

```
StringClass::StringClass(char* r)
{    //带参构造函数,用r所指字符串为内容构造字符串对象
    n=strlen(r);
    s=new char[n+1];
    strcpy(s,r);
}
StringClass::StringClass(StringClass& t)
{    //拷贝构造函数,构造与t内容相同的字符串对象
    n=t.n;
    s=new char[n+1];
    strcpy(s,t.s);
}
StringClass& StringClass::operator=(char* r)
{    //赋值重载函数,把r所指字符串赋给字符串对象
    delete[]s;
    n=strlen(r);
    s=new char[n+1];
    strcpy(s,r);
    return *this;
}
StringClass& StringClass::operator=(StringClass& t)
{    //赋值重载函数,把t的内容赋给字符串对象
    delete[]s;
    n=t.n;
    s=new char[n+1];
    strcpy(s,t.s);
    return *this;
}
bool StringClass::operator==(char* r)
{    //等于号运算符重载函数,进行字符串对象与r所指字符串的比较
    if(s==NULL && r==NULL) return true;
    else if(s==NULL || r==NULL) return false;
    int i=0;
    while(s[i]!=NULL && r[i]!=NULL)
        if(s[i]!=r[i]) return false;
        else i++;
    if(s[i]==NULL && r[i]==NULL) return true;
    else return false;
}
bool StringClass::operator==(StringClass& t)
{    //等于号运算符重载函数,进行两字符串对象的比较
    if(s==NULL && t.s==NULL) return true;
    else if(s==NULL || t.s==NULL) return false;
    int i=0;
    while(s[i]!=NULL && t.s[i]!=NULL)
```

```
        if(s[i]!=t.s[i]) return false;
        else i++;
    if(s[i]==NULL && t.s[i]==NULL) return true;
    else return false;
}
bool StringClass::operator<(char* r)
{   //小于号运算符重载函数,进行字符串对象与 r 所指字符串的比较
    if(s==NULL && r==NULL) return false;
    else if(s==NULL) return true;
    else if(r==NULL) return false;
    int i=0;
    while(s[i]!=NULL && r[i]!=NULL)
        if(s[i]<r[i]) return true;
        else if(s[i]>r[i]) return false;
        else i++;
    if(s[i]==NULL && r[i]!=NULL) return true;
    else return false;
}
bool StringClass::operator<(StringClass& t)
{   //小于号运算符重载函数,进行两字符串对象的比较
    if(s==NULL && t.s==NULL) return false;
    else if(s==NULL) return true;
    else if(t.s==NULL) return false;
    int i=0;
    while(s[i]!=NULL && t.s[i]!=NULL)
        if(s[i]<t.s[i]) return true;
        else if(s[i]>t.s[i]) return false;
        else i++;
    if(s[i]==NULL && t.s[i]!=NULL) return true;
    else return false;
}
StringClass StringClass::operator+(char* r)
{   //加号运算符重载函数,进行字符串对象与 r 所指字符串相加
    StringClass w;
    w.n=n+strlen(r);
    w.s=new char[w.n+1];
    strcpy(w.s,s);
    strcat(w.s,r);
    return w;
}
StringClass StringClass::operator+(StringClass& t)
{   //加号运算符重载函数,进行两字符串对象相加
    StringClass w;
    w.n=n+t.n;
    w.s=new char[w.n+1];
```

```
    strcpy(w.s,s);
    strcat(w.s,t.s);
    return w;
}
StringClass& StringClass::operator+=(char* r)
{   //加赋值运算符重载函数,进行字符串对象与r所指字符串相加并赋值
    StringClass w(*this);
    n=n+strlen(r);
    delete []s;
    s-new char[n+1];
    strcpy(s,w.s);
    strcat(s,r);
    return *this;
}
StringClass& StringClass::operator+=(StringClass& t)
{   //加赋值运算符重载函数,进行两字符串对象相加并赋值
    StringClass w(*this);
    n=n+t.n;
    delete []s;
    s=new char[n+1];
    strcpy(s,w.s);
    strcat(s,t.s);
    return *this;
}
char& StringClass::operator[](int i)
{   //下标运算符重载函数,返回字符串对象中下标为i的元素的引用
    if(i<0 || i>=n) {cout<<"下标越界!\n"; exit(1);}
    return s[i];
}
istream& operator>>(istream& istr, StringClass& r)
{   //用于标准输入字符串类对象的运算符重载普通函数,它是字符串类的友元函数
    char a[80]; //假定输入的字符串的长度小于80
    istr>>a;
    r.n=strlen(a);
    delete []r.s;
    r.s=new char[r.n+1];
    strcpy(r.s,a);
    return istr;
}
ostream& operator<<(ostream& ostr, StringClass& r)
{   //用于标准输出字符串类对象的运算符重载普通函数,它是字符串类的友元函数
    ostr<<r.s;
    return ostr;
}
```

可以采用下面的主函数调试上面的字符串类。

```
void main()
{
    StringClass s1,s2("abcdef"),s3(s2);         //调用构造函数
    cout<<s1<<"   "<<s2<<"   "<<s3<<endl;       //调用输出运算符重载普通函数
    cout<<"输入字符串类对象 s1,s2,s3 的值:"<<endl;
    cin>>s1>>s2>>s3;                             //调用输入运算符重载普通函数
    cout<<s1<<"   "<<s2<<"   "<<s3<<endl;
    s1="456"; s2=s1;                             //调用赋值重载函数
    s3=s1+"123abc"; s2=s2+s1;                    //调用加运算符重载函数
    cout<<s1<<"   "<<s2<<"   "<<s3<<endl;
    s2+=s1; s1+="defg"; s3="ab"; s3+=s2;         //调用加赋值运算符重载函数
    cout<<s1<<"   "<<s2<<"   "<<s3<<endl;
    if(s1=="4567") cout<<"s1==\"4567\"\n";       //调用对象与常量等于比较重载函数
    else cout<<"s1!=\"4567\""<<endl;
    if(s1==s2) cout<<"s1==s2"<<endl;             //调用两对象等于比较重载函数
    else cout<<"s1!=s2"<<endl;
    if(s1<"7891") cout<<"s1<\"7891\"\n";         //调用对象与常量小于比较重载函数
    else cout<<"s1>=\"7891\"\n";
    if(s2<s1) cout<<"s2<s1"<<endl;                 //调用两对象小于比较重载函数
    else cout<<"s2>=s1"<<endl;
    cout<<"s1:"<<s1<<' '<<s1.StrLen()<<endl;     //调用求字符串长度成员函数
    cout<<"s2:"<<s2<<' '<<s2.StrLen()<<endl;
    cout<<"s3:"<<s3<<' '<<s3.StrLen()<<endl;
    int i,k=s3.StrLen();
    for(i=k-1; i>=0; i--) cout<<s3[i];           //调用下标运算符重载成员函数
    cout<<endl;
}
```

程序运行后能够得到下面的运行结果，其中可以从键盘输入任意三个字符串。读者可以通过分析运行结果，体会和掌握字符串类中每个成员函数的功能，以及声明、定义与调用格式。

```
   abcdef   abcdef
输入字符串类对象 s1,s2,s3 的值:
12 345 qwehgf
12   345   qwehgf
456   456456   456123abc
456defg   456456456   ab456456456
s1!="4567"
s1!=s2
s1<"7891"
s2<s1
s1:456defg 7
s2:456456456 9
```

```
s3:ab456456456 11
654654654ba
```

实际上，在 VC++ 6.0 中，系统已经定义了类似上面的字符串类，其类名为 string，由系统头文件“string”提供。该字符串类定义有比上面用户定义的字符串类更多的运算符重载函数和其他成员函数。如它还包含>、>=、<=、!=等比较运算符重载成员函数和求字符串长度 size()、查找子串 find()等成员函数。下面程序使用了 C++系统内提供的字符串类，能够实现上面程序的相同功能。

```
#include<iostream>
#include<cstdlib>
#include<string>     //系统头文件 string 中包含有字符串
using namespace std;
void main()
{
    string s1,s2(”abcdef”),s3(s2);            //调用构造函数
    cout<<s1<<”   ”<<s2<<”   ”<<s3<<endl;     //调用输出运算符重载普通函数
    cout<<”输入字符串类对象 s1,s2,s3 的值:”<<endl;
    cin>>s1>>s2>>s3;                          //调用输入运算符重载普通函数
    cout<<s1<<”   ”<<s2<<”   ”<<s3<<endl;
    s1=”456”; s2=s1;                          //调用赋值重载函数
    s3=s1+”123abc”; s2=s2+s1;                 //调用加运算符重载函数
    cout<<s1<<”   ”<<s2<<”   ”<<s3<<endl;
    s2+=s1; s1+=”defg”; s3=”ab”; s3+=s2;      //调用加赋值运算符重载函数
    cout<<s1<<”   ”<<s2<<”   ”<<s3<<endl;
    if(s1==”4567”) cout<<”s1==\”4567\”\n”;   //调用对象与常量等于比较重载函数
    else cout<<”s1!=\”4567\””<<endl;
    if(s1==s2) cout<<”s1==s2”<<endl;          //调用两对象等于比较重载函数
    else cout<<”s1!=s2”<<endl;
    if(s1<”7891”) cout<<”s1<\”7891\”\n”;     //调用对象与常量小于比较重载函数
    else cout<<”s1>=\”7891\”\n”;
    if(s2<s1) cout<<”s2<s1”<<endl;            //调用两对象小于比较重载函数
    else cout<<”s2>=s1”<<endl;
    cout<<”s1:”<<s1<<’ ’<<s1.size()<<endl;    //调用求字符串长度成员函数
    cout<<”s2:”<<s2<<’ ’<<s2.size()<<endl;
    cout<<”s3:”<<s3<<’ ’<<s3.size()<<endl;
    int i,k=s3.size();
    for(i=k-1; i>=0; i--) cout<<s3[i];        //调用下标运算符重载成员函数
    cout<<endl;
}
```

本章小结

1. 结构中成员的默认访问权限为公用，而类中成员的默认访问权限为私有，除此之外它们完全相同。结构和类中的每个成员都可以显式规定为公用、私有和保护中的任一种

访问权限。

2．类中的公用成员既可以被该类和派生类中的成员函数访问，也可以被任何外部函数中定义的对象通过成员操作符访问，私有成员只能被该类的成员函数和友元函数访问，保护成员只能被该类的成员函数和友元函数，以及派生类中的成员函数访问。

3．在类的成员函数的定义中，若不是使用成员访问操作符而是直接使用成员名访问成员，则该成员指的是调用该成员函数的那个对象的成员，那个对象的地址在调用时将自动传送给成员函数中隐含的 this 指针参数中。

4．类中的每个成员函数通常用来实现对数据成员进行一种处理的功能，它只能由该类对象通过使用成员操作符调用，而不能向调用普通函数那样直接给出其函数名和实参表。

5．运算符重载包括普通独立函数的运算符重载和类中成员函数的运算符重载两种情况。输入和输出运算符只能定义为独立函数的运算符重载，赋值、下标和函数调用运算符只能定义为成员函数的运算符重载。

6．构造函数是在定义对象时自动调用的，当需要调用带参构造函数时，则必须在定义类对象的后面带有初始化实参表。通过使用类名和实参表也能够在生成无名对象时自动调用构造函数初始化该对象。如 AAA 是一个类，则使用 AAA()能够生成一个无名对象并自动调用无参构造函数对其初始化，使用 AAA(x)能够生成一个无名对象并自动调用带一个参数的构造函数对其初始化。

7．当一个类需要在构造函数中对数据指针成员所指存储空间进行动态存储分配时，需要同时定义有拷贝构造函数和赋值重载函数，从而保证正确和有效地复制和赋值，避免可能发生的非法存储访问错误。

8．类的拷贝构造函数在利用一个类对象初始化另一个类对象时被自动调用，除此之外，在把一个实参对象按值传送给对应的形参时也将自动调用拷贝构造函数用实参对象初始化形参对象，还有，在按值返回一个类对象时也将自动调用拷贝构造函数用返回对象的值初始化保存返回值所建立的临时对象。

9．析构函数是在系统撤销对象时自动调用的。当一个类中存在着对数据成员的动态存储分配时，需要用户定义析构函数，利用 delete 运算释放类对象中的动态存储空间，否则不需要定义析构函数。

10．类中的非公用的成员，也可以被类外的其他函数和类所访问，条件是必须把它们声明为该类的友元函数和友元类。在通常的应用中，只有联系密切的函数或类才设定为友元，因为采用友元虽然能够提高访问效率，但也同时在一定程度上破坏了类的封装性和隐蔽性。

11．类和对象是面向对象程序设计的核心技术，在 VC++ 6.0 系统中定义有大量的和实用的类，如字符串类、动态数组类、栈类、队列类、集合类、映像类、窗口类、菜单类、文件类等。要使用这些类，必须在程序中利用#include 命令包含相应的系统头文件，这些头文件是 C++风格的、不带有 h 扩展名。要掌握这方面的知识必须参考 VC++ 6.0 的有关资料。

习题九

9.1 写出程序运行结果。

1.
```
#include<iostream.h>
class A {
    int a,b;
public:
    A() {a=b=0;}
    A(int aa, int bb) {
        a=aa; b=bb;
        cout<<a<<' '<<b<<endl;
    }
};
void main() {
    A x,y(2,3),z(4,5);
}
```

2.
```
#include<iostream.h>
class A {
    int* a;
public:
    A(int aa=0) {
        a=new int(aa);
        cout<<"Constructor!"<<*a<<endl;
    }
};
void main() {
    A x[2];
    A *p=new A(5);
    delete p;
}
```

3.
```
#include<iostream.h>
class A {
    int* a;
public:
    A(int x) {
        a=new int(x);
        cout<<"Constructor!"<<*a<<endl;
    }
    ~A() {cout<<"Destructor!"<<*a<<endl; delete a;}
};
void main() {
```

```
    A x(3), *p;
    p=new A(5);
    delete p;
}
```

4.
```
#include<iostream.h>
class CC {
    private:
        int a,b;
    public:
        CC(int aa=0, int bb=0):a(aa),b(bb) {}
        int f1(void) {return (a+b)*(a-b);}
        int f2(void) {return (a+b)*a+b;}
};
void main()
{
    CC *x;
    int a[8]={2,3,4,6,7,8,10,15};
    for(int i=0; i<4; i++) {
        x=new CC(a[2*i],a[2*i+1]);
        cout<<x->f1()<<"  "<<x->f2()<<endl;
    }
}
```

5.
```
#include<iostream.h>
class CC {
    private:
        double a, b, c;
    public:
        CC(double aa=1, double bb=1, double cc=1) {
            a=aa; b=bb; c=cc;
        }
        double f1(void) {
            return a+b+c;
        }
        double f2(void) {
            return a*b*c;
        }
};
void main()
{
    CC x;
    double a[4][3]={{2,3,4},{1,4,7},{2,4,6},{3,5,7}};
    for(int i=0; i<4; i++) {
        x=CC(a[i][0],a[i][1],a[i][2]);
        cout<<x.f1()<<"  "<<x.f2()<<endl;
```

```
    }
}
```

6.
```
#include<iostream.h>
class B {
    int a,b,c;
public:
    B(int aa=0, int bb=0, int cc=0): a(aa),b(bb),c(cc){
        cout<<"abcd"<<endl;
    }
    void output() {cout<<a<<' '<<b<<' '<<c<<endl;}
    B f1(B x) {return B(a*x.a, b*x.b, c*x.c);}
    B f2(B x) {
        int t1=(a>x.a?a:x.a);
        int t2=(b>x.b?b:x.b);
        int t3=(c>x.c?c:x.c);
        return B(t1,t2,t3);
    }
};
void main()
{
    B d1(5,6,7), d2=B(2,8,6);
    B d3, d4;
    d3=d1.f1(d2);
    d3.output();
    d4=d1.f2(d2);
    d4.output();
}
```

7.
```
#include<iostream.h>
#include<stdlib.h>
class BB {
    int *a;
    int n;
public:
    BB(){a=NULL; n=0;}
    BB(int aa[], int nn);
    double Sum()const;
    double Avg()const;
    ~BB() {delete []a;}
};
BB::BB(int aa[], int nn)
{
    n=nn;
    a=new int[n];
    if(a==NULL){cout<<"动态分配失败！\n"; exit(1);}
```

```
    for(int i=0; i<n; i++) a[i]=aa[i];
}
double BB::Sum()const {
    int x=a[0];
    for(int i=1; i<n; i++) x+=a[i];
    return x;
}
double BB::Avg()const {
    int x=a[0];
    for(int i=1; i<n; i++) x+=a[i];
    return double(x)/n;
}
void main()
{
    int a[5]={23,15,52,43,36};
    BB x(a,5);
    cout<<x.Sum()<<' '<<x.Avg()<<endl;
}
```

8.
```
#include<iostream.h>
#include<stdlib.h>
class RMB {
    int yuan,jiao,fen;
    void Norm() {
        if(fen>9) {
            jiao+=fen/10; fen%=10;
        }
        if(jiao>9) {
            yuan+=jiao/10; jiao%=10;
        }
    }
    void Error() {
        cout<<"data not negative!"<<endl;
        exit(1);
    }
  public:
    RMB(int a=0, int b=0, int c=0) {
        if(a<0 || b<0 || c<0) Error();
        yuan=a; jiao=b; fen=c;
        Norm();
    }
    void SetVolume(int a=0, int b=0, int c=0) {
        if(a<0 || b<0 || c<0) Error();
        yuan=a; jiao=b; fen=c;
        Norm();
```

```
    }
    void Output() {
        cout<<yuan<<" yuan, "<<jiao<<" jiao, "<<fen<<" fen"<<endl;
    }
    RMB& operator+(RMB& r) {
        yuan+=r.yuan; jiao+=r.jiao; fen+=r.fen;
        Norm();
        return *this;
    }
    RMB& operator-(RMB& r) {
        fen=fen+jiao*10+yuan*100;
        jiao=yuan=0;
        if(fen>=r.fen) fen-=r.fen;
        else Error();
        Norm();
        jiao=jiao+yuan*10;
        yuan=0;
        if(jiao>=r.jiao) jiao-=r.jiao;
        else Error();
        Norm();
        if(yuan>=r.yuan) yuan-=r.yuan;
        else Error();
        return *this;
    }
    RMB& operator*(int n) {
        if(n<0) Error();
        fen*=n; jiao*=n; yuan*=n;
        Norm();
        return *this;
    }
};
void main()
{
    RMB a,b(4,5,9),c,d(b),e;
    a.SetVolume(2,8,5);
    c+a; c+b;
    d-a; e=d; e*3;
    a.Output();b.Output();c.Output();d.Output();e.Output();
}
```

9.2　指出每个类或程序的功能。

```
1. class RECtangle {
    private:
        float length, width;   //矩形的长度和宽度
    public:
```

```
        REctangle(float len, float wid) {
            length=len; width=wid;
        }
        float Circumference(void) {
            return 2*(length+width);
        }
        float Area(void) {
            return length*width;
        }
};
```

2.

```
#include<iostream.h>
class REctangle {
    private:
        float length, width;   //矩形的长度和宽度
    public:
        REctangle(float len=0, float wid=0) {
            length=len; width=wid;
        }
        float Circumference(void) {
            return 2*(length+width);
        }
        float Area(void) {
            return length*width;
        }
        bool operator==(REctangle& rec) {
            if(length==rec.length && width==rec.width) return true;
            else return false;
        }
        bool operator<(REctangle& rec) {
            bool b1=length<=rec.length && width<rec.width;
            bool b2=length<rec.length && width<=rec.width;
            if(b1 || b2) return true;
            else return false;
        }
};
void main()
{
    float a,b;
    REctangle x,y;
    while(1)
    {
        cout<<"输入一个矩形的长和宽的值,负数表示结束:\n";
        cin>>a>>b;
        if(a<0 || b<0) return;
```

```
        x=RECtangle(a,b);
        cout<<"周长: "<<x.Circumference()<<",面积: "<<x.Area()<<endl;
        cout<<"再输入一个矩形的长和宽的值,负数表示结束:\n";
        cin>>a>>b;
        if(a<0 || b<0) return;
        y=RECtangle(a,b);
        cout<<"周长: "<<y.Circumference()<<",面积: "<<y.Area()<<endl;
        if(x==y) cout<<"两个矩形尺寸相同\n";
        else cout<<"两个矩形尺寸不同\n";
        if(x<y) cout<<"第一个矩形尺寸小于第二个\n";
        else cout<<"第一个矩形尺寸大于等于第二个\n";
    }
}
```

3.
```
#include<iostream.h>
class LinkList {
    struct Node {
        int data;
        Node *next;
    };
    Node *front;                        //单链表的表头指针
public:
    LinkList(){front=NULL;}
    void FrontInsert(int x) {           //向单链表的表头插入值为 x 的结点
        Node *p=new Node;
        p->data=x; p->next=front;
        front=p;
    }
    bool FrontDelete(int x) {           //从单链表中删除表头结点
        if(front==NULL) return false;
        Node *p=front;
        front=front->next;
        delete p;
        return true;
    }
    void OutputLink() {
        Node *p=front;
        while(p) {
            cout<<p->data<<' '; p=p->next;
        }
        cout<<endl;
    }
};
void main()
{
```

```
        int x;
        LinkList dd;
        cout<<"从键盘输入一批整数,输入-1 结束!\n";
        while(1) {
            cin>>x; if(x==-1) break;
            dd.FrontInsert(x);
        }
        dd.OutputLink();
    }
```

4.
```
#include<iostream.h>
class Node {
    int data;
    Node *next;
    friend class LinkList;
  public:
    Node(int x, Node *p=NULL): data(x), next(p){}
};
class LinkList {
    Node *front;  //单链表的表头指针
  public:
    LinkList() {front=NULL;}
    void FrontInsert(int x) {     //向单链表的表头插入值为 x 的结点
        Node *p=new Node(x,front);
        front=p;
    }
    bool DeleteValue(int x);      //从单链表中删除值为 x 的结点
    void OutputLink() {
        Node *p=front;
        while(p) {
            cout<<p->data<<' '; p=p->next;
        }
        cout<<endl;
    }
};
bool LinkList::DeleteValue(int x)
{     //从单链表中删除值为 x 的结点
    Node *p=front;
    if(p==NULL) return false;
    if(p->data==x) {
        front=front->next; delete p; return true;
    }
    Node * q;
    while(p->next!=NULL) {
        q=p; p=p->next;
```

```
        if(p->data==x) {
            q->next=p->next; delete p; return true;
        }
    }
    return false;
}
void main()
{
    int x;
    LinkList dd;
    cout<<"从键盘输入一批整数,输入-1结束!\n";
    while(1) {
        cin>>x; if(x==-1) break;
        dd.FrontInsert(x);
    }
    dd.OutputLink();
}
```

5.
```
#include<iostream.h>
class Node {
    int data;
    Node *next;
  public:
    Node(int x, Node *p=NULL): data(x), next(p){}
    int GetData() {return data;}
    Node* GetNext() {return next;}
    void SetData(int x) {data=x;}
    void SetNext(Node *p) {next=p;}
};
class LinkList {
    Node *front;                        //单链表的表头指针
  public:
    LinkList() {front=NULL;}
    void FrontInsert(int x) {           //向单链表的表头插入值为x的结点
        Node *p=new Node(x,front);
        front=p;
    }
    bool DeleteValue(int x);            //从单链表中删除值为x的结点
    void OutputLink() {
        Node *p=front;
        while(p) {
            cout<<p->GetData()<<' '; p=p->GetNext();
        }
        cout<<endl;
    }
```

```
};
bool LinkList::DeleteValue(int x)
{     //从单链表中删除值为 x 的结点
    Node *p=front;
    if(p==NULL) return false;
    if(p->GetData()==x) {
        front=front->GetNext(); delete p; return true;
    }
    Node * q;
    while(p->GetNext()!=NULL) {
        q=p; p=p->GetNext();
        if(p->GetData()==x) {
            q->SetNext(p->GetNext()); delete p; return true;
        }
    }
    return false;
}
void main()
{
    int x;
    LinkList dd;
    cout<<"从键盘输入一批整数,输入-1 结束!\n";
    while(1) {
        cin>>x; if(x==-1) break;
        dd.FrontInsert(x);
    }
    dd.OutputLink();
}
```

9.3 按照题目要求编写出程序、函数或类。

1. 下面是定义二次多项式 ax^2+bx+c 所对应的类。

```
#include<iostream.h>
#include<math.h>
class Quadratic {  //二次多项式类
    double a,b,c;
  public:
    Quadratic() {a=b=c=0;}
    Quadratic(double aa, double bb, double cc);
    Quadratic operator+(Quadratic& x);
    Quadratic operator-(Quadratic& x);
    double Compute(double x);
    int Root(double& r1, double& r2);
    void Print();
};
```

其中加、减运算符重载函数完成*this 和 x 的加或减运算，并将运算结果返回；Compute 函数根据 x 的值

计算二次多项式 ax^2+bx+c 的值并返回；Root 函数求出二次方程 $ax^2+bx+c=0$ 的根，要求当不是二次方程（即 a=0）时返回–1，当有实根时返回 1，并由引用参数 r1 和 r2 带回这两个实根，当无实根时返回 0；Print 函数按 ax**2+bx+c 的格式（x^2 用 x**2 表示）输出二次多项式，并且当 b 和 c 的值为负时，其前面不能出现加号。试写出在类定义中声明的每个成员函数在体外的定义。

2．请定义一个矩形类（Rectangle），私有数据成员为矩形的长度（len）和宽度（wid），无参构造函数置 len 和 wid 为 0，带参构造函数置 len 和 wid 为对应形参的值，另外还包括求矩形周长、求矩形面积、取矩形长度、取矩形宽度、修改矩形长度和宽度使之增加相应的形参值、输出矩形尺寸等公用成员函数。要求输出矩形尺寸的格式为“length: 长度，width: 宽度”。

第十章　类的继承与多态

本章主要介绍类的继承性的定义与作用，类的多态性的定义和应用，类的静态成员的定义与作用，模板类的定义与作用。通过本章内容的学习，能够使读者掌握更多的编写面向对象程序的方法和技术。

10.1　类的继承

10.1.1　类的继承性的概念

类是一种抽象数据类型，是对具有共同属性和行为的对象（事物）的抽象描述。但通常为了处理问题的方便，对事物按层进行分解，使得处于顶层（上层）的抽象事物具有处于底层（下层）抽象事物的共同特征，而处于底层的抽象事物除了具有顶层抽象事物的所有特征外，还具有本身所专有的特征。

例如，对于建筑物来说，它有设计单位、施工单位、项目负责人、竣工日期等特征；而建筑物又可细分为房屋、桥梁和纪念塔等三类，它们除了具有建筑物的共同特征外，还各自具有自己的特征。如房屋有建筑面积，桥梁有建筑高度、宽度和长度，纪念塔有塔高和形状等特征。房屋又可细分为平房和楼房两类，平房和楼房除了具有房屋的共同特征外，还具有自己的特征。如平房有庭院面积，楼房有楼层数和电梯数等特征。楼房又可细分为办公楼和居民楼两类，它们除了具有楼房的公共特征外，办公楼还具有值班电话，居民楼还具有居民户数和居住人数等特征。可用图 10-1 表示它们之间的层次关系。

在 C++中允许定义类之间的继承关系。当一个类继承另一个类时，这个类被称为继承类、派生类或子类，另一个类被称为被继承类、基类或父类。子类能够继承父类的全部特征，包括所有的数据成员和成员函数，子类还能够定义父类所没有的、属于自己的特征，即自己的数据成员和函数成员。通过类的继承关系，使得基类的成员可以为派生类所重用，避免了成员的重复定义和编程代码的重新调试，便于开发出具有更高复用性、维护性和可靠性的软件产品。类的继承性是软件开发中的一项非常重要的方法和技术。

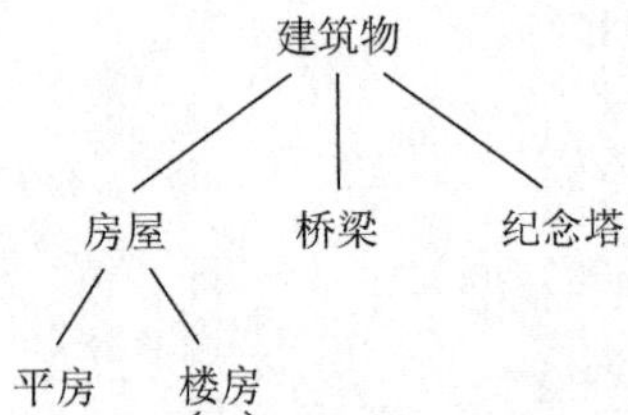

图 10-1　建筑物类层次图

10.1.2　派生类定义的格式

根据已有基类定义派生类的格式如下：

```
class <派生类名>: <基类表> {<成员表>};
```

它同一般类的定义格式大体相同，只是在类名和定义体的左花括号之间增添了一个冒号和一个基类表。

派生类定义中的派生类名是新定义的类标识符，它是基类表中所给基类的一个派生类；基类表中包含有一个或多个用逗号分开的基类项，每个基类项为一个类名，并可以在其前面带有继承权限指明符；花括号内的成员表是为该派生类定义的数据成员和成员函数的列表。

基类表中每个基类名前面可以使用的继承权限指明符仍为类成员表中为规定成员访问权限所使用的指明符 public、private 或 protected，它们分别表示派生类公用（公有）、私有或保护继承该基类。若一个基类名前没有使用任一指明符也是允许的，隐含为 private 指明符，即派生类私有继承该基类。这种规定与定义它们的成员时默认的访问权限的规定是完全一致的。

当一个基类被派生类公用继承时，则基类中的所有 public 成员也同时成为派生类中的 public 成员，基类中的所有 protected 成员也同时成为派生类中的 protected 成员，基类中的所有 private 成员不转换为派生类中的任何成员，仍作为基类的私有成员保留在基类中，也可以说同时保留在派生类中，因为派生类继承了基类中的所有成员。由于基类的私有成员没有同时成为派生类中的成员，所以派生类的成员函数无法直接访问它们，只能通过基类提供的公用或保护成员函数来间接访问。当然，若把派生类定义为基类的友元，则可直接访问基类的私有成员。

当一个基类被派生类私有继承时，则基类中的所有 public 成员和所有 protected 成员将同时成为派生类中的 private 成员，基类中的所有 private 成员仍只作为基类的私有成员存在，不转换为派生类中的任何成员。

当一个基类被派生类保护继承时，则基类中的所有 public 成员和所有 protected 成员将同时成为派生类中的 protected 成员，基类中的所有 private 成员同上述两种继承一样，仍只能作为基类的私有成员存在，不是派生类的成员。

无论任何一个类，无论它的成员是靠继承而来的，还是自己定义的，都属于自己的成员，该类的成员函数能够访问该类中具有任何访问权限的成员，同时也能够访问其他类中具有公用访问权限的成员和类外的普通对象和函数，不能访问其他类中的保护成员和私有成员，即使其他类是基类，或自己成员所属的类也是如此。

在一个派生类中，其成员由两部分组成，一部分是从基类继承得到的，另一部分是自己定义的新成员，所有这些成员也分为公用（public）、私有（private）和保护（protected）这三种访问属性。另外，从基类继承下来的全部成员构成派生类的基类部分，此部分的私有成员是派生类不能直接访问的，其公用和保护成员是派生类可以直接访问的，因为它们已同时成为了派生类中的成员，但在派生类中的访问属性可能有改变，视其对基类的继承权限而定。带有一个基类的派生类的构成如图 10-2 所示。

当派生类公用继承基类时，派生类中的公用成员包括基类部分的公用成员和新定义部分的公用成员，保护成员包括基类部分的保护成员和新定义部分的保护成员，私有成员仅为新定义部分的私有成员。在一般应用中，多采用派生类公用继承基类。

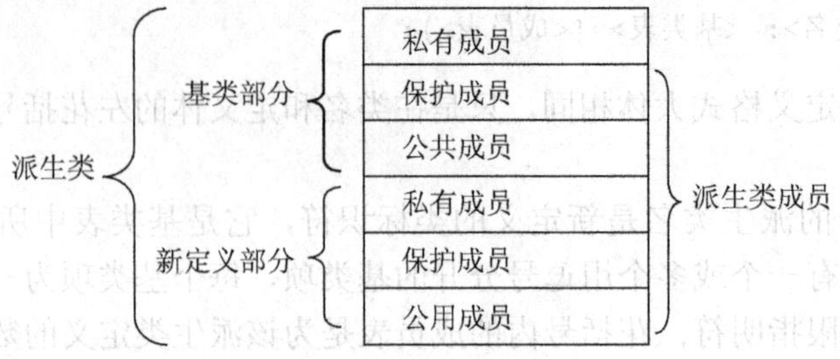

图 10-2　派生类构成示意图

当派生类保护继承基类时，派生类中的公用成员仅为新定义部分的公用成员，保护成员包括基类部分的公用成员和保护成员以及新定义部分的保护成员，私有成员仅为新定义部分的私有成员。

当派生类私有继承基类时，派生类中的公用成员仅为新定义部分的公用成员，保护成员也仅为新定义部分的保护成员，私有成员包括基类部分的公用成员和保护成员以及新定义部分的私有成员。

每个派生类的长度，即派生类对象所占有的存储空间的大小等于其基类部分的所有数据成员占有的存储空间的大小与新定义部分的所有数据成员占有的存储空间大小的总和。在对派生类对象的存储空间的分配上，前面的存储空间分配给基类部分的数据成员使用，后面的存储空间分配给新定义部分的数据成员使用。

10.1.3　派生类定义格式举例

例 10-1-1　派生类的概念既适用类的定义，也适用结构的定义。在派生结构中，默认的继承为公用（public）继承。

```
struct X {
    int a;
};
struct Y: X {
    int b;
    int c;
};
```

此例中 X 和 Y 均为结构，所以它们的成员默认为公用访问属性，Y 对 X 的继承也默认为公用继承。派生结构 Y 中包含有 3 个公用成员 a、b 和 c，其中 a 又同时为基类 X 部分的公用成员。由于 Y 中的成员都是公用的，所以外部函数可以直接访问以 Y 为类型的对象中的任何成员。每个 Y 类型的对象具有 12 个字节的存储空间，其中前 4 个字节存储数据成员 a，接着 4 个字节存储数据成员 b，最后 4 个字节存储数据成员 c。假定 w 是 Y 结构类型的一个对象，则 w.a、w.b 和 w.c 都是有效的表示，利用它们可以访问派生结构对象 w 中的指定成员。当然 w.a 也可以表示为 w.X∷a，因为 a 同时又是基结构类型 X 中的成员。

例 10-1-2　若在一个派生类的定义中，只带有一个基类项，则称为单继承。下面是派生类 B 单继承基类 A 的例子。

```
#include<iostream.h>
class A {
    int a1;
  protected:
    int a2;
  public:
    int a3;
    A() {a1=a2=a3=0;}
    A(int x1, int x2, int x3):a1(x1),a2(x2),a3(x3) {}
    void OutA() {cout<<a1<<' '<<a2<<' '<<a3<<endl;}
    int Geta1() {return a1;}
};

class B: public A {
    int b1;
  protected:
    int b2;
  public:
    int b3;
    B() {b1=b2=b3=0;}
    B(int x1, int x2, int x3): A(x1,x2,x3) {
        b1=x1+1; b2=x2+2; b3=x3+3;
    }
    void OutB() {
        A::OutA();
        cout<<b1<<' '<<b2<<' '<<b3<<endl;
    }
    int Sum() {
        return Geta1()*b1+a2*b2+a3*b3;
    }
};

void main()
{
    B b1,b2(1,2,3);
    b1.OutB();
    b2.OutB();
    cout<<b1.Sum()<' '<<b2.Sum()<<endl;
    cout<<sizeof(A)<' '<<sizeof(B)<<endl;
};
```

在这个例子中，定义了两个类 A 和 B，并且把 B 定义为 A 的派生类，则 A 是 B 的基类，B 公用继承了 A 中的所有成员。在类 A 中定义有 3 个整数成员 a1、a2 和 a3，它们的访问权限依次为私有、保护和公用；定义有 1 个无参构造函数，它对所有数据成员赋初值为 0；定义有 1 个带参构造函数，它对 3 个数据成员分别赋初值为形参 x1、x2 和 x3 的值；

定义有 1 个 OutA 公用成员函数，用于输出所有数据成员的值；定义有 1 个 Geta1 公用成员函数，用以返回私有成员 a1 的值。

在类 B 中除了继承 A 类中的所有成员外，还定义有 3 个整数成员 b1、b1 和 b3，它们的访问权限也相应为私有、保护和公用，以及定义有 4 个公用成员函数。第 1 个为无参构造函数，执行时首先隐含调用基类 A 的无参构造函数给属于基类 A 中的数据成员初始化，即隐含调用 A()使 a1、a2 和 a3 被初始化为 0；接着执行函数体给新定义的数据成员 b1、b2 和 b3 初始化为 0。第 2 个为带参构造函数，它首先利用初始化项 A(x1,x2,x3)调用基类 A 的带参构造函数，对属于 A 中的数据成员初始化，接着执行函数体对新定义的数据成员初始化。第 3 个为 OutB 函数，它首先调用 OutA()函数输出基类 A 中数据成员的值，然后输出 B 类中新定义的所有数据成员的值。由于 OutA()函数既是基类 A 部分的公用函数，又是 B 类继承过来的公用函数，所以写成 OutA()或 A∷OutA()的调用形式完全相同。在派生类的成员函数中，使用基类名和类区分符作为成员名的前缀能够访问既属于基类又属于派生类的成员。第 4 个为 Sum 函数，它返回 a1*b1+a2*b2+a3*b3 的值，由于 a1 是基类 A 的私有成员，类 A 外的函数无法访问，所以只能由类 A 提供的成员函数 Geta1()得到它的值，因此在返回表达式中不能直接书写为 a1，而应书写为 Geta1()。

在派生类的构造函数中，对属于基类的成员进行初始化是通过在初始化表中给出具有“基类名（实参表）”格式的初始化项调用基类的构造函数来实现的。若初始化表中没有给出调用基类构造函数的初始化项，则自动调用基类的无参构造函数进行初始化，就如同在初始化表中使用了“基类名()”初始化项进行调用一样。

在一个派生类中若同时含有类对象数据成员，则类成员的初始化和基类成员的初始化一样，都必须在构造函数的初始化表中给出初始化项，以此调用相应的构造函数来实现，当省略初始化项时则调用相应的无参构造函数来实现。派生类构造函数的执行顺序是：首先调用基类构造函数实现对基类成员的初始化，接着调用成员所属类的构造函数实现类成员的初始化，最后实现对新定义的非类成员的初始化。最后一步的初始化可以通过初始化表，也可以通过函数体进行。

此例中主函数定义了派生类 B 的两个对象 b1 和 b2，对象 b1 通过调用无参构造函数进行初始化，使得所有数据成员的值均为 0，对象 b2 通过调用带参构造函数进行初始化，使得 b2 中属于基类 A 部分的数据成员 a1、a2 和 a3 被初始化为 1、2 和 3，属于新定义部分的数据成员 b1、b2 和 b3 被初始化为 2、4 和 6，当然属于基类 A 部分的 a2 和 a3 也同时为 b2 的保护成员和公用成员。该程序的运行结果如下：

```
0 0 0
0 0 0
1 2 3
2 4 6
0 28
12 24
```

例 10-1-3 若在一个派生类的定义中使用了两个或两个以上的基类项，则称这种继承关系为多继承，即派生类继承了多个基类。下面是一个多继承关系的举例。

```
#include<iostream.h>
class AA {
  protected:
    int a;
  public:
    AA(int x=0): a(x) {}
    int Geta() {return a;}
};
class BB {
  protected:
    int b;
  public:
    BB(int x=0): b(x) {}
};
class CC: public AA, public BB {
    int c;
    AA d;
 public:
    CC() {c=0;}
    CC(int x, int y, int z): AA(x), BB(y), c(z), d(x+y+z){}
    void OutCC() {
        cout<<"a="<<a<<", b="<<b;
        cout<<", c="<<c<<endl;
        cout<<"d.a="<<d.Geta()<<endl;
    }
};

void main()
{
    CC c1,c2(3,4,5);
    c1.OutCC();
    c2.OutCC();
    cout<<sizeof(AA)<<' '<<sizeof(BB)<<' '<<sizeof(CC)<<endl;
}
```

在这个例子中定义了 3 个类，其中 AA 和 BB 均为 CC 的基类，派生类 CC 既继承了 AA 的全部成员又继承了 BB 的全部成员，称 CC 为多继承的派生类。在类 AA 和 BB 的构造函数中，其参数都带有默认值，所以它们既可以作为无参构造函数接受无参调用，又可以作为带参构造函数接受带参调用。在执行类 CC 的无参或带参构造函数时，无论初始化表中各初始化项的前后次序如何，都是首先调用类 AA 的构造函数对 CC 类中属于 AA 类的成员初始化，接着调用类 BB 的构造函数，对 CC 类中属于 BB 类的成员初始化，再接着调用类 AA 的构造函数对类数据成员 d 进行初始化，最后初始化数据成员 c。

在执行类 CC 中的成员函数 OutCC()时，输出保护数据成员 a 和 b 的值，私有数据成员 c 的值，以及私有数据成员 d 中的 a 成员的值。由于 d.a 是 d 所属类 AA 的保护成员，类 AA 外不能够直接访问，所以若写成 d.a 进行访问是错误的，只能采用类 AA 提供的公共成员函数 Geta()读取它的值。

在主函数中定义了类 CC 的两个对象 c1 和 c2。当 c1 自动调用类 CC 的无参构造函数进行初始化时，首先调用 AA 的无参构造函数对 c1.a 初始化为 0，接着调用 BB 的无参构造函数对 c1.b 初始化为 0，再接着调用 AA 类的无参构造函数对 c1.d.a 初始化为 0，最后执行函数体对 c1.c 初始化为 0。当 c2 自动调用类 CC 的带参构造函数时，首先把实参值 3、4 和 5 分别赋给形参 x、y 和 z，接着依次通过初始化表中给出的初始化项 AA(x)、BB(y)和 d(x+y+z)调用对应类的构造函数，分别给 c2.a、c2.b 和 c2.d.a 赋初值为 3、4 和 12，最后执行初始化项 c(z)的操作给 c2.c 赋初值为 5。该程序运行结果为：

```
a=0, b=0, c=0
d.a=0
a=3, b=4, c=5
d.a=12
4 4 16
```

例 10-1-4 类的继承关系允许被传递，下面定义的类是传递继承的例子。

```
#include<iostream.h>
class A1 {
  protected:
    int a;
  public:
    A1(int x=0) {a=x;}
    int Square() {return a*a;}
};
class A2: public A1 {
  public:
    int b;
    A2(int aa=0, int bb=0): A1(aa) {b=bb;}
    int Square() { return b*b;}
};
class A3: public A2 {
    char a;
    int b;
    int c;
  public:
    A3() {a='\0'; b=0; c=0;}
    A3(char ch, int x): A2(x, 3*x) {
      a=ch; b=2*x; c=4+x;
    }
    int Square() {return (b+c)*(b+c);}
    void OutA3() {
      cout<<"a="<<'\''<<a<<'\''<<", b="<<b;
      cout<<", c="<<c<<endl;
```

```
        cout<<"A2::b="<<A2::b<<endl;
        cout<<"A1::a="<<A1::a<<endl;  //也可写为 A2::a
        cout<<Square()<<' '<<A2::Square()<<' ';
        cout<<A1::Square()<<endl;
    }
};

void main()
{
    A3 d1,d2('d', 5);
    cout<<d1.Square()<<' '<<d2.Square()<<endl;
    cout<<d2.A2::Square()<<' '<<d2.A1::Square()<<endl;
    cout<<sizeof(d2)<<endl<<endl;
    d1.OutA3();
    cout<<endl;
    d2.OutA3();
}
```

在这个例子中，A2 公用继承了 A1，A3 又公用继承了 A2，所以 A3 包含有在这 3 个类中定义的所有成员。在派生类中定义的成员可以与基类或基类的基类中定义的成员具有相同或不同的名字，若不同时，成员名能够唯一确定所处的位置，不必加类名和类区分符作为前缀限定；若相同时，对于不加类名和类区分符作为前缀的成员名，则表示当前类中定义的成员，若要访问与派生类同名的基类中的成员，则必须在成员名前加上基类名和类区分符。

如，在三个类 A1、A2 和 A3 中都定义有成员函数 Square，并且都是它们的公用成员，由于继承关系，它们都是 A3 中的公用成员。在 A3 的成员函数中使用 Square()表示调用该类中定义的成员函数，使用 A2::Square()表示调用基类 A2 中定义的成员函数，使用 A1::Square()表示调用间接基类 A1（它是 A2 的直接基类，是 A3 的间接基类，又称传递基类）中定义的成员函数。

又如，在 A3 和间接基类 A1 中都定义有数据成员 a，并且分别是各自的私有成员和保护成员，由于继承关系，A1 中定义的 a 同时成为 A3 中的保护成员，允许在 A3 的成员函数中直接使用，当成员名 a 前不加基类名和类区分符时则表示访问在当前类即 A3 中定义的私有成员 a，当成员名 a 前加上基类名 A1 和类区分符时则表示访问在基类 A1 中定义的保护成员 a。

在类 A3 中包含有无参和带参两个构造函数，当定义的 A3 类的对象调用任一构造函数执行时，都首先调用基类 A2 的构造函数，此时又首先调用 A2 的基类 A1 的构造函数，A1 的构造函数执行结束后返回到 A2 的构造函数执行，待 A2 的构造函数执行结束后，又返回到 A3 的构造函数执行。所以执行一个类的构造函数时，最深（即最顶）层的基类构造函数最先执行，接着执行次深层的基类的构造函数，依次向下，最后执行当前类的构造函数对新定义的成员初始化。当然若不含有任何基类，则直接执行当前类的构造函数。

此程序的输出结果如下，请读者结合主函数中的语句自行分析输出结果的正确性。

```
0 361
225 25
20

a=' ', b=0, c=0
A2::b=0
A1::a=0
0 0 0

a='d', b=10, c=9
A2::b=15
A1::a=5
361 225 25
```

例 10-1-5 下面为较复杂的使用派生类的程序举例，在其基类和派生类中都存在着动态存储分配，都定义有一般构造函数、拷贝构造函数、析构函数和赋值重载函数。

```
#include<iostream.h>
#include<string.h>
class B1 {
  char* a;  //类B1的字符指针
public:
  B1(): a(new char('\0')) {}          //类B1的无参构造函数
  B1(char* aa) {                      //类B1的带参构造函数
     a=new char[strlen(aa)+1];
     strcpy(a,aa);
  }
  B1(B1& x) {                         //类B1的拷贝构造函数
     a=new char[strlen(x.a)+1];
     strcpy(a,x.a);
  }
  B1& operator=(B1& x) {              //类B1的赋值重载函数
     delete []a;
     a=new char[strlen(x.a)+1];
     strcpy(a,x.a);
     return *this;
  }
  ~B1() {delete []a;}                 //类B1的析构函数
  void Output() {cout<<a<<'\t';}  //类B1的输出函数
};
class B2: public B1 {
  char* b;  //类B2的字符指针
 public:
  B2(): b(new char('\0')) {}          //类B2的无参构造函数
  B2(char* aa, char* bb):B1(aa) {  //类B2的带参构造函数
     b=new char[strlen(bb)+1];
```

```
        strcpy(b,bb);
    }
    B2(B2& x):B1(x) {                  //类B2的拷贝构造函数
        b=new char[strlen(x.b)+1];
        strcpy(b,x.b);
    }
    B2& operator=(B2& x) {             //类B2的赋值重载函数
        this->B1::operator=(x);        //实现对基类部分的赋值
        delete []b;
        b=new char[strlen(x.b)+1];
        strcpy(b,x.b);
        return *this;
    }
    ~B2() {delete []b;}                //类B2的析构函数
    void Output() {                    //类B2的输出函数
        B1::Output();
        cout<<b<<endl;
    }
};

void main()
{
    B2 x1("ask","dyn"), x2("1234","abcdefg"), x3;
    x1.Output(); x2.Output(); x3.Output();
    x3=x1; x1=x2; x2=x3;
    x1.Output(); x2.Output(); x3.Output();
}
```

在程序的主函数中定义有3个B2类对象x1、x2和x3，并分别进行了初始化，接着分别输出它们所保存的字符串，然后通过x3对象交换x1和x2的值，最后重新输出这3个对象的值。

当主函数执行结束时，将按照与定义对象相反的次序释放每个B2类对象，即释放对象的次序为x3、x2和x1。释放每个B2类对象时都将自动调用该类的析构函数，删除b指针所指向的动态字符串空间，又由于B2类包含有基类B1，所以在执行B2类的析构函数的函数体之后，待返回之前，将自动调用基类B1的析构函数，删除a指针所指向的动态字符串空间，然后由基类B1的析构函数返回到B2的析构函数，再由B2的析构函数返回到主函数结束位置，接着释放下一个类对象。

我们已经知道，构造函数的执行顺序是：先执行基类构造函数，接着执行类数据成员所属类的构造函数，最后执行自己的构造函数。而析构函数的执行顺序正好相反，它先执行自己的函数体，接着执行类数据成员所属类的析构函数，最后执行基类的析构函数。

在B2类的拷贝构造函数中，采用B1(x)调用B1的拷贝构造函数把x.a所指字符串复制到this->a所指向的动态存储空间中是允许的，因为派生类同基类完全兼容，即派生类的对象可以直接赋值给基类对象，也可以直接按值或引用传送给基类对象。若把实参x写出

B1(x)也是允许的，因为B2类对象x被强制转换为B1类对象。同样，在B2类的赋值重载函数中也存在把派生类B2的对象x引用传送给基类B1的对象x的情况。当把派生类对象赋值或传送给基类对象时，实际上是把派生类对象中属于基类对象的部分赋值或传送给基类对象。相反，不允许把基类对象赋值或传送给派生类对象，或者说基类向派生类赋值或传递是不兼容的。

此程序的运行结果如下，其中第1～3行分别为x1、x2和x3中保存的数据，第4～6行是利用x3作为中间对象交换x1和x2值后，它们重新被对应输出的3行数据。

```
ask     dyn
1234    abcdefg

1234    abcdefg
ask     dyn
ask     dyn
```

10.1.4 派生类应用举例

例 10-1-6 编写一个程序计算出球、圆柱和圆锥的表面积和体积。

分析：由于计算它们都需要用到圆的半径，有时还可能用到圆的面积，所以可把圆定义为一个类。它包含的数据成员为半径，由于不需要作图，所以不需要定义圆心坐标。圆的半径应定义为保护属性，以便派生类能够继承和使用。圆类的公用函数为给半径赋初值的构造函数，计算圆的面积函数，也可以包含计算体积的函数，让其返回0即可，表示圆的体积为0。定义好圆类后，再把球类、圆柱类和圆锥类定义为圆的派生类。在这些类中同样包含有新定义的构造函数、求表面积的函数和求体积的函数。另外在圆柱和圆锥类中应分别新定义一个表示其高度的数据成员。此题的完整程序如下：

```
#include<iostream.h>
#include<math.h>
const double PI=3.1415926;                        //定义圆周率常量
class Circle {                                    //圆类
 protected:
   double r;                                      //半径
 public:
   Circle(double radius=0): r(radius) {}          //构造函数
   double Area() {                                //计算圆的面积
       return PI*r*r;
   }
   double Volume() {                              //计算圆的体积
       return 0;
   }
};

class Sphere: public Circle {                     //球体类
```

```
  public:
    Sphere(double radius=0): Circle(radius) {}      //构造函数
    double Area() {                                 //计算球的表面积
       return 4*PI*r*r;  //返回表达式可以用 4*Circle::Area()来代替
    }
    double Volume() {                               //计算球的体积
       return 4*PI*pow(r,3)/3;  //pow(r,3)求出 r 的立方值
    }
};

class Cylinder: public Circle {                  //圆柱体类
    double h;                                    //高度
  public:
    Cylinder(double radius=0, double height=0): Circle(radius) {
       h=height;                                 //构造函数
    }
    double Area() {                              //计算圆柱体的表面积
       return 2*PI*r*(r+h);
    }
    double Volume() {     //计算圆柱体的体积
       return PI*r*r*h;  //返回表达式可以用 Circle::Area()*h 来代替
    }
};

class Cone: public Circle {                      //圆锥体类
    double h;                                    //高度
  public:
    Cone(double radius=0, double height=0): Circle(radius) {
       h=height;                                 //构造函数
    }
    double Area() {                              //计算圆锥体的表面积
       double l=sqrt(h*h+r*r);  //sqrt 函数求出参数值的平方根
       return PI*r*(r+l);
    }
    double Volume() {                            //计算圆锥体的体积
       return PI*r*r*h/3;
    }
};

void main()
{
    Circle r1(2);
    Sphere r2(2);
    Cylinder r3(2,3);
    Cone r4(2,3);
```

```
    cout<<"Circle:   \t"<<r1.Area()<<' '<<r1.Volume()<<endl;
    cout<<"Sphere:   \t"<<r2.Area()<<' '<<r2.Volume()<<endl;
    cout<<"Cylinder:\t"<<r3.Area()<<' '<<r3.Volume()<<endl;
    cout<<"Cone:     \t"<<r4.Area()<<' '<<r4.Volume()<<endl;
}
```

此程序运行结果如下：

```
Circle:      12.5664 0
Sphere:      50.2655 33.5103
Cylinder:    62.8319 37.6991
Cone:        35.2207 12.5664
```

例 10-1-7 假定居民的基本数据包括身份证号、姓名、性别和出生日期。而居民中的成年人又多两项数据：最高学历和职业；成人中的党员又多一项数据：党派类别。现要求建立 3 个类，让成人类继承居民类，而党员类又继承成人类，并要求在每个类中都提供有数据输入和输出的功能。

按题目要求定义的 3 个类如下，仅供读者参考。

```
class People {              //居民类
    char num[19];           //身份证号
    char name[11];          //姓名
    int sex;                //性别
    char birth[11];         //出生日期
  public:
    void Input() {          //居民类输入函数,用 1 和 0 分别表示男和女
        cout<<"Input People data: "<<endl;
        cin>>num>>name>>sex>>birth;
    } //出生日期采用"yyyy/mm/dd"的格式输入
    void Output() {         //居民类输出函数
        cout<<num<<' '<<name<<' ';
        cout<<sex<<' '<<birth<<endl;
    }
};

class Adult: public People {  //成人类
    char sch[11];           //最高学历
    char prof[11];          //从事职业
  public:
    void Input() {          //成人类输入函数
        People::Input();
        cout<<"Input sch & prof data:"<<endl;
        cin>>sch>>prof;
    }
    void Output() {         //成人类输出函数
        People::Output();
```

```
        cout<<sch<<' '<<prof<<endl;
    }
  };

  class Party: public Adult {          //党员类
      char parties[15];                //党派类别
    public:
      void Input() {                   //党员类输入函数
          Adult::Input();
          cout<<"Input parties data: "<<endl;
          cin>>parties;
      }
      void Output() {                  //党员类输出函数
          Adult::Output();
          cout<<parties<<endl;
      }
  };
```

10.2 类的虚函数与多态性

1. 派生类的兼容性

对于用户定义的每一个类型，C++只允许同一类型对象之间的赋值，不允许不同类型对象之间的赋值，若非要赋值不可，则必须经过强制类型转换。当然，不同用户类型之间的赋值通常也是没有意义的。但对于基类及其派生类来说，情况有所不同，由于派生类对象的首地址与所含的基类部分的首地址相同，并且包含有基类的所有成员，因此可以把派生类看作为基类的兼容类。

在C++系统中，允许把派生类对象的地址传递或赋值给基类指针对象，通过这个指针可以访问派生类中的属于基类的成员；也允许把派生类对象传递或赋值给基类的直接或引用对象，接着可以访问这个基类对象，该对象保存着派生类对象中属于基类部分的值。例如在第10.1节例10-1-7中，假定a1、a2和a3分别是People、Adult和Party类的对象，p1、p2和p3分别是这三个类的指针对象，s1为基类People的引用对象，则a2和a3均可以向a1赋值，即把它们包含的People对象赋给a1中，a3也可以向a2赋值，即把a3中包含的Adult对象赋给a2中；a1、a2和a3的地址，以及p2和p3的值均可以赋给p1，通过p1可以访问所指的People类对象或派生类对象中的People对象，同样可以用a1、a2和a3初始化引用s1，使s1为一个People类对象。

2. 类系列中的相同函数

在一个含有基类和派生类的类系列中，往往各个类中的相应的成员函数相同，即具有相同的函数名、返回值类型和参数表，即函数头相同，但函数体可以不同，用每个函数实现与相应类有关的相似功能，称此为类系统中的相同函数。如在第10.1节例10-1-6中，共有 4 个类，其中圆为基类，球、圆柱和圆锥均为圆的派生类，它们的求表面积和体积的函数都相同，其函数名均为 Area 和 Valume，返回值类型为 double，参数表为空，它们分别用于实现与各自类有关的同一功能。在第 10.1 节例 10-1-7 中，共有 3 个类，其中 People 为基类，Adult 为直接派生类，Party 为 People 的间接派生类，Adult 的直接派生类，这 3 个类的输入函数和输出函数都对应相同，用以实现与各自类有关的同一功能。

3．类系列中的虚函数和多态性

当一个派生类对象的地址赋给一个基类指针后，基类指针只能访问所属类的成员函数，不能访问到该派生类对象中与基类成员函数相同的成员函数。如对于例 10-1-6 中，将球类对象的地址赋给圆类指针对象后，利用该指针对象只能访问圆类中求表面积和体积的成员函数，不能访问到球类中求表面积和体积的成员函数。

但在实际应用中，经常要求当把一个基类或派生类对象的地址赋给一个基类指针后，利用这个指针能够访问到该基类或派生类中的与基类成员函数相同的成员函数。如对于第 10.1 节的例 10-1-6，要求当把一个圆类、球类、圆柱类或圆锥类对象的地址赋给一个圆类指针对象后，能够访问到相应类对象中的求表面积和体积的成员函数，求出相应类对象的表面积和体积。若能实现这一要求将可以使用统一的调用接口执行类系列中的相同函数，减少在软件开发中重复代码的编写，提高软件开发效率和可靠性。C++语言提供了实现这一要求的手段，就是把基类和派生类中的相同函数都同时定义为虚函数。

所谓**虚函数**，就是在一个成员函数的函数类型标识符前加上代表虚函数的关键字 virtual 即可。C++语言还规定：当把基类中的一个函数定义为虚函数后，其直接派生和间接派生类中的相同函数不管是否带有 virtual 关键字，则均被认为是同一系列的虚函数。如对于第 10.1 节例 10-1-6，若把圆类的求表面积的函数定义为虚函数后，则其他 3 个派生类中的求表面积函数也自动成为该系列的虚函数，该系列共含有 4 个虚函数。

当基类和派生类中的相同函数（但语义通常是不同的）定义为一个系列的虚函数后，通过基类指针可以调用任一类中的虚函数执行，具体调用哪一个类中定义的虚函数则取决于程序运行时赋给基类指针的对象类型而定。如要计算圆、球、圆柱和圆锥类对象中任一个表面积时，只要将它们求各自表面积的函数定义为虚函数后，把相应类对象的地址赋给圆类指针对象（假定为 p），则通过 p–>Area()的调用形式，就能够自动找到相应类中的虚函数执行，求出相应类对象的面积。这种通过调用基类的虚函数实际上能够调用一组虚函数中任一个虚函数执行的技术称为**多态性**。

多态性除了通过虚函数和指针实现外，还可以通过虚函数和引用实现。当用一个派生类对象初始化一个基类引用对象后，使用该引用对象调用在基类中规定为虚函数的成员函数时，也将能够通过动态定位（即在运行期间时的定位，重载函数的应用称为静态定位，即在编译阶段根据函数调用表达式确定调用哪一个重载函数）调用初始化对象中的虚函数执行。初始化一个基类引用对象可以在定义引用对象时进行，也可以通过参数传递实现，当把一个实参传递给相应的引用对象时，就是用实参初始化该引用。

根据类的继承而定义的一组类中，除了构造函数不能定义为虚函数外，其他任一组相同的成员函数均可以定义为同一系列的虚函数。特别地，也可以把析构函数定义为虚函数，虽然它们的函数名是各不相同的，即为各自的类名，但系统也认为它们是相同的成员函数。

另外，要实现类的多态性，还必须把所有派生类对基类的继承定义为公用继承，把每个类中的虚函数定义为具有公用访问权限的成员函数。

4．使用虚函数程序举例

下面通过例子来说明虚函数和多态性的含义。

一个包含有虚函数的一组类的程序如下：

```
#include<iostream.h>
class X1 {                          //基类 X1
   int x;
  public:
    X1(int xx=0) {x=xx;}            //构造函数
    virtual void Output() {         //虚函数,输出数据成员的值
        cout<<"x="<<x<<endl;
    }
};
class Y1: public X1 {               //x1 的派生类 Y1
    int y;
  public:
    Y1(int xx=0, int yy=0): X1(xx) {y=yy;}        //构造函数
    virtual void Output() {         //虚函数,输出数据成员的值
        X1::Output();
        cout<<"y="<<y<<endl;
    }
};
class Z1: public X1 {               //x1 的派生类 Z1
    int z;
  public:
    Z1(int xx=0, int zz=0): X1(xx) {z=zz;}        //构造函数
    virtual void Output() {         //虚函数,输出数据成员的值
        X1::Output();
        cout<<"z="<<z<<endl;
    }
};
void main()                         //主函数
{
    X1 a(5); Y1 b(6,7); Z1 c(8,9);
    X1* p[3]={&a, &b, &c};
    for(int i=0; i<3; i++) {
        p[i]->Output(); cout<<endl;
    }
}
```

在基类 X1 中，Output()函数被定义为虚函数，基类 X1 的公用继承类 Y1 和 Z1 中也都定义有 Output()函数，所以根据规定，不管它们是否被定义为虚函数，也都将自动成为该

系列的虚函数。

在主函数中定义有 3 个类对象 a、b 和 c，它们分别属于 X1、Y1 和 Z1 类，并且它们都带有初始化数据，通过调用相应的构造函数可使其初始化。接着定义有一个基类 X1 指针数组 p[3]，它包含有 3 个元素，并且分别被初始化为对象 a、b 和 c 的地址。这样 p[0]、p[1]和 p[2]就分别指向了基类 X1 的对象 a，派生类 Y1 的对象 b 和派生类 Z1 的对象 c，也可以说是指向了各自对象中属于基类的那个部分，因为基类的数据成员处于整个派生类对象的开始。主函数最后是一个循环，每次调用 p[i]指针所属基类中的 Output()成员函数，但由于它在基类中被定义为一个虚函数，所以实际被调用执行的是 p[i]指针所指对象（即最近被赋予地址值的那个对象或最近被赋予指针值的那个指针所指的对象）的类中定义的虚函数，它并不一定是基类中的虚函数。

该程序的运行结果如下：

```
x=5

x=6
y=7

x=8
z=9
```

若不把一组 Output()函数定义为虚函数（只要不把基类 X1 中的 Output()函数定义为虚函数即可），则程序运行中每次执行 p[i]->Output()语句时就不能进行动态定位，每次调用的必定是基类中的该成员函数的代码。取消虚函数定义后的程序运行结果如下：

```
x=5

x=6

x=8
```

5. 抽象类和纯虚函数

有时候需要定义的基类纯粹是为定义派生类服务的，而不会被用来定义对象。如对于第 10.1 节例 10-1-6，需要计算的是球、圆柱和圆锥体的表面积和体积，为此定义的基类为圆。为了使它们计算表面积和体积的函数均为虚函数，必须在圆类中也定义有相应的虚函数，但计算圆的表面积和体积没有实际意义，所以不需要用圆类来定义对象。

在实际应用中，当不需要用基类来定义对象（但可以用来定义指针和引用）时，应把该基类定义为**抽象类**。定义一个类为抽象类的方法是把它的一些或全部虚函数定义为**纯虚函数**。纯虚函数必须是一个虚函数，它是一个只需进行虚函数声明，不需定义函数体的虚函数，并且在声明语句最后的分号前面加上赋值号与数值 0 做标记。例如，若将圆类定义中的求表面积和体积的函数均定义为纯虚函数，则如下所示：

```
class Circle {                        //抽象基类
  protected:
```

```
    double r;              //半径
  public:
    Circle(double radius=0): r(radius) {}
    virtual double Area()=0;      //定义求物体表面积的纯虚函数
    virtual double Volume()=0;    //定义求物体体积的纯虚函数
};
```

此时的圆类被称为抽象类，它只能作为其他类的基类使用。

当把第 10.1 节例 10-1-6 中的圆类修改为上述抽象类，并把主函数做如下修改：

```
void main()
{
    Sphere r1(2);
    Cylinder r2(2,3);
    Cone r3(2,3);
    Circle* a[3]={&r1,&r2,&r3};     //定义基类指针数组并初始化
    Output(a,3);
    Circle& x=r2;                   //定义基类引用对象并初始化
    cout<<x.Area()<<"\t\t"<<x.Volume()<<endl;
}
```

其中 Output 函数定义如下：

```
void Output(Circle* b[], int n)      //以类指针作为数组的元素类型示例
{
    for(int i=0; i<n; i++)
        cout<<b[i]->Area()<<"\t\t"<<b[i]->Volume()<<endl;
}
```

则得到的程序运行结果如下：

```
50.2655         33.5103
62.8319         37.6991
35.2207         12.5664
62.8319         37.6991
```

10.3　类的静态成员

在一个类的定义中，若在成员定义的前面加上 static 关键字，则就声明了该成员为静态成员。静态成员可以是静态数据成员，也可以是静态函数成员。

10.3.1　静态数据成员

静态数据成员在生成的每个类对象中并不占有存储空间，而只是在每个类中分配有存储空间，并且该类的所有对象和外部函数都可以直接地访问这个存储空间。当然静态数据

成员也有访问属性，同非静态成员一样，类中的成员函数能够直接访问具有任何访问属性的静态成员，但外部函数只能直接访问具有公用属性的静态成员，派生类中的成员函数能够直接访问所含基类中具有公共和保护属性的静态成员。

由于静态数据成员所占有的存储空间只与一个类有关，而与具体对象无关，所以既可以像使用成员运算符访问非静态成员那样访问静态成员，也可以在静态成员名前加上类名和类区分符来访问一个类中的静态成员。如 X 表示一个类，a 为该类中一个具有公用访问属性的静态数据成员，x 为 X 类的一个对象，y 为 X 类的一个指针对象，则 x.a、X∷a 和 y->a 都表示访问 X 类中的静态数据成员 a。

当在一个类中声明一个静态数据成员后，不管它具有任何访问属性都需要在类外定义并进行初始化，这样系统才能够为该静态成员分配对应的存储空间，并把初值赋给这个存储空间中，若没有对其进行初始化，则自动被赋予初值 0。

由于一个静态数据成员在一个类中是共用的，所以通过该类名和该类的任何对象名都可以访问它，并且它的值一直被保留下来，直到下一次被改变为止。但对于非静态的数据成员，它属于每个对象所有，它的值只与它所属的对象有关，而于其他任何对象无关。

例 10-3-1 使用静态数据成员举例之一。

```
#include<iostream.h>
class XX {
    int a;
  public:
    static int b;                    //声明 b 为公用属性的静态数据成员
    XX(int aa=0) {                   //构造函数
        a=aa; b++;
    }
    int geta() {return a;}           //返回私有数据成员 a 的值
};

int XX::b=0;  //对 XX 类中的静态数据成员 b 进行类外定义和初始化

void main()
{
    cout<<"XX::b="<<XX::b<<endl;
    XX x(10), y(20);
    cout<<"x.a, x.b=";
    cout<<x.geta()<<", "<<x.b<<endl;      //x.b 也可用 XX::b 代替
    cout<<"y.a, y.b=";
    cout<<y.geta()<<", "<<y.b<<endl;      //y.b 也可用 XX::b 代替
    XX z;
    cout<<"z.a, z.b=";
    cout<<z.geta()<<", "<<z.b<<endl;      //z.b 也可用 XX::b 代替
    XX::b+=5; x.b++;
    cout<<"XX::b="<<XX::b<<endl;          //XX::b 可用 x.b 或 y.b 或 z.b 代替
}
```

该程序的运行结果如下，

```
XX::b=0
x.a, x.b=10, 2
y.a, y.b=20, 2
z.a, z.b=0, 3
XX::b=9
```

例 10-3-2　使用静态数据成员举例之二。

```
#include<iostream.h>
class YY {
    int a;
    static int b;                    //声明b为具有私有属性的静态数据成员
  public:
    YY(int aa=0) {a=aa;}             //构造函数
    int geta() {return a;}           //返回私有普通数据成员a的值
    int getb() {return b;}           //返回私有静态数据成员b的值
    void seta(int aa) {a=aa;}        //重新设置私有普通数据成员a的值
    void setb(int bb) {b=bb;}        //重新设置私有静态数据成员b的值
};

int YY::b=0;  //对YY静态私有数据成员b进行类外定义和初始化

int ff() {
    YY x;  //每次调用时,x.a的值为0,x.b的值为整个YY类中所保存的值
    x.seta(x.geta()+1);              //使x的数据成员a的值增1
    x.setb(x.getb()+1);              //使x的数据成员b的值增1
    return x.geta()+x.getb();        //返回x的数据成员a和b之和
}

void main()
{
    YY* pa=new YY(10);
    YY* pb=new YY(20);
    cout<<"pa->a, pa->b="<<pa->geta()<<','<<pa->getb()<<endl;
    cout<<"pb->a, pb->b="<<pb->geta()<<','<<pb->getb()<<endl;
    pa->setb(5);
    pb->seta(30); pb->setb(15);
    cout<<"pa->a, pa->b="<<pa->geta()<<','<<pa->getb()<<endl;
    cout<<"pb->a, pb->b="<<pb->geta()<<','<<pb->getb()<<endl;
    for( int i=0; i<3; i++) cout<<ff()<<' ';
    cout<<endl;
}
```

该程序运行结果如下：

```
pa->a, pa->b=10,0
pb->a, pb->b=20,0
pa->a, pa->b=10,15
pb->a, pb->b=30,15
17 18 19
```

类中的静态数据成员通常用来记录利用该类创建对象的个数等信息。

10.3.2 静态函数成员

在一个类的函数成员的前面若加上 static 关键字则被称为静态函数成员或静态成员函数。在一个静态成员函数中只能够访问静态数据成员或调用静态成员函数，不能够访问非静态数据成员或调用非静态成员函数。但该类的非静态成员函数可以调用静态成员函数，其他任何函数都可以调用类中的具有公用属性的静态成员函数。

若一个静态成员函数采用类外定义，则函数头前面不应加上 static 关键字。

同静态数据成员一样，一个静态成员函数也只属于一个类，而不属于一个对象。另外，可以根据需要把一个静态成员函数规定为任何访问属性。

由于一个静态成员函数只与一个类有关，而与具体对象无关，所以既可以像使用成员运算符调用非静态成员函数那样调用静态成员函数，也可以在静态成员函数名前加上类名和类区分符来调用一个类中的公用静态成员函数。如 X 表示一个类，ff()为该类中一个具有公用访问属性的静态成员函数，x 为 X 类的一个对象，yp 为 X 类的一个指针对象，则 x.ff()、X∷ff()和 yp->ff()都表示调用 X 类中的静态成员函数 ff()。

例 10-3-3 使用静态成员函数举例。

```
#include<iostream.h>
class DD {
    int a,b;
    static int c;                                          //静态数据成员声明
  public:
    DD(int aa=0, int bb=0): a(aa), b(bb){c++;}  //构造函数
    int Sum() {return a+b;}                                //返回 a+b 之和
    static int ff();                                       //静态成员函数声明
};
int DD::c=2;                                               //静态数据成员的定义和初始化
int DD::ff() {c*=3; return c;}                             //静态成员函数的类外定义
int ff(DD& a) {return a.Sum()+a.ff();}                     //普通函数定义

void main()
{
    DD x(5),y(3,4);
    cout<<x.Sum()<<' '<<x.ff()<<' ';
    cout<<ff(x)<<endl;
    cout<<y.Sum()<<' '<<DD::ff()<<' ';
```

```
    cout<<ff(y)<<endl;
}
```

该程序运行结果为：

```
5 12 41
7 108 331
```

10.4　模板类

同模板函数是带类型参数的函数一样，**模板类**也是带类型参数的类，同样模板结构也是带类型参数的结构。由于模板类和模板结构的定义和使用方法相同，所以仅以模板类讨论之。

在一个类定义的前面加上 template 选项，在类定义中使用该选项中提供的类型参数，就实现了一个模板类的定义。template 选项以关键字 template 开始，后跟一对尖括号，尖括号内为类型参数表，类型参数表中给出一个或多个类型参数，当多于一个时，各类型参数之间要用逗号分开，每个类型参数为一个用户定义的标识符，用它作为一种形式类型，可以在类定义体内作为一种已定义的类型使用，另外每个类型参数还必须以保留字 class 或 typename 为前导。

下面通过例子说明模板类的定义和使用。

例 10-4-1　下面是定义的一个模板类。

```
template<class Type>                    //Type 为类型参数
class TwoNum {                          //由两个 Type 类型的数据成员构成的模板类
    Type a;
    Type b;
  public:
    TwoNum() {};                        //无参构造函数
    TwoNum(Type aa, Type bb): a(aa), b(bb) {}  //带参构造函数
    int Compare() {                     //比较 a 和 b 的大小
        if(a>b) return 1;
        else if(a==b) return 0;
        else return -1;
    }
    Type Maximum() {                    //返回 a 和 b 中的最大值
        return (a>b)? a:b;
    }
    Type Minimum() {                    //返回 a 和 b 中的最小值
        return (a>b)? b:a;
    }
    Type geta() {return a;}             //返回 a 的值
    Type getb() {return b;}             //返回 b 的值
};
```

这个模板类定义有一个类型参数 Type，它的作用域为所在的类，在类定义体中使用它就如同使用其他已定义的类型一样。该类中定义的两个数据成员都是 Type 类型的，定义的带参构造函数的参数也是 Type 类型的，另外还有四个函数的返回值是 Type 类型的。

当模板类中的成员函数在类外定义时，则它必须定义为一个模板函数的形式，即在函数定义的前面要带有 template 选项，且在类区分符前面使用的类名要后跟一对尖括号，尖括号内给出类型参数，但此时的每个类型参数前不能带有 class 关键字。

例如，若把 TwoNum 类中的带参构造函数写成类外定义时，则为：

```
template<class Type>
TwoNum<Type>::TwoNum(Type aa, Type bb): a(aa), b(bb) {}
```

若把 TwoNum 类中的 Compare 函数写成类外定义时，则为：

```
template<class Type>
int TwoNum<Type>::Compare() {
    if(a>b) return 1;
    else if(a==b) return 0;
    else return -1;
}
```

使用模板类定义对象时，类名标识符后要带有一对尖括号，尖括号内为类型实参表，实参个数要与模板类定义中类型参数表给出的参数个数相同，当然，类型实参表所给出的实参必须是已定义的类型。当程序编译中遇到使用有模板类时，系统将根据类型实参表中所给的类型去替换模板类定义中的相应形式类型参数，从而生成一个真实的类，称它为模板类的一个实例。使用模板类的类名后跟用一对尖括号括起来的类型实参表就是将模板类实例化的过程，模板类只有被实例化后才能定义对象。如：

```
TwoNum<int> a(5,6);
```

执行此语句时，首先根据 TwoNum 模板类生成一个 Type 被替换为 int 的类，然后定义这个类的一个对象 a，并利用所给的实参对其进行初始化，使数据成员 a 和 b 的值分别为整数 5 和 6。

在下面的主函数中使用了上面定义的 TwoNum 类。

```
#include<iostream.h>
#include<stdlib.h>
#include"Franction.h"               //包含有分数类定义的头文件,如第九章例 9-5-1
template<class Type> class TwoNum { }; //类定义体在此省略
void main()
{
    TwoNum<int> x(4,8);
    cout<<x.Compare()<<' '<<x.Maximum()<<' '<<x.Minimum()<<endl;
    char ch='x';
    TwoNum<char> y(ch,'x');
    cout<<y.Compare()<<' '<<y.Maximum()<<' '<<y.Minimum()<<endl;
```

```
    Franction f1(5,4),f2(4,5);
    TwoNum<Franction> a(f1,f2);
    cout<<a.Compare()<<' '<<a.Maximum()<<' '<<a.Minimum()<<endl;
}
```

主函数中的第 1 条语句对模板类进行整型实例化并定义对象 x，第 4 条语句对模板类进行字符类型实例化并定义对象 y，第 6 条语句定义两个分数类类型的对象 f1 和 f2，第 7 条语句对模板类进行分数类类型实例化并定义对象 a。该程序运行结果如下：

```
-1 8 4
0 x x
1 5/4
  4/5
```

本章小结

1．封装、继承和多态是类的本质特性。封装性是指它可以定义自己的私有或保护成员，让外界无法直接访问，与外界传递消息只能通过具有接口功能的成员函数来实现，这样能够把自己的特性有效地隐藏和保护起来。继承性是指一个类可以继承另一个类的全部特征，或者说可以把另一个类变为自己的一部分，这样能够使相关的类具有包含性和层次性，提高代码的复用性、扩充性和可靠性。多态性是指通过统一的调用基类成员函数的接口能够在程序运行时调用执行相应派生类中提供的成员函数，这样使得带有基类和派生类的整个类系列具有统一的对外交换消息的接口，即可以把整个类系列当作一个类来看待，增强了类的灵活性、适应性和抽象性，降低了应用软件开发的难度，提高了开发效率。如在 VC++ 6.0 系统中提供有输入输出类系列，用标准 I/O 流类对象或文件 I/O 流类对象去调用相应基类的成员函数将自动得到相应类所提供的、具有各自特色的服务，这就是多态性的表现。

2．类的继承只能够使基类的公用成员和保护成员成为自己的公用、保护或私有成员，视继承权限而定，而不能够使基类的私有成员成为自己的直接可访问的成员，这正是类的封装性的表现。为了区别不同类中的相同成员，在使用基类的成员时必须使用类名和类区分符加以限定。

3．在派生类的构造函数定义中，对基类成员的初始化和对类对象数据成员的初始化，都必须在函数头与函数体之间的初始化表中实现，对本身的非类对象数据成员的初始化可以在初始化表中实现，也可以在函数体中实现。

4．当执行一个类的构造函数时，若该类存在着基类，则首先调用执行每个基类的构造函数，实现对基类部分的初始化，接着若该类有类对象数据成员，则调用执行相应类的构造函数，实现对类对象数据成员的初始化，最后执行函数体或相应的初始化项，实现对该类中定义的非类对象数据成员的初始化。

5．当执行一个类的析构函数时，在执行结束之前，若该类包含有类对象数据成员，则自动调用所属类的析构函数；若该类包含有基类，则自动调用基类的析构函数。由此可知，调用执行相应析构函数的次序正好与执行构造函数的次序相反。

6．一个类可以成为另一个类的基类，而另一个类就成为该基类的派生类，派生类原封不动地继承了每个基类中的所有成员，同时还能够为自己定义出新成员，无论派生类对基类采用哪一种继承方式，它都不能直接访问基类中的私有成员。对基类的继承较多采用公用继承方式。

7．如果把基类称为上面类，派生类称为下面类，则类型的赋值是向上兼容的，而向下是不兼容的。派生类对象向基类对象的赋值是把派生类对象中所含的基类部分的内容赋给基类对象。

8．定义虚函数是为多态性服务的，含有纯虚函数的类称为抽象类或抽象基类。抽象类不能直接用来定义对象，但可以直接用来定义指针和引用。多态性的实现需要在程序运行时对调用的虚函数进行动态定位，或称动态绑定和后期绑定，它需要根据赋给基类指针或引用对象的不同类型来动态确定所要调用执行的相应类中的虚函数。我们把在程序编译阶段就能够根据函数调用表达式唯一确定被调用的函数称为静态定位，或称静态绑定和前期绑定。一般的函数调用、重载函数的调用和运算符函数的调用，总之对所有非虚函数的调用都属于静态定位。这与对变量存储空间的静态和动态分配的概念类似。

9．类的数据成员可以是一般的，也可以是静态的，静态数据成员不占用每个对象中的存储空间，是类的所有对象所共用的，它在程序的执行过程中始终存在，即它的作用域为所属的类，生存期为整个程序执行过程，它同函数中定义的带有静态存储属性的变量具有相同的特性。类的成员函数也可以是静态的，它只能访问静态数据成员和调用静态成员函数，不能访问或调用非静态成员。

10．带数据类型参数的类称为模板类。在根据模板类定义对象的语句中，要给出实际的数据类型，使模板类实例化为一个具有确定数据类型的类，即生成一个实例类，然后再生成所定义的对象并初始化。模板类具有通用性，能够为处理不同类型的数据提供统一的类定义。

习题十

10.1 写出程序运行结果并上机验证。

1.
```
#include<iostream.h>
class A {
    int a;
  public:
    A(int aa=0): a(aa) {
        cout<<"Constructor A!"<<a<<endl;
    }
};
class B: public A {
    int b;
  public:
    B(int aa, int bb): A(aa), b(bb) {
```

```
        cout<<"Constructor B!"<<b<<endl;
    }
};
void main() {
    B x(2,3), y(4,5);
}
```

2.
```
#include<iostream.h>
class A {
    int a;
  public:
    A(int aa=0) {a=aa;}
    ~A() {cout<<"Destructor A!"<<a<<endl;}
};
class B: public A {
    int b;
  public:
    B(int aa=0, int bb=0): A(aa) {b=bb;}
    ~B() {cout<<"Destructor B!"<<b<<endl;}
};
void main() {
    B x(5), y(6,7);
}
```

3.
```
#include<iostream.h>
class AX {
    int x;
  public:
    AX(int xx=0): x(xx) {
        cout<<"AX constructor."<<endl;
    }
    ~AX() {
        cout<<"AX destructor."<<endl;
    }
    void Output() { cout<<x<<' ';}
    int Get() {return x;}
};

class BX: public AX {
    int y;
    AX z;
  public:
    BX(int xx=0, int yy=0): AX(xx), y(yy),z(xx+yy) {
        cout<<"BX constructor."<<endl;
    }
```

```
    ~BX(){ cout<<"BX destructor."<<endl;}
    void Output() {
        AX::Output(); cout<<Get()<<' ';
        cout<<y<<' '<<z.Get()<<endl;
    }
};

void main()
{
    BX a(5), b(10,20);
    a.Output();
    b.Output();
}
```

4.
```
#include<iostream.h>
template<class TT>
class AA {
    TT a;
    static int b;
  public:
    AA(TT aa=0) {a=aa; b++;}
    void Output();
};
template<class TT>
void AA<TT>::Output() {cout<<a<<' '<<b<<endl;}

template<class TT>
int AA<TT>::b=0;

void main()
{
    AA<int> a(5),b(10);
    a.Output();
    b.Output();
    AA<char> c('G');
    c.Output();
    AA<int> d(5);
    d.Output();
}
```

5.
```
#include<iostream.h>
class AY {
  protected:
    int a,b;
  public:
```

```
    AY(int aa=0, int bb=0) {
        a=aa; b=bb;
    }
    virtual void Compute() {
        cout<<a<<'+'<<b<<'='<<a+b<<endl;
    }
};

class BY: public AY {
  public:
    BY(int aa=0, int bb=0): AY(aa,bb) {}
    void Compute() {
        cout<<a<<'-'<<b<<'='<<a-b<<endl;
    }
};

class CY: public BY {
  public:
    CY(int aa=0, int bb=0): BY(aa,bb) {}
    void Compute() {
        cout<<a<<'*'<<b<<'='<<a*b<<endl;
    }
};

class DY: public AY {
  public:
    DY(int da=0, int db=0): AY(da,db) {}
    void Compute() {
        if(b!=0) cout<<a<<'/'<<b<<'='<<a/b<<endl;
        else cout<<"divisor is zero!"<<endl;
    }
};

void main()
{
    int n=10, m=5;
    AY ay(n,m); BY by(n,m);
    CY cy(n,m); DY dy(n,m);
    AY* a[4]={&ay,&by,&cy,&dy};
    for(int i=0; i<4; i++)
        a[i]->Compute();
    AY &ax=cy; ax.Compute();
    AY aa=cy; aa.Compute();
}
```

6.
```
#include<iostream.h>
#include<string.h>
#include<stdlib.h>

const int MaxSize=20;

struct AA {
   char a[10];
   double b;
   bool operator>(AA& x) {return (b>x.b)? true:false;}
   bool operator<(AA& x) {return (b<x.b)? true:false;}
   AA& operator+=(AA& x) {b+=x.b; return *this;}
   AA operator/(int n) {
      AA x;
      strcpy(x.a," "); x.b=b/n;
      return x;
   }
};

ostream& operator<<(ostream& ostr, AA& x) {
   ostr<<x.a<<' '<<x.b;
   return ostr;
}

template<class DataType>
class List {
   DataType list[MaxSize];
   int n;
  public:
   List() {n=0;}
   List(DataType a[], int);
   void OutMax();
   void OutMin();
   void OutMean();
};

template<class DataType>
List<DataType>::List(DataType a[], int nn) {
   if(nn<=0 || n>MaxSize) {
      cerr<<"the valume of n not correct!"<<endl;
      exit(1);
   }
   n=nn;
   for(int i=0; i<n; i++) list[i]=a[i];
}
```

```
template<class DataType>
void List<DataType>::OutMax() {
   int k=0;
   for(int i=1; i<n; i++)
      if(list[i]>list[k]) k=i;
   cout<<"Maximum: "<<list[k]<<endl;
}

template<class DataType>
void List<DataType>::OutMin() {
   int k=0;
   for(int i=1; i<n; i++)
      if(list[i]<list[k]) k=i;
   cout<<"Minimum: "<<list[k]<<endl;
}

template<class DataType>
void List<DataType>::OutMean() {
   DataType s=list[0];
   for(int i=1; i<n; i++)
      s+=list[i];
   cout<<"Mean: "<<s/n<<endl;
}

void main()
{
   int a1[6]={4,7,6,2,5,9};
   AA a2[4]={{"xxk", 46},{"wr",44},{"nch",39},{"shyf",48}};
   List<int> b1(a1,6);
   b1.OutMax(); b1.OutMin(); b1.OutMean();
   List<AA> b2(a2,4);
   b2.OutMax(); b2.OutMin(); b2.OutMean();
}
```

第十一章　C++流

本章主要介绍标准 I/O 流、文件 I/O 流和字符串 I/O 流的概念和使用方法。重点是文件 I/O 流的使用。C++数据文件包括字符文件和二进制文件两种类型，每种文件都有多种不同的访问方式。通过本章内容的学习，能够使读者根据实际数据处理的需要建立和使用相应的数据文件，利用文件永久地保存各种原始数据及其处理结果，以便重新使用。

11.1　C++流的概念

1．C++输入输出流类库

在 C++语言中，数据的输入和输出（简写为 I/O）包括对标准输入设备键盘和标准输出设备显示器、对在外存磁盘上的文件和对内存中指定的字符串存储空间（当然可用该空间存储任何信息）进行输入输出这三个方面。对标准输入设备和标准输出设备的输入输出简称为标准 I/O，对在外存磁盘上文件的输入输出简称为文件 I/O，对内存中指定的字符串存储空间的输入输出简称为串 I/O。

C++语言系统为实现数据的输入和输出定义了一个庞大的 I/O 类库（流类库），它包括的类主要有 ios、istream、ostream、iostream、ifstream、ofstream、fstream、istrstream、ostrstream、strstream 等，其中 ios 为根基类，其余都是它的直接或间接派生类。I/O 类库中包含的所有类以及继承关系如图 11-1 所示，其中箭头所指向的类继承了箭头尾部的类。

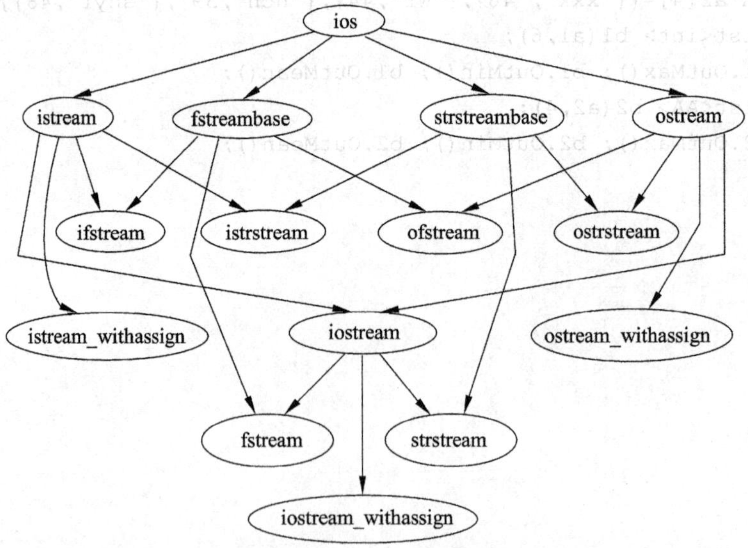

图 11-1　C++所有 I/O 类的继承关系图

从图中可以清楚地看出，根基类 ios 直接派生 4 个类：输入流类 istream、输出流类 ostream、文件流基类 fstreambase 和字符串流基类 strstreambase，输入文件流类 ifstream 同时继承了输入流类和文件流基类（当然间接继承了根基类 ios），输出文件流类 ofstream 同时继承了输出流类和文件流基类，输入字符串流类 istrstream 同时继承了输入流类和字符串流基类，输出字符串流类 ostrstream 同时继承了输出流类和字符串流基类，输入输出流类 iostream 同时继承了输入流类和输出流类，输入输出文件流类 fstream 同时继承了输入输出流类和文件流基类，输入输出字符串流类 strstream 同时继承了输入输出流类和字符串流基类。

"流"就是"流动"，是物质从一处向另一处流动的过程。C++流是指信息从外部输入设备（如键盘和磁盘）向计算机内部（即内存）输入的过程，以及从内存向外部输出设备（如显示器和磁盘）输出的过程，这种输入输出过程被形象地比喻为"流"。为了实现信息的内外流动，C++系统定义了 I/O 类库，其中的每一个类都称做相应的流或流类，用以支持某一种信息流动的功能。根据一个流类定义的对象也时常被称为流。如根据文件流类 fstream 定义的一个对象 fio，可称做 fio 流或 fio 文件流，用它可以同磁盘上一个文件相联系，实现对该文件的输入和输出，fio 就等同于与之相联系的文件。

在 C++系统的 I/O 类库中，所有类主要被包含在 iostream.h、fstream.h 和 strstrea.h 这三个系统头文件中，它们对应的不带扩展名 h 的头文件分别为 iostream、fstream 和 strstrea，各头文件包含的类如下：

iostream.h 包含有：ios、iostream、istream、ostream、istream_withassign、ostream_withassign、iostream_withassign 等。

fstream.h 包含有：fstream、ifstream、ofstream、fstreambase 等。

strstrea.h 包含有：strstream、istrstream、ostrstream、strstreambase 等。

在一个程序文件中当需要进行标准 I/O 操作时，则必须包含头文件 iostream.h，若带有输出格式控制则还必须包含头文件 iomanip.h；当需要进行文件 I/O 操作时，则必须包含头文件 fstream.h；同样，当需要进行串 I/O 操作时，则必须包含头文件 strstrea.h。

C++不仅定义有现成的 I/O 类库供用户使用，而且还为用户进行标准 I/O 操作定义了 4 个类对象，它们分别是 cin、cout、cerr 和 clog，其中 cin 为 istream_withassign 流类的对象，代表标准输入设备键盘，也称为 cin 流或标准输入流，后 3 个为 ostream_withassign 流类的对象，cout 代表标准输出设备显示器，也称为 cout 流或标准输出流，cerr 和 clog 含义相同，均代表错误信息输出设备显示器。因此，当进行键盘输入时使用 cin 流，当进行显示器输出时使用 cout 流，当进行错误信息输出时使用 cerr 或 clog 流，同样也可以使用 cout 流。

2．输入流类中的输入运算符重载函数的功能

在 istream 输入流类中定义有对右移运算符>>重载的一组公用成员函数，函数的具体声明格式为：

```
istream& operator>>(简单类型标识符&);
```

简单类型标识符可以为 char、signed char、unsigned char、short int、unsigned short int、int、unsigned int、long、unsigned long、float、double、long double、char*、signed char*、 unsigned char*之中的任何一种。对于每一种类型都对应着一个右移运算符重载函数。由于右移运算符重载用于给变量输入数据的操作，所以又称为提取运算操作符或输入运算符，即从流中提取出数据赋给变量。

当系统执行 cin>>x 运算时，将根据实参 x 的类型调用相应的提取运算符重载函数，把 x 传送给对应的引用形参，接着从键盘的输入缓冲区中读入一个值并赋给 x（因形参是 x 的别名）后，返回 cin 流，以便继续使用提取运算符为下一个变量输入数据。

当从键盘上输入数据时，只有当输入完数据并按下回车键后，系统才把该行数据存入到键盘缓冲区，供 cin 流顺序读取给变量。再者，从键盘上输入的每两个相邻的数据之间必须用空格或回车符分开，因为 cin 为一个变量读入数据时是以空格或回车符作为其结束标志的。

当 cin>>x 运算中的 x 为字符指针类型时，则要求从键盘读取一个字符串，并把它赋值给 x 所指向的存储空间中，若 x 没有事先指向一个允许保存信息的存储空间，则无法完成输入操作。另外，从键盘上输入的字符串，其两边不能带有双引号定界符，若带有只作为双引号字符看待。对于输入的字符也是如此，不能带有单引号定界符。

3．输出流类中的输出运算符重载函数的功能

在 ostream 输出流类中定义有对左移运算符<<重载的一组公用成员函数，函数的具体声明格式为：

```
ostream& operator<<(简单类型标识符);
```

简单类型标识符除了与在 istream 流类中声明右移运算符重载函数给出的所有简单类型标识符相同以外，还增加一个 void* 类型，用于输出任何指针（但不能是字符指针，因为它将被作为字符串处理，即输出所指向存储空间中保存的一个字符串）的值。由于左移运算符重载用于向流中输出表达式的值，所以又称为插入运算符或输出运算符。如当输出流是 cout 时，则就把表达式的值插入到显示器上，即输出到显示器显示出来。

当系统执行 cout<<x 运算时，首先根据 x 值的类型调用相应的插入运算符重载函数，把 x 的值按值传送给对应的形参，接着执行函数体，把 x 的值（亦即形参的值）输出到显示器屏幕的专用窗口上，从专用窗口的当前光标位置起显示出来，然后返回 cout 流，以便继续使用插入运算符输出下一个表达式的值。当使用插入运算符向一个流输出一个值后，再输出下一个值时将被紧接着放在上一个值的后面，所以为了让流中前后两个值分开，可以在输出一个值之后接着输出一个空格、一个制表符、一个换行符、或其他所需要的字符或字符串。

11.2 输入输出格式控制

11.2.1 ios 类中的枚举常量

在根基类 ios 中定义有 3 个用户需要使用的枚举类型，由于它们是在公用成员部分定义的，所以其中的每个枚举类型常量在加上ios::前缀后都可以为本类成员函数和所有外部函数访问。在3个枚举类型中有1个无名枚举类型，其中定义的每个枚举常量都是用于设置控制输入输出格式的。该枚举类型定义如下：

```
enum {skipws, left, right, internal, dec, oct, hex, showbase, showpoint,
      uppercase, showpos, scientific, fixed, unitbuf, stdio
  };
```

各枚举常量的含义如下：

- skipws 利用它设置“跳过”标志，即从流中输入数据时跳过当前位置及后面的所有连续的空白字符，从第一个非空白字符起读数，否则不跳过空白字符。空格、制表符'\t'、回车符'\r'和换行符'\n'统称为空白符。默认设置为“跳过”标志。
- left、right、internal left 在指定的数据值显示区域宽度内按左对齐显示输出，right按右对齐显示输出，而 internal 使数值的符号按左对齐、数值本身按右对齐显示输出。域宽内剩余的字符位置用填充符填充。默认设置为 right。在任一时刻只有一种情况为有效。
- dec、oct、hex 设置 dec 标志后，使以后的数值按十进制输出，设置 oct 后按八进制输出，而设置 hex 后则按十六进制输出。默认设置为 dec。
- showbase 使用它设置“基指示符”标志，即在数值输出的前面加上“基指示符”，对于八进制数，其基指示符为数字 0，对于十六进制数，其基指示符为 0x，十进制数没有基指示符。默认为不设置该标志，即在数值输出的前面不加基指示符。
- showpoint 强制输出的浮点数中带有小数点和小数尾部的无效数字 0。默认为不设置。
- uppercase 使输出的十六进制数和浮点数中使用的字母为大写。默认为不设置，即输出的十六进制数和浮点数中使用的字母为小写。
- showpos 使输出的正数前带有正号“+”。默认为不设置，即输出的正数前不带任何符号。
- scientific、fixed 进行 scientific 设置后使浮点数按科学表示法输出，进行 fixed 设置后使浮点数按定点表示法输出。只能任设其一。默认时由系统根据输出的数值选用合适的表示输出。
- unitbuf、stdio 这两个常量很少使用，所以不予介绍。

在 ios 类中定义的第 2 个枚举类型为：

```
enum open_mode {in, out, ate, app, trunc, nocreate, noreplace, binany};
```

其中的每个枚举常量规定一种文件打开的方式，在定义文件流对象和打开文件时使用。

在 ios 类中定义的第 3 个枚举类型为：

```
enum seek_dir {beg, cur, end};
```

其中的每个枚举常量用于对文件指针的定位操作上。

11.2.2 ios 类中的成员函数

1．每个成员函数的格式和功能

ios 类提供公用的成员函数对流的状态进行检测和进行输入输出格式设置等操作，下面给出每个成员函数的声明格式和简要功能说明。

```
int bad();
```

操作出错时返回非 0 值。

```
int eof();
```

读取到流中最后的文件结束符时返回非 0 值。

```
int fail();
```

操作失败时返回非 0 值。

```
void clear();
```

清除 bad、eof 和 fail 所对应的标志状态，使之恢复为正常状态值 0，使 good 标志状态恢复为 1。

```
char fill();
```

返回当前使用的填充字符。

```
char fill(char c);
```

重新设置流中用于输出数据的填充字符为 c 的值，返回此前的填充字符。系统预设置填充字符为空格。

```
long flags();
```

返回当前用于 I/O 控制的格式状态字。

```
long flags(long f);
```

重新设置格式状态字为 f 的值，返回此前的格式状态字。

```
int good();
```

操作正常时返回非 0 值，当操作出错、失败和读到文件结束符时均为不正常，则返回 0。

```
int precision();
```

返回浮点数输出精度，即输出的有效数字的位数。

```
int precision(int n);
```

设置浮点数的输出精度为 n，返回此前的输出精度。系统预设置的输出精度为 6，即输出的浮点数最多具有 6 位有效数字。

```
int rdstate();
```

操作正常时返回 0，否则返回非 0 值，它与 good()的返回值正好相反。

```
long setf(long f);
```

根据参数 f 设置相应的格式化标志，返回此前的设置。该参数 f 所对应的实参为无名枚举类型中的枚举常量（又称格式化常量），可以同时使用一个或多个常量，每两个常量之间要用按位或运算操作符连接。如当需要左对齐输出，并使数值中的字母大写时，则调用该函数的实参为 ios∷left | ios∷uppercase。

```
long unsetf(long f);
```

根据参数 f 清除相应的格式化标志，返回此前的设置。如要清除此前的左对齐输出设置，恢复默认的右对齐输出设置，则调用该函数的实参为 ios∷left。

```
int width();
```

返回当前的输出域宽。若返回数值 0 则表明没有为刚才输出的数据值设置输出域宽，输出域宽是指输出的值在流中所占有的字节数。

```
int width(int w);
```

设置下一个数据值的输出域宽为 w，返回值为输出上一个数据值所规定的域宽，若无规定则返回 0。此设置不是一直有效，而只是对下一个输出数据有效。

2．调用成员函数应用程序举例

因为所有 I/O 流类都是 ios 基类的派生类，所以它们的对象都可以调用 ios 类中的成员函数和使用 ios 类中的格式化常量进行输入输出格式设置。下面以标准输出流对象 cout 调用 ios 基类中的成员函数为例说明数据输出格式的设置和作用。

程序 11-2-1

```
#include<iostream.h>
void main()
{
    int x=30, y=300, z=1024;
    cout<<x<<' '<<y<<' '<<z<<endl;  //按十进制输出
    cout.setf(ios::oct);             //设置为八进制输出
    cout<<x<<' '<<y<<' '<<z<<endl;  //按八进制输出
    cout.unsetf(ios::oct);           //取消八进制输出设置，恢复按十进制输出
    cout.setf(ios::hex);             //设置为十六进制输出
    cout<<x<<' '<<y<<' '<<z<<endl;  //按十六进制输出
    cout.setf(ios::showbase | ios::uppercase);
        //设置基指示符输出和数值中的字母大写输出
```

```
    cout<<x<<' '<<y<<' '<<z<<endl;
    cout.unsetf(ios::showbase | ios::uppercase);
          //取消基指示符输出和数值中的字母大写输出
    cout<<x<<' '<<y<<' '<<z<<endl;
    cout.unsetf(ios::hex);          //取消十六进制输出设置,恢复按十进制输出
    cout<<x<<' '<<y<<' '<<z<<endl;
}
```

此程序的运行结果如下：

```
30 300 1024
36 454 2000
1e 12c 400
0X1E 0X12C 0X400
1e 12c 400
30 300 1024
```

程序 11-2-2

```
#include<iostream.h>
void main()
{
    int x=468;
    double y=-3.4256487;
    cout<<"x=";
    cout.width(10);          //设置输出下一个数据值的域宽为10
    cout<<x;                 //按默认的右对齐输出,剩余位置填充空格字符
    cout<<"y=";              //接着显示输出字符串"y="的值
    cout.width(10);          //设置输出下一个数据值的域宽为10
    cout<<y<<endl;
    cout.setf(ios::left);            //设置按左对齐输出
    cout<<"x=";
    cout.width(10); cout<<x;
    cout<<"y=";
    cout.width(10); cout<<y<<endl;
    cout.fill('*');                  //设置填充字符为'*'
    cout.precision(3);               //设置浮点数输出精度为3
    cout.setf(ios::showpos);         //设置正数的正号输出
    cout<<"x=";
    cout.width(10); cout<<x;
    cout<<"y=";
    cout.width(10); cout<<y<<endl;
}
```

此程序运行结果如下：

```
x=       468y=  -3.42565
```

```
x=468        y=-3.42565
x=+468******y=-3.43*****
```

程序 11-2-3

```
#include<iostream.h>
void main()
{
    double x=25.0, y=-4.762;
    cout<<x<<' '<<y<<endl;              //采用默认格式设置输出数据值
    cout.setf(ios::showpoint);          //强制显示小数点和无效 0
    cout<<x<<' '<<y<<endl;
    cout.unsetf(ios::showpoint);        //恢复默认格式设置的输出
    cout.setf(ios::scientific);         //设置按科学表示法输出
    cout<<x<<' '<<y<<endl;
    cout.setf(ios::fixed);              //设置按定点表示法输出
    cout<<x<<' '<<y<<endl;
}
```

程序运行结果如下：

```
25 -4.762
25.0000 -4.76200
2.500000e+001 -4.762000e+000
25 -4.762
```

11.2.3　格式控制符

1．格式控制符的表示和含义

数据输入输出的格式控制还有更简便的形式，就是使用系统头文件 iomanip.h 或 iomanip 中提供的控制标识符。使用这些标识符不需要调用成员函数，只要把它们作为插入或提取运算符的运算对象即可。这些控制标识符及其含义如下：

- dec　转换为按十进制输出整数，它也是系统预置的输出整数的进制。
- oct　转换为按八进制输出整数。
- hex　转换为按十六进制输出整数。
- ws　从输入流中一次读取所有连续的空白符。
- endl　输出换行符'\n'并刷新流。刷新流是指把流缓冲区的内容立即写入到对应的物理设备上。
- ends　输出一个空字符'\0'。
- flush　刷新一个输出流。
- setiosflags(long f)　设置 f 所对应的格式化标志，功能与 setf(long f)成员函数相同，当然输出该标志符后返回的是一个输出流。如采用标准输出流 cout 输出它时，则返回 cout。

- resetiosflags(long f)　清除 f 所对应的格式化标志，功能与 unsetf(long f)成员函数相同。当然输出后返回一个流。
- setfill(int c)　设置填充字符为 ASCII 码为 c 的字符。
- setprecision(int n)　设置浮点数的输出精度为 n。
- setw(int w)　设置下一个数据值的输出域宽为 w。

在上面的格式控制标识符中，dec、oce、hex、endl、ends、flush 和 ws 除了在 iomanip.h 中有定义外，在 iostream.h 中也有定义。所以当程序或编译单元中只需要使用这些不带参数的操纵符时，可以只包含 iostream.h 文件，而不需要包含 iomanip.h 文件。

2．格式控制符应用程序举例

下面以标准输出流对象 cout 为例，说明使用格式控制符进行的数据输出的格式控制。

程序 11-2-4

```
#include<iostream>
#include<iomanip>
using namespace std;
void main()
{
    int x=30, y=300, z=1024;
    cout<<x<<' '<<y<<' '<<z<<endl;              //按十进制输出
    cout<<oct<<x<<' '<<y<<' '<<z<<endl;         //按八进制输出
    cout<<hex<<x<<' '<<y<<' '<<z<<endl;         //按十六进制输出
    cout<<setiosflags(ios::showbase | ios::uppercase);
          //设置基指示符和数值中的字母大写输出
    cout<<x<<' '<<y<<' '<<z<<endl;              //仍按十六进制输出
    cout<<resetiosflags(ios::showbase | ios::uppercase);
          //取消基指示符和数值中的字母大写输出
    cout<<x<<' '<<y<<' '<<z<<endl;              //仍按十六进制输出
    cout<<dec<<x<<' '<<y<<' '<<z<<endl;         //按十进制输出
}
```

此程序的功能和运行结果都与程序 11-2-1 完全相同。

程序 11-2-5

```
#include<iostream.h>
#include<iomanip.h>
void main()
{
    int x=468;
    double y=-3.425648;
    cout<<"x="<<setw(10)<<x;
    cout<<"y="<<setw(10)<<y<<endl;
    cout<<setiosflags(ios::left);                //设置按左对齐输出
    cout<<"x="<<setw(10)<<x;
```

```
    cout<<"y="<<setw(10)<<y<<endl;
    cout<<setfill('*');                    //设置填充字符为'*'
    cout<<setprecision(3);                 //设置浮点数输出精度为 3
    cout<<setiosflags(ios::showpos);       //设置正数的正号输出
    cout<<"x="<<setw(10)<<x;
    cout<<"y="<<setw(10)<<y<<endl;
    cout<<resetiosflags(ios::left | ios::showpos);
    cout<<setfill(' ');
}
```

此程序的功能和运行结果完全与程序 11-2-2 相同。

程序 11-2-6

```
#include<iostream.h>
#include<iomanip.h>
void main()
{
    float x=25, y=-4.762;
    cout<<x<<' '<<y<<endl;
    cout<<setiosflags(ios::showpoint);
    cout<<x<<' '<<y<<endl;
    cout<<resetiosflags(ios::showpoint);
    cout<<setiosflags(ios::scientific);
    cout<<x<<' '<<y<<endl;
    cout<<setiosflags(ios::fixed);
    cout<<x<<' '<<y<<endl;
}
```

此程序的功能和运行结果也完全与程序 11-2-3 相同。

11.3　文件操作

11.3.1　文件的概念

以前进行的输入输出操作都是在键盘和显示器上进行的，通过键盘向程序输入待处理的数据，通过显示器屏幕上打开的C++输入输出窗口显示程序运行过程中的输入输出信息。键盘是C++系统中的标准输入设备，用 cin 流表示，显示器是C++系统中的标准输出设备，用 cout 流表示。

1．磁盘文件的存储特性和命名规则

数据的输入和输出除了可以在键盘和显示器上进行之外，还可以在磁盘上进行。磁盘是外部存储器，它能够永久保存信息，并能够被重新读写和携带使用。所以若用户需要把

信息保存起来，用于以后访问和交流，则必须把它存储到外存磁盘上。

在磁盘上保存的信息是按文件的形式组织的，每个文件都对应一个文件名，且位于某个物理盘或逻辑盘的目录层次结构中一个确定的目录之下。一个文件名由文件主名和扩展名两部分组成，它们之间用圆点（即小数点）分开，扩展名可以省略，当省略时也要省略掉前面的圆点。文件主名是由用户命名的一个有效的C++标识符，为了同其他软件系统兼容，一般让文件主名为不超过32个有效字符的标识符，同时为了便于记忆和使用，最好使文件主名的含义与所存的文件内容的描述相一致。文件扩展名也是由用户命名的、1～3个字符组成的、有效的C++标识符，通常用它来区分文件的类型。如在C++系统中，用扩展名h表示头文件，用扩展名cpp表示程序文件，用obj表示程序文件被编译后生成的目标文件，用exe表示连接整个程序中所有目标文件后生成的可执行文件。对于用户建立的用于保存数据的文件，通常用dat表示扩展名，若它是由字符构成的文本文件则也用txt作为扩展名，若它是由字节构成的、能够进行随机存取的内部格式文件则可用ran表示扩展名。

2．数据文件的存储格式

在C++程序中使用的保存数据的文件按存储格式分为两种类型：一种为字符格式文件，简称字符文件；另一种为内部格式文件，简称字节文件。字符文件又称ASCII码文件或文本文件，字节文件又称二进制文件。在字符文件中，每个字节的内容为字符的ASCII码，被读出后能够直接送到显示器或打印机上显示或打印出对应的字符，供人们直接阅读。在字节文件中，文件内容的存储形式是数据的内部表示，是从内存中直接复制过来的。当然对于字符信息，数据的内部表示就是ASCII码表示，所以在字符文件和在字节文件中保存的字符信息没有差别，但对于数值信息，数据的内部表示和ASCII码表示截然不同，所以在字符文件和在字节文件中保存的数值信息也截然不同。如对于一个短整型数1069，它的内部表示占有2个字节，对应的十六进制编码为04和2D，其中04为高字节值，2D为低字节值；若用ASCII码表示则为4个字节，每个字节依次为1069中每个字符的ASCII码，对应的每个字节的十六进制编码为31、30、36和39。

当从内存向字符文件输出数值数据时需要自动转换成它的ASCII码表示，相反，当从字符文件向内存输入数值数据时也需要自动将它转换为内部表示，而对于字节文件的输入输出则不需要转换，仅是内外存信息的直接复制，显然比字符文件的输入输出要快得多。所以当建立的文件主要是为了进行数据处理时，则适宜建立成字节文件，若主要是为了输出到显示器或打印机供人们阅读，或者是为了供其他软件使用时，则适宜建立成字符文件。另外，当向字符文件输出一个换行符'\n'时，则将被看作输出了回车'\r'和换行'\n'两个字符；相反，当从字符文件中读取回车和换行两个连续字符时，也被看作是一个换行符。

在C++系统中可以打开和使用在各种软件系统中建立的字符文件。如利用各种计算机语言编写的程序文件，用户建立的各种文本文件，各种软件系统中的帮助文件、Windows中的记事本文件等都是字符文件。

C++系统把各种外部设备也看作为相应的文件。如把标准输入设备键盘和标准输出设备显示器看作为标准输入输出文件，其文件名（又称设备名）为con，当向它输出信息时就是输出到显示器，当从它输入信息时就是从键盘输入。标准输入输出文件con对应两个系统预定义的流，即标准输入流cin和标准输出流cout，分别用于键盘输入和显示器输出。

由于键盘和显示器都属于字符设备，所以它们都是字符格式文件。以后对字符文件所介绍的访问操作也同样适应于键盘和显示器，而以前介绍的对键盘（cin）和显示器（cout）的访问操作也同样适应于所有字符文件。

3．数据文件的访问过程

无论是字符文件还是字节文件，在访问它之前都要定义一个文件流类的对象，并用该对象打开它，以后对该对象的访问操作就是对被它打开的对应文件的访问操作。对文件操作结束后，再用该对象关闭它。对文件的访问操作包括输入和输出两种操作，输入操作是指从外部文件向内存变量输入数据，实际上是系统先把文件内容读入到该文件的内存缓冲区中，然后再从内存缓冲区中取出数据并赋给相应的内存变量，用于输入操作的文件称为输入文件。对文件的输出操作是指把内存变量或表达式的值写入外部文件中，实际上是先写入该文件的内存缓冲区中，待缓冲区被写满后，再由系统一次写入外部文件中，用于输出操作的文件称为输出文件。

一个文件中保存的内容是按字节从数值 0 开始顺序编址的，文件开始位置的字节地址为 0，文件内容的最后一个字节的地址为 n–1（假定文件长度为 n，即文件中所包含的字节数），文件最后存放的文件结束符的地址为 n，它也是该文件的长度值。当一个文件为空时，其开始位置和最后位置（即文件结束符位置）同为 0 地址位置。

4．文件指针和文件结束符

对于每个打开的文件，都存在着一个文件指针，初始指向一个默认的位置，该位置由具体打开方式决定。每次对文件写入或读出信息都是从当前文件指针所指的位置开始的，当写入或读出若干个字节后，文件指针就后移相应多个字节。当文件指针移动到最后，读出的是文件结束符时，则将使流对象调用 eof()成员函数返回非 0 值（通常为 1），当然读出的是文件内容时将返回 0。文件结束符占有一个字节，其值为–1，在 ios 类中把符号常量 EOF 定义为–1，作为文件结束符。若利用字符变量依次读取字符文件中的每个字符，当读取到的字符等于文件结束符 EOF 常量的值时则表示文件访问结束。

若要在 C++程序文件中使用数据文件时，首先要在开始包含#include<fstream.h>命令。此头文件包含有输入文件流类 ifstream、输出文件流类 ofstream 和输入输出文件流类 fstream 等，用户利用它们可定义文件流对象，然后利用该对象调用相应类中的 open 成员函数，按照一定的打开方式打开一个对应的磁盘文件或其他文件，接着再进行有关的文件处理操作。

11.3.2 文件的打开和关闭

1．打开数据文件的成员函数格式

要访问一个文件，首先要按照一定的方式打开一个文件，然后才能进行存取。当对一个文件的处理结束后，就把它关闭掉。

每个文件流类都有一个 open 成员函数，并且具有完全相同的声明格式，具体声明格式为：

```
void open(const char* fname, int mode);
```

其中 fname 参数用于指向要打开文件的文件名字符串，该字符串内可以带有盘符和路径名，若省略盘符和路径名则隐含为当前盘和当前路径，即保存当前程序文件的磁盘和路径，mode 参数用于指定打开文件的方式，对应的实参是 ios 类中定义的 open_mode 枚举类型中的枚举常量，或由这些枚举常量构成的按位或表达式。

2．打开数据文件的访问方式

open_mode 枚举类型中的每个枚举常量和对应的访问方式如下：

```
ios::in          //使文件只用于数据输入,即从中读取数据
ios::out         //使文件只用于数据输出,即向它写入数据
ios::ate         //使文件指针移至文件尾,即最后位置
ios::app         //使文件指针移至文件尾,并只允许向文件尾输出（即追加）数据
ios::trunc       //若打开的文件存在,则清除其全部内容,使之变为空文件
ios::nocreate    //若打开的文件不存在则不建立它,返回打开失败信息
ios::noreplace   //若打开的文件存在则返回打开失败信息
ios::binary      //规定打开的为二进制文件,否则打开的为字符文件
```

下面对文件的打开方式作几点说明：

（1）文件的打开方式可以为上述的一个枚举常量，也可以为多个枚举常量构成的按位或表达式。如：

```
ios::in | ios::nocreate       //以输入方式打开文件,若文件不存在则返回打开失败信息
ios::in | ios::out            //同时以输入和输出两种方式打开文件
ios::app | ios::nocreate      //以追加输入方式打开文件,若文件不存在则返回失败信息
ios::out | ios::noreplace     //以输出方式打开文件,若文件存在则返回打开失败信息
ios::in | ios::out | ios::binary    //以二进制方式打开文件,并同时用于输入和输出
```

（2）使用 open 成员函数打开一个文件时，若由字符指针参数所指定的文件不存在，则就建立该文件，当然建立的新文件是一个长度为 0 的空文件，但若打开方式参数中含有 ios::nocreate 选项，则不建立新文件，并且返回打开失败信息。

（3）当打开方式中不含有 ios::ate 或 ios::app 选项时，则文件指针被自动移到文件的开始位置，即字节地址为 0 的位置。当打开方式中含有 ios::out 选项，但不含有 ios::in、ios::ate 或 ios::app 选项时，若打开的文件存在，则原有内容被清除，使之变为一个空文件。

（4）当用输入文件流对象调用 open 成员函数打开一个文件时，打开方式参数可以省略，默认按 ios::in 方式打开，若打开方式参数中不含有 ios::in 选项时，则会被自动加上。当用输出文件流对象调用 open 成员函数打开一个文件时，打开方式参数也可以省略，默认按 ios::out 方式打开，若打开方式参数中不含有 ios::out 选项时，则也会被自动加上。

3．打开数据文件举例

下面给出定义文件流对象和打开文件的一些例子。

（1）
```
ofstream fout;
fout.open("d:\\xxk.dat");  //字符串中的双反斜线表示一个反斜线
```

```
(2) ifstream fin;
    fin.open("d:\\VC语言\\wr.dat", ios::in | ios::nocreate);
(3) ofstream ofs;
    ofs.open("d:\\xxk.dat", ios::app);
(4) fstream fio;
    fio.open("d:\\abc.ran", ios::in | ios::out | ios::binary);
```

在第（1）个例子中，首先定义了一个输出文件流对象 fout，系统将自动为其分配一个文件缓冲区，然后调用 open 成员函数打开 d 盘根目录下的 xxk.dat 文件，由于调用的成员函数省略了打开方式参数，所以采用默认的 ios::out 方式。执行这个调用时，若 d:\xxk.dat 文件存在，则清除该文件内容，使之成为一个空文件，若该文件不存在，就在 d 盘根目录下建立名为 xxk.dat 的空文件。通过 fout 流打开 d:\xxk.dat 文件后，以后对 fout 流的输出操作就是对 d:\xxk.dat 文件的输出操作。

在第（2）个例子中，首先定义了一个输入文件流对象 fin，并使其在内存中得到一个文件缓冲区，然后打开 d 盘上“VC 语言”目录下的 wr.dat 文件，并规定以输入方式进行访问，若该文件不存在则不建立新文件，使打开该文件的操作失败，此时由 fin 带回 0 值，可由(!fin)是否为真判断打开是否失败。

在第（3）个例子中，首先定义了一个输出文件流对象 ofs，同样在内存中得到一个文件缓冲区，然后打开 d 盘根目录下已存在的 xxk.dat 文件，并规定以追加数据的方式访问，即不破坏原有文件中的内容，只允许向原文件尾部写入新的数据。

在第（4）个例子中，首先定义了一个输入输出文件流对象 fio，同样在内存中得到一个文件缓冲区，然后按输入和输出方式打开 d 盘根目录下的 abc.ran 二进制文件。此后既可以按字节向该文件写入信息，又可以从该文件读出信息。

4．在定义文件流对象时打开文件

在每一种文件流类中，既定义有无参构造函数，又定义有带参构造函数，且所带参数与 open 成员函数所带参数完全相同。当定义一个带有实参表的文件流对象时，将自动调用相应的带参构造函数，打开第一个实参所指向的文件，并规定按第二个实参所给的打开方式进行操作。所以它同先定义不带参数的文件流对象，后通过流对象调用 open 成员函数打开文件的功能完全相同。对于上述给出的 4 个例子，依次与下面的文件流定义语句功能相同。

```
(1) ofstream fout("d:\\xxk.dat");
(2) ifstream fin("d:\\VC语言\\wr.dat", ios::in | ios::nocreate);
(3) ofstream ofs("d:\\xxk.dat", ios::app);
(4) fstream ofs("d:\\abc.ran", ios::in | ios::out | ios::binary);
```

5．数据文件的关闭

每个文件流类中都提供有一个关闭文件的成员函数 close()，当打开的文件操作结束后，就需要关闭它，使文件流与对应的物理文件的联系断开，并能够保证最后输出到文件缓冲区中的内容，无论是否已满，都将立即写入到对应的物理文件中。文件流对应的文件被关闭后，还可以利用该文件流调用 open 成员函数打开其他的文件。

关闭任何一个流对象所对应的文件，就是用这个流对象调用 close()成员函数即可。如要关闭 fout 流所对应的 d:\xxk.dat 文件，则关闭语句为：

```
fout.close();
```

11.3.3 字符文件的访问操作

C++文件包括字符文件和字节文件两种类型，对它们的访问操作各不相同。这一小节专门讨论对字符文件的访问操作，第 11.3.4 小节再讨论对字节文件的访问操作。

当只需要对数据进行顺序输入输出操作时，则适合使用字符文件。对字符文件的访问操作包括向字符文件顺序输出数据和从字符文件顺序输入数据这两个方面。所谓顺序输出就是依次把数据写入到文件的末尾（当然文件结束符也随之后移，它始终占据整个文件空间的最后一个字节位置），顺序输入就是从文件开始位置起依次向后提取数据，直到碰到文件结束符为止。

1. 向字符文件输出数据

向字符文件输出数据有两种方法，一种是调用从 ostream 流类中继承来的插入操作符重载成员函数，另一种是调用从 ostream 流类中继承来的 put 成员函数。它们的声明格式如下：

```
ostream& operator<<( 简单类型 );
ostream& put(char);
```

采用第 1 种方法时，插入操作符左边是文件流对象，右边是要输出到该文件流（即对应的文件）中的数据项。当系统执行这种插入操作时，首先计算出插入操作符右边数据项（即表达式）的值，接着根据该值的类型调用相应的插入操作符重载函数，把这个值插入（即输出）到插入操作符左边的文件流中，然后返回这个流，以便在一条输出语句中继续输出其他数据项的值。

若要向字符文件中插入一个用户定义类型的数据，除了可以将每个域的值依次插入外，还可以进行整体插入。对于后者，要预先定义有对该类型数据进行插入操作符重载的函数。

采用第 2 种方法时，文件流对象通过点操作符、文件流指针通过箭头操作符调用成员函数 put()。当执行这种调用操作时，首先向文件流中输出一个字符，即实参的值，然后返回这个文件流。

下面给出几个进行字符文件操作的例子。

例 11-3-1 向 d 盘 xxk 目录下的 wr1.dat 文件依次输出 0～20 之间的所有整数。

分析：若 d 盘上没有 xxk 目录，则要首先建立此目录，然后才能够编写 C++程序使用此目录建立文件。此题的参考程序如下：

```
#include<iostream.h>
#include<stdlib.h>
#include<fstream.h>
void main(void)
{
    ofstream f1("d:\\xxk\\wr1.dat");
    if (!f1) {  //当 f1 对应的文件没有建立和打开时则退出运行
        cerr<<"d:\\xxk\\wr1.dat file not open!"<<endl;
        exit(1);
    }
    for(int i=0;i<21;i++)
        f1<<i<<" ";  //向 f1 文件流输出 i 的值
    f1.close();         //关闭 f1 所对应的文件
}
```

此程序输入、编辑、保存、编译、连接和运行后，将在 d 盘 xxk 目录下建立一个名称为 wr1.dat 的数据文件。若程序中给定的数据文件名不带有指定路径 d:\xxk，则数据文件的存储路径（目录位置）与此程序文件的存储路径完全相同。

例 11-3-2 把从键盘上输入的若干行文本字符原原本本地存入到 d 盘 xxk 目录下的 wr2.dat 文件中，直到从键盘上按下 Ctrl+z 组合键为止。此组合键代表文件结束符 EOF。

```
#include<iostream.h>
#include<stdlib.h>
#include<fstream.h>
void main(void)
{
    char ch;
    ofstream f2("d:\\xxk\\wr2.dat");   //打开一个输出文件
    if (!f2) {  //当 f2 打开失败时退出运行
        cerr<<"File of d:\\xxk\\wr2.dat not open!"<<endl;
        exit(1);
    }
    cout<<"在下面输入若干行文本建立字符文件：\n";
    ch=cin.get();            //从 cin 流（键盘缓冲区）中提取一个字符到 ch 中
    while(ch!=EOF) {         //未碰到文件结束符则循环
        f2.put(ch);          //把 ch 字符写入到 f2 流中,也可用 f2<<ch 代替
        ch=cin.get();        //从 cin 流中提取下一个字符到 ch 中
    }
    f2.close();              //关闭 f2 所对应的文件
}
```

例 11-3-3 假定一个结构数组 a 中的元素类型 pupil 包含有表示姓名的字符数组域 name 和表示成绩的整数域 grade，试编写一个程序，首先完成从键盘向数组 a 输入 n 个记录，接着完成把数组 a 中的 n 个记录保存到字符文件“d:\\xxk\\wr3.dat”中。

分析：此程序首先要定义 pupil 结构类型，以及能够保存 n 个记录的结构数组 a，接着

定义两个函数，一个实现从键盘向数组 a 输入数据的任务，另一个实现把数组 a 中的记录保存到指定的字符文件中的任务，最后在主函数中调用这两个函数完成整个任务。

```
#include<iostream>
#include<cstdlib>
#include<fstream>
using namespace std;
const int N=20;      //定义最多处理的学生记录数
struct pupil {       //定义学生记录类型
    char name[10];
    int grade;
};
struct pupil a[N];  //定义保存学生记录的全局数组
void ConInput(pupil a[], int n)
{      //从键盘向数组 a 输入 n 个学生记录
    cout<<"输入"<<n<<"个学生记录的姓名和成绩: \n";
    for(int i=0; i<n; i++) cin>>a[i].name>>a[i].grade;
    cout<<"完成输入! "<<endl;
}
void ArrayOut(ofstream& fout, pupil a[], int n)
{      //把数组 a 中临时保存的 n 个学生记录输出到文件中永久保存起来
    for(int i=0; i<n; i++)
        fout<<a[i].name<<'\t'<<a[i].grade<<endl;
}
void main()
{
    ofstream f3("d:\\xxk\\wr3.dat");
    if(!f3) { //当 f3 打开失败时退出程序运行
        cerr<<"File of d:\\xxk\\wr3.dat not open!"<<endl;
        exit(1);
    }
    int n;
    cout<<"输入待处理的学生记录的个数(1~20): ";
    cin>>n;
    ConInput(a, n);        //调用函数完成向数组 a 输入 n 个学生记录
    ArrayOut(f3, a, n);  //调用函数完成把 a 的内容写入到文件中
    f3.close();
}
```

若已经为输出 pupil 类型的数据定义了如下插入操作符重载函数：

```
ostream& operator<<(ostream& ostr, pupil& x)
{
    ostr<<x.name<<'\t'<<x.grade<<endl;
    return ostr;
}
```

则可将上述 ArrayOut 函数中 for 循环体语句修改为“fout<<a[i];”。

对于上面 3 个程序中建立的 3 个字符数据文件 wr1.dat、wr2.dat 和 wr3.dat，可以通过使用 Windows 操作系统中提供的记事本工具软件，打开相应的文件，浏览其文件内容，使得相应程序的功能得到进一步确认。

2．从字符文件输入数据

从打开的字符文件中输入数据到内存变量有 3 种方法。一种是调用提取运算符重载成员函数，每次从文件流中提取用空白符隔开（当然最后一个数据以文件结束符为结束标志）的一个数据，这同使用提取运算符从 cin 流中读取数据的过程和规定完全相同，在读取一个数据前文件指针自动跳过空白字符，向后移到非空白字符时读取一个数据。

第 2 种是调用 get()成员函数，每次从文件流中提取一个字符（不跳过任何字符，当然回车和换行两个字符被作为一个换行字符看待）并作为返回值返回，或者调用 get(char&)成员函数，每次从文件流中提取一个字符到引用变量中，同样不跳过任何字符。

第 3 种是调用 getline(char* buffer, int len, char='\n')成员函数，每次从文件流中提取以换行符隔开（当然最后一行数据以文件结束符为结束标志）的一行字符到字符指针 buffer 所指向的存储空间中，若碰到换行符之前所提取字符的个数大于等于参数 len 的值，则本次只提取 len–1 个字符，被提取的一行字符是作为字符串写入到 buffer 所指向的存储空间中的，也就是说在一行字符的最后位置必须写入'\0'字符。

文件流调用的上述各种成员函数都是在 istream 流类中定义的，它们都被每一种文件流类继承了下来，所以文件流类的对象可以直接调用它们。由于 cin 和 cout 流对象所属的流类也分别是 istream 流类和 ostream 流类的派生类，所以 cin 和 cout 也可以直接调用相应流类中的成员函数。

上述介绍的在 istream 流类中的每个成员函数的声明格式分别如下：

```
istream& operator>>(简单类型&);              //从流中提取一个数据到引用对象中
int get();                                   //返回从流中提取到的一个字符
istream& get(char&);                         //从流中提取一个字符到字符引用中
istream& getline(char* buffer, int len, char='\n');
                        //从流中提取一行字符到由字符指针所指向的存储空间中
```

当使用流对象调用 get()成员函数时，通过判断返回值是否等于文件结束符 EOF 可知文件中的数据是否被输入完毕。当使用流对象调用其他三个成员函数时，若提取成功则返回非 0 值，若提取失败（即已经读到文件结束符，未读到文件内容）则返回 0 值。

在通常情况下，若一个文件是使用插入运算符输出数据而建立的，则当作输入文件打开后，应使用提取运算符输入数据；若一个文件是使用 put 成员函数输出字符而建立的，则当作输入文件打开后，应使用 get()或 get(char&)成员函数输入字符数据；若每次需要从一个输入文件中读入一行字符时，则需要使用 getline 成员函数。

下面给出进行字符文件输入操作的几个例子。

例 11-3-4　从上述例 11-3-1 所建立的“d:\\xxk\\wr1.dat”文件中输入全部数据并依次显示到屏幕上。

```
#include<iostream.h>
#include<stdlib.h>
#include<fstream.h>
void main(void)
{
   ifstream f1("d:\\xxk\\wr1.dat", ios::in | ios::nocreate);
         //定义输入文件流,并打开相应文件,若打开失败则 f1 带回 0 值
   if (!f1) { //当 f1 打开失败时退出程序运行
      cerr<<"d:\\xxk\\wr1.dat file not open!"<<endl;
      exit(1);
   }
   int x;
   while(f1>>x) cout<<x<<' ';   //依次从文件中输入整数到 x,若读到的是文件
                                //结束符则条件表达式的值为 0
   cout<<endl;
   f1.close();   //关闭 f1 所对应的文件
}
```

该程序运行结果如下：

```
0 1 2 3 4 5 6 7 8 9 10 11 12 13 14 15 16 17 18 19 20
```

若把此程序中的 while 循环改写成下面的 while 循环也是正确的，

```
while(1) {
   f1>>x;
   if(f1.eof()) break;  //若读到文件结束符则退出循环
   cout<<x<<' ';
}
```

例 11-3-5 从上述例 11-3-2 所建立的“d:\\xxk\\wr2.dat”文件中按字符输入全部数据，把它们依次显示到屏幕上，并且统计出文件内容中的行数。

```
#include<iostream.h>
#include<stdlib.h>
#include<fstream.h>
void main(void)
{
   ifstream f2("d:\\xxk\\wr2.dat", ios::in | ios::nocreate);
   if (!f2) {cerr<<"文件没有打开! \n"; exit(1);}
   char ch;  //用 ch 读入字符
   int i=0;  //用 i 统计行数
   while(f2.get(ch))   //依次从文件中输入字符到 ch,当读到的是文件
   {                   //结束符时条件表达式的值为 0
      cout<<ch;
      if(ch=='\n') i++;
   }
```

```
    cout<<endl<<"lines: "<<i<<endl;
    f2.close(); //关闭 f2 所对应的文件
}
```

若把 while 循环中的条件表达式 f2.get(ch)改写为(ch=f2.get())!=EOF 也是正确的。同样也可以把 while 循环改写为如下的形式。

```
while(1) {
    ch=f2.get();
    if(ch==EOF) break;     //若读到的是文件结束符则退出循环
    cout<<ch;
    if(ch=='\n') i++;
}
```

此程序的输出结果与运行例 11-3-2 程序时的键盘输入完全相同，只是在最后增加一行统计行数的结果。

例 11-3-6 根据上述例 11-3-3 所建立的"d:\\xxk\\wr3.dat"文件，查找并显示出具有最高成绩的学生记录，同时统计出所存的学生记录数。

```
#include<iostream.h>
#include<stdlib.h>
#include<fstream.h>
struct pupil {char name[10]; int grade;};
void main(void){
    ifstream f3("d:\\xxk\\wr3.dat", ios::in | ios::nocreate);
    if(!f3) {cerr<<"文件没有打开! \n"; exit(1);}
    pupil x,w={" ",0};  //用 x 读取记录,用 w 保存当前得到的成绩最高的记录
    int n=0;            //用 n 统计文件中保存的学生记录数
    while(f3>>x.name) {
        f3>>x.grade;
        n++;
        if(x.grade>w.grade) w=x;
    }
    cout<<"记录个数: "<<n<<endl;
    cout<<"成绩最高的学生: "<<w.name<<"  "<<w.grade<<endl;
    f3.close();
}
```

假定 d:\xxk\wr3.dat 文件中的内容为

```
xucong 85
baojuan 76
shiliang 72
zhuwei 93
kongmin 80
```

则程序运行结果如下：

```
记录个数： 5
成绩最高的学生： zhuwei   93
```

例 11-3-7 编写一个程序，首先从键盘上输入若干行字符到一个二维字符数组 a 中，然后分别统计出 a 中保存的字母、数字、其他字符的个数。

```
#include<iostream.h>
#include<stdlib.h>
#include<fstream.h>
void main()
{
    int n;
    cout<<"待输入文本的行数：";
    cin>>n>>ws;                        //用控制格式标识符 ws 跳过输入 n 值后的换行符
    char (*a)[80]=new char[n][80];     //动态分配具有 n 行 80 列的字符空间
    int i;
    for(i=0; i<n; i++) {               //从键盘上输入 n 行文本到数组 a 中
        cin.getline(a[i],80);          //每行输入最多为 79 个字符
    }
    int c1,c2,c3;              //用它们分别统计数组 a 中字母、数字、其他字符的个数
    c1=c2=c3=0;
    for(i=0; i<n; i++) {
        char* p=a[i];          //将一行字符的首地址赋给字符指针 p
        char ch=*p;            //将该行首字符赋给 ch
        while(ch) {            //当 ch 不为字符串结尾的空字符时则进入循环
            if(ch>=65 && ch<=90 || ch>=97 && ch<=122)
                c1++;          //统计字母个数
            else if(ch>=48 && ch<=57)
                c2++;          //统计数字个数
            else
                c3++;          //统计其他字符个数
            p++; ch=*p;        //得到该行的下一个字符
        }
    }
    cout<<endl;
    cout<<"c1="<<c1<<", c2="<<c2<<", c3="<<c3<<endl;
}
```

该程序输入和运行结果如下：

```
待输入文本的行数： 3
435qwetf;kp
hfr.,mnkf=-0
NGVygy,:543jnjk{}+#$%&*g

c1=25, c2=7, c3=15
```

在 istream 流类中还有两个成员函数 peek()和 putback(char)供输入文件流对象和 cin 对象调用。当调用 peek()成员函数时返回一个整数值，它是从流中提取一个字符的 ASCII 码，但利用它提取字符后，文件指针不向后移动，而是仍停留在原有位置上。当调用 putback(char)成员函数时，将把一个字符（即值参的值，它通常为刚读到的字符）重新放回到原有位置上，即当前文件指针所指的前一个位置上，使得输入流状态恢复为最近一次提取字符前的状态。在下面的例 11-3-8 中给出了调用 putback(char)成员函数的情况。

例 11-3-8　编写一个程序，首先在 d 盘 xxk 目录下建立 xc1.txt 文件，让该文件保存从键盘上输入的字符串（假定每个字符串均以英文字母开始）和浮点数的序列，接着读取该文件，把所有字符串依次保存到同一目录下的 xc2.txt 文件中，把所有浮点数依次保存到 xc3.txt 文件中。

分析：首先把建立 xc1.txt 文件的过程定义为一个函数，把根据 xc1.dat 文件建立 xc2.txt 和 xc3.txt 的过程定义为另一个函数过程，然后定义一个主函数，通过依次调用这两个函数完成题目所要求的功能。

```
#include<iostream.h>
#include<stdlib.h>
#include<string.h>
#include<fstream.h>
void ConInput(fstream& fout)
{     //从键盘向文件输入字符串与数值交替的数据序列
    char a[20]; double x;  //假定输入的字符串的长度小于 20
    cout<<"输入字符串和浮点数序列,输入-1 时结束!\n";
    while(1) {
        cin>>a;
        if(strcmp(a,"-1")==0) break;
        cin>>x;
        fout<<a<<' '<<x<<endl;
    }
}
void Apart(fstream& fin, ofstream& fout1, ofstream& fout2)
{     //把保存在 fin 中的字符串写入 fout1 中,同时把 fin 中的数值写入 fout2 中
    char ch, a[20]; double x;
    while(1) {
        ch=fin.get();       //从文件中顺序读入一个字符
        if(ch==EOF) break;   //当读入的字符是文件结束符时则结束处理
        if(ch>=65 && ch<=90 || ch>=97 && ch<=122)
        {  //从 fin 中读入一个字符串到 a 中,然后再把它写入 fout1 中
            fin.putback(ch);  //向流中压回刚读到的字母
            fin>>a;
            fout1<<a<<' ';     //把字符串写入 fout1 文件
        }
        else if(ch>=48 && ch<=57 || ch==46 || ch==45)
        {  //从 fin 中读入一个浮点数到 x 中,然后再把它写入 fout2 中
```

```
                fin.putback(ch); //向流中压回刚读到的数字、小数点或负号
                fin>>x;
                fout2<<x<<' '; //把数值写入 fout2 文件
            }
        }
}
void main(void)
{
    fstream f1;
    f1.open("d:\\xxk\\xc1.txt", ios::out);
    ConInput(f1); f1.close();
    f1.open("d:\\xxk\\xc1.txt", ios::in);
    ofstream f2("d:\\xxk\\xc2.txt");
    ofstream f3("d:\\xxk\\xc3.txt");
    Apart(f1,f2,f3);
    f1.close(); f2.close(); f3.close();
}
```

若要依次输出 d:\xxk\xc2.txt 文件中保存的所有字符串，则可以用此文件名作为实参调用如下的函数：

```
void Print(char* fname)
{
    ifstream fin(fname);
    char a[20];
    while(fin>>a) cout<<a<<endl;
    fin.close();
}
```

若要依次输出 d:\xxk\xc3.txt 文件中保存的所有浮点数，则也可以用此文件名作为实参调用上面函数，但上面函数中的“char a[20];”语句要修改为“double a;”语句。

11.3.4 字节文件的访问操作

字节文件是指在打开方式中带有 ios::binary 选项的文件。字节文件可以是输入文件、输出文件、既输入又输入的文件。向字节文件中输出信息时，就是把内存中由指定字符指针所指向的具有一定字节数的内容原原本本地写入到文件中，当然所写内容是从当前文件指针所指位置开始向后存放，然后文件指针被自动后移所写入内容的字节数。从字节文件中输入信息就是把具有一定字节数的内容原原本本地复制到内存中由指定字符指针所指向的存储空间中，当然输入信息是从当前文件指针所指位置开始读出，然后文件指针被自动后移所读出内容的字节数。

一个文件被用户定义的一个文件流对象按字节方式打开后，通过文件流对象调用在 istream 流类中定义的 read()成员函数就能够从文件流对象所对应的文件中读出信息，通过文件流对象调用在 ostream 流类中定义的 write()成员函数就能够向文件流对象所对应的文

件中写入信息。这两个成员函数的声明格式如下：

```
istream& read(char* buffer, int len);
ostream& write(const char* buffer, int len);
```

其中，字符指针 buffer 用于存放内存中保存文件读写信息的一块存储空间的首地址；整型参数 len 用于存放一次读写文件的字节数。若调用 read 成员函数读到了 len 个字节内容时，则表明操作成功返回非 0 值；若读到了文件结束符，则返回 0 值；此时通过调用 istream 流类中提供的 gcount()成员函数能够返回实际读取的字节数。

在每个文件中都存在着一个文件指针，利用 istream 流类中提供的 seekg 成员函数能够把输入文件中的文件指针移动到指定的位置上，利用 ostream 流类中提供的 seekp 成员函数能够把输出文件中的文件指针移动到指定的位置上，若一个文件既按输入又按输出打开，则既可以使用 seekg 又可以使用 seekp 移动文件指针，当然，任何打开的文件中只有一个文件指针。这两个成员函数的声明格式如下：

```
istream& seekg(long dis, seek_dir ref=ios::beg);
ostream& seekp(long dis, seek_dir ref=ios::beg);
```

其中，seek_dir 是一个在 ios 根基类中定义的枚举类型，它包含有 3 个常量：ios::beg、ios::cur 和 ios::end。函数中的 ref 参数取这 3 个常量值之一，其中 ios::beg 常量是 ref 参数的默认值。ref 参数的作用是指定移动文件指针的参考点，当分别取 ios::beg、ios::cur 或 ios::end 时，则参考点分别为文件开始位置（字节地址为 0 的位置）、当前文件指针位置和文件结尾位置（即保存文件结束符的字节位置）。

当利用一个文件流对象调用上述一个函数后，文件指针被移到距离参考点 ref 的 abs(dis) 个字节（abs 为取绝对值的函数，在 math.h 头文件中声明）的位置上，当 dis 为正时则表示后移，为负时则表示前移。因此当 ref 被指定为 ios::beg 时，dis 不能小于 0，当 ref 被指定为 ios::end 时，dis 不能大于 0，当 ref 被指定为 ios::cur 时，dis 既可以大于等于 0，也可以小于等于 0。由于这两个成员函数的第二个参数都带有默认值，所以调用它们时可以只使用一个实参，此时将使文件指针移到字节地址为实参值的位置上。

在 istream 流类和 ostream 流类中还分别定义有 tellg()和 tellp()成员函数供文件流对象调用，用来分别返回输入文件和输出文件中文件指针的位置，即对应的字节地址。对于既按输入又按输出方式打开的文件，为了返回当前文件指针位置，既可以调用 tellg()，也可以调用 tellp()实现。

上述讨论的按字节读写文件、移动文件指针和得到文件指针位置的操作，不仅适应于字节文件，而且也适应于字符文件，但主要应用于字节文件中，较少应用于字符文件中。

下面给出进行字节文件操作的几个例子。

例 11-3-9　编一程序，首先利用 48、62、25、73、66、80、78、54、36、47 等 10 个整数初始化一个整型数组 a[10]，然后把 a 中每个元素的值依次写入到字节文件 d:\xxk\shf1.dat 中。

```
#include<iostream.h>
#include<stdlib.h>
```

```
#include<fstream.h>
void main(void)
{
    ofstream f1("d:\\xxk\\shf1.dat", ios::out | ios::binary);
          //定义输出文件流,并按字节方式打开文件
    if (!f1) {cerr<<"文件没有打开!\n"; exit(1);}
    int a[10]={48,62,25,73,66,80,78,54,36,47};
    for(int i=0;i<10;i++)  //向 f1 对应的文件中输出每个元素值
        f1.write((char*)&a[i], sizeof(int));
    f1.close();              //关闭 f1 所对应的文件
}
```

当然若把程序中的前三行改写成如下四行，也是正确的。

```
#include<iostream>
#include<cstdlib>
#include<fstream>
using namespace std;
```

例 11-3-10 求出 d:\xxk\shf1.dat 文件中保存的所有整数的最大值、最小值和平均值。

```
#include<iostream.h>
#include<stdlib.h>
#include<fstream.h>
void main(void)
{
    char *p="d:\\xxk\\shf1.dat";
    ifstream f1(p, ios::in | ios::nocreate | ios::binary);
          //定义输入文件流,并按字节方式打开文件
    if(!f1) {cerr<<"文件没有打开,退出运行!\n"; exit(1);}
    int x,max,min;
    double mean;
    f1.seekg(0, ios::end);  //将文件指针移至文件尾,此时文件指针位置
                            //就是按字节计算的文件长度
    int n=f1.tellg()/sizeof(int);      //n 值为按整型大小计算的文件长度
    if(n==0) {cerr<<"输入文件为空!"<<endl; exit(1);}
    f1.seekg(0);                       //将文件指针移至文件开始位置
    f1.read((char*)&x, sizeof(int));   //读取第一个整数到 x 中
    max=min=x;                         //给保存最大值和最小值的变量赋初值
    mean=double(x)/n;                  //给保存平均值的变量赋初值
    for(int i=1; i<=n-1; i++)
    {     //依次读取 f1 对应文件中的 n-1 个整数
        f1.read((char*)&x, sizeof(int));
        if(x>max) max=x;               //较大的值放入 max 中
        else if(x<min) min=x;          //较小的值放入 min 中
        mean+=double(x)/n;             //把 x 对应的平均值累加到 mean 中
```

```
    }
    f1.close();
    cout<<"maximum: "<<max<<endl;         //输出最大值
    cout<<"minimum: "<<min<<endl;         //输出最小值
    cout<<"mean:    "<<mean<<endl;        //输出平均值
}
```

程序中的第 10～26 行也可编写为如下程序段:

```
if(f1.eof()){cerr<<"输入文件为空!"<<endl; exit(1);}
int x,max,min,n=1;
double mean;
f1.read((char*)&x, sizeof(int));
max=min=x;
mean=x;
while(!f1.eof()){
    f1.read((char*)&x, sizeof(int));
    if(f1.eof()) break;
    n++;
    if(x>max) max=x;
    else if(x<min) min=x;
    mean+=x;
}
mean/=double(n);
```

该程序运行结果如下:

```
maximum: 80
minimum: 25
mean:    56.9
```

例 11-3-11 编一程序，从键盘上输入若干条 pupil 类型的学生记录到 d:\xxk\shf2.dat 字节文件中，当按下 Ctrl+z 组合键（即输入文件结束符）后终止输入。

```
#include<iostream.h>
#include<stdlib.h>
#include<fstream.h>
struct pupil {char name[10]; int grade;};
void main(void) {
    char *p="d:\\xxk\\shf2.dat";
    fstream fout(p, ios::out |ios::trunc| ios::binary);
    if (!fout) {cerr<<"文件没有打开,退出运行!\n"; exit(1);}
    pupil x;
    cout<<"请输入若干条学生记录,按 Ctrl+z 键后结束:"<<endl;
    while(cin>>x.name) {
        cin>>x.grade;
        fout.write((char*)&x, sizeof(x));
```

```
    }
    fout.close();
    cout<<"输入结束."<<endl;
}
```

假定从键盘上输入和显示结果如下：

```
请输入若干条学生记录,按 Ctrl+z 键后结束:
zhshj 76
hgyin 84
shian 68
zhb 92
zjmin 70
xjip 63
^Z
输入结束.
```

其中的 6 条学生记录被依次保存到 d:\xxk\shf2.dat 文件之中。

例 11-3-12 编一程序，对例 11-3-11 建立的 d:\xxk\shf2.dat 文件实现如下操作功能：

（1）向文件尾追加一条记录；

（2）从文件中查找给定姓名的记录，若查找成功则返回 true 并由引用参数带回该记录，否则返回 false 表示查找失败；

（3）更新（即修改）给定姓名的记录为新输入的记录，若更新成功则返回 true 否则返回 false；

（4）向屏幕打印输出文件中的所有记录；

（5）结束运行。

下面给出实现此题功能的参考程序，请读者自行阅读和分析。

```
#include<iostream>
#include<cstdlib>
#include<cstring>
#include<fstream>
using namespace std;
struct pupil {char name[10]; int grade;};

void Append(fstream& fio, int& n, const pupil& rec)
{
    fio.seekp(0, ios::end);
    fio.write((char*)&rec, sizeof(rec));
    n++;
}

bool Find(fstream& fio, int n, pupil& rec)
{
    fio.seekg(0);
```

```
    pupil x;
    for(int i=0; i<n; i++) {
        fio.read((char*)&x, sizeof(x));
        if(strcmp(x.name,rec.name)==0) {
            cout<<"记录被找到！ "<<x.name<<' '<<x.grade<<endl;
            rec=x;  //由引用参数 rec 带回被查找到的记录
            return true;
        }
    }
    cout<<"没有查找到姓名为 "<<rec.name<<" 的记录."<<endl;
    return false;
}

bool Update(fstream& fio, int n, const pupil& rec)
{
    fio.seekg(0);
    pupil x;
    int m=sizeof(x);
    for(int i=0; i<n; i++) {
        fio.read((char*)&x, m);
        if(strcmp(x.name,rec.name)==0) {
            fio.seekg(-m, ios::cur);
            fio.write((char*)&rec, m);
            cout<<rec.name<<" 的记录被更新!"<<endl;
            return true;
        }
    }
    cout<<"没有查找到姓名为 "<<rec.name<<" 的待更新的记录."<<endl;
    return false;
}

void Print(fstream& fio, int n)
{
    fio.seekg(0);
    pupil x;
    for(int i=0; i<n; i++) {
        fio.read((char*)&x, sizeof(x));
        cout<<x.name<<' '<<x.grade<<endl;
    }
}

void main(void)
{
    char *p="d:\\xxk\\shf2.dat";
    fstream ff(p, ios::in | ios::out | ios::binary);
```

```
    if(!ff) {cout<<"文件没有打开!\n"; exit(1);}
    pupil x;
    int i;
    ff.seekg(0,ios::end);
    int n=ff.tellg()/sizeof(x);
    while(1) {
        cout<<"功能号表: "<<endl<<endl;
        cout<<"1---向文件追加一条记录;"<<endl;
        cout<<"2---按姓名查找记录;"<<endl;
        cout<<"3---按姓名更新记录;"<<endl;
        cout<<"4---向屏幕输出文件中的所有记录;"<<endl;
        cout<<"5---结束运行."<<endl<<endl;
        cout<<"请输入您的选择(1-5): ";
        cin>>i;
        switch (i) {
          case 1:
            cout<<"输入待追加学生的记录: ";
            cin>>x.name>>x.grade;
            Append(ff,n,x);
            break;
          case 2:
            cout<<"输入待查找学生的姓名: ";
            cin>>x.name;
            Find(ff,n,x);
            break;
          case 3:
            cout<<"输入待更新学生的记录: ";
            cin>>x.name>>x.grade;
            Update(ff,n,x);
            break;
          case 4:
            cout<<"d:\\xxk\\shf2.dat 文件中的全部记录:"<<endl;
            Print(ff,n);
            break;
          case 5:
            cout<<endl<<"结束运行,再见!"<<endl;
            return;
        }
    }
    ff.close();
}
```

假定把姓名为 xjip 的记录更新为{xjip,88}，并把{wping,77}的记录追加到文件中，则选择功能表中的 4 后，则屏幕上显示出的文件内容为：

```
请输入您的选择(1-5): 4
d:\xxk\shf2.dat 文件中的全部记录:
```

```
zhshj 76
hgyin 84
shian 68
zhb 92
zjmin 70
xjip 88
wping 77
```

11.4　字符串流

字符串流类包括输入字符串流类 istrstream、输出字符串流类 ostrstream 和输入输出字符串流类 strstream 三种。它们都被定义在系统头文件 strstrea.h 或 strstream 中。只要在程序中包含其中任一个头文件，就可以使用任一种字符串流类定义字符串流对象。每个字符串流对象简称为字符串流。

字符串流对应的访问空间是内存中由用户定义的字符数组，而文件流对应的访问空间是外存上由文件名确定的文件存储空间。由于字符串流和文件流都是输入流类 istream 和输出流类 ostream 的继承类，所以对它们的操作方法基本相同。但仍有一点区别：就是每个文件都有文件结束符标志，利用它可以判断读取数据是否到达文件尾；而字符串流所对应的字符数组中没有相应的结束符标志，这只能靠用户规定一个特殊字符作为其结束符使用，在向字符串流对应的字符数组写入正常数据后，再写入它表示结束。

每一种字符串流类都不带有 open 成员函数，所以只有在定义字符串流的同时给出必要的参数，通过自动调用相应的构造函数来使之与一个字符数组发生联系，以后对字符串流的操作实质上就是在该数组上进行的，就像对文件流的操作实质上就是在对应文件上进行的情况一样。三种字符串流类的构造函数声明格式分别如下：

```
istrstream(const char* buffer);
ostrstream(char* buffer, int n);
strstream(char* buffer, int n, int mode);
```

调用第 1 种构造函数建立的是输入字符串流，对应的字符数组空间由 buffer 指针所指向。调用第 2 种构造函数建立的是输出字符串流，对应的字符数组空间同样由 buffer 指针所指向，该空间的大小（即字节数）由参数表中第 2 个参数给出。调用第 3 种构造函数建立的是输入输出字符串流，其中第一个参数指定对应的字符数组存储空间，第 2 个参数指定空间的大小，第 3 个参数指定打开方式。一个字符串流被定义后就可以调用相应的成员函数进行数据的输入、输出操作，就如同使用文件流调用相应的成员函数进行有关操作一样。下面给出定义相应字符串流的例子。

```
(1) ostrstream sout(a1,50);
(2) istrstream sin(a2);
(3) strstream sio(a3,sizeof(a3),ios::in | ios::out);
```

第（1）条语句定义了一个输出字符串流 sout，使用的字符数组为 a1，大小为 50 个字节，以后对 sout 的输出都将被写入到字符数组 a1 中。第（2）条语句定义了一个输入字符串流 sin，使用的字符数组为 a2，以后从 sin 中读取的输入数据都将来自字符数组 a2 中。第（3）条语句定义了一个输入输出字符串流 sio，使用的字符数组为 a3，大小为 a3 数组的长度，打开方式规定为既能够用于输入又能够用于输出，当然进行输入的数据来自数组 a3，进行输出的数据写入数组 a3。

对字符串流的操作方法通常与对字符文件流的操作方法相同。下面给出一些使用字符串流的例子。

例 11-4-1 从一个字符串流中输入用逗号分开的每一个整数并显示出来。

```
#include<iostream.h>
#include<strstrea.h>
void main()
{
   char a[]="38, 46, 55 , 78, 42 , 77, 60, 93@";
   cout<<a<<endl;              //输出 a 字符串
   istrstream sin(a);          //定义一个输入字符串流 sin,使用的字符数组为 a
   char ch=' ';
   int x;
   while(ch!='@') {            //使用'@'字符作为字符串流结束标志
      sin>>ws>>x>>ws;          //从流中读入一个整数到 x 中,并使用控制格式
                               //标识符 ws 跳过一个整数前后的空白字符
        cout<<x<<' ';          //输出 x 的值并后跟一个空格
        sin.get(ch);           //从 sin 流中读取一个字符','或'@'到 ch 中
   }
   cout<<endl;
}
```

该程序运行结果如下：

```
38, 46, 55, 78, 42, 77, 60, 93@
38 46 55 78 42 77 60 93
```

程序中头两行的包含文件命令可以改写为如下 3 行。

```
#include<iostream>
#include<strstream>
using namespace std;
```

例 11-4-2 编写一个程序，从一个字符串中得到每一个正整数，并把它们依次存入一个字符串流中，最后向屏幕输出这个字符串流。

分析：假定待处理的一个字符串是从键盘上输入得到的，把它存入字符数组 a 中，并且要把 a 定义为一个输入字符串流 sin，还需要定义一个输出字符串流 sout，假定对应的字符数组为 b，用它保存依次从输入流中得到的整数。该程序的处理过程需要使用一个 while 循环，每次从 sin 流中得到一个正整数，并把它输出到 sout 流中。最后要向 sout 流中输出一个作为字符串流结束标志的特殊数据（假定为–1）和字符串结束符'\0'。最后向屏幕输

出 sout 流所对应的字符串。整个程序如下：

```
#include<iostream.h>
#include<strstrea.h>
void main()
{
    char a[50];
    char b[50];
    istrstream sin(a);              //定义一个输入字符串流 sin,使用的字符数组为 a
    ostrstream sout(b,sizeof(b));   //使用字符数组 b 定义输出字符串流
    cin.getline(a,sizeof(a));       //从键盘上输入一行字符序列
        //假定为"ab38+56,46*55-23%ad663, WER40ff:dy{63;44}@"
    char ch;
    int x;
    while(1) {  //使用'@'字符作为字符串流结束标志
        ch=sin.peek();              //读取一个字符到 ch 中,但不移动读取指针的位置
        if(ch=='@' || ch=='\0') break;
        if(ch>=48 && ch<=57) {      //对数字字符的处理
            sin>>x;                 //从流中读入一个整数,当碰到非数字字
                                    //符时则会自动认为一个整数结束
            sout<<x<<' ';           //将 x 输出到字符串流 sout 中
        }
        else                  //对非数字的处理,从 sin 流中读取它并后移一个字符位置
            sin.get();
    }
    sout<<-1<<'\0';                 //向 sout 流输出-1 和字符串结束符'\0'
    cout<<b;                        //输出字符串流 sout 对应的字符串
    cout<<endl;
}
```

该程序的运行结果如下：

```
ab38+56,46*55-23%ad663,WER40ff:dy{63;44}@
38 56 46 55 23 663 40 63 44 -1
```

本章小结

1．C++流包括标准 I/O 流、文件 I/O 流和字符串 I/O 流三种，标准 I/O 流用来对常用输入和输出设备，即键盘和显示器进行输入和输出操作，文件 I/O 流用来对磁盘上的数据文件进行输入和输出操作，字符串 I/O 流是对内存中的字符数组以文件的形式进行输入和输出操作。

2．C++系统为标准 I/O 流定义有输入流对象 cin、输出流对象 cout、错误信息输出流对象 cerr 等。无论 C++流是代表设备、数据文件、还是内存字符数组，它们都可以利用相

同的成员函数和格式控制标识符进行处理操作。

3．在 C++中可以建立和使用两种类型的数据文件：一种是字符文件，又称 ASCII 码文件；另一种是字节文件，又称二进制文件。这两种文件也是整个计算机系统中最基本和最常用的文件类型。

4．对一个数据文件可以规定各种访问方式，如输入方式、输出方式、追加方式、既输入又输出方式等。使用一个数据文件必须定义一个文件流对象与之对应，通过该文件流对象打开、处理和关闭相应的物理数据文件。

5．对字符文件的访问操作通常是顺序进行的，即从文件开始位置起依次向后读写每个字符或数据。对字节文件的访问操作既可以顺序读写信息，也可以在任意位置上随即读写信息，只要事先把文件指针移动到指定位置即可。利用字节文件通常用来存储具有记录结构的信息，如存储各种表格数据。

6．对于按字符访问方式打开的文件，通常是调用输入和输出运算符重载成员函数，或者调用 get()和 put()成员函数进行输入和输出数据的操作；对于按字节访问方式打开的文件，通常是调用 read()和 write()成员函数进行输入和输出数据的操作。

7．利用字符串流为访问字符数组提供了更加方便和灵活的手段，可以像访问字符文件那样来访问字符数组中的数据，如可以从字符数组中提取所含的整数、字符串等数据。

8．以前各章的内容都是对内存数据进行处理，处理结果不能永久保存下来，这一章内容讨论了对外存数据如何进行处理，如何利用文件类型永久地保存原始数据和处理后的结果。这一章内容虽然被安排在全书的最后，但也是非常重要和实用的，也必须足够重视。

习题十一

11.1 写出程序或函数的运行结果并上机验证

1.
```
void xxk1()
{
   int x,y;
   x=20; y=70;
   cout<<"dec: "<<dec<<x<<' '<<y<<endl;
   cout<<"oct: "<<oct<<x<<' '<<y<<endl;
   cout<<"hex: "<<hex<<x<<' '<<y<<endl;
   cout<<dec;
}
```

2.
```
#include<iostream.h>
#include<iomanip.h>
void main() {
    struct AB {
       char aa[15];
       int bb;
    };
```

```
    AB a[4]={{"Apple",25},{"Peach",40},{"Pear",36},{"Tomato",62}};
    cout.setf(ios::left);
    for(int i=0;i<4;i++) {
        cout<<setw(10)<<a[i].aa;
        cout<<setw(10)<<a[i].bb<<endl;
    }
    cout<<resetiosflags(ios::left);
}
```

3. void xxk2()

```
{
    double radius,area;
    radius=2.5;
    area=3.14159*radius*radius;
    cout<<setw(10)<<"radius="<<setw(10)<<radius;
    cout<<setw(10)<<"area="<<setw(10)<<area<<endl;
    cout.setf(ios::left);
    cout<<setw(10)<<"radius="<<setw(10)<<radius;
    cout<<setw(10)<<"area="<<setw(10)<<area<<endl;
    cout.unsetf(ios::left);
    cout<<setw(10)<<"radius=";
    cout<<setiosflags(ios::left)<<setw(10)<<radius;
    cout.unsetf(ios::left);
    cout<<setw(10)<<"area=";
    cout<<setiosflags(ios::left)<<setw(10)<<area<<endl;
}
```

4. void xxk3()

```
{
    double radius,area;
    radius=2.5;
    area=3.14159*radius*radius;
    cout<<setw(10)<<radius<<setw(10)<<area<<endl;
    cout.setf(ios::showpoint);
    cout.precision(4);
    cout<<setw(10)<<radius<<setw(10)<<area<<endl;
    cout.unsetf(ios::showpoint);
    cout<<setprecision(5);
    cout<<setw(10)<<radius<<setw(10)<<area<<endl;
}
```

5. #include<iostream>

```
#include<strstream>
using namespace std;
void main()
{
```

```
    char a[]=" 36 94 135 -1";
    istrstream str(a);
    int k;
    str>>k;
    while(k!=-1) {
        cout<<dec<<k<<' '<<oct<<k<<' '<<hex<<k<<endl;
        str>>k;
    }
}
```

6.
```
#include<iostream>
#include<strstream>
using namespace std;
void main()
{
    char a[]="3 25 + 26 16 - * 20 + @";
    istrstream sin(a);
    int b[5], i=0;
    char ch;
    while(1) {
        sin>>ch;
        if(ch=='@') break;
        if(ch>=48 && ch<=57) {
            sin.putback(ch); sin>>b[i]; i++;
        }
        else {
          switch(ch) {
            case '+': b[i-2]+=b[i-1]; i--; break;
            case '-': b[i-2]-=b[i-1]; i--; break;
            case '*': b[i-2]*=b[i-1]; i--; break;
            case '/': b[i-2]/=b[i-1]; i--; break;
          }
        }
    }
    cout<<b[0]<<endl;
}
```

11.2 指出程序或函数的功能并上机验证。

1.
```
#include<iostream.h>
#include<fstream.h>
#include<string.h>
void JA(char* fname)
{       //可把以 fname 所指字符串作为文件标识符的文件简称为 fname 文件
    ofstream fout(fname);
    char a[20];
```

```
    cout<<"输入若干个字符串,每个字符串长度小于 20,字符串 end 标志结束\n";
    while(1) {
        cin>>a;
        if(strcmp(a,"end")==0) break;
        fout<<a<<endl;
    }
    fout.close();
}
void main()
{
    char *p="d:\\xxk\\xxh.dat";
    JA(p);
}
```

2. void wr1(char* fname)

```
{
    ofstream file(fname);
    int x;
    cout<<"输入一批整数,用-1 作为终止结束的标志！\n"<<endl;
    while(1) {
        cin>>x;
        if(x!=-1) file<<x<<' ';
        else break;
    }
    file.close();
}
```

3. void wr2(char* fname)

```
{
    ifstream file(fname, ios::in | ios::nocreate);
    int x;
    while(file>>x) cout<<x<<' ';
    cout<<endl;
    file.close();
}
```

4. void wr3(char* fname)

```
{
    ofstream file(fname);
    char a[80];
    cout<<"输入若干行文本,直到按下 Ctrl+Z 组合键为止！"<<endl;
    while(1) {
        if(cin.getline(a,80)) file<<a<<endl;
        else break;
    }
    file.close();
```

```
}
```

5.
```
void wr4(char* fname)
{
    ifstream file(fname, ios::in | ios::nocreate);
    int m,n=0;
    file.seekg(0,ios::end);
    m=file.tellg();
    file.seekg(0);
    char ch;
    file.get(ch);
    while(ch!=EOF) {
        if(ch!=' ' && ch!='\n' && ch!='\t') n++;
        file.get(ch);
    }
    cout<<"m="<<m<<", n="<<n<<endl;
    file.close();
}
```

6.
```
void wr5(char* fname, Student a[], int n)
{
    ofstream file(fname, ios::binary);
    for(int i=0; i<n; i++)
        file.write((char*)&a[i], sizeof(Student));
    file.close();
}
```

7.
```
void wr6(char* fname)
{
    Student x,cmp={" "," ",0};
    ifstream file(fname, ios::in | ios::nocreate | ios::binary);
    while(1) {
        if(file.read((char*)&x, sizeof(Student))) {
            if(x.grade>cmp.grade) cmp=x;    //grade 为学生成绩域
        }
        else break;
    }
    if(cmp.grade==0) cout<<"file is empty!"<<endl;
    else cout<<cmp.num<<' '<<cmp.name<<' '<<cmp.grade<<endl;
    file.close();
}
```

8.
```
#include<iostream.h>
#include<stdlib.h>
#include<fstream.h>
struct Student {
```

```
        char num[6];
        char name[10];
        int grade;
    };
    void wr7(ifstream& fin)
    {
        fin.seekg(0,ios::end);
        int n=fin.tellg()/sizeof(Student);
        Student *a=new Student[n];
        if(a==NULL) {cerr<<"动态内存空间用完,退出运行!\n"; exit(1);}
        fin.seekg(0);
        fin.read((char*)a, n*sizeof(Student));
        int i,j,k;
        Student x;
        for(i=1; i<n; i++) {
            k=i-1;
            for(j=i; j<n; j++)
                if(a[j].grade>a[k].grade) k=j;
            x=a[i-1]; a[i-1]=a[k]; a[k]=x;
        }
        for(i=0; i<n; i++) {
            cout<<a[i].num<<' '<<a[i].name<<' '<<a[i].grade<<endl;
        }
        delete []a;
    }
    void main()
    {
        char *p="d:\\xxk\\xxh3.dat";
        ifstream fin(p, ios::in | ios::nocreate | ios::binary);
        wr7(fin);
        fin.close();
    }
```

11.3 按照题目要求编写出相应的函数。

1. 利用一个字符文件保存100以内的所有素数。

2. 利用一个字节文件保存20个100以内的随机整数，要求保存的所有值各不相同。

附录　ASCII 代码表

ASCII 码	字符	ASCII 码	字符	ASCII 码	字符	ASCII 码	字符
0	NUL	32	(space)	64	@	96	`
1	SOH	33	!	65	A	97	a
2	STX	34	”	66	B	98	b
3	ETX	35	#	67	C	99	c
4	EOT	36	$	68	D	100	d
5	ENQ	37	%	69	E	101	e
6	ACK	38	&	70	F	102	f
7	BEL	39	’	71	G	103	g
8	BS	40	(	72	H	104	h
9	HT	41	)	73	I	105	i
10	LF	42	*	74	J	106	j
11	VT	43	+	75	K	107	k
12	FF	44	,	76	L	108	l
13	CR	45	-	77	M	109	m
14	SO	46	.	78	N	110	n
15	SI	47	/	79	O	111	o
16	DLE	48	0	80	P	112	p
17	DC1	49	1	81	Q	113	q
18	DC2	50	2	82	R	114	r
19	DC3	51	3	83	S	115	s
20	DC4	52	4	84	T	116	t
21	NAK	53	5	85	U	117	u
22	SYN	54	6	86	V	118	v
23	ETB	55	7	87	W	119	w
24	CAN	56	8	88	X	120	x
25	EM	57	9	89	Y	121	y
26	SUB	58	:	90	Z	122	z
27	ESC	59	;	91	[	123	{
28	FS	60	<	92	\	124	|
29	GS	61	=	93	]	125	}
30	RS	62	>	94	^	126	~
31	US	63	?	95	_	127	DEL

读者意见反馈

亲爱的读者：

感谢您一直以来对清华版计算机教材的支持和爱护。为了今后为您提供更优秀的教材，请您抽出宝贵的时间来填写下面的意见反馈表，以便我们更好地对本教材做进一步改进。同时如果您在使用本教材的过程中遇到了什么问题，或者有什么好的建议，也请您来信告诉我们。

地址：北京市海淀区双清路学研大厦 A 座 602 室　计算机与信息分社营销室 收
邮编：100084　电子邮箱：jsjjc@tup.tsinghua.edu.cn
电话：010-62770175-4608/4409　邮购电话：010-62786544

教材名称：C++语言基础教程（第二版）
ISBN：978-7-302-15761-8

个人资料

姓名：__________ 年龄：_____ 所在院校/专业：____________

文化程度：________ 通信地址：____________________

联系电话：________ 电子信箱：____________________

您使用本书是作为： □指定教材　□选用教材　□辅导教材　□自学教材

您对本书封面设计的满意度：

□很满意　□满意　□一般　□不满意　改进建议____________

您对本书印刷质量的满意度：

□很满意　□满意　□一般　□不满意　改进建议____________

您对本书的总体满意度：

从语言质量角度看　□很满意　□满意　□一般　□不满意

从科技含量角度看　□很满意　□满意　□一般　□不满意

本书最令您满意的是：

□指导明确　□内容充实　□讲解详尽　□实例丰富

您认为本书在哪些地方应进行修改？（可附页）

____

____

您希望本书在哪些方面进行改进？（可附页）

____

____

电子教案支持

敬爱的教师：

为了配合本课程的教学需要，本教材配有配套的电子教案（素材），有需求的教师可以与我们联系，我们将向使用本教材进行教学的教师免费赠送电子教案（素材），希望有助于教学活动的开展。相关信息请拨打电话 010-62776969 或发送电子邮件至 jsjjc@tup.tsinghua.edu.cn 咨询，也可以到清华大学出版社主页（http://www.tup.com.cn 或 http://www.tup.tsinghua.edu.cn）上查询。

普通高等院校计算机专业（本科）实用教程系列

主教材

信息技术基础实用教程（樊孝忠 等编著）
数字逻辑实用教程（王玉龙 编著）
计算机组成原理实用教程（第二版）（幸云辉 等编著）
C++语言基础教程（第二版）（徐孝凯 编著）
数据结构实用教程（第二版）（徐孝凯 编著）
面向对象程序设计实用教程（第二版）（张海藩 等编著）
操作系统实用教程（第二版）（任爱华 等编著）
数据库实用教程（第二版）（丁宝康 等编著）
计算机网络实用教程（第二版）（刘云 等编著）
微机接口技术实用教程（艾德才 等编著）
Java 2 实用教程（第二版）（耿祥义 等编著）
离散数学结构（王家廞 编著）
微型计算机技术实用教程（Pentium 版）（艾德才 等编著）
编译原理实用教程（温敬和 等编著）
Java 语言最新实用案例教程（杨树林 等编著）
信息技术英语阅读（王栋 等编著）

辅助教材

C++语言基础教程（第二版）习题参考解答（徐孝凯 等编著）
数据结构课程实验（徐孝凯 编著）
数据结构实用教程习题（第二版）参考解答（徐孝凯 编著）
面向对象程序设计实用教程习题解答与应用实例（配光盘）（牟永敏 等编著）
操作系统实验指导（任爱华 等编著）
数据库实用教程（第二版）习题解答（丁宝康 等编著）
Java 2 实用教程（第三版）实验指导与习题解答（耿祥义 等编著）
Java 课程设计（耿祥义 等编著）
离散数学结构习题与解答（王家廞 编）

选修教材

JSP 实用教程（第二版）（耿祥义 等编著）